L'AGRICULTURE

AUX

ÉTATS-UNIS

É. LEVASSEUR

L'AGRICULTURE

AUX

ÉTATS-UNIS

BERGER-LEVRAULT ET Cie, ÉDITEURS

PARIS	NANCY
5, RUE DES BEAUX-ARTS	18, RUE DES GLACIS

1894

Tous droits réservés.

L'AGRICULTURE

AUX

ÉTATS-UNIS

INTRODUCTION

L'Académie des sciences morales et politiques m'a confié, en 1893, une mission économique ayant pour objet l'étude de la condition des ouvriers dans les manufactures en Amérique. C'est à cette étude que j'ai consacré la plus grande partie de mon temps pendant les cinq mois que j'ai séjourné aux États-Unis.

Avant d'en mettre par écrit les résultats, j'ai cru devoir composer, d'après mes souvenirs de voyage et les lectures que j'ai faites depuis mon retour, un tableau sommaire de l'agriculture. L'agriculture et l'industrie étant partout étroitement liées l'une à l'autre, en Amérique peut-être plus qu'en France, il est utile de connaître l'état de l'une pour mieux comprendre l'autre, et le sujet par lui-même est assez intéressant pour justifier la peine que j'ai prise. L'agriculture est dans tous les pays une des parties essentielles de l'économie sociale. Aux États-Unis elle est encore sans contredit, malgré le développement de la manufacture et du commerce, la plus importante, et elle occupe aujourd'hui sur les marchés du monde une place si grande qu'il est désirable d'avoir sur cette matière des notions précises en France aussi bien qu'en Amérique.

J'ai fait hommage de ce travail à la fois à la Société nationale d'agriculture, parce qu'il porte sur une question agronomique, et à l'Académie des sciences morales et politiques, parce que je le considère comme une introduction à celui qui me reste à faire.

Il comprend un premier chapitre relatif à la manière dont la statistique agricole est établie aux États-Unis; sept chapitres consacrés à l'économie rurale, à la production par matière et par région, à la colonisation et aux hypothèques; deux chapitres sur le commerce intérieur et extérieur dans lesquels il est traité de la question des prix et de la situation actuelle des pays exportateurs et importateurs de denrées agricoles; il se termine par un résumé.

I

LA STATISTIQUE

Publications du Département de l'Agriculture. — Le service de l'agriculture, qui relevait d'abord du « Patent Office », en a été détaché pendant la présidence d'Abraham Lincoln en 1862 pour former le Département de l'Agriculture, placé sous l'autorité d'un Commissaire de l'Agriculture, avec mission (Section I de la loi du 15 mai 1862) de « recueillir et répandre parmi les populations des États-Unis les connaissances utiles se rattachant à l'agriculture, dans le sens le plus étendu du mot, et de se procurer, afin de les propager et de les distribuer, de nouvelles semences ou plantes dont l'introduction et la culture peuvent être profitables ». La statistique était au nombre des services de ce nouveau Département; elle a été organisée par M. Dodge, qui n'a eu d'abord qu'un assistant [1]. Ce service publie, depuis 1866, des rapports mensuels [2] et un

---

[1] M. Dodge est entré au Département de l'Agriculture quelques semaines après la création de ce département, et il s'y est occupé, dès le principe, de la statistique. Au mois de mai 1866, il a été nommé Statisticien du Département de l'Agriculture, en remplacement de M. Lewis Bollmann, et il a occupé cette place jusqu'en 1878; puis, après une interruption de trois ans, pendant lesquels il a dirigé les travaux agricoles du dixième Census, il a repris, en novembre 1881, les fonctions de Statisticien du Département de l'Agriculture, qu'il a conservées jusqu'en 1893.

[2] Le *monthly Report of the Department of Agriculture* a paru depuis janvier 1866; les quatre premiers numéros ont été rédigés sous la direction de M. Bollmann. Il contient des renseignements sur la culture, sur les récoltes, le commerce intérieur et extérieur des denrées agricoles, la météorologie, etc. « The crops estimates are only intended to be approximative for current use », dit M. Dodge dans l'introduction de cette publication.

rapport annuel; il a publié aussi divers bulletins sans périodicité régulière.

Le Rapport annuel du Statisticien se trouve dans un volume intitulé *Report of the Secretary of Agriculture* qui paraît régulièrement tous les ans depuis 1866. Ce volume, destiné à répandre des connaissances de divers genre utiles aux agriculteurs, a été tiré la première fois, en 1862, à 120,000 exemplaires; il l'est à 400,000 exemplaires depuis 1884 ([1]). Il contient d'abord les rapports du Secrétaire et du Secrétaire-assistant de l'Agriculture adressés au président des États-Unis, puis les rapports de chacun des services spéciaux qui sont au nombre de dix-neuf, et dont celui du Statisticien est un des plus considérables ([2]). Le Département de l'Agriculture fait

[1] Voici la résolution du Congrès qui autorise cette publication pour l'année 1891 :

RÉSOLUTION N° 23

Joint resolution providing for the printing of the Agricultural Report for 1891.

Resolve by the Senate and House of Representatives of the United States of America in Congress assembled : That there be printed 400,000 copies of the Annual Report of the Secretary of Agriculture; 75,000 for the use of the Senate; 300,000 for the use of the House of Representatives and 25,000 copies for the use of the Department of Agriculture.

Sec. 2. That the sum of $ 200,000 or so much thereof as may be necessary, is hereby appropriated, out of any money in the Treasury not otherwise appropriated, to defray the cost of printing said Report.

Approved, march 3 1891.

[2] Le volume de 1891 (653 pages in-8) contient :

Report of the Secretary of Agriculture;
Special Report of the Assistant Secretary;
Report of the Chief of the Bureau of animal industry;
Report of the Chemist;
Report of the Chief of the division of Forestry;
Report of the Entomologist;
Report of the Ornithologist and Mammalogist;
Report of the Statistician;
Report of the Chief of the division of vegetable Pathology;
Report of the Pomologist;
Report of the Microscopist;
Report of the special agent in charge of the fiber investigations;

un grand nombre d'autres publications (¹). Il n'a guère
d'influence que par le conseil et la publicité : c'est en
répandant largement ses publications qu'il remplit sa mission et pense servir les intérêts des fermiers américains.

Report of the special agent in charge of the artesian and underflows
investigations and irrigation inquiry ;
Report of the Chief of seed division ;
Report of superintendent of Gardens and Grounds ;
Report of the Chief of Division of illustrations ;
Report of the Chief of Division of records and editing ;
Report of the Superintendent of the Document and Foldisig room ;
Report of the director of the office of experiment stations ;
Report of the Weather Bureau.
(1) Publications du Département de l'Agriculture (voir Report of the
Secretary of Agriculture, 1890) :
Annual Report, 400,000 exemplaires (mentionné dans la note précé-
dente).
Special Reports (par exemple : Disease of the Horse), 140,000 exemplai-
res ;
Trois publications mensuelles : *Insect Life, Experiment Station Record,
Statistical Report ;*
Une publication trimestrielle : *The journal of Mycology;*
Bulletin on the Sugar Beet, on Sorghum or Sugar Cane ;
Bulletins des divisions de chimie, entomologie, botanique, forêts, po-
mologie, horticulture, microscopie, ornithologie et mammalogie, légumes,
industrie des animaux, puits artésiens, rendement des récoltes par
acre, etc., etc.
Reports of the Weather Bureau;
Ces rapports sont publiés en nombre qui varie de 3,000 à 150,000 exem-
plaires.
Le Département de l'Agriculture a donné en 1894 une liste des publications qu'il a faites de 1889 à 1893. Elles sont au nombre de 525 et elles
ont été éditées à 8,038,887 exemplaires ; l'impression a coûté 270,149 dollars. Ces publications ont été presque toutes distribuées gratuitement.
Voir *List of publications of the U. S. Department of agriculture for the five
years* 1889-1893 *inclusive*, published by the authority of the Secretary of
Agriculture, 1894.
Le Département de l'Agriculture a été doté en 1891 d'un budget de
$ 2,320,153 (11,948,756 francs) dont $ 879,753 (4,398,765 francs) étaient
affectés au Weather Bureau rattaché en janvier 1891 à ce département.
Il a reçu, de plus, pour l'encouragement des collèges d'agriculture,
$ 1,214,000 (6,270.000 francs) votés en deux fois (bills Morrill) et $ 708,000
(3,640,000 fr.) pour les stations d'expérience (Experiment stations) ; en
tout $ 4,242,153 (21,810,765 francs). Cette somme ne comprend pas la
dépense des impressions qui sont faites par le Government Printing Office,
et pour lesquelles il a été alloué, en 1891, $ 400,000 (2,060,000 francs).
Nota. — Le signe $ signifie dollars.

Le service de la statistique, qui s'est étendu surtout depuis 1881, compte aujourd'hui 60 employés. En 1892, 15,000 reporteurs réguliers et 125,000 fermiers lui ont fourni des renseignements. Il a répondu aux demandes d'un nombre considérable de cultivateurs, qui comprennent maintenant, dit M. Dodge, l'utilité et la nécessité d'informations promptes, complètes, exactes sur les faits et les méthodes de l'agriculture, sur la production et la distribution des produits, sur les prix et les marchés. Il publie, à 125,000 exemplaires, un tableau général de la récolte destiné exclusivement aux fermiers; à 20,000 exemplaires une feuille mensuelle, destinée principalement aux « reporteurs » de l'agriculture et à la presse. Il publie, en outre, à des époques indéterminées, des mélanges et des cartes avec diagrammes destinés principalement aux écoles et aux instituts de fermiers.

Sources d'information. — Le Statisticien ne procède pas par de simples additions des chiffres recueillis; il établit ses estimations sur les renseignements de ses correspondants, dont il n'admet les données qu'après un examen critique. Dans son dernier rapport il ne craint pas de dire que le système de statistique des récoltes, qu'il a mis en pratique au Département de l'Agriculture, est le mieux organisé et le plus large qui soit connu dans le monde. « Il serait insensé, ajoute-t-il, de prétendre qu'il est parfait; il peut être amélioré, mais, en le modifiant, on risquerait de l'altérer. » Il compare les résultats obtenus par le Census décennal et ceux que son service publie.

Le Census est une source très importante de renseignements; il fournit depuis 1850, sur l'économie rurale,

des notions qui ne se trouvent nulle part ailleurs. Mais le
recensement n'a lieu que tous les dix ans. On a opposé
quelquefois ses chiffres à ceux du Département de
de l'Agriculture. Ni les uns ni les autres ne résultent
d'un relevé directement fait dans toutes les fermes. Le
Census fait prendre seulement, sous le contrôle d'un
agent spécial (¹), des types représentant dans chaque
comté le quart environ des récoltes et une bien moindre
proportion des surfaces cultivées. Malgré le grand appa-
reil dont il dispose, il est loin, dit M. Dodge, de fournir
des résultats à l'abri de tout reproche. Les deux derniers
Census entièrement publiés, celui de 1870 et celui de
1880, ont, grâce à la direction du général Fr. A. Walker,
la réputation d'être supérieurs aux précédents. Néanmoins celui de 1870 avait omis 18 p. 100 de la récolte
du coton (²), qui est une des plus importantes des États-
Unis. Celui de 1880 a trouvé 1,754 millions de boisseaux
pour la récolte de maïs de 1879, et le Département de
l'Agriculture, 1,548; il a compté 47,682,000 têtes de
porcs et le Département de l'Agriculture 34,034,000.
(Le lecteur trouvera plus loin deux tableaux dans
lesquels ces différences sont comparées.) Beaucoup de
petites récoltes, ajoute M. Dodge, sont omises dans le
Census (³).

(1) Au Census de 1880, l'agent spécial pour les céréales a été le professeur W.-H. Brewer, de New Haven (Conn.). M. J.-R. Dodge a été
agent spécial pour les vergers, le tabac et le houblon. En général, les
renseignements statistiques sur l'agriculture sont recueillis par les recenseurs de la population, au moment où ils font leur tournée dans leur
district (Voir *Compendium of the tenth Census*, t. I, p. xxxi).

(2) En 1880, le Census a dû procéder, pour rectifier ses chiffres, à un
second recensement du coton (*Annual Report,* 1892, p. 465). A la p. 405,
le Statisticien évalue l'omission à 17 p. 100 au lieu de 18.

(3) Un gouverneur du Wisconsin, qui avait été recenseur en 1870, écrivait à M. Dodge que le Census ne pouvait pas donner exactement la

« Les enquêtes de statistique sont récentes, particulièrement celles de l'agriculture, dit-il. La masse
des fermiers voyait avec défiance toutes les enquêtes
du gouvernement, craignant une aggravation d'impôt.
C'était la règle générale dans les pays monarchiques.
On pouvait espérer mieux dans une république. Cependant il reste en Amérique beaucoup de défiance de ce
genre; le préjugé contre toute immixtion gouverne-
mentale dans les affaires privées persiste, et on ne comprend pas assez le grand avantage qu'il y a à posséder
des renseignements exacts sur la production et la distribution des denrées agricoles. La presse a plus d'une
fois encouragé ce préjugé et méconnu l'utilité de la statistique (¹). »

Il y a aux États-Unis une troisième et une quatrième
source de renseignements officiels sur l'agriculture. La
troisième consiste dans les enquêtes et publications que
font plusieurs États par leurs bureaux d'agriculture ou
par leurs bureaux de statistique du travail; ces publications contiennent souvent d'intéressants renseignements.
La quatrième consiste dans les déterminations de la
superficie de production et de la valeur que sont chargés de faire les assesseurs des taxes; ce sont aussi des
documents à consulter, mais qui paraissent plus entachés

production du lait, parce qu'il n'y avait pas 1 fermier sur 100 capable de
dire combien de livres de beurre il avait fait dans l'année.

(1) M. Dodge dénonce comme dommageable aux intérêts des agriculteurs l'absence ou l'imperfection des renseignements statistiques qui ont
souvent pour cause les réticences ou les fausses déclarations de ces
mêmes agriculteurs : " The fatal error of suppressing crop statistics, or
manipulating or misinterpreting them as a price tonic, has had an
expensive object lesson. Farmers can only deceive themselves by attemp-
ting to deceive the commercial world in the matter of crop production.
They need to know the truth and can not be harmed by its proclamation,
but usually will be by its suppression " (*Report of the Statistician for* 1892,
p. 435).

d'inexactitude que le Census. Parmi les États les plus
avancés en matière statistique, plusieurs s'inquiètent
médiocrement de l'agriculture qui n'est pas leur principale source de richesse, et, parmi les États agricoles,
il n'y en a jusqu'ici qu'un nombre restreint qui aient
fait un effort suffisant pour parvenir à la correction (¹).
C'est surtout par omission que pèche la statistique des
États manufacturiers; les totaux qu'ils donnent pour
leurs récoltes principales sont en général de 5 à 10 p. 100
et plus au-dessous des totaux du Census; quelquefois la
différence s'élève pour les récoltes secondaires à 20,
même jusqu'à 50 p. 100. Les comparaisons faites sur la
récolte de 1879 (celle dont le Census de 1880 donne les
résultats), ont prouvé (²) que, dans certains États situés
à l'est du Mississipi, les chiffres des assesseurs étaient
invariablement plus faibles que ceux des recenseurs
et qu'au contraire la plupart des États situés à l'ouest
du Mississipi ont une tendance à amoindrir les superficies cultivées et à exagérer les quantités récoltées.
Cette « tendency to booming production », ainsi qu'on
dit, est rendue manifeste par la comparaison suivante
pour le Dakota en 1879.

	RENDEMENT EN BOISSEAUX PAR ACRE (³) D'APRÈS :	
	la statistique des assesseurs.	le recensement.
Maïs.	28,03	17,41
Blé..	10,31	8,64
Orge.	17,41	10,99

(1) The most defective and unsleading agricultural statistics extant
are the assessors returns of States, as published by local authorities (*Report of the Statistician of the Dep. of Agriculture*, 1892, p. 464).
(2) *Report of the Statistician for* 1892, **p. 465.**
(3) *Report....* p. 467.

Le Dakota, qui a beaucoup de terres à vendre, aimait alors à donner une idée favorable de la fertilité de son sol.

Depuis que ce territoire a été érigé en deux États (1889), le South Dakota n'a pas fourni de statistique officielle, parce que la législature n'a pas voté de fonds pour ce service (¹); dans le North Dakota, le service organisé en novembre 1889 a commencé par publier des recensements que le Commissaire déclare insuffisants à cause de la négligence ou de la mauvaise volonté des fonctionnaires à les fournir (²).

Conformément à la loi de l'État, les assesseurs du North Dakota dressent le tableau des superficies cultivées, une première fois au printemps après les semailles et une seconde fois après les récoltes. Les fermiers ont une tendance, la première fois, à exagérer les superficies, et, la seconde, à réduire les superficies et à exagérer les récoltes, surtout quand elles sont bonnes; car ils ont au contraire une tendance dont il est facile d'apercevoir la raison, à amoindrir les mauvaises ré-

---

(1) Voir *Tenth annual Report of the trade and commerce of Minneapolis Chamber of commerce*, 1892, p. 118.

(2) « Probably, dit le Commissaire, less than half of the assessors of the State fully perform this part of their duties, while many of those that desire to do so are prevented by the refusal of farmers and others to give the necessary information, under the mistaken impression that the figures are used by grain gamblers in their speculations. »

Le passage suivant, extrait du même rapport (*First Report of the Commissioner of Agriculture and Labor to the Governor of North Dakota*, 1890, p. 9) mérite d'être cité en entier.

« As still another evidence of the untrustworthiness of the returns, even when apparently correct on the face, the case of Americus township, Grand Forks county, may be cited. Although one of the most populous and best developed towns in that county, the assessor reports that there are in the town but 1,665 acres under cultivation, that the total cash value of the farms and improvements is but $ 13,500, that but 885 acres of wheat was raised in 1889 and not an acre in 1890; that the entire town in 1889 raised 424 bushels of potatoes, and in 1890 sowed 186 acres of oats and 80 acres of barley. The same assessor in his regular returns

coltes. Les superficies ainsi constatées sont en général
inférieures à celles que donne le Département de l'Agriculture. Le Commissaire, qui met en œuvre ces données,
les renvoie, pour vérification, dans le comté lorsqu'elles
présentent des différences notables, pour établir la production et le rendement par acre ; il compulse les renseignements fournis par sept ou huit cents correspondants. « Dans tous les États, dit-il, le peuple a besoin
d'être formé au travail de la statistique et il y a sous ce
rapport un progrès marqué depuis quelques années. »
Il s'efforce de convaincre les fermiers que la statistique
ne sert pas, comme ils le croient, les intérêts des mono-
poleurs qui ont des moyens plus rapides d'information,
mais sert leur propre intérêt en les tenant au courant des
récoltes et en les habituant à se rendre à eux-mêmes
compte de leurs propres opérations. « Les enquêtes de
la statistique produiraient un bien immense à l'État si

to the county auditor for 1890 gives a very different report. The same
man at the same time reports the various matters of his town as follows :

	For Statistics	To the Auditor
Value of farms and improvements. . . .	$ 13,500	$ 81,910
Number of horses.	52	370
Number of cattle.	52	408
Number of mules and asses.	0	32
Number of sheep.	2	32
Number of hogs.	12	156
Value of farming machinery..	$ 795	$ 1,832
Number acres in wheat in 1890.	0	4,010
Number acres in oats in 1890.	186	651
Number acres in barley in 1890	80	270
Number acres in corn in 1890.	1	10
Number acres in other crops in 1890.. .	28	227

« How much of this discrepancy may be due the assessors's not waiting
till the books for statistics were ready is not known, but the above are
his figures, returned without explanation, and they are a part of the official figures from which the statistics for Grand Forks county are made
up. How many more such reports are passed for accurate work there is
no means of knowing without extensive investigation. »

elles excitaient la population à tenir des comptes réguliers (¹). »

Dans le Michigan, on a constaté une anomalie considérable entre le rendement du maïs (28,94 boisseaux à l'acre) d'après le Census, et le rendement (44,46) d'après les assesseurs ce qui provient peut-être de ce que les uns mesurent en grains et les autres en épis.

« Ce qui manque le plus aujourd'hui à la statistique, dit M. Dodge, c'est l'éducation des fermiers, » et il voudrait qu'une loi punît les négligences et les déclarations frauduleuses. Une pareille pénalité nous paraîtrait d'une application difficile en France ; en Amérique, les mœurs sont autres, et d'ailleurs la proposition de M. Dodge n'est que le vœu d'un statisticien zélé.

Les statistiques agricoles de tous les pays sont sujettes à des imperfections du même genre, parce qu'elles résultent non d'un recensement direct, complet et individuel, comme le recensement de la population, mais d'un calcul par estimation dont la qualité se mesure à la bonne foi de ceux qui fournissent les données premières et à l'intelligence de ceux qui les contrôlent et les mettent en œuvre. Je pense — et j'ai souvent dit — qu'en France les évaluations sont probablement, sauf exception, plutôt au-dessous qu'au-dessus de la réalité, parce qu'il y a beaucoup d'agriculteurs qui s'imaginent avoir intérêt à dissimuler par crainte de quelque impôt, ou par désir d'exercer une influence sur les prix. C'est ainsi qu'en 1882 la statistique annuelle du ministère de l'Agriculture accusait une récolte de 122 millions d'hectolitres,

_____

(1) *Special report of the Commissioner of Agriculture and Labor to the Governor of North Dakota, for the year* 1893.

tandis que la statistique de l'Enquête décennale, résultant d'une étude plus approfondie, en a accusé 129.

J'ajoute que le système français, tel particulièrement qu'il a été appliqué pour la statistique décennale de 1892, avec ses questionnaires remplis dans toutes les communes et contrôlés le plus souvent par les commissions cantonales et avec le concours des professeurs d'agriculture, paraît fournir, surtout quand les résultats ne se font pas trop longtemps attendre, les éléments d'une approximation meilleure que le système américain dans son état actuel.

Ce système comprend donc quatre espèces d'informations de source officielle : 1° celles des assesseurs qui sont le plus exposées à subir les influences perturbatrices de la politique locale et des intérêts économiques du moment; 2° celles des bureaux de statistique du travail et des bureaux d'agriculture des États, dans les publications desquels sont souvent comprises des données fournies par les assesseurs; 3° celles du Census qui ne sont relevées que tous les dix ans; 4° celles du Département de l'Agriculture qui sont publiées tous les ans et qui paraissent se rapprocher le plus de la vérité.

Ces publications officielles, complétées par les travaux des agronomes (¹), sont des mines abondantes de matériaux et de renseignements de nature et de valeur diverses. Elles permettent d'exposer, dans la mesure d'approximation que la matière comporte, l'état de l'agriculture aux États-Unis, et de juger des progrès qu'elle a accomplis dans la seconde moitié du xix siècle (²).

---

(1) Voir, parmi les publications qui donnent un résumé des progrès de l'agriculture, l'*American Agriculturist*, january 1892, *semi-centennial issue.*

(2) Je complète la bibliographie de l'agriculture en donnant, d'après

II

L'ÉCONOMIE RURALE (¹)

Fermiers d'autrefois. — On pouvait voir à l'Exposition de Chicago quelques souvenirs de la vie des fermiers d'autrefois, leurs grandes cheminées encadrées de briques ou de bois, leur rustique et lourde batterie de

M. J. B. Veblen, professeur à l'Université de Chicago, la liste des principaux ouvrages autres que les publications du Département de l'Agriculture et des bureaux d'agriculture des États :

OETKEN (Fr.). *Die Landwirthschaft in den Ver. Staat. v. N. A.* Berlin, 1893, Paul Parey, 8 vo. p. 848.

HILGARD (E. W.). *Alkali Lands, Irrigation and Drainage in their Mutual Relations.* (Pub. of the Univ. of Cal. Coll. of Ag., Experiment Station.)

ALLEN (Lewis F.). *American Cattle; this History, Breeding and Management.* N. Y. 1868.

AUSTIN (H.). *The Laws concerning Farms, Farmers and Farm laborers, together with the Game Laws of all the States.* Boston, 1886, Clas. C. Soule.

BREWER (W. N.). *History of Agriculture* (X. Census, vol. on Ag. p. 131).

HARRINGTON (Mark W.). *Death Valley of California.* (Weather Bureau, Bulletin, Vol. 1.)

FLINT (Ch. L.). *Grasses and Forage Plants.* N. Y., 1858.

HILGARD (E. W.). *A Report on the Relations of Soil and Climate.* (U. S. Weather, Bureau, Bull. No. 3).

HYDE (Alexander). *Agriculture; Twelve Lectures on Agricultural Topics delivered before the Lowell Institute.* Boston, Harford, Conn. 1871 : Ann. Pub. 12 mo. p. 372.

JOHNSTON (J. F. W.). *Notes on North America : Agricultural, Economical and Social.* Boston, 1851 : Little and Brown. 2 vol. 8 vo. pp. xvi-415, xii-512.

KNAPP (G. F.). *Die Landarbeiter in Knechtschaft und Freiheit.* Vier Vortrage. Leipzig, 1891, Duncker et Humblot. 8 vo. p. 93.

SENATE COMMITTEE, session of 1888, 8 vol. p. 310 ouv. Farms of four acres N. Y., 1865.

PRIME (J. K.). *Model Farms and their Methods.* Chicago, 1881. A. Knorbel et Co.

RUSSELL (Robert). *North America; its Agricultura and Climate,* Edinburgh, 1859, A. and C. Black. 8 vo. p. 390.

SHOSAKI-SATS. *History of the Land System of the United States.* [J. H. U. Studies] Baltimore, 1886, N. Murray (Agent). 8 vo. p. 181.

MILTON WHITNEY. *Soils, Physical Properties of, in Relation to Moisture and Crop distribution.* Weather Bureau, Bull. No. 4.

THOMAS (John J.). *Farm Implements and Farm Machinery.* N. Y. 1869 (Orange Judd and Co, 12 no. p. 302).

WHEELER (Gervase). *Rural Homes.* N. Y., 1859.

WHITMAN (E. A.) and LEESON (J. R.). *Flax culture in the United States.* Boston, 1888,

WALKER (Francis A.). *American Agriculture* (monograph in Xth. Census of the United States).

(1) Les monnaies et mesures américaines ont été, quand il y avait lieu, traduites en monnaies françaises dans ce mémoire, à raison de 5 fr. 15 pour 1 dollar (le pair est de 5 fr. 34; le change est en ce moment de

cuisine, leur chaudron suspendu à la crémaillère, le
rouet de la mère et la grande chaise à bras où s'asseyait
le chef de la famille, près de l'âtre. C'était le temps où
la fermière battait le beurre dans une baratte en bois,
où un ouvrier non nourri se contentait d'un salaire
de 33 à 50 cents par jour, une servante de 50 cents par
semaine (¹), un garçon de ferme de 4 à 5 dollars par
mois (²), où le fermier labourait son champ avec une
pesante charrue de bois munie d'un fer grossier et, rou-
tinier comme l'avaient été ses pères, traitait avec dédain
de « book farming » les brochures que les premières
sociétés d'agriculture essayaient de répandre.

« Il y a un demi-siècle, dit M. J.-R. Dodge, lorsque les
États-Unis ne comptaient que 17 millions d'habitants (³)
dont la grande majorité vivait de l'agriculture, lorsque
le système manufacturier commençait à peine à se substituer à l'industrie domestique, lorsque l'exploitation
des mines était dans l'enfance, les neuf dixièmes du
territoire du sud étaient couverts de forêts, les plaines
au delà du Mississipi n'étaient occupées, à part quelques rares « Homesteads », que par d'innombrables
troupeaux de bisons, et l'Indien sauvage parcourait en
chassant tout l'occident du continent américain. Alors
le fermier se vêtissait d'étoffes tissées sous son toit; il
fabriquait lui-même son mobilier ou l'achetait chez le
menuisier du voisinage. Sa femme cuisait son pain dans
une rôtissoire et sa viande dans une poêle à frire au-

5 fr. 12 à Paris), 40 ares 1/2 pour 1 acre (exactement 40,46), 36 litres 1/3
pour un boisseau (exactement 36,35), 4 litres 1/2 pour un gallon (exactement 4,54), 453 grammes pour une livre (exactement 453,6). La tonne
américaine vaut 1,016 kilogrammes.
  (1) *American Agriculturist*, p. 41.
  (2) *Report of the Statistician; Farm prices in two centuries*, 1892, p. 335.
  (3) Census de 1840.

dessus du feu flambant du foyer. Il n'y avait que les familles aisées dans les États manufacturiers qui, pour se chauffer et faire la cuisine, possédassent un poêle, meuble coûteux alors. Dans ce temps-là, le calicot valait un dollar le yard ('). »

Le portrait tracé par M. Dodge est celui du petit fermier du nord. On rencontrait aussi dans cette région de grands propriétaires; mais leur existence, plus large, était simple comme celle du petit cultivateur et conforme aux mœurs générales d'un pays agricole qui avait encore peu de manufactures et ne faisait qu'un commerce restreint avec l'Europe.

Dans le sud, les mœurs étaient différentes. Les planteurs, exploitant de vastes domaines avec des troupeaux d'esclaves, menaient une existence aristocratique. Les Virginiens avaient, je ne dis pas des palais, mais de grandes demeures où ils vivaient, sinon dans les somptuosités du luxe, du moins dans l'abondance de gentilshommes campagnards. La maison de Washington à Mount Vernon, que les Américains conservent comme une précieuse relique et dont ils avaient construit la copie à l'exposition de Chicago, est un exemple de ces demeures confortables et simples. Le secrétaire actuel de l'agriculture des États-Unis, M. J. Sterling Morton, rappelait tout récemment dans un article du *Forum* que les onze premiers présidents des États-Unis cultivaient la terre (²).

(1) Le yard vaut 0ᵐ,91.
(2) En réalité, il n'y en avait que deux dont la profession fût réellement l'agriculture au moment de leur élection : Washington qui était un planteur en Virginie et Harrison qui était fermier dans l'Ohio; mais les huit premiers étaient fils de planteurs ou de fermiers et tous vivaient sur leurs terres.

Ce temps, qui a duré des siècles en France et plus de
cent ans en Amérique, n'est plus.

Ce n'est pas qu'on ne puisse trouver aux États-Unis
des demeures aussi primitives que celles des colons du
dix-huitième siècle. Il y a dans les régions de l'ouest,
dont le peuplement est récent, des maisons en planches
grossièrement jointes ou en bûches non équarries;
mais l'ameublement et les instruments de culture sont
importés de quelque grande manufacture du centre et
très différents de ceux du passé; à côté de la rustique
cabane, on aperçoit, à demi-cachées sous l'herbe et
les broussailles, des boîtes de conserves éventrées qui
attestent que les produits d'une industrie toute moderne
pénètrent dans ces solitudes.

Le Dakota avait exposé une des petites et lourdes
charrettes qui, jusqu'en 1860, ont été les seuls véhi-
cules usités au nord de Minneapolis. Quel changement!
On parcourt aujourd'hui les grandes lignes en chemin
de fer et, sur les routes qui sont encore, il est vrai, à
l'état naturel et souvent détestables quand il a plu, circulent de légers chariots à quatre roues élégamment
peints qui portent les marchandises.

Fermiers d'aujourd'hui. — « Les facilités qu'exigent
aujourd'hui nos fermiers, dit encore M. Dodge, pour les
relations sociales et pour l'éducation de leurs enfants,
l'ameublement et l'ornementation de leurs demeures,
leur équipage en chevaux et voitures et les autres raffinements de confort qui sont maintenant d'un usage
ordinaire chez les fermiers de première classe, pouvaient
à peine être rêvés en 1840, et ne sont aujourd'hui acces-
sibles, dans nos villes, qu'aux personnes jouissant d'un
large revenu. Dans le centre et dans l'est, la demeure

du fermier a complètement changé, aussi bien que sa manière de vivre. Dans les établissements nouveaux, dans
les États éloignés, les désirs sont généralement plus
modestes, et les moyens de satisfaction plus bornés,
mais partout le genre de vie a progressé immensément
depuis cinquante ans ([1]). »

M. Breuil, consul général de France à New York,
répondant au ministre qui lui avait demandé des renseignements sur les conditions générales des familles
agricoles américaines ([2]), disait, en 1881, qu'à une honnête frugalité les fermiers joignaient, dans le nord-est
et dans le centre, un confort et un luxe relatifs et que
l'on trouve seulement en Europe dans une situation plus
élevée, qu'ils habitaient des cottages généralement
propres et assez souvent élégants, séparés des bâtiments
d'exploitation, qu'il y avait un salon, « parlor », garni
d'un tapis, meublé avec une certaine recherche ; sur la
table, une Bible ; sur des rayons de la bibliothèque, des
livres, des revues, les derniers documents émanés du
« Board of Agriculture » de l'État ou des sociétés agricoles des environs.

Même dans les exploitations du « Far west » il n'est
pas rare de voir un piano ou un orgue dans le salon,
un tilbury, « buggy », et même plusieurs dans la remise,
des chevaux de maître dans l'écurie, un fourneau-poêle
en fonte dans la cuisine qui sert souvent de salle à man-
ger, un mobilier d'apparence confortable dans les pièces
du rez-de-chaussée. Des commis-voyageurs parcourent
sans cesse les campagnes, offrant au comptant ou à crédit leurs marchandises, propagateurs du luxe et démons

(1) *American Agriculturist,* p. 3.
(2) *Rapport sur l'Agriculture des États-Unis* par M. E. Breuil, p. 27.

de la tentation ; plus de la moitié des compagnons de route que j'ai eus dans les « cars », au Dakota, étaient des commis-voyageurs. Dans ces contrées, c'est d'ordinaire à la station que se trouve le village, et le village, qui ne se compose que d'un petit nombre de maisons, contient cependant toujours des magasins garnis de machines agricoles, d'outils, de provisions de ménage ; l'Américain, qui dépense facilement, achète quand il a de l'argent ; même quand il n'en a pas, il aime à élever le niveau apparent de sa fortune aussi haut que ses moyens ou son crédit le lui permettent.

En 1879, un orateur s'exprimait ainsi devant l'Assemblée agricole de la Californie : « Nos fermiers sont déréglés dans leur genre de vie, extravagants dans leurs idées et leurs dépenses ; ce qu'ils gaspillent en superfluités suffirait pour les enrichir ; quand ils ont une bonne récolte, ils changent immédiatement leur genre de vie et se bâtissent une nouvelle maison plus confortable et plus élégamment meublée, contractant ainsi de nouvelles dettes jusqu'à ce que les hypothèques aient absorbé la valeur de la ferme (1). »

Économiser la main-d'œuvre parce qu'elle est chère, produire beaucoup et vite pour arriver promptement à la fortune, telle est la visée de l'Américain en agriculture comme en industrie. Il ne cherche guère à économiser la matière ; souvent même il la gaspille, parce qu'il la trouve en abondance et qu'il faudrait trop de temps et d'argent pour en exprimer toute l'utilité qu'elle

---

(1) *Rapport sur l'Agriculture des États-Unis*, par M. Breuil, consul général de France à New York. Le passage cité est extrait du rapport spécial (p. 118) de M. Forest, consul à San Francisco. Voir, plus loin, le chapitre de la dette hypothécaire. On a pu en dire autant en France, à une certaine époque, des vignerons de l'Hérault.

pourrait fournir; c'est ainsi qu'il engraisse rarement la terre, qu'il lui demande parfois une trop longue suite de récoltes épuisantes, qu'il brûle souvent sa paille et même la filasse de son lin, qu'il abat ses forêts.

Associations. — Les Américains sont à la fois très jaloux de leur liberté individuelle et très enclins à se grouper en associations. Il y en a dans tous les États (¹), et leur nombre est considérable. Plusieurs États ont une société générale publique, « State agricultural society » et même un bureau d'État, « State Board of agriculture », qui tient des réunions, publie des circulaires et un rapport annuel. Il y a aussi des sociétés spéciales d'État : les unes pour l'horticulture, d'autres pour la laiterie, d'autres pour des cultures spéciales, comme la vigne ou le sorgho. Il y a des sociétés de comté, de «township» et autres qui sont considérées comme des auxiliaires de la « State society », reçoivent d'elle des subventions et décernent à leur tour des primes à des agriculteurs. La plupart des États agricoles organisent, par les soins de leur Société d'agriculture, une exposition annuelle, « Fair », qui est une grande solennité ; j'ai aperçu au mois de septembre 1893 celles du Missouri et du North Dakota. Il y a aussi des « Fairs » de comté, qui rappellent les comices agricoles de la France ; chaque spécialité pour ainsi dire : fruits, légumes, bœufs, chevaux, moutons, etc., a ses sociétés particulières qui, en général, dépensent beaucoup en réunions et en primes d'encouragement ; j'en donnerai un exemple en parlant du cheval. M. Breuil, dans son

(1) Il existait déjà quelques sociétés d'agriculture avant la déclaration d'indépendance ; celle de la South Carolina date de 1784 ; il s'en était fondé une à Philadelphie la même année, une à New York en 1791 ; une au Massachusetts en 1792.

rapport sur l'agriculture des États-Unis, a donné pour l'année 1879 la liste des sociétés agricoles d'État, de comté ou de district, dont le nombre était de 1,901, comptant environ 250,000 membres. A la même catégorie appartiennent les « Farmers institutes » qui sont dirigés ordinairement par un surintendant, organisent des conférences, publient des bulletins et reçoivent aussi des subventions de l'État; ceux du Missouri, par exemple, ont tenu, en 1890, une conférence générale à Saint-Louis dans laquelle étaient représentées une douzaine d'associations de ce genre désignées sous le nom de « National organisations » et comptant, dit-on, plus de cent mille membres.

Il existe aussi deux grandes associations qui embrassent tous les États-Unis, le « National farmers' congress » et l' « Association of american agricultural colleges and experiment stations ».

Le Congrès national des fermiers est une assemblée délibérative composée de délégués de tous les États, qui donne des conseils aux agriculteurs. Il tient chaque année, en novembre, une session où deux cents membres, qui comptent parmi les agriculteurs les plus riches des États-Unis, viennent de chaque État; sa douzième session a été tenue à Lincoln (Neb.), en novembre 1892; ce congrès a créé un bureau national, « National board of agriculture », à Washington, pour étudier les intérêts agricoles et veiller à ce qu'il ne soit proposé et voté aucune loi préjudiciable à ces intérêts.

L' « Association of american agricultural colleges and experiment stations »(¹), composée de délégués des cin-

_____

(1) Voir plus loin *Enseignement agricole.*

quante-sept écoles et collèges d'agriculture et des cin-
quante-trois stations d'expérience des États-Unis, soutenue par les membres de ces établissements et par des
milliers d'étudiants, est un corps scientifique qui exerce
aussi une influence sur la législation relative aux intérêts agricoles et surtout à l'éducation agricole.

Les agriculteurs, irrités contre les intermédiaires,
agents de transport ou marchands qu'ils accusaient de
les écraser par leur monopole, ont formé des sociétés
d'un autre genre, sociétés de résistance, qui se sont
jetées dans la mêlée politique. La « National grange of
the patrons of husbandry » en est une. Elle a été
fondée dans le sud après la guerre, en décembre 1867,
par M. Kelley qui porta dès l'année suivante l'institution
dans le nord. Elle a fait une fortune rapide. Les
« Granges » sont groupées par État sous la direction de
la « State grange » qui reçoivent leur direction de la
« National grange » et lui doivent une entière obéis-
sance. Les femmes sont admises au même titre que les
hommes. Dans le principe, l'association interdisait tout
débat politique ou religieux et s'occupait exclusivement
du développement intellectuel, moral et social et des
intérêts matériels des agriculteurs. Dans un de ses pro-
grammes, elle les engageait à « améliorer eux-mêmes
leur sort, à se rendre meilleurs, à encourager l'union
et la coopération ». Dès 1872, elle avait une organisation très étendue et solide; elle comptait, en 1875, un
million et demi d'adhérents et possédait des bateaux à
vapeur, des élévateurs, des magasins; dans la seule année 1893, 13,000 « subordinates Granges » ont été fondées : la crise industrielle et agricole, en faisant des
mécontents, contribuait à son succès.

Les politiciens l'entraînèrent alors dans les luttes
électorales où elle a perdu une partie de son prestige et
de ses membres. C'est néanmoins encore aujourd'hui
une très puissante société, surtout dans la Nouvelle-Angleterre et les États du Centre-Atlantique. Elle n'a pas
une allure agressive ni révolutionnaire. Cependant, dans
une assemblée tenue à Sacramento en 1890, elle dénon-
çait les charges de l'agriculture et réclamait pour le
travailleur de la terre une protection analogue à celle
dont jouit l'ouvrier des fabriques (¹). Par ses protesta-
tions contre le monopole des chemins de fer, elle a obtenu la création en 1887 de l' « Interstate commerce
commission » et un règlement sur les tarifs. A l'occasion
de son vingt-cinquième anniversaire, en 1891, elle a
demandé que le gouvernement ne donnât plus de terres
publiques aux étrangers et aux associations; elle a signalé, entre autres réformes désirables, l'augmentation
du nombre des collèges d'agriculture, des stations d'expérience, l'amélioration des routes, la prohibition de la
spéculation. Elle n'a cessé de se plaindre des intermédiaires qui, dit-elle, profitent de leur isolement pour leur
vendre cher ce que les fermiers consomment et leur
acheter à vil prix les produits qu'ils vendent. Pendant
quelque temps elle a, pour combattre ce mal, ouvert des
magasins coopératifs et employé divers modes d'achat
ou de vente en commun. Il y a des coopérations qui ont
réussi, particulièrement pour l'assurance contre l'incendie, pour la fabrication du beurre et du fromage ou
même pour la vente des fruits; mais en général, le dé-

---

(1) « Si le travailleur des usines a besoin d'être protégé, une protection
équivalente est due au travailleur de la terre. » La « National grange »
faisait allusion au tarif Mac Kinley. La dernière session, celle de 1893,
a été tenue à Syracuse (N.-Y.)

faut d'organisation et de prudence a fait échouer la plupart de ces entreprises (¹).

La « National farmers alliance and industrial union » est une autre société qui a commencé dans le sud sous le nom de « National farmers alliance » et sous la présidence de Polk. Elle a un caractère plus radical et plus agressif que la « National grange » à laquelle elle a enlevé une partie de sa clientèle. Réorganisée en 1889, elle a fondé aussi des établissements coopératifs; mais, quoique le succès ne paraisse pas non plus avoir été bien probant jusqu'ici, elle voudrait instituer de grandes coopérations par État. Elle s'est recrutée surtout dans la démocratie des fermiers de l'ouest. Sur 34 États ou Territoires dans lesquels elle a des cadres réguliers et un président, se trouvent tous les États du bassin de l'Ohio et du nord-ouest. Dans ses congrès annuels elle se plaint de la tyrannie du capital, elle demande une circulation plus considérable de papier-monnaie afin d'élever le prix des produits agricoles et d'alléger le fardeau des dettes contractées par les fermiers, l'interdiction de la spéculation sur ces produits, le rachat des chemins de fer par l'État, la défense aux étrangers de posséder des terres, la création, dans chaque comté, de greniers où les cultivateurs puissent déposer leurs grains, et obtenir de l'État

(1) Ainsi, dans le Massachusetts, il n'y avait en 1891 que 6 « Granges » sur 94 qui eussent des sociétés coopératives pour achat en commun; en 1892, que 7 sur 98 « Granges », et sur ces 7, deux seulement étaient mentionnées comme existant l'année précédente. Au nombre de celles qui subsistent on peut citer la « Cooperative Association » de Jonhston County (Kansas) qui, en 1876, avait un capital de 800 dollars et un capital, en 1892, de 100,000 avec 700 membres et de nombreuses succursales, et la « Texas cooperative Association » dont le capital est de 80,000 dollar. Le système coopératif qui parait avoir le mieux réussi consiste à charger un agent de faire les achats sur la commande donnée à la fois par un grand nombre de fermiers.

des avances sur ce gage. En 1891, elle s'est, en vue
d'une action commune sur les élections, rapprochée de
l'Association ouvrière des « Knights of Labor » (¹).

Ces deux sociétés et la « Colored alliance », qui s'est
formée parmi les gens de couleur, prétendent avoir
ensemble un total de quatre millions et plus d'adhérents. Elles ont une organisation qui rappelle à peu
près celle de la franc-maçonnerie et elles ont contribué
à former, à l'époque de la dernière élection présidentielle (1892), le « People's party » qui a réuni plus d'un
million de votes populaires (²) et qui a eu la majorité dans
quelques États nouveaux, comme le Colorado et le
Kansas. Ce « People's party » réclame l'exploitation des
chemins de fer par l'État, l'augmentation de la monnaie,
l'impôt progressif, l'interdiction de la propriété foncière
aux étrangers et aux associations de spéculateurs, la
prohibition des marchés à terme, la faculté de déposer
des récoltes dans des magasins de l'État et le prêt à
1 p. 100 d'intérêt sur ces dépôts à l'aide d'une émission de
papier-monnaie. Les courants d'idées réformatrices ou
socialistes qui circulent dans la démocratie agricole des
États-Unis n'ont pas moins d'intensité que ceux qui se
produisent dans la démocratie des fabriques.

Toutefois ces sociétés ne se bornent pas à une agitation politique. Elles ont aussi une action éducatrice;
elles ont fondé un nombre considérable de cours et conférences. L'Alliance a institué des leçons hebdomadaires
de science politique. Récemment la « Grange » a décidé
qu'elle proposerait à ses loges des sujets de discussion

(1) Voir *Choses d'Amérique* et *Les États-Unis contemporains*, par
Cl. Jannet, 4ᵉ édition.
(2) 1,041,028.

sur la monnaie, les banques, les associations, les tarifs. Un service de presse qui s'adresse à un millier de journaux a été institué pour répandre les projets de réforme agraire.

Progrès de l'outillage. — On raconte que Ch. Newbold, du New Jersey, avait fait breveter, en 1797, une charrue en fonte de fer, mais que cette charrue était lourde, incommode, et que le préjugé qu'elle empoisonnait la terre retarda longtemps l'emploi d'engins de ce genre. Cependant, en 1840, on commençait à voir de nouvelles charrues dans l'est. Abed Hussey à Cincinnatti et Mc Cormick en Virginie commencèrent bientôt à améliorer le matériel agricole; la Société d'agriculture de l'État de New York ouvrit à Buffalo, en 1848, un concours de moissonneuses et de faucheuses qui a fait époque en Amérique. La moissonneuse est d'invention écossaise; mais les Américains l'ont perfectionnée et dès 1851 l'importance de leurs machines attira l'attention des agronomes européens à la première exposition universelle de Londres; les Américains n'avaient rien à apprendre aux Anglais qui les avaient précédés de plus de dix ans dans cette voie; mais ils étaient en avance sur les nations du continent. Cependant, dans le nord et le sud, on n'a connu longtemps encore que la charrue faite par le forgeron du village et, jusque vers 1860, les fermiers de la Nouvelle-Angleterre sont restés convaincus que leur sol granitique était trop rugueux pour que la moissonneuse et la faucheuse y fussent employées avec avantage.

Elles le sont aujourd'hui. C'est en 1884 qu'on a vu en Louisiane, pour la première fois, une moissonneuse; il y en avait trois mille en 1893. Dans l'ouest, l'introduction des machines a été le plus souvent contemporaine du défrichement.

Pendant la guerre de la rébellion, la rareté des bras a suscité de nombreuses inventions. Les moissonneuses ont commencé à être recherchées à partir de 1872. Les moissonneuses-lieuses de Mc Cormick et de Wood ont fait leur apparition vers 1875 ; on en voyait à l'Exposition universelle de 1878 à Paris dans lesquelles le fil de fer servant à lier les bottes était remplacé par une corde, modification avantageuse qui s'est répandue en Amérique depuis 1886. L'arrachage des pommes de terre se faisait autrefois avec la houe ; le fouilleur à la main (Hand Digger) a été inventé en 1879 et, en 1882, le fouilleur rotatoire traîné par des chevaux : on a ainsi économisé de plus en plus la main-d'œuvre et le temps.

A l'Exposition universelle de Philadelphie, en 1876, j'avais été étonné de la quantité et de la variété des machines agricoles de l'Amérique, de la légèreté, je dirai même de l'élégance de leur construction. Entre les deux expositions (1), il ne s'est pas produit de grandes nouveautés en ce genre, mais les machines ont reçu, sous l'aiguillon de la concurrence des constructeurs, de nombreux perfectionnements de détail, et l'usage en est devenu beaucoup plus général dans les fermes américaines, particulièrement dans les grandes fermes de la Californie. Elles font plus de travail que naguère dans le même temps et coûtent moins : ainsi, une moissonneuse-

---

(1) A l'Exposition de Chicago, se trouvaient réunis les instruments agricoles de toutes les périodes ; on en avait même fait des trophées et on voyait l'araire primitif tout en bois à côté de la charrue double Brabant à disque d'acier trempé et de la charrue de « South bend chilled Company » qui est une des plus perfectionnées.

lieuse qui était payée 320 dollars (1,648 fr.) en 1880, n'en coûtait plus que 120 (618 fr.) en 1892.

Les Américains ont des facilités particulières pour la fabrication de leurs machines : l'acier est peu coûteux, grâce au bon marché du combustible, et le noyer blanc (Hickory), résistant et élastique, fournit des membrures légères. Leurs machines, qui semblent délicates au premier coup d'œil, sont reconnues à l'usage solides et bien adaptées au travail; c'est un témoignage que j'ai recueilli de la bouche même de cultivateurs français.

Les charrues sont, les unes à une raie, tirées par trois chevaux, les autres à deux raies tirées par quatre ou cinq chevaux. Le laboureur marche à côté de l'attelage ou est assis sur un siège, étroit, mais commode et suspendu sur ressort. Beaucoup de charrues portent, au lieu du coutre rectiligne, un coutre circulaire en acier qui coupe facilement la terre. Il y a aussi de grandes charrues à six raies mues par une locomotive routière; toutefois celles-ci sont peu usitées. Dans quelques grandes exploitations, on peut voir dix charrues et plus s'avançant de front sous la direction d'un surveillant à cheval et traçant un seul sillon dans leur journée; le lendemain elles reviennent et labourent en sens inverse. Je n'ai pas vu de charrue à la vapeur dans les champs que j'ai traversés et on m'a dit que l'usage en était peu répandu; mais à l'exposition de Chicago, on a fait fonctionner une locomotive à vapeur de 15 chevaux, munie d'une roue fouilleuse qui projetait la terre en arrière à 7 mètres de distance et à 5 mètres de hauteur : machine qui paraît médiocrement pratique.

Les semoirs automatiques sont devenus d'un usage très général; on ne se sert guère que du semoir à la volée, qui, lançant la semence sur une large surface, en perd davantage, mais fait la besogne plus vite. On a imaginé des semoirs de maïs à deux roues, avec siège pour le conducteur, qui déposent régulièrement les grains à un mètre de distance en longueur et en largeur. Les herses à double série de disques coupants ou dentelés, les scarificateurs niveleurs, les charrues à biner ou à déchaumer sont améliorés. Les pulvérisateurs commencent à se substituer à la herse; on ne herse d'ailleurs pas toujours en Amérique après les semailles.

Les moissonneuses les plus usitées ressemblent à celles qui sont employées en Europe. Il y a d'ailleurs des types divers. On recommence à employer des machines munies d'une grande scie, et non tirées, mais poussées par quatre chevaux attelés derrière la scie, comme l'était la première moissonneuse de Bill; on veut éviter, grâce à cette disposition, que les chevaux ne piétinent les épis (1); une toile sans fin porte les tiges à mesure qu'elles sont coupées dans un chariot et le chariot, quand il est rempli, les porte à la batteuse. Dans les terrains plats de l'ouest, une machine peut faucher et botteler le blé sur 20 à 30 acres (8 à 12 hectares) dans la journée. Dans les faucheuses-lieuses, comme je viens de le dire, on préfère beaucoup aujourd'hui la corde au fil de fer dont il restait quelquefois dans la paille des fragments dangereux pour les animaux. D'ordinaire les batteuses sont mues par des locomotives chauffées avec la paille. Les grandes fermes peuvent seules posséder cet outillage coûteux; mais dans tous les pays, particulièrement

(1) Ces moissonneuses ne sont d'ailleurs d'un bon usage que sur les terrains plats où il n'y a pas beaucoup de mauvaises herbes.

en Californie, il y a des entrepreneurs qui se transportent de ferme en ferme avec leur matériel, moissonnant, battant, quelquefois même labourant à façon (¹).

Dans les grandes fermes de l'ouest, il n'est pas rare de voir des charrues à six socs de huit pouces, tirées par huit ou dix chevaux et conduites par un homme assis sur un siège, qui labourent de 6 à 9 acres (2,4 à 4 hectares) par jour ; quelquefois, pour les cultures de printemps, un semoir et une herse accouplés à la charrue et faisant à la fois le double travail du labourage et des semailles. On peut y voir le « Combined harvester », moissonneuse compliquée et ingénieuse, mais peu usitée et peu pratique au dire des agronomes, qui est tirée par vingt ou trente mules et dirigée par quatre hommes, coupant le blé sur une largeur de 16 à 40 pieds, en même temps, le battant, l'ensachant, et opérant ainsi sur 35 acres (14 hectares) et plus par jour ; on prétend qu'elle procure une économie de 40 p. 100 sur les machines simples (²) ; mais on lui objecte que le blé, devant être coupé un peu avant la pleine maturité pour éviter l'égrenage, n'est pas prêt pour un battage immédiat. Les Américains, qui ont l'esprit ingénieux pour inventer des machines et très éveillé pour s'en servir, ainsi qu'une très grande confiance en eux-mêmes (³), sont aussi très

---

(1) Au nombre des machines qui se trouvaient à l'exposition de Chicago, on peut citer les semoirs d'engrais, les faneuses, les pressoirs, les concasseurs de grains, les écrémeuses centrifuges.

(2) *California and its resources*, 1893, p. 115.

(3) Voici un témoignage entre autres, qui atteste cette confiance. « At present, dit le commissaire du travail de l'État de Californie, à propos de l'outillage des fabriques de sucre, the machinery used in the factories is brought from Germany and the skilled workmen to operate it are also importations, but it will not be many years before the ingenious American inventor will be labor saving in beet sugar making. » *Biennial report of the bureau of Labor Statistics*, p. 22.

portés à en faire, dans leurs prospectus, de pompeuses réclames avant que l'expérience ne les ait justifiées.

On s'ingénie à déloger le travail des bras de tous les recoins de la culture ; c'est ainsi qu'on voyait à l'exposition universelle de Chicago une machine à récolter le maïs, une machine à repiquer le tabac, une machine à décortiquer le riz, et bien d'autres encore. Comme on n'en a pas encore pour le sorgho qui exige beaucoup de main-d'œuvre, on a proposé d'envoyer dans le champ des porcs qui couperaient les tiges et qui mangeraient les feuilles, en respectant probablement le grain.

Les Américains ont plus le goût des machines que le soin de leurs machines. On leur reproche de les laisser souvent se rouiller en plein air l'hiver, reproche qu'on pourrait adresser aussi à certains cultivateurs européens. Comme la main-d'œuvre est très chère et que les mécaniciens manquent ordinairement au village, beaucoup de fermiers renvoient l'hiver leurs machines avariées au fabricant qui les répare ou leur en fournit de nouvelles.

En parlant des machines agricoles, on doit mentionner les moulins à vent qui sont d'un usage général en Amérique ; aussi en voyait-on un nombre et une variété considérables à l'exposition de Chicago. Ces moulins, dont le disque à ailettes utilise tout le vent, non seulement montent l'eau du puits et remplissent les abreuvoirs, mais battent le beurre, écrasent le maïs, etc.

Les machines américaines sont aujourd'hui renommées dans le monde entier : en 1890, les États-Unis en ont exporté pour 3,859,000 dollars (19,872,000 fr.). « Elles ont, écrit M. Dodge, épargné aux fermiers presque tout travail pénible, réduit le nombre des heures de travail, accru considérablement la productivité. »

La valeur de l'outillage des fermes américaines est enregistrée à chaque recensement décennal par une estimation vague sans doute, mais instructive par sa progression. Cette valeur était de 151 millions 1/2 de dollars (780 millions de fr.) en 1850 et de 406 millions 1/2 (2,093 millions de francs) en 1880.

La valeur des outils et machines de l'agriculture fabriqués aux États-Unis est relevée aussi tous les dix ans par le Census. Elle était de 7 millions de dollars (36 millions de francs) en 1850, de 18 en 1860, de 54 en 1870, de 68 en 1880 [1], et de 81 (417 millions de francs) en 1890 [2]. Le rapide progrès accompli de 1860 à 1870 correspond à l'impulsion que l'agriculture et la colonisation du Far West ont reçue après la guerre de la rébellion [3].

Le professeur d'économie politique de l'Université du Minnesota, M. Folwell, me disait que depuis quarante ans il avait vu s'opérer dans les outils à la main le même perfectionnement que dans les machines, et il pense que la qualité de l'outillage est une des causes du taux élevé

[1] Le recensement de 1890 a enregistré 910 fabriques d'outillage agricole (agricultural implements), ayant une valeur totale de 145 millions de dollars, employant 42,514 personnes et ayant produit dans l'année une valeur de 81,271,000 dollars.

[2] On trouve dans le Census (*Compendium of the tenth Census*, p. 1098) le détail des instruments fabriqués en 1879, dont la valeur totale était de 68,640,486 dollars (353,502,000 fr.).

[3] Voici, comme terme de comparaison, la statistique de la machinerie agricole en France d'après l'Enquête décennale de 1882 sur l'agriculture. La France possédait en 1882, 9,288 machines à vapeur fixes ou locomobiles, 3,267,187 charrues à un soc ou à plus d'un soc, 195,410 houes à cheval, 211,045 machines à battre, 29,391 semoirs mécaniques, 19,147 faucheuses mécaniques, 16,025 moissonneuses mécaniques, 27,364 faneuses et râteaux à cheval. La valeur totale était de 1,300 millions de francs.

des salaires. J'ai remarqué en effet que les outils sont
en général variés et bien maniables, adaptés à leur usage
et je partage l'opinion de M. Folwell. J'ajoute que, si
l'outillage perfectionné explique les hauts salaires, les
hauts salaires à leur tour stimulent le perfectionnement
de l'outillage. Avec un bon outillage on fait une meilleure besogne ; on la fait plus vite et on peine moins.

L'outillage profite à l'ouvrier, au fermier, à la fermière
et n'est assurément pas étranger au progrès du bien-être
dont j'ai parlé plus haut. Un agronome américain,
M. Stewart, expose les avantages des nouvelles fabriques
de beurre en termes qui peignent bien un des côtés
des mœurs actuelles et des aspirations de la ferme. « Au
temps, dit-il, où le beurre et le fromage étaient des
produits tout domestiques, la maison était construite et
aménagée en vue de cette fabrication, et la laiterie ab-
sorbait le temps du point du jour jusqu'au soir. Maintenant tout est changé. La fermière est dispensée de ces
soucis ; ses filles n'ont plus à s'occuper des vaches, de
la traite et de la baratte. Ce sont des hommes qui font
tout cela et, quand le lait est envoyé à la crémerie, leur
beurre est terminé. On obtient par là un grand résultat :
affranchissement d'un travail fatigant et profit plus rémunérateur, suppression de soins embarrassants, facilités
pour la culture de l'esprit et pour une meilleure éducation de la famille, élévation du fermier, de sa femme et
de ses enfants dans une sphère plus haute, avantages
qui font de plus en plus de la vie rurale une condition
bénie comme elle l'est réellement. »

Enseignement agricole. — L'État de Michigan est le
premier qui ait eu une école d'agriculture : le « Michigan
state agricultural college » fut créé, en vertu d'un

article de la Constitution de 1850, par une loi de 1855 et ouvert à Lansing en 1857 (¹). Le « Maryland agricultural college » fut fondé par souscription privée, peu de temps après, ainsi que des établissements similaires à Cleveland (Ohio) et près de Cincinnati. Quelques universités, comme Yale, possédaient des chaires d'agriculture. L' « Agricultural college of Pennsylvania », projeté dès 1853, doté d'abord par la Société d'agriculture de l'État, commença à fonctionner en 1859. Pendant la guerre civile, le gouvernement, comprenant l'importance qu'il y avait à développer par l'agriculture la population libre et le peuplement, rendit en 1862 trois lois, la première autorisant l'occupation gratuite des terres publiques par « Homestead », la seconde créant le Département de l'Agriculture, la troisième dotant les collèges d'agriculture. Cette dernière, dite « Land grant act », et souvent « the first Morrill act », du nom du sénateur du Vermont qui en a été le promoteur, promulguée le 2 juillet, accordait à chaque État autant de fois 30,000 acres de terre qu'il avait de sénateurs et de députés, à condition d'employer le revenu de ces terres à l'entretien d'un collège dans lequel seraient enseignés l'agriculture et les arts mécaniques (²). En 1880, ces collèges d'agriculture, qui sont désignés sous divers noms, « Agricultural college », « College of agriculture and mechanics arts », etc., et qui presque tous possèdent une ferme d'expérience, étaient au nombre de 42. Quelques années après, une loi dite « Hatch experiment

---

(1) Le Collège fut doté du prix de terres publiques mises en vente, en outre, d'une somme de 40,000 dollars et d'une ferme d'environ 700 acres avec ses bâtiments.

(2) Les terres devaient être vendues et le prix de la vente devait être placé à 5 p. 100 au moins.

station act » dota les collèges d'un fonds pour l'établissement de stations d'expériences ; une autre accorda la franchise postale à leur correspondance ; une troisième, « Additional endowment of 1890 », leur donna un supplément de subvention : 25,000 dollars par an pendant dix ans pour chaque État ou Territoire (¹). En 1893, il y avait soixante écoles de ce genre (²), les unes

(1) Ces sommes sont données à la condition suivante : « To be applied only to instruction in agriculture, the mechanics arts, the english language, and the various branches of mathematical, physical, natural, and economic science, with special reference to their applications in the industries of life, and to the facilities for such instruction. »

(2) Liste, en juin 1893, des collèges d'agriculture et d'arts mécaniques qui recevaient des subventions du gouvernement national. (Extrait du *Report of the commissioner of education for the year* 1890-91, p. 581.)
Les collèges fondés pour les gens de couleur sont marqués de *.

ÉTATS	NOM DE L'INSTITUTION	LOCALITÉS
Alabama.	Alabama Polytechnic Institute.. . .	Auburn.
	State normal and Industrial School*.	Normal P. O.
Arizona.	University of Arizona. —Agricultural College.	Tucson.
Arkansas.	Insdutrial University.	Fagetteville.
	Branch Normal College *..	Pine Bluff.
California.	University of California. — Agricultural College.	Berkeley.
Colorado.	State Agricultural College	Fort Collins.
Connecticut.	Sheffield Scientific School of Yale University	Newhaven.
Delaware.	Delaware College *. . . . ·	Dover.
Florida.	State Agricultural College.	Lake City.
	State Normal School*..	Tallahassee.
Georgia.	State Agricultural and Mechanical College of University of Georgia..	Athens.
	Industrial College of University of Georgia..	Savannah.
Idaho.	University of Idaho.	Moscow.
Illinois.	University of Illinois. — Agricultural College.	Champaign.
Indiana.	Purdue University.—Agricultural and Mechanical College.	Lafayette.
Iowa.	Iowa Agricultural College	Ames.
Kansas.	State Agricultural College.	Manhattan.
Kentucky.	Agricultural and Mechanical College State Normal College*.	Frankfort.
Louisiana.	State University. — Agricultural College..	Baton Rouge.
	Southern University *.	New Orleans
Maine.	State College of Agriculture and Mechanic Arts	Orono.

ÉTATS	NOM DE L'INSTITUTION	LOCALITÉS
Maryland.	Maryland Agricultural College...	Collego Park.
	Eastern Branch of Maryland Agricultural College*.........	PrincessAnne.
Massachusetts.	Agricultural College........	Amherst.
	Institute of Technology.......	Boston.
Michigan.	State Agricultural Collego.....	Lansing.
Minnesota.	College of Agriculture of University of Minnesota..........	Minneapolis.
Mississippi.	Agricultural and Mechanical College.	Agricultural College.
	Alcorn Agricultural and Mechanical Collego*...........	West Side.
Missouri.	College of Agriculture and Mechanical Arts of University of Missouri.	Columbia.
	Lincoln Institute*..........	Jefferson City.
Montana.	University of Montana........	Bozeman.
Nebraska.	University of Nebraska. — Industrial College...........	Lincoln.
Nevada.	State University. — Agricultural College...............	Reno.
New Hampshire.	College of Agriculture and Mechanic Arts...............	Hanover.
New Jersey.	Rutger's Scientific School......	New Brunswick.
New Mexico.	Agricultural Collego.........	Las Cruces.
New York.	Agricultural College of Cornell University...............	Ithaca.
North Carolina.	Agricultural College	Raleigh.
	Shaw University*..........	Raleigh.
North Dakota.	Agricultural College.........	Fargo.
Ohio.	State University. — Agricultural College...............	Columbus.
Oklahoma.	Agricultural and Mechanical College	Stillwater.
Oregon.	State Agricultural College.....	Corvallis.
Pennsylvania.	State College...........	State College P. O.
Rhode Island.	Brown University..........	Providence.
South Carolina.	Clemson College..........	Fort Hill.
	Claflin University*.........	Orangeburg.
South Dakota.	Agricultural College........	Brookings.
Tennessee.	Agricultural College of University of Tennessee.............	Knoxville.
	Department for Colored Students of University of Tennessee*.....	Knoxville.
Texas.	Agricultural and Mechanical College	College station.
	Prairie View Normal School*...	Hempstead.
Utah.	Agricultural College.........	Logan.
Vermont.	Agricultural College of University of Vermont..............	Burlington.
Virginia.	Agricultural and Mechanical College.	Blacksburg.
	Hampton Normal Institute*.....	Hampton.
Washington.	State Agricultural College and Schoole of Science.........	Pullman.
West Virginia.	University of West Virginia. — Agricultural College..........	Morgantown.
	West Virginia Institute*......	Farm P. O.
Wisconsin.	University of Wisconsin. — Agricultural and Mechanical College...	Madison.
Wyoming.	University of Wyoming. — Agricultural and Mechanical College...	Laramie.

ayant le double caractère agricole et mécanique, les autres exclusivement agricoles, affectées les unes aux blancs, d'autres aux gens de couleur, d'autres ouvertes à tous sans distinction de couleur, organisées plus ou moins complètement avec un cours d'études de quatre années (¹), quelquefois avec quelques mois de conférences seulement. Quelques-uns de ces collèges, comme celui d'Ames dans l'Iowa et celui de Minneapolis sont somptueusement installés. L'argent des subventions du gouvernement national auxquelles se sont ajoutées celles des États n'a pas toujours été bien employé et il reste encore beaucoup à faire pour répandre l'enseignement agricole.

Les stations d'expériences qui se composent de quatre à sept personnes, agriculteur, chimiste, botaniste, entomologiste, etc., sont au nombre de plus de cinquante dans vingt-quatre États, elles entretiennent une correspondance active avec les fermiers, dirigent les sessions des « Farmers institutes », contribuent largement à la publication des journaux et livres agricoles, et commencent, malgré leur imperfection et les attaques dont elles sont l'objet, à jouir de quelque popularité (²).

Le gouvernement national ajoute aux subventions

(1) Dans le « Massachusetts agricultural college », les études durent, quatre années et comprennent l'agriculture, la botanique et l'horticulture, la chimie, la zoologie et l'art vétérinaire, les mathématiques, avec l'arpentage, la physique et la météorologie, les langues (latin, français, anglais, et littérature avec l'économie politique), le dessin et la composition, les exercices militaires. Dans le « Michigan agricultural college » les études durent aussi quatre années et comprennent les mêmes matières autrement distribuées et en outre, la philosophie morale, l'art forestier, la géologie, les exercices de laboratoire, etc.

(2) A la convention tenue à la Nouvelle-Orléans en novembre 1892, le président de l' « Association of american agricultural colleges and experiment stations » disait : « The agricultural colleges at first largely failed to win the confidence of the farmers, those whose interests they were especially designed to promote. » Voir *The official experiment sta-*

dont je viens de parler des encouragements en argent, en semences, etc.

J'ai visité, en compagnie de M. le professeur Ely, la ferme d'expérience de l'université du Wisconsin, son étable, sa porcherie, son jardin potager, ses terres de labour et ses prairies, dont l'installation, autant que j'ai pu en juger, m'a paru bonne. L'école d'agriculture entretient une correspondance de plusieurs milliers de lettres avec les agriculteurs qui lui demandent des conseils; elle publie des bulletins et des rapports qu'elle envoie à toute personne qui les lui demande. J'ai sous les yeux son neuvième rapport annuel et je vois qu'en 1891-92 elle a poursuivi d'intéressantes expériences sur l'élevage du mouton commun, sur la nourriture des vaches laitières et l'analyse du lait, sur la culture de la pomme de terre, de la betterave, etc.

Les grandes sociétés d'agriculture, les instituts de fermiers, les bibliothèques, les cours et conférences connus sous les noms de « Chatauqua movement » et de « University extension », contribuent à répandre des connaissances théoriques et pratiques sur l'agriculture. « Comme conséquence, dit un des professeurs du « Massachusetts agricultural college », nous trouvons en Amérique un système d'éducation agricole qui est à peu près le meilleur que le monde fournisse. » L'auteur, il est vrai, tempère l'éloge en ajoutant qu'il n'y a qu'un trop petit nombre d'agriculteurs du Massachusetts auxquels leur fortune permet de profiter de ces facilités (1).

Salaire. — L'ouvrier américain était opposé naguère

<hr>

tion record, publié tous les mois par le Secrétaire de l'agriculture; voir aussi, pour tout ce qui concerne les collèges d'agriculture, le *Report of the commissioner of education for the year* 1890-91, p. 579 et suiv.

(1) *Annals of the American Academy*, March, 1894, p. 98.

encore à l'introduction des machines : il redoutait une diminution de la demande de travail et un abaissement du salaire. Il se trompait en Amérique comme en Europe, parce qu'il bornait sa vue à la première apparence des choses, comme on le fait souvent en matière économique. L'événement a dû le détromper. Il y a cinquante ans, la moyenne du salaire des ouvriers de ferme nourris était d'environ 9 dollars (46 fr. 35) par mois; elle est maintenant (année 1892) de $ 12,54 (64 fr. 55). Pour les ouvriers non nourris, elle est de $ 18,60 (96 fr.). Le travail est devenu moins pénible et le nombre des heures de travail a diminué.

Le salaire des ouvriers non nourris se proportionne en partie au prix des denrées, mais en partie seulement; l'alimentation, quoiqu'elle forme, dans la plupart des pays, au moins la moitié des dépenses de la classe ouvrière, n'est pas tout son budget, et le mode d'alimentation lui-même varie, comme les autres dépenses, suivant le degré d'aisance : ce sont des faits constatés par l'expérience et qui sont aujourd'hui communément acceptés par les économistes dans la théorie des salaires. En Amérique la nourriture n'est guère considérée que comme le tiers de la dépense de la famille ouvrière, puisque le salaire de l'ouvrier non nourri est équivalent aux deux tiers du salaire de l'ouvrier nourri. Cette proportion du tiers au lieu de la moitié indique à elle seule que l'ouvrier est dans une condition meilleure en Amérique que dans la plupart des pays.

La moyenne générale du salaire mensuel de l'ouvrier nourri étant de 6 dollars (¹) au-dessous du salaire de

(1) M. Breuil, dans son *Rapport sur l'agriculture des États-Unis*, p. 27, estimait, en 1879, la nourriture à 7.50 dollars.

l'ouvrier non nourri d'après la statistique du **Départe-ment de l'Agriculture**, la nourriture (avec le blanchissage dans beaucoup d'États) ressort à 20 cents (1 fr.) par jour. Toutefois cette moyenne générale, comprenant des pays où le bien-être et les mœurs de la classe ouvrière sont très différents, ne suffit pas pour apprécier l'état des personnes. Ainsi, dans la Géorgie et les Caroline la nourriture est comptée pour $ 4,50 et $ 4 par mois; dans le New York et la Pennsylvanie, pour $ 8; dans le Massachusetts et le Connecticut, dans la Californie et l'Orégon pour $ 10 et $ 12. La journée de nourriture est donc estimée 17 cents en Géorgie, à 32 dans le New York, 43 en Californie et 44 dans le Massachusetts.

En 1892, le maximum de la moyenne par État se trouvait dans le Washington avec 37,50 dollars; le minimum dans la Caroline du sud avec 12,50.

Voici, par grandes régions, le salaire moyen mensuel de l'ouvrier agricole non nourri :

RÉGIONS.	1866	1869	1875	1879	1882	1885	1888	1890	1892
	doll.	doll.	doll.	doll.	doll.	doll.	doll.	doll.	doll.
États de l'est	33,30	32,08	28,96	20,21	26,61	25,30	26,03	26,64	26,64
États du centre. . . .	30,07	28,02	26,02	19,69	22,24	23,19	23,11	23,62	23,62
États du sud	16,00	17,21	16,22	13,31	15,30	14,27	14,54	14,77	14,77
États de l'ouest . . .	28,91	27,01	23,60	20,38	23,63	22,26	22,22	22,00	22,00
Californie.	35,75	46.38	41.50	41,00	38,25	38,75	38,08	35,50	35,50
Moyenne pour la totalité des États-Unis.	26,87 *	25,92 *	19,87	16,42	18,94	17,97	18,24	18,33	18,60
Soit en francs . . .	»	»	102,45	84,45	95,85	92,55	94,90	93,9	95,80

* Ces moyennes ne sont pas données dans le document américain original; elles correspondent à des prix que le papier-monnaie avait fait hausser artificiellement.

On voit ainsi que le salaire des ouvriers de ferme est élevé dans l'est, région riche et manufacturière, où la vie est chère, qu'il l'est aussi dans l'ouest, où la main-d'œuvre est généralement très rare; qu'il l'est un peu moins dans le centre et le centre-ouest, où la main-d'œuvre est plus abondante et où le salaire est à peu près égal à la moyenne générale des États qui n'ont jamais eu d'esclaves; qu'il est très bas dans le sud où les noirs, vivant de peu, dominent, et fournissent la plus grande partie de la main-d'œuvre.

L'ouvrier américain, dans la ferme comme dans la fabrique, a généralement non seulement un salaire plus fort, mais des habitudes de bien-être et d'indépendance plus grande que l'ouvrier européen ([1]). Entre sa condition et celle de l'ouvrier agricole indien, on pourrait dire qu'il y a un abîme ([2]). Le jour du repos hebdoma-

---

(1) Voici, comme terme de comparaison, les salaires agricoles en France (moyenne générale de la France et salaires de deux départements où les salaires sont bas et de deux départements où ils sont haut), d'après la *Statistique agricole de la France.*

Résultats de l'enquête décennale de 1882.

SALAIRES PAR JOUR.					CÔTES-DU-NORD.	AR-DÈCHE.	AUBE.	SEINE-ET-MARNE.	MOYENNE GÉNÉRALE DE LA FRANCE.
Ouvriers.	Nourris.	Été.	Hommes.		1,00	1,48	2,73	2,50	1,98
			Femmes.		0,68	0,88	1,65	1,40	1,11
		Hiver.	Hommes.		0,71	0,98	1,83	1,74	1,31
			Femmes.		0,48	0,68	1,08	1,07	0,79
	Non nourris.	Été.	Hommes.		1,72	2,36	4,30	4,00	3,11
			Femmes.		1,22	1,52	2,87	2,25	1,87
		Hiver.	Hommes.		1,35	1,84	2,92	2,93	2,22
			Femmes.		0,97	1,32	1,90	1,78	1,42
Ouvriers maraîchers.		Été.	Hommes.		1,97	2,08	3,65	3,92	3,10
			Femmes.		1,08	1,75	1,40	2,12	1,80
		Hiver.	Hommes.		1,74	1,63	2,80	2,96	2,38
			Femmes.		1,08	1,12	1,62	1,90	1,39

SALAIRES PAR ANNÉE.	fr.	fr.	fr.	fr.	fr.
Laboureurs.	156	235	482	610	324
Bergers.	66	130	545	653	290
Domestiques mâles.	65	100	224	300	140
Servantes de ferme.	98	150	273	368	235
Maîtres valets.	210	321	610	820	405

(2) Voici, comme terme de comparaison, les salaires agricoles d'un bon journalier par mois dans l'Inde en 1892 (*Prices and wages in India*, tenth issue 1893, p. 282 et suiv.). L'Inde est un pays important par la production et l'exportation du blé; et un de ceux où les salaires

daire, dimanche ou samedi, il n'est assujetti qu'à deux heures de travail et chaque mois il a presque partout une journée de liberté pour recevoir ses amis au « parlor ». Il est difficile de calculer exactement le rapport du salaire nominal entre deux pays ; néanmoins on peut donner une certaine notion de ce rapport en disant que par mois l'ouvrier agricole non nourri gagne 120 francs en Amérique (États du centre), 80 en France (moyenne générale pour les ouvriers non nourris en été) et environ 16 dans l'Inde (à 6 roupies 1/2 pour l'ouvrier nourri ou non, comptées au pair pour 13 schellings), soit le rapport de 15, 10 et 2 (peut-être 3 en tenant compte de la nourriture).

C'est dans l'ouest, où les mœurs sont plus démocratiques et les salaires plus élevés, que ces habitudes se remarquent le plus. M. Bryce, l'auteur de « The American commonwealth » et un des écrivains qui connaissent le mieux les États-Unis, s'étonnait du costume des femmes d'ouvriers dans la région des Rocheuses et du Pacifique. « Les trains, dit-il, sont pleins d'hommes pauvrement vêtus et parfois même (quoique rarement) grossiers ; mais on n'y découvre pas de femmes que

sont le plus bas. Le taux n'a presque pas changé dans la plupart des provinces de l'Inde depuis vingt ans. L'ouvrier indien en général n'est pas nourri, parce que la diversité des régimes alimentaires imposés par les castes et les religions rendrait l'alimentation très difficile pour un patron occupant un nombreux personnel. Toutefois les ouvriers agricoles reçoivent souvent des aliments lesquels d'ailleurs ont une valeur très minime.

Patna, 4 à 5 roupies. — Cawnpore, 3. — Delhi, 5,62. — Amritsar, 7. — Karachi, 15. — Bombay, 11. — Nagpur, 4. — Raipur, 6 à 7. * — Madras, 6.

La roupie, en 1892, ne valait guère à Londres au change en or que 1 sch. 4, soit 1 fr. 65 ; mais dans l'Inde elle n'avait pas perdu de sa valeur dans le commerce de détail et elle avait même dans la majorité des cas de la vie journalière la même puissance d'achat que lorsqu'elle valait 2 schelling à Londres.

* Augmentation subite due probablement à la construction des chemins de fer. Le salaire est resté de 1874 à 1891 à 4 roupies.

leurs vêtements ou leur allure désignent comme la femme, la fille ou la sœur de ces hommes et on se demande si la population mâle est toute composée de célibataires. Une observation plus attentive montre que ce sont leurs femmes, filles et sœurs et que leur toilette et leurs manières sont celles de ce qu'on appelle en Europe la classe moyenne et non la classe ouvrière. » Dans une petite ville de l'Oregon il se trouva chez un libraire avec une femme bien mise qui demandait une revue; quand elle fut partie, il s'informa et apprit avec surprise que c'était la femme d'un ouvrier de chemin de fer et qu'elle demandait un journal de mode (¹). L'ouvrier de la campagne ne se distingue guère à cet égard de l'ouvrier de la ville.

Néanmoins le travail agricole a ses crises et il en subit même l'influence plus fortement qu'en Europe. Le Département de l'agriculture de l'Illinois signalait une de ces crises en 1879 : « La dépression de toutes les branches de commerce pendant les dernières années a augmenté de beaucoup le nombre des hommes sans emploi dans les villes et les campagnes... Le bas prix des produits ruraux a nécessité la pratique de la plus grande économie, et les petits fermiers s'efforcent de faire leur travail par eux-mêmes... Cette pratique économique, largement répandue, a rendu très difficile, pour les meilleurs travailleurs, de se trouver de l'ouvrage même à prix réduits (²). »

La productivité du travail et l'état général de la richesse sont les deux causes qui influent le plus puissamment sur le taux du salaire réel, en Amérique comme

(1) *The American commonwealth*, III, 520.
(2) *Rapport sur l'agriculture des États-Unis*, par M. Breuil, p. 25.

en Europe; il est bon d'ajouter que la valeur intrinsèque de la monnaie courante exerce aussi une influence considérable sur le salaire nominal. On le voit en comparant dans le tableau ci-dessous les prix de 1866 et de 1869, période de papier-monnaie, à ceux des années suivantes.

En Amérique comme en Europe, les salaires montent à l'époque de la moisson (¹). Voici, sous ce rapport les moyennes pour l'ensemble des États-Unis :

OUVRIERS NON NOURRIS.	1866	1869	1875	1879	1882	1885	1888	1890	1892
Salaire ordinaire pendant l'année	1,49	1,51	1,08	0,81	0,93	0,91	0,92	0,92	0,92
Salaire pendant la moisson . . $	2,20	2,20	1,70	1,30	1,48	1,40	1.31	1,30	1,30

Les salaires varient, comme partout, suivant le genre d'occupation. Dans la culture en grand des légumes (Truck farming) ils s'élevaient, en 1890, à 1,25 dollar en moyenne dans la Nouvelle-Angleterre, à 1,35 dans la région du Pacifique; mais dans le Maryland ils ne dépassaient pas 77 cents.

La moyenne de l'année entière n'indique pas les variations suivant les saisons. M. Folwell, qui est un bon juge en cette matière, me disait que dans les fermes du Minnesota le salaire des ouvriers nourris, quelquefois même blanchis, s'élevait à 20 dollars par mois, mais que ce taux ne s'appliquait qu'aux neuf mois de l'activité du travail agricole.

Ces renseignements concordent avec ceux que m'a donnés un sénateur du Minnesota qui considère 18 à 22 dollars (92 à 113 francs) comme le prix payé actuellement à l'ouvrier agricole nourri et logé pendant les

---

(1) En 1892, ils étaient de 29 p. 100 au-dessus du salaire ordinaire. D'après M. Breuil (*Rapport sur l'agriculture des États-Unis*, p. 25) le salaire s'élèverait parfois au moment de la fauchaison jusqu'à 2,50 dollars, nourriture comprise.

neuf mois d'activité, et 8 à 10 dollars (41 à 51 fr. 50)
comme le prix pendant les trois mois d'hiver(¹). En Californie, il y a une dizaine d'années, les ouvriers ga-
gnaient 20 à 35 dollars (103 à 180 fr.) par mois quand
ils étaient gardés toute l'année, 35 à 50 (180 à 257 fr. 50)
quand ils étaient loués pour quelques mois seulement, et
1 à 2 dollars (5 fr. 15 à 10 fr. 30) quand ils étaient à la
journée; ils se plaignaient à cette époque de la diminution des salaires qui avaient été plus élevés durant les
premiers temps de la colonisation. Le mois comprenait
26 jours ouvrables; quand le temps empêchait de travailler, l'ouvrier était nourri, mais non payé, même s'il
était engagé au mois (²).

Les ouvriers, ajoutait M. Folwell, parmi lesquels il
y a plus d'immigrants que d'Américains, travaillent en
général énergiquement, parce qu'ils travaillent en commun avec le maître, qu'ils mangent à sa table, et qu'ils
ont de bons outils. Ils font par jour trois repas composés de pain, viande, légumes, thé et café. Dans les
grandes fermes, ils ont leur table à part, mais ils sont
en quelque sorte entraînés par la machine et par la dis-
cipline. L'ouvrier économe peut épargner la plus grande
partie de ses 20 dollars. Ceux qui sont engagés au mois

(1) Pour le Wisconsin, la statistique du Département de l'Agriculture
donne pour l'année 1890 une moyenne de $ 16,75 (86 fr. 25) par mois avec
la nourriture et $ 24,35 (126 fr. 40) sans la nourriture. Des renseigne-
ments particuliers que j'ai pris à Madison, capitale de cet État, il résulte
que les bons ouvriers sont payés 20 à 25 dollars (103 à 128 fr. 75) avec la
nourriture pendant les huit mois d'activité agricole, et que, pendant les
quatre mois d'hiver, beaucoup vont travailler comme bûcherons dans
les forêts ; que les bons ouvriers employés toute l'année ont seulement
18 à 20 dollars (92 fr. 70 à 103 fr.) par mois avec la nourriture. Les ouvriers
employés dans la ferme de l'Université du Wisconsin, qui sont naturellement des ouvriers de choix, ont la première année 30 dollars (154 fr.)
par mois sans la nourriture et arrivent peu à peu à 45 dollars (231 fr.).
(2) *Rapport sur l'agriculture des États-Unis*, p. 118.

sont à peu près fixes pendant une année au moins. Ceux qui se louent à l'année sont tenus par leur engagement si bien que, s'ils viennent à quitter leur maître avant le terme, celui-ci peut ne pas leur payer le temps écoulé et même leur demander des dommages-intérêts [1]. Les ouvriers à la journée ou à la semaine sont beaucoup moins fixes; ils louent tantôt ici, tantôt là leur travail qui est peu demandé l'hiver et qui est très recherché l'été.

L'exemple des États-Unis fournit une preuve — les preuves d'ailleurs de ce genre sont nombreuses, — que le salaire n'est pas nécessairement une fonction des subsistances. La plupart des aliments sont à meilleur marché en Californie que dans la plupart des autres États, parce que les denrées, particulièrement les fruits, abondent; cependant les salaires y sont plus élevés que dans la plupart des autres États, parce que la main-d'œuvre est rare : deux conditions favorables à l'ouvrier [2].

Il y a beaucoup d'Américains qui croient qu'en général les salaires agricoles ont diminué. Peut-être ont-ils quelques raisons locales de le croire. Toutefois il me semble que le salaire nominal sous le régime du papier-

---

(1) M. Breuil dans son *Rapport sur l'agriculture des États-Unis*, p. 26, dit que si un ouvrier engagé pour l'année quittait même le onzième mois sans justification suffisante, il n'aurait droit à aucun salaire pour le temps écoulé, que cet ouvrier fût payé à l'année ou au mois; que si un ouvrier engagé pour 20 dollars par mois quittait son maître pour aller faire la fenaison au prix de 40 dollars chez un autre, le maître aurait droit de lui réclamer 20 dollars pour la dépense supplémentaire qu'il aurait eu à faire lui-même; que d'autre part, si l'ouvrier a de bonnes raisons pour quitter son maître avant le terme, il peut le faire et exiger ses gages.

(2) La colonie chinoise, que les ouvriers américains dénoncent comme une cause d'abaissement du salaire, n'a pas eu précisément cette influence. Quoiqu'ils travaillent relativement à bon marché, ils ont élevé leurs prétentions au niveau du marché plus qu'ils n'ont fait baisser ce niveau.

monnaie leur produit à cet égard une illusion que l'examen des moyennes depuis 1885 n'autorise pas ; car d'après les statistiques officielles, le salaire agricole est à peu près stationnaire depuis dix ans, quoique le prix denrées des agricoles ait diminué dans une mesure très sensible sur les grands marchés ; c'est encore là un fait qui mérite d'être recueilli pour l'étude de la théorie des salaires. Les salariés ont le bénéfice de la différence. Il est intéressant sans doute pour les fermiers et pour l'Amérique que le prix des denrées soit rémunérateur. Est-il moins intéressant pour les ouvriers et n'est-il pas plus important encore pour la république démocratique des États-Unis que les ouvriers aient des salaires qui leur permettent de maintenir leur existence à un niveau élevé?

Il est possible qu'avant la fin du siècle ce niveau s'abaisse. C'est ce qui arriverait, si le prix des denrées continuait à rester bas — et il restera vraisemblablement bas comme je le montrerai plus loin, — et si le rapport entre la demande de bras et l'offre, que l'immigration accroît, se modifiait au détriment de la seconde, — et il n'est pas impossible que cette modification ait lieu. Toutefois, tant qu'il y aura plus de fermiers que d'ouvriers, comme l'ont montré jusqu'ici les recensements, et qu'il sera facile à l'ouvrier économe de devenir lui-même patron-cultivateur, il ne me paraît guère probable que les salaires subissent une baisse très sensible et permanente, comme, d'un autre côté, il n'est pas probable qu'ils augmentent dans l'état actuel de l'agriculture.

Les salaires agricoles me font penser aux salaires industriels, et il me semble que les manufacturiers de l'Amérique exagèrent aussi quand ils déclarent que la moindre atteinte portée aux droits protecteurs du tarif douanier ferait baisser le prix de la main-d'œuvre dans leurs manufactures et que la concurrence, en nivelant le prix des produits, nivellerait aussi les salaires en abaissant ceux de l'Amérique au niveau de ceux de l'Europe. C'est un argument de combat, dont le parti républicain a usé beaucoup, surtout pendant les dernières périodes électorales, pour gagner les suffrages de la classe ouvrière et auquel, je n'en doute pas, la plupart des manufacturiers croient sincèrement. Je m'imagine pour ma part que la suppression des droits protecteurs aurait une influence dans le sens de la baisse, mais que cette influence serait moindre qu'ils ne le supposent. J'ajoute qu'avec la crise industrielle actuelle qui passera et la concurrence des manufacturiers du sud qui se développera, les salaires des ouvriers de fabrique sont menacés en Amérique d'une légère réduction, même si les tarifs actuels étaient maintenus.

C'est une question qu'il n'y a pas lieu de discuter ici ; j'essaierai de la traiter dans mon rapport sur la condition des ouvriers des manufactures. Il me suffit de rappeler que d'une part, comme terme de comparaison, l'ouvrier anglais gagne plus que l'ouvrier suisse, quoique l'Angleterre soit ouverte aux produits de la Suisse, d'autre part qu'il existe dans tous les pays une certaine solidarité entre la main-d'œuvre agricole et la main-d'œuvre industrielle ; solidarité particulièrement étroite en Amérique où l'on passe aisément de l'atelier à la ferme. Les salaires se soutiendront les uns par les autres aux États-Unis tout en baissant un peu les uns et les autres. Mais tant qu'il y aura, en premier lieu des terres à acquérir à très bas prix (ce qui aura une limite), en second lieu des perfectionnements d'outillage dans les ateliers, en troisième lieu une grande force de résistance dans la classe ouvrière par l'éducation et l'habitude invétérée du bienêtre, cette baisse ne saurait être de longtemps encore considérable, quels que soient la concurrence du travail à bon marché dans le sud et, dans le nord, l'afflux continu des immigrants européens. Le moment présent où l'industrie comme l'agriculture souffrent d'une crise intense n'est pas favorable pour porter un jugement calme sur cette matière (¹).

Étendue et importance des exploitations. — Les colons du xviiⁱᵉ siècle n'avaient cultivé que quelques parties des terres situées à l'est du massif des Appalaches, et, comme ils avaient eu dans le principe à se garantir contre les attaques des Indiens, c'était le plus souvent dans les lieux découverts, sur les hauteurs, qu'ils avaient construit leurs fermes; les bas-fonds étaient, en général, moins sûrs et l'assainissement en eût été plus coûteux.

Au milieu du xixᵉ siècle, en 1850, les terres en culture (improved farm lands) représentaient seulement un peu plus du tiers (38 p. 100) des 293 millions d'acres occupées par des exploitations agricoles (land in farms); sur 113 millions d'acres (46 millions d'hectares) qu'elles comprenaient, il n'y en avait que 15 millions entre les Appalaches et le Mississipi (y compris les États du golfe) et que 5 à l'ouest du fleuve.

En 1880, l'étendue des terres en culture s'était élevée

<hr>

(1) Quoique élevés relativement à l'Europe, les salaires ruraux sont moindres en Amérique que les salaires urbains et il y a une forte tendance à immigrer dans les villes. « We may talk, dit M. Bemis (*The Journal of Political Economy, University of Chicago*, March (1893), all we please of the beauties of farm life, but people are sure to follow in large degree their pecuniary and gregarious instincts, and to settle in the city or its extensive suburbs, where, among others advantages, life will be easier for the wife, and where then may benefit society more than they could on farm. »

à 284 millions d'acres (115 millions d'hectares). Ces 284 millions d'acres représentaient à peu près la moitié des terres comprises dans les exploitations agricoles (land in farms), dont l'étendue totale était de 536 millions d'acres.

Les terres de la vallée de l'Ohio, que l'on peut citer comme témoins du progrès accompli, valaient un ou deux dollars l'acre (de 5 fr. 15 à 10 fr. 30) il y a cinquante ans ; elles en valent maintenant de 40 à 60 (206 à 309 francs), quand elles sont pourvues des bâtiments et instruments d'exploitation. Dans l'est, le prix est beaucoup plus élevé, quoiqu'il n'ait pas augmentés autant.

Ces chiffres et les suivants, qui sont empruntés au Census, donnent, quelque imparfaite que soit une détermination statistique de ce genre, une idée générale de l'accroissement de la richesse agricole.

D'après les données qui précèdent, l'acre de ferme, y compris le matériel d'exploitation, vaut en moyenne 22 dollars, soit 283 francs l'hectare. En France, d'après la statistique décennale de 1882, l'hectare (dont le prix moyen a probablement diminué depuis ce temps) valait 1,860 francs. La comparaison de ces deux nombres soulève une question d'économie politique que je pose, mais dont la solution exigerait des développements que je n'ai pas à donner ici.

Pourquoi l'hectare vaut-il près de sept fois moins aux États-Unis qu'en France ?

Cette valeur n'est pas déterminée précisément par la productivité de la terre, puisque la différence mesurée en blé est celle de 14, rendement de l'hectare en France, à 11, rendement moyen de l'hectare aux États-Unis (¹).

____

(1) Moyenne des vingt années 1870-1889 pour les États-Unis et de

Elle l'est sans aucun doute principalement par la grande abondance de la terre qu'offrent à bas prix le gouvernement et les particuliers. La concurrence des terres neuves mises à prix de 1 à 10 dollars l'acre limite la hausse de la terre dans les parties de l'Amérique où la propriété est de date ancienne.

En compensation, la main-d'œuvre est plus chère aux États-Unis qu'en France, et la dépense en outillage est généralement plus forte. Néanmoins c'est un grand avantage pour les cultivateurs américains de se procurer à bon marché la terre qui est l'instrument principal de la production agricole. Quand on compare la rente qu'ils paient à celle que paie le fermier, je ne dis pas en France, où le prix du blé est artificiellement surélevé par la douane, mais en Belgique, on se demande s'ils ont d'aussi solides raisons de se plaindre de leur sort qu'ils le prétendent? Il est vrai qu'ils ont un niveau d'existence plus élevé et que les hommes se plaignent d'ordinaire sans s'inquiéter s'ils sont mieux que telle autre personne, mais parce qu'ils se trouvent moins bien qu'ils ont été ou qu'ils voudraient être.

En France, quoiqu'il se soit opéré depuis cinquante ans un grand changement dans le niveau de l'existence rurale, le fermier vit à moins de frais qu'aux États-Unis et paie ses ouvriers moins cher. Pourquoi produit-il plus coûteusement? C'est évidemment parce qu'il paie une rente beaucoup plus forte.

Qu'est-ce donc que la rente? Est-elle la cause qui détermine le prix des denrées produites par la terre ou la consé-

----

1871-1890 pour la France. La moyenne des cinq dernières années est de 11,56 hectolitres par hectare pour les États-Unis et de 15,20 hectolitres pour la France.

ANNÉES	NOMBRE TOTAL des formes (par milliers).	TOTAL DES TERRES possédées en fermes, (land in farms).		GRANDEUR MOYENNE des fermes,		TOTAL DES TERRES de ferme cultivées, (improved farm lands).		RAPPORT des terres en culture au total des terres de ferme. p. 100.	VALEUR DES FERMES avec les constructions.		VALEUR DU MATÉRIEL d'exploitation agricole (implements and machinery).	
		millions d'acres.	millions d'hect.	en acres.	en hect.	millions d'acres.	millions d'hect.		millions de dollars.	millions de francs.	millions de dollars.	millions de francs.
1850	1,449 (¹)	293	118	203	82	113	45	38,5	3,271	16,855	151	775
1860	2,044 (¹)	407	165	199	79	163	65	40,1	6,645	34,225	246	1,260
1870	2,659	407	165	153	61	189	75	46,3	9,262	47,610	336	1,730
1880	4,009	536	217	134	53	284	114	53,1	10,197	52,585	406	2,090
1890 (²) . . .	4,564	623	252	137	55	357	144	57,8	13,279	68,395	494	2,540

(1) Les fermes de moins de 3 acres n'ont pas été enregistrées dans le Census. Elles étaient d'ailleurs en petit nombre : 6,875 en 1870.

(2) Les chiffres relatifs au Census de 1890 (1ᵉʳ juin 1890), qui ne sont pas encore publiés, m'ont été directement communiqués par M. Carroll D. Wright, « Commissioner of Labor » et chargé de la direction du Census.

quence du revenu que la terre procure? Il n'est pas
douteux qu'elle soit une conséquence. En général, dans
le même pays (non toujours, comme le montre la comparaison de la France et de l'Amérique, deux pays éloignés l'un de l'autre), elle varie en raison de la productivité du sol. La valeur vénale de la terre n'est à son tour
que la capitalisation du revenu de la terre, lequel se
compose, en premier lieu, de la rente naturelle du sol, et
en second lieu, de l'intérêt des capitaux employés en
améliorations foncières. Si le revenu s'amoindrit, soit par
diminution de la productivité, soit par réduction de l'utilité qu'avaient les améliorations foncières, soit par abaissement du prix des denrées sur le marché, la valeur
vénale doit baisser proportionnellement ou à peu près.
Le fermier paie, en bonne justice, l'usage de l'instrument pour ce qu'il rapporte. S'il est vrai qu'il lui soit
désormais impossible de produire au prix du marché, il
a droit de réclamer un abaissement de fermage jusqu'au
point où l'équilibre sera rétabli, c'est-à-dire où il produira sans perte. La rente sera ainsi ce qu'elle doit être,
une conséquence du prix naturel et non une cause anor-
male de renchérissement.

L'intérêt du capital mobilier a sensiblement diminué
depuis trente ans en France et ailleurs; les capitalistes
se soumettent à la nécessité. Pourquoi l'intérêt du capital foncier, je dis l'intérêt payé en argent, ne serait-il
pas soumis à la même loi quand une révolution dans la
production et le commerce agricoles a changé les conditions du contrat en diminuant la puissance de produire
de l'argent que ce capital possédait?

Je reviens aux États-Unis : l'étendue des exploitations, dont la moyenne paraissait avoir diminué de 1850

à 1880 (134 acres soit 53 hectares en 1880), et a très légèrement augmenté (137 acres soit 55 hectares) en 1890, varie suivant les régions (¹). Elle est moindre dans le nord-est (et dans l'Utah) que dans les autres régions, et surtout que dans l'ouest. « A mesure qu'on avance dans l'ouest, disait M. Breuil, en 1881, on trouve la propriété moins morcelée (²). » En effet, l'étendue moyenne des fermes, en 1880, était de 24 hectares dans le Massachusetts, de 40 dans le Wisconsin, et s'élevait à 190 dans la Californie. En 1890, dans la seule région centrale, il y a de grandes différences d'un État à l'autre : 86 acres dans le Michigan et 93 dans l'Ohio, 103 dans l'Indiana et 127 dans l'Illinois, 181 dans le Kansas et 190 dans le Nebraska. Il ne faut pas oublier qu'une ferme de 100 à 200 acres, c'est-à-dire de 40 à 80 hectares, n'est pas de la grande culture dans cette région (³).

(1) Voici comment M. Breuil évaluait en 1880 le matériel d'exploitation d'une ferme de 150 à 200 acres : 1° animaux de travail : une paire de chevaux, 150 dollars ; une paire de bœufs, 100 dollars ; 2° animaux de rente, deux vaches de bonne race, 150 dollars ; un porc et une truie, 15 dollars ; volaille, 30 dollars ; 3° matériel, harnais, voitures, charrues et autres ustensiles, 300 dollars ; 4° semences pour 80 acres, 80 dollars ; 5° fonds de roulement pour gages d'un homme à l'année (180 dollars) et d'un homme pour 6 mois (90 dollars), d'une fille de ferme (100 dollars) ; leur nourriture, entretien du matériel, 645 dollars ; en tout, 1,470 dollars sans les dépenses personnelles de la famille du fermier. (*Rapport sur l'agriculture des États-Unis*, p. 17.)

(2) *Rapport sur l'agriculture des États-Unis*, par M. E. Breuil, consul général à New York, p. 9.

(3) Renseignements fournis par M. CARROLL D. WRIGHT. Ces chiffres d'ailleurs ne diffèrent pas beaucoup de ceux du Census de 1880. En France, d'après la *Statistique agricole de la France : Résultats généraux de l'enquête décennale de 1882*, l'étendue moyenne des exploitations rurales était de 8,74 hectares. Mais plus du tiers (38,2 p. 100) des 5,672,007 exploitations relevées par la statistique avait un hectare au plus (1/2 hectare en moyenne) et peuvent être écartées comme n'appartenant pas à l'agriculture proprement dite ; c'étaient pour la plupart des jardins maraîchers ou de petits lopins de terre, vignes ou prairies, appartenant à des journaliers qui n'occupaient que 2,2 p. 100 du territoire agricole. La petite culture, possédant de 1 à 10 hectares, figurait dans le nombre des exploitations à raison de 46,5 p. 100 et dans celui.

Il faut distinguer le sud et le nord. Dans le sud il y a, depuis la suppression de l'esclavage, un grand nombre de petits cultivateurs qui n'avaient pas de terre avant d'être libres et qui louent aujourd'hui des étendues trop petites pour vivre de leur culture (¹), sans être en même temps salariés comme ouvriers de leurs anciens maîtres ; ils sont à la fois métayers et journaliers. C'est à cause d'eux que le nombre des fermes a plus que doublé de 1860 à 1880 dans cette région (²) et que, par suite, la superficie moyenne des exploitations y est tombée de 320 acres, cultivées ou non, à 150. C'est ce changement d'état social dans le sud qui fait croire à une diminution générale de l'étendue moyenne des fermes.

En réalité, il n'y a pas diminution dans les autres régions ; au contraire, de 1860 à 1880 l'étendue moyenne des exploitations a augmenté de 102 à 114 acres (40,8 à 45,6 hectares) par cultivateur ; c'est donc la petite et la moyenne culture (dans le sens où cette expression doit être prise sous le régime de la culture extensive) qui domine. Il y a une certaine tendance à la concentration. Le nombre des petites fermes diminue dans les États de l'est et celui des fermes de moyenne étendue augmente. M. Breuil, consul général de France à New

des territoires agricoles à raison de 22,9 ; la moyenne culture (de 10 à 40 hectares), à raison de 12,8 et de 29,9 p. 100 ; la grande culture (plus de 40 hectares), à raison de 2,3 et de 45 p. 100. Sur 100 exploitations de grande culture, 80 ne dépassaient pas 100 hectares.

En Allemagne, en 1882, les exploitations se répartissaient ainsi : sur 100, 9,43 de moins d'un hectare, 43,5 de 1 à 10 hectares, 12,0 de 10 à 50 hectares, 1,3 de plus de 50 hectares.

Dans le Royaume-Uni de Grande-Bretagne et d'Irlande, en 1885, elles se répartissaient ainsi : sur 100, 24,11 de moins de 1,02 hectare, 64,18 de 1,02 à 40,46 hectares, 11,71 de plus de 40,46 hectares.

(1) Dans les anciens États à esclaves, il y avait en 1880 : 63,976 fermes de moins de 10 acres et 125,864 de moins de 20 acres. Voir *Tenth annual Report*, 1892, Bureau de statistique du travail de l'État de New York.

(2) 764,867 fermes en 1860 et 1,746,217 en 1880.

York, signalait déjà cette tendance en 1881 dans son rapport sur l'agriculture (¹).

Autre remarque intéressante. Pendant que l'étendue totale des terres en fermes doublait de 1850 à 1890 (dernier Census), celle des terres en culture triplait, la valeur totale des fermes quadruplait, et le matériel d'exploitation triplait ; ce qui semble indiquer que la valeur moyenne de l'acre cultivée a augmenté ; mais la valeur proportionnelle du matériel n'a pas augmenté.

Je parlerai plus loin des très grandes fermes du nord-ouest. En 1880, les fermes des États-Unis se groupaient ainsi sous le rapport de l'étendue (²) :

(1) Page 9.

(2) En France, d'après la statistique décennale agricole de 1882, la culture était répartie de la manière suivante relativement à l'étendue :

	Sur 100	
	Nombre d'exploitations.	Superficie.
Très petite culture (jusqu'à 1 hectare).	38.2	2.2
Petite culture (de 1 à 10 hectares) . .	46.5	22.9
Moyenne culture (de 10 à 40 hectares).	12.8	29.9
Grande culture (plus de 40 hectares). .	2.5	45.0
	100.0	100.0

Une enquête faite en 1884 par le ministre des finances a donné les résultats suivants relatifs à la propriété d'après les cotes foncières.

La propriété n'est pas la même chose que la culture, puisqu'un propriétaire peut louer ses terres à plusieurs fermiers, de même que dans certaines parties de la France un même fermier loue des terres à plusieurs propriétaires ; d'autre part, le nombre des cotes foncières qui sont établies par communes ne correspond pas précisément au nombre des propriétaires qui peuvent avoir des terres dans plusieurs communes. Néanmoins les deux statistiques indiquent à peu près les mêmes groupements :

	Sur 100	
	Nombre de cotes.	Superficie.
Très petite propriété (jusqu'à 2 hectares).	74.09	10.53
Petite propriété (de 2 à 6 hectares). . .	15.47	15.26
Moyenne propriété (de 6 à 50 hectares).	9.58	38.94
Grande propriété (de 50 à 200 hectares).	0.74	19.01
Très grande propriété (plus de 200 hectares).	0.12	16.23
	100.00	100.00

Étendue.	Nombre des exploitations.	Proportion p. 100.
Moins de 20 acres (8 hectares). . .	393 990	9,8
De 20 à 100 acres (8 à 40 hect.). .	1 814 384	45,3
De 100 à 1,000 acres (40 à 405 hect.)	1 771 955	44,2
Plus de 1,000 acres (405 hect.) . .	28 578	0,7

En 1890, le groupement était :

Étendue.	Nombre des exploitations.	Proportion p. 100.
Moins de 10 acres.	150 194 ⎱	9,1
De 10 à 20 acres.	265 550 ⎰	
De 20 à 50 acres.	902 777 ⎱	44,4
De 50 à 100 acres	1 121 485 ⎰	
De 100 à 500 acres.	2 008 694 ⎱	45,8
De 500 à 1,000 acres.	84 395 ⎰	
Plus de 1,000 acres.	31 546	0,7

La valeur totale des 4,564,641 fermes, en 1890, était
de 13,279 millions de dollars, auxquels s'ajoutaient
494 millions pour le cheptel mort et 2,209 millions pour
le cheptel vivant; en tout 15,982 millions de dollars
(environ 82 milliards de francs).

Les fermes ou exploitations agricoles n'occupent encore que la moindre partie du territoire des États-Unis
considéré dans son ensemble. D'après l'*Album of agricultural Statistics of the United States*, publié en 1891,
elles constituaient moins du tiers de la surface totale :
28,9 p. 100. D'après le Census de 1890, elles occupent
exactement le tiers de ce territoire (623,2 millions
d'acres sur un territoire de 1,900 millions d'acres sans
l'Alaska); comme un peu plus de la moitié seulement
(357,6 millions d'acres) de leur superficie est en culture
(*improved land*), il n'y a en réalité que 22 p. 100 du ter-

ritoire des États-Unis qui soit cultivé. Toutefois il existe sous ce rapport d'énormes différences entre l'ouest, le centre et l'est.

Dans la région occidentale, les dix États ou Territoires dans lesquels la Californie n'est pas comptée), situés à l'ouest du 100ᵉ degré de longitude (méridien de Greenwich), n'ont guère que 1 ou 2 p. 100 de leur territoire en exploitations agricoles. Au contraire, dans la portion de la plaine du Mississipi (Illinois, Indiana, Ohio), située à l'est du fleuve, la proportion s'élève au moins à 90 p. 100 ; c'est la région la plus favorisée sous ce rapport. Dans la région de l'Atlantique, au nord du Potomac, elle est d'environ 60 à 70 p. 100. Aussi les plaines du Centre, le Nord et le Centre-Atlantique sont-ils les trois régions agricoles où non seulement le sol en moyenne a le plus de valeur, mais où se trouve le plus riche matériel d'exploitation en cheptel mort et en cheptel vivant, comme le montre le tableau suivant. Ce sont aussi celles qui produisent le plus [1].

Répartition des cultures. — La statistique distinguait en 1880 quatre espèces de terres de fermes : les terres de labour, représentant 41,6 p. 100 ; les prairies (grass lands), 11,5 p. 100 ; les bois, 35,5 p. 100 ; les terres improductives, 11,4 p. 100 [2]. Ces dernières ne sont pas nécessairement improductives par stérilité ; elles le sont

---

[1] Voir plus loin la description des régions agricoles.

[2] Le territoire de la France est divisé de la manière suivante d'après l'enquête agricole de 1882 : sur 100 parties, 95,66 appartiennent au territoire agricole, dont 11,82 sont en terres improductives ou à peu près (landes, marais, tourbières, rochers, etc.), 17,88 en bois et forêts, 1,59 en vergers et jardins, 4,15 en vignes, 11,02 en prairies ou herbages paturés, 49,20 en terres de labour (dont 28,56 en céréales, 8,79 en cultures fourragères, 2,53 en pommes de terre, etc.). Cette répartition comprend tout le territoire agricole de la France, tandis que celle des États-Unis ne comprend que le territoire appartenant à des fermiers.

REGIONS.	VALEUR DES FERMES.		VALEUR DU matériel d'exploitation.		VALEUR DU BÉTAIL.		VALEUR TOTALE DES engrais achetés en 1879.	
	en millions de dollars.	par kil. carré du territoire (en dollars).	en millions de dollars.	par kil. carré du territoire (en dollars).	en millions de dollars.	par kil. carré du territoire (en dollars)	en millions de dollars.	par kil. carré du territoire (en dollars)
Nouvelle-Angleterre. . . . . . . (¹)	580,6	3,375	22,2	129	75,9	441	1,8	10,4
Centre-Atlantique.	2,425,1	8,043	92,3	306	236,3	783	11,1	36,8
Sud-Atlantique	532,4	1,113	20,1	45	86,5	181	11,1	23,2
États du Golfe.	495,7	364	28,4	21	146,6	107	1,9	1,3
Région appalachienne occidentale.	639,1	2,300	21,5	77	111,1	400	0,5	1,8
Région des plaines du centre. . .	4,555,5	3,675	175,0	141	677,7	547	1,8	1,5
Région des plaines du nord. . .	573,8	770	31,1	41	84,9	114	0,3	0,4
Région de la Cordillère	58,0	26	3,6	1,6	34,0	15	0,1	0,05
Région du Pacifique.	332,7	396	12,4	15,0	54,1	64	0,1	0,1

(1) Le Maine affaiblit les moyennes de la Nouvelle-Angleterre. Voici celles du Massachusetts en particulier :

Massachusetts.	146,2	6,800	5,1	237	19,9	926	0,7	32,0

parce qu'elles n'ont pas encore été défrichées par le
fermier. A l'ouest du 100ᵉ méridien, il y en a beaucoup
qui sont improductives faute d'eau et que l'on nomme
« terres arides »; aussi est-ce dans l'ouest (Californie
et Nevada exceptés) que se trouve la plus forte proportion de terres non exploitées (67,6 p. 100 dans le Dakota, moyenne des années 1880-1890). Les bois (il ne
s'agit que des bois compris dans les fermes) dominent
dans les États du sud et du massif des Appalaches (66,3
p. 100 dans la Floride). Les prairies couvrent à peu près
le tiers du sol des fermes dans la Nouvelle-Angleterre
(39 p. 100 dans le Vermont).

M. Grandeau, dans son rapport sur l'agriculture à
l'Exposition universelle de Paris en 1889, a reproduit
(en traduisant en francs) l'estimation de la valeur à la
ferme de la production agricole des États-Unis en 1886-
1887 donnée par le Statisticien du Département de
l'agriculture. La valeur totale s'élevait à 19,3 milliards
de francs ([1]); les céréales y figuraient pour 6,000 millions, la viande pour 3,900 millions, la basse-cour pour
900, les cuirs pour 500, les produits du lait pour 1,900,
les plantes textiles pour 1,800, les foins et fourrages
pour 1,900, les fruits pour 900, le tabac pour 200, les
légumes potagers pour 300, les pommes de terre et
patates pour 500, etc.

Sur les défrichements récents de terres profondes, on
peut obtenir une longue suite de récoltes de maïs ou de
froment sans se préoccuper d'une rotation conservatrice,
et quelquefois ces récoltes sont abondantes. En Cali-

______

[1] En France, la production agricole peut être évaluée à 12,840 millions. Voir, dans les *Mémoires de la Société nationale d'Agriculture*, la
note sur la valeur de la production agricole par M. Levasseur (page 128
du tirage à part).

fornie, on raconte que des sols vierges ont produit jusqu'à 80 hectolitres à l'hectare ; mais il faut se tenir en défiance contre la tendance à l'exagération à laquelle n'échappent pas certains Américains. Dans les cas ordinaires, on pense que, dans le centre et l'ouest, quelques bonnes terres peuvent rendre, pendant une quinzaine d'années, 25 hectolitres : estimation vague d'ailleurs et variable suivant les lieux. Les terres de qualité inférieure rendent assurément moins de 10 hectolitres.

Le plus souvent on ne prend pas assez soin de l'assolement. Un agronome, M. T.-C. Sloan, signalait ce danger à la Convention agricole et horticole de Madison (Wisconsin) en 1879 : « Je crois pouvoir dire qu'en thèse générale, par suite des pratiques défectueuses de ce pays, les terres qui ont été pendant un certain temps en culture se sont progressivement appauvries et leurs produits ont également perdu en qualité et en quantité. Il est parfaitement clair que si un tel régime continuait longtemps encore, nous verrions s'accumuler les déceptions et les ruines. Dans ce pays (Wisconsin), si l'on peut dire que nous ayons un système de culture, ce système est une sorte d'intermédiaire entre la grande et la petite culture. A peu d'exceptions près, les essais de grande culture n'ont été que des expériences temporaires qui, lorsqu'elles se sont prolongées, ont abouti à des échecs complets. Par *grande culture* j'entends celle qui produit de grands résultats. Il y a dans ce pays nombre de fermes de 160 à 200 acres qui peuvent être appelées relativement de grandes fermes. Il y en a aussi de 200 à 300 acres et même de 400 à 500 acres ; mais elles sont généralement écrémées, effritées, et ne produisent guère plus que le strict nécessaire pour soutenir le propriétaire avec sa famille et payer les contributions. Il n'y a pas un dixième du capital ou un vingtième de la main-d'œuvre qu'il faudrait pour les rendre véritablement profitables (¹). »

Le rendement des cultures dans chaque contrée est souvent plus variable qu'en France parce que les fermiers donnant à la terre moins de façon et de fumier doivent compter davantage sur la nature qui n'est pas tous les ans égale et clémente. La grêle, le vent, le froid, la sécheresse font sentir parfois durement leur mauvaise influence. Ainsi la récolte du maïs passe de 5,5 millions de boisseaux en 1891 à 2,2 en 1892 en Californie, de 12 en 1890 à 21,7 dans les Dakota, de 141 en 1887 à 278 en 1888 dans l'Illinois, de 132 en 1885 à 71,4 en 1887 dans l'Indiana; celle du blé de 27,6 millions de boisseaux en 1891 à 6,7 en 1893 dans l'Iowa, de 7,6 en 1887 à 70,8 en 1892 et à 23,2 en 1893 dans le Kansas, de 29,9 en 1890 à 45,5 en 1891 dans l'Ohio ; celle des pommes de terre de 13,5 millions de boisseaux en 1885 à 7,2 en 1881 dans le Wisconsin, de 12,4 en 1885 à 7,4 en 1887 dans l'Ohio ; celle du foin, de 92,000 tonnes en 1886 à 470,000 en 1892 dans le Texas, de 892,000 en 1880 à 2,354,000 en 1883, dans le Wisconsin (²).

Je parlerai plus loin du rendement en blé.

Les bons agriculteurs de certaines contrées s'appliquent aujourd'hui à pratiquer une culture variée et rationnelle pour ne pas épuiser leur terre. L'assolement triennal, qui

(1) « Les fermes, disait un autre agronome du Wisconsin (*Transactions of the Wisconsin agricultural Society*, 1878-79, p. 246) ont été soumises à des procédés d'épuisement; on y a récolté du blé, du blé encore, du blé toujours, et les propriétaires disent : Le fermage ne paie pas! Sans doute le fermage entendu de cette façon ne paie pas à la longue. »

(2) Voir page 231, le rendement dans l'Iowa.

exige plusieurs fortes fumures, comprend un maïs qui est coupé dès que les épis deviennent brillants, puis un froment qui est semé entre les lignes de maïs, puis un trèfle semé le printemps suivant sur tout le champ avec de l'avoine dans les intervalles des lignes de maïs; après un an, le trèfle est retourné pour faire place au maïs. L'assolement quinquennal, qui est usité surtout dans le nord et le nord-ouest, consiste en maïs la première année, en avoine la seconde, en blé la troisième, en trèfle la quatrième et la cinquième. Dans beaucoup de fermes du centre, il comporte seulement un maïs que l'on sarcle très fortement, puis un blé, puis une avoine.

La moisson est souvent incommodée par les mauvaises herbes, dans certaines contrées par les joncs, parce qu'on ne sarcle presque jamais la terre et qu'entre les semailles et la moisson la plupart des fermiers ne lui donnent aucun soin.

Le nombre des insectes ennemis de l'agriculture est grand. Les sauterelles, qui ont leur siège principal dans les Montagnes Rocheuses, s'abattent par millions quelquefois sur des contrées qu'elles dénudent entièrement : on a évalué à 40 millions de dollars les pertes qu'elles ont occasionnées aux fermiers de 1874 à 1877. Plusieurs États ont donné des primes et voté des lois pour la destruction de ces insectes. Il y en a bien d'autres : le scarabée de la pomme de terre qui a fait son apparition en 1859 dans le Colorado ; l'« Army worm », qui a fait plusieurs fois, notamment en 1875, de grands ravages ; la mouche de Hesse (¹), animal minuscule dont les larves

---

(1) Le nom de « Hessian fly » vient de la croyance, populaire en Amérique, qu'à l'époque de la guerre de l'indépendance, les troupes Hessoises avaient introduit cet insecte.

sucent la moelle des tiges, la collerette des racines et détruisent ainsi des cantons entiers de blé à demi mûr; le « Chinch bug » (*Blissus leucopterus*), qui, quoique très petit aussi, est un fléau terrible pour les blés mûrs dans les années de sécheresse ([1]); le phylloxera, etc. Un rapport dans lequel l'entomologiste de l'État de l'Illinois les a décrits n'a pas moins de 174 pages ([2]).

Dans certaines grandes cultures du nord, et dans beaucoup de cultures du sud, on ne coupe pas tout le maïs; après que les plus beaux épis ont été cueillis à la main, on lâche dans le champ les animaux, surtout les porcs, qui pâturent le reste. Partout, moins cependant dans le sud qu'ailleurs, on vise à l'économie de la main-d'œuvre, qui est très coûteuse : on y parvient par l'emploi des machines, qui est, comme je l'ai dit, général aux États-Unis. L'ouvrier américain est particulièrement habile à s'en servir.

J'ai traversé, à la fin de mai 1894, les plaines du nord de la France et de la Belgique et, faisant un retour sur mes souvenirs encore récents d'Amérique, j'étais frappé de la différence d'aspect des campagnes; il faudra encore bien du temps avant que le fermier américain dépense sur ses grandes pièces de terre autant de travail et de capital, et mette le sol en état de rendre une aussi grande quantité de produits variés que le fermier wallon le fait aujourd'hui sur ses petites parcelles.

Propriétaires et locataires. — Si l'on cherche par qui sont exploitées les fermes, on trouve qu'en 1880, dans l'ouest, plus des neuf dixièmes l'étaient par leur proprié-

---

([1]) Voir sur le « Chinch bug » *Report of the Commissioner of Agriculture year* 1887, p. 51.

([2]) Voir l'*Agriculture des États-Unis*, par M. Breuil, p. 56.

taire (96,1 p. 100 dans le Dakota), que, dans la plaine
du Mississipi et dans les États du nord-est, la proportion
varie à peu près de 9 à 7 dixièmes, que dans le sud
elle n'est que de 7 à 6 dixièmes (49,7 p. 100 dans South
Carolina). Il est remarquable qu'aujourd'hui les propriétaires du sud exploitent beaucoup moins souvent par
eux-mêmes leur domaine que ceux des autres régions
et que, parmi leurs tenanciers, il y a beaucoup plus de
métayers qu'ailleurs (¹). Dans l'État de Delaware, par
exemple, sur 100 cultivateurs, il y a 57,6 propriétaires,
5,8 fermiers payant leur fermage en argent, 36,6 tenanciers payant en nature. Le régime du métayage s'explique par l'esclavage du temps passé et par le manque
de capitaux des fermiers actuels.

La même recherche a été faite pour le Census de 1890 ;
les résultats en sont connus pour 22 États ou Territoires.
Ils confirment en général les données précédentes, avec
cette différence pourtant que le nombre des locations a
beaucoup augmenté depuis dix ans, et que le faire-valoir
direct a diminué d'autant. Ainsi, en 1880, on calculait que
la moyenne générale des exploitations par le propriétaire
était de 75,62 par 100 fermes ; on n'a trouvé que 67,70
en 1890 (²). C'est dans le sud, pour la raison que j'ai

(1) Dans le Minnesota, que je cite comme exemple, le propriétaire a
pour sa part la moitié de la récolte quand il fournit les bâtiments et la
semence, et la moitié du croît du bétail. Le propriétaire n'a que le tiers
quand il ne fournit ni bâtiment ni semence.
(2) Il y a des États où le fermage a pris un très grand développement.
Ainsi, sur 100 cultivateurs, il y avait dans le Maine 2,5 locataires en
1880 et 7,3 en 1890 ; dans le Massachusetts, 6,7 et 14,2 ; dans l'Ohio, 24,9
et 37,1 ; dans le Kansas, 13,1 et 33,2.
Voici quelques termes de comparaison avec des États européens :
La *Statistique agricole de la France : résultats de l'enquête décennale de
1882*, a établi qu'en France, sur un total de 4,941,287 cultivateurs, 3,525,342
étaient propriétaires (2,150,696 n'exploitant que leur propriété et 1,374,646
cultivant leur bien, mais travaillant en outre pour autrui en qualité de

indiquée, que la diminution s'accuse le plus ; la Géorgie par exemple n'a plus que 42 propriétaires sur 100, au lieu de 55 qui cultivent leur terre ; la Caroline du sud

fermiers, métayers ou journaliers). La proportion étant donc, sur 100, de 71,19 propriétaires-cultivateurs et de 28,81 cultivateurs non propriétaires. En moyenne chacun de ces propriétaires exploitait 26 parcelles de terre et payait sa contribution foncière dans 2 perceptions et demie. Voici quelques départements appartenant à la catégorie : 1° de ceux qui avaient le plus de cultivateurs-propriétaires ; 2° de ceux qui étaient dans la moyenne ; 3° de ceux qui avaient le moins de cultivateurs-propriétaires.

Sur 100 cultivateurs

Départements.	NOMBRE DE :	
	Cultivateurs propriétaires.	Cultivateurs non-propriétaires.
1°		
Alpes (Hautes-).	94,06	5,94
Puy-de-Dôme.	93,80	6,20
Marne (Haute-).	91,55	8,45
Aube.	92,14	7,86
Alpes (Basses-).	91,19	8,81
2°		
Seine-et-Marne.	71,79	28,21
Seine.	63,38	36,62
Loire-Inférieure.	61,64	38,36
3°		
Maine-et-Loire	49,76	50,24
Allier.	54,17	45,83
Landes.	46,39	53,61
Vendée.	46,33	53,67
Côtes-du-Nord.	45,83	54,17
Mayenne.	23,16	76,84

D'après le recensement de 1891, le personnel de l'agriculture en France se répartissait ainsi :

Agriculture. — Recensement de 1891.

	Patrons.	Employés.	Ouvriers.
Propriétaires cultivant exclusivement leurs terres	2,231,513	40,470	1,292,543
Fermiers, métayers et colons.	1,192,542	26,474	1,395,367
Horticulteurs, pépiniéristes, maraîchers.	94,338	7,147	130,735
Bûcherons, charbonniers.	51,623	1,309	71,538
	3,570,016	75,400	2,890,183

De l'enquête faite par le ministère des finances (Direction des contributions directes) sur la propriété bâtie, il résulte que 61,3 p. 100 des maisons en France sont habitées par leur propriétaire ; si l'on ne prend que les communes de 2,000 habitants et au-dessous qui sont les communes rurales, la proportion moyenne est de 63 p. 100 ; elle s'élève à 80 et plus dans l'Ariège, la Corse, le Lot, le Puy-de-Dôme, la Savoie et la Haute-Savoie et elle est forte en général dans le sud-ouest, le Massif central

38 au lieu de 49 (¹). Dans l'ouest il y a aussi de fortes diminutions : 79 au lieu de 97 dans le Wyoming (²).

Il y a beaucoup de petites fermes que le fermier exploite avec sa famille (³), sans l'assistance d'ouvriers, ou du moins d'ouvriers au mois. Aussi le nombre des exploitants est-il supérieur à celui des salariés : 2,509,456 fermiers ou planteurs (propriétaires ou locataires) et 795,679 ouvriers en 1860 avant la guerre; 4,225,945 fermiers ou planteurs (propriétaires ou locataires) et 3,323,876 ouvriers en 1880 (⁴). Si le nombre des ouvriers a beaucoup augmenté dans l'intervalle, c'est que les anciens esclaves sont devenus des salariés libres, et que dans le nord certaines exploitations ont pris plus d'étendue. Il reste néanmoins au-dessous de celui des fer-

et l'ouest de la France; elle descend au-dessous de 50 dans l'Allier, le Cher, le Finistère, l'Ile-et-Vilaine, les Landes, la Mayenne, la Sarthe, la Seine, la Seine-Inférieure. (Voir dans les publications du Comité des travaux historiques et scientifiques, ministère de l'Instruction publique, *l'Enquête sur les conditions de l'habitation en France*, par M. de Foville.)

Dans l'Empire allemand, sur 5,276,000 fermes, 2,953,000 sont exploitées en totalité par le propriétaire, 1,494,000 le sont en partie, et 829,000 le sont par des fermiers ou métayers; il y a ainsi 85 p. 100 des fermes qui sont en totalité ou en partie exploitées par le propriétaire.

En Italie, le nombre des propriétaires ruraux est très petit. D'après l'enquête agricole de 1882, il n'est que de 12,3 par 100 habitants et il descend à 6,5 en Toscane; dans le Piémont, où il est le plus élevé, il atteint à peine 20 p. 100.

En Angleterre, d'après la statistique du *Local Government Board*, le nombre des propriétaires est encore moindre : 282,850 personnes possédant plus de 1 acre, sur lesquelles 10,070 possèdent les deux tiers du territoire agricole.

(1) Il est vrai que dans le sud le nombre des petits métayers peut augmenter sans qu'il y ait une forte diminution dans les grandes exploitations.

(2) *Extra Census Bulletin*, nᵒ 63, 19 décembre 1893.

(3) Le nombre des fermiers est en général un peu supérieur à celui des fermes parce qu'il y a quelquefois plusieurs personnes associées pour une même exploitation.

(4) Dans ces nombres ne sont pas compris certaines catégories d'agriculteurs, comme les jardiniers; le nombre total des personnes employées dans l'agriculture en 1880 était de 4,074,238.

miers : sur 100 fermiers il y avait 79 ouvriers en 1880. Il est inférieur, surtout dans les contrées nouvellement peuplées de l'ouest, comme le Minnesota, le Dakota, la Californie (¹). Au contraire, dans les anciens pays à esclaves, le nombre des ouvriers l'emporte sur celui des fermiers (²).

Il existe aux États-Unis (excepté dans le sud) une véritable démocratie de propriétaires-cultivateurs, suivant l'expression des Américains. Mais on ne dirait pas, comme en France (³), que « la terre est au paysan », parce qu'il n'y a pas à proprement parler de paysans en Amérique. L'homme y vit de la terre par son travail personnel et par la petite culture (comme on l'entend en Amérique, c'est-à-dire avec des fermes d'une cinquantaine d'hectares) (⁴). Quand on considère que la différence entre le nombre des fermes en 1870 et en 1880 représente un accroissement moyen annuel de 135,000, et que par conséquent 135,000 familles (⁵) ont trouvé chaque année un établissement sur le domaine rural des États-Unis, on comprend quelle influence la

(1) Dans le Minnesota 96,648 fermiers et 33,993 ouvriers; dans le Dakota 22,740 fermiers et 5,306 ouvriers; en Californie 43,489 fermiers et 23,856 ouvriers.

(2) En Géorgie 145,062 fermiers et 284,060 ouvriers; dans la South Carolina 93,550 fermiers et 198,147 ouvriers.

(3) En France, d'après l'enquête décennale de 1882, on comptait, sur 100 personnes employées dans les exploitations agricoles, 50 cultivateurs exploitants (dont 31,1 propriétaires-cultivateurs, 14 fermiers, 4,9 métayers) et 50 salariés (dont 0,3 régisseurs et commis, 21,4 journaliers, 28,3 domestiques de ferme).

(4) 46 hectares, c'est-à-dire 111 acres, étendue moyenne des fermes par cultivateur en 1880 dans les États ou Territoires qui n'avaient pas d'esclaves en 1860. La moyenne générale de toutes les fermes des États-Unis (nord et sud), d'après le recensement de 1890, est de 137 acres, soit 55 hectares.

(5) De ce nombre de 135,000, il est vrai, il faudrait déduire un certain nombre de terres louées en métayage à des noirs et qui forment une catégorie spéciale.

terre a exercée et exerce encore sur le peuplement du
pays, sur le bien-être des habitants, et par contre-coup
sur le salaire en général, salaire industriel aussi bien
que salaire agricole. Le jour où les terres à occuper
viendraient à manquer serait probablement suivi d'une
diminution de l'immigration.

Ce sont les petits cultivateurs et les défricheurs, gens
en général énergiques et industrieux, qui se passent d'ouvriers. Leur labeur est très rude. Comme la domesti-
cité est fort peu du goût des filles de race blanche nées
en Amérique, le travail de la fermière dans les petites
exploitations sans domestique n'est pas beaucoup
moindre que celui du fermier, quoique le perfectionnement de l'outillage et le changement des mœurs
l'aient beaucoup atténué depuis un demi-siècle.

Irrigations et engrais. — Il y a des étendues considérables qui ne peuvent être cultivées que par irrigation,
parce que la pluie y est insuffisante. Telle est presque
partout la région située entre le 100ᵉ méridien (mér. de
Greenwich) et les États du Pacifique. Dans les régions
même où il tombe en moyenne plus de 20 pouces d'eau
(0ᵐ,50) par an, il y a maint canton qu'il faut irriguer.

Les Américains se sont mis hardiment à cette œuvre.
En 1891, ils avaient déjà construit des canaux qui pouvaient fournir de l'eau à 13,286,000 acres (5,381,400 hectares), et qui en alimentaient en réalité 8 millions,
(3,240,000 hectares) ; en outre, 13,695 puits artésiens (¹)
fertilisaient 274,000 acres (110,970 hectares). Dans
l'Utah, cette irrigation, qui se fait surtout au pied des
monts Watsach et Uintah, avait élevé à 80 dollars

____

(1) Dont 3,500 en Californie, 4,300 au Colorado, 2,254 dans l'Utah, etc.

(412 francs) la valeur moyenne des terres qui ne valaient rien auparavant. Je reviendrai plus loin sur cette question, en décrivant les régions de la Cordillère et du Pacifique.

Les Américains usent peu de fumure. La terre n'a pas encore, dans la plupart des États, assez de valeur pour que le cultivateur se décide à en accroître le rendement en y dépensant beaucoup de capital. Il a été jusqu'à présent plus porté à défricher qu'à améliorer.

« Les fermiers du Kansas, disait en 1878 le Bureau d'agriculture, ne peuvent pas même se décider à utiliser les engrais animaux de leurs fermes, la manie générale étant de trop mettre en culture aux dépens de la qualité du travail. » En effet on prend rarement, excepté dans certaines fermes de l'est, la peine d'épandre sur la terre le fumier, mais on brûle les chaumes sur place. Aussi use-t-on peu de litière ; souvent les étables sont planchéiées et les animaux couchent sur le bois. La plupart des fermiers prennent d'ailleurs peu de soin de leur bétail et le laissent exposé aux intempéries de la mauvaise saison. Dans la rade de New York, il n'est pas rare de voir des bateaux transporter les fumiers de la ville pour les jeter à la mer. Le drainage et les autres améliorations foncières, malgré les progrès accomplis, sont encore à l'état d'exception.

La « State agricultural Society » du New York a insisté sur le drainage : « Il n'y a pas, disait-elle il y a une quarantaine d'années, une ferme sur soixante-quinze, dans cet État, qui n'eût besoin d'être drainée. »

Le Département de l'agriculture de l'Illinois s'exprimait trente ans plus tard de la même manière : « La grande nécessité pour nous est un système complet de drainage... Il n'y a pour ainsi dire pas une des terres de l'État dont la puissance de production ne puisse être considérablement accrue par un judicieux système de drainage (1). »

Ce serait cependant une erreur de croire que les Américains n'emploient aucun engrais. Le Census de 1880 a fait connaître la somme dépensée en matières fertilisantes, indépendamment des produits directs de la ferme dont il n'a pas enregistré la valeur; en 1879, cette somme était de 28 millions et demi de dollars. La région du Centre-Atlantique, avec la Pennsylvanie, le New York, le New Jersey, le Maryland, occupait sous ce rapport le premier rang; puis la région du Sud-Atlantique, avec la Géorgie, les Caroline du nord et du sud, qui ont le phosphate sous la main, et la Virginie; la Nouvelle-Angleterre venait au troisième rang avec le Massachusetts et le Connecticut, puis la Californie, l'Alabama, l'Arkansas. Il est vrai que ces engrais sont employés quoiqu'on commence à en user aussi pour d'autres cultures, pour la culture des légumes et des fruits.

« Il y a cinquante-cinq ans, dit M. Jenkins, chef de la station d'expérience du Connecticut, on n'entendait pas parler en Amérique de fabrique d'engrais. Aujourd'hui il y en a plus de 400 qui fabriquent par an plus de 20 millions de dollars d'engrais. » Il y a trente-trois ans qu'on a commencé l'exploitation des immenses gisements de phosphate de la Caroline du sud, d'où l'on a extrait plus de 250,000 tonnes, et on a découvert dans la Floride des gisements plus considérables encore. On recommande l'introduction des légumineuses, trèfle,

(1) *Rapport sur l'agriculture des États-Unis*, par M. Breuil, p. 23.

luzerne, etc., dans l'assolement parce que ces plantes ont la propriété d'absorber l'acide azotique de l'air, d'en fixer une partie dans leurs racines et de régénérer ainsi la fertilité du sol; la pratique de cette culture fait des progrès.

III

LA PRODUCTION DES CÉRÉALES ET AUTRES PLANTES HERBACÉES [1]

Céréales en général. — Les deux tableaux suivants font connaître le produit des récoltes des céréales principales. Le premier donne, d'après la statistique annuelle du Département de l'Agriculture, la récolte de 1867, première année où cette statistique ait été régulièrement dressée, la récolte moyenne de la période décennale 1880-1889 et la récolte de 1892 (celle de 1888 pour les céréales secondaires). Le second, qui se trouvait à Chicago dans l'exposition du gouvernement, reproduit depuis 1850 les récoltes enregistrées par le Census, qui sont celles de l'année précédant le recensement. Le troisième contient les chiffres publiés pour les années correspondantes par le Département de l'Agriculture dans les Rapports annuels du Secrétaire de ce département et reproduits dans le *Statistical Abstract* des États-Unis. Les différences entre ces diverses données sont quelquefois considérables : j'en ai dit plus haut la raison.

***

(1) Outre les statistiques dans le texte, le lecteur trouvera en appendice, dans le tirage à part, des figures de statistique, au nombre de 28, correspondant aux matières traitées dans le présent mémoire.

Voir, pour la production des céréales, les figures : n° 1, superficie cultivée; n° 2, production; n° 3, valeur de la production.

Production des principales céréales
(en millions de boisseaux).

	1867.	MOYENNE DE LA PÉRIODE DÉCENNALE 1880-1889.	1892 ou 1888.
			Année 1892.
Maïs. . . .	768	1,699 ⎱ 1880-	1,628
Blé	212	449 ⎰ 1889.	516
Avoine. . .	278	584 ⎱	661
			Année 1888.
Orge. . . .	26	53 ⎱ 1880-	64
Seigle . . .	23	25 ⎰ 1888.	28
Sarrasin . .	21	11 ⎱	12

Production des principales céréales d'après le Census
(en millions de boisseaux et d'hectolitres).

	1849		1859		1869		1879		1889	
	Boisseaux.	Hectolitres.	Boisseaux.	Hectolitres.	Boisseaux.	Hectolitres.	Boisseaux.	Hectolitres.	Boisseaux.	Hectolitres.
Maïs. . .	592	215	830	304	761	276	1,754	636	2,122	770
Blé.. . .	100	36	173	63	288	104	459	167	468	170
Avoine .	146	53	172	62	282	102	408	148	809	294
Seigle. .	14	5,0	21	9,4	17	6,1	20	7,2	28	10
Orge . .	5	1.8	16	5.8	30	11	44	16	78	28
Sarrasin.	9	3,2	17	6,2	10	3,6	12	4,3	12	4.3
	866	314,0	1,238	454,4	1,388	502,7	2,697	978,5	3,517	1,276,3

Production pour les années correspondantes d'après le département de l'agriculture (Extrait du *Statistical Abstract* 1892 et du *Report of the crops of the year*, déc. 1893.)

											1893	
											Boisseaux	Hectol.
Maïs . .	»	»	»	»	874	317	1,548	562	2,112	766	1,619	588
Blé . . .	»	»	»	»	760	276	448	162	490	178	396	144
Avoine .	»	»	»	»	288	104	364	132	751	272	638	232
Seigle. .	»	»	»	»	22	8	24	8,7	»	»	26	9,4
Orge.. .	»	»	»	»	28	10	40	14,5	»	»	69	25
Sarrasin.	»	»	»	»	17	6,2	13	4,7	»	»	12	4.3
	»	»	»	»	1,989	721,2	2,437	883,9	»	»	2,760	1002,7

Si l'on calcule depuis le Census de 1850, le premier qui ait fourni des renseignements sur les récoltes, jusqu'en

1893, le rapport de la production à la population, on trouve :

Production par habitant

	(EN BOISSEAUX)			(EN HECTOLITRES)		
DATES.	MAÏS.	FROMENT.	TOUTES LES CÉRÉALES RÉUNIES.	MAÏS.	FROMENT.	TOUTES LES CÉRÉALES RÉUNIES.
1849	25	4,3	37,4	9,1	1,5	13,6
1859	27	5,5	39,4	9,8	1,9	14,3
1869	19	7,2	38,7	6,8	2,6	14,0
1879	35	9,1	53,9	12,7	3,3	19,5
1889	33	7,4	51,0	12,0	2,6	18,5
1893	26	6,3	44,1	9,4	2,2	16,0

On peut dire d'une manière générale que la production des céréales est très abondante relativement à la population. En effet, les États-Unis ont récolté, en 1893, année médiocre, 1,003 millions d'hectolitres de céréales, soit 16 hectolitres par habitant. En France, la récolte des céréales a été de 219 millions d'hectolitres, soit 5,6 par habitant (1). Cette comparaison ne doit pas être serrée de trop près, parce que les céréales dont se compose le total sont loin d'avoir la même valeur; mais elle donne une idée approximative de l'importance relative des récoltes.

Le progrès de cette production a été très rapide de 1867 à 1885. Pendant que la population augmentait dans la proportion de 100 à 125 (50 millions au recensement de 1870 et 62 millions et demi au recensement de 1890), la récolte du maïs s'élevait de 100 à 275, celle du blé à 241, celle de l'avoine à 270.

Maïs. — Le maïs (corn) est la principale céréale des

(1) La récolte de 1893 (1,003 millions d'hectolitres de céréales) aux États-Unis a été faible. Celle de 1893 (219 millions d'hectolitres) en France a été médiocre; la récolte de 1892 en France avait été de 257 millions d'hectolitres de céréales.

États-Unis. Il a été cultivé de tout temps en Amérique : car on a trouvé des grains de maïs dans les tombeaux des « mound-builders ». Aujourd'hui il n'est pour ainsi dire pas un seul État qui n'en produise.

Le nombre d'acres qui lui est consacré a rapidement et constamment augmenté de 1867 à 1886, période pendant laquelle il a doublé (33 millions d'acres en 1867; 76 en 1886); on peut même, à l'aide du Census, établir que l'accroissement date de plus loin et qu'il a été momentanément interrompu par la guerre civile. Depuis 1886 on constate un certain arrêt et même, à travers les variations annuelles, une légère diminution dans la production totale. Cependant, depuis 1880, il y a eu un léger progrès dans le sud, un progrès sensible dans la région située à l'ouest du Mississipi, mais un état stationnaire ou quelque peu rétrogade dans le bassin de l'Ohio.

La récolte, qui est plus sujette que la superficie à varier sous l'influence du climat, a cependant suivi à peu près les mêmes vicissitudes : 768 millions de boisseaux (278,784,000 hectolitres) en 1867; 2,112 (766,656,000 hectolitres) en 1889, la plus forte récolte obtenue jusqu'ici. Celle de 1893 n'a été que de. 1,619 millions de boisseaux.

La diminution graduelle du prix a fait perdre aux fermiers presque tout le bénéfice de l'accroissement; la valeur de la récolte était estimée à 610 millions de dollars (3,141 millions de francs) en 1867, à 784 (4,037 millions de francs) en 1882, le plus fort chiffre qu'elle ait atteint, et à 642 (3,306 millions de francs) en 1892 (¹).

(1) Voici la superficie cultivée et la récolte en maïs depuis l'établis-

C'est dans le bassin moyen du Mississipi que la production est le plus abondante. Les États qui ont récolté le plus de maïs en 1892 sont: Iowa (200 millions de boisseaux en 1892 et 252 en 1893) (1), « the peerless corn State » dit le président du « Board of trade » de Chicago dans son rapport de 1893, Illinois (165 millions de boisseaux en 1892 et 160 en 1893) (2), Missouri (152 en 1892 et 158 en 1893) (3), Kansas (146 et 139) (4), Nebraska (157 et 157) (5), Indiana (103 et 85) (6), Ohio (83 et 64) (7), Te xas

sement de la statistique annuelle du Département de l'Agriculture :

ANNÉES.	SUPERFICIE cultivée (en millions d'acres).	PRODUCTION totale (en millions de boisseaux).	ANNÉES.	SUPERFICIE cultivée (en millions d'acres].	PRODUCTION totale (en millions de boisseaux).
1867. . . .	32,5	768.3	1881. . . .	64,3	1 194.9
1868. . . .	34,9	906.5	1882. . . .	65,6	1 617,0
1869. . . .	37,1	874,5	1883. . . .	68.3	1 551,1
1870. . . .	38,6	1 094,2	1884. . . .	69,7	1 795,5
1871. . . .	34,1	991 9	1885. . . .	73,1	1 936,2
1872. . . .	35,5	1 092.7	1886. . . .	75,7	1 665,4
1873. . . .	39,2	932,3	1887. . . .	72,4	1 456,1
1874. . . .	41.0	850,1	1888. . . .	75,7	1 987,8
1875. . . .	44,8	1 321.1	1889. . . .	78,3	2 112,9
1876. . . .	49,0	1 283.8	1890. . . .	72,0	1 489,9
1877. . . .	50,4	1 342,5	1891. . . .	76,2	2 060,1
1878. . . .	51,6	1 388,2	1892. . . .	70.6	1 628,5
1879. . . .	53,1	1 547.9	1893. . . .	72,0	1 619,5
1880. . . .	62,3	1 717,4			

(1) Comtés qui ont produit le plus de maïs en 1880 (d'après le Census): Benton, Cedar, Clayton, Fremont, Harrison, Iowa, Jasper, Johnson, Iones, Linn, Marshall, Mills, Montgomery, Page, Polk, Pottawattamie, Poweshick, Tama, Taylor Warren, Washington.

(2) Comtés : Bureau, Champaign, Christian, Hancock, Henry, Iroquois, Knox, La Salle, Livingtston, Mc Lean, Sangamon.

(3) Comtés : Atchison, Bates, Carroll, Cass, Henry, Johnson, La Fayette, Nodaway, Pettis, Ray, Saline.

(4) Comtés : Bourbon, Brown, Cherokee, Crawford, Doniphan, Douglas, Johnson, Labette, Linn, Miami, Sedgwick, Shawnee, Washington.

(5) Comtés : Cass, Dodge, Lancaster, Nemaha, Otoe, Richardson, Saline, Saunders, Seward, Washington, York.

(6) Comtés : Benton, Boone, Clinton, Hamilton, Hendricks, Henry, Madison, Marion, Montgomery, Rush, Shelby, Tippecanoe, Warren, Wayne.

(7) Comtés : Butler, Clinton, Darke, Fayette, Franklin, Greene, Madison, Miami, Pickaway, Ross. Union, Warren.

(73 et 61) (¹), Kentucky (69 et 68) (²), Tennessee (61 et 63) (³), Pennsylvanie (39 et 31) (⁴), (⁵). Dans les huit États d'Iowa (21 p. 100 du territoire cultivé en maïs), Illinois, Indiana, Ohio, Kentucky, Tennessee, Missouri, Kansas, auquel on peut ajouter le Nebraska (8,4 p. 100 du territoire cultivé en maïs), la superficie cultivée en maïs varie du dixième au cinquième de la superficie totale du territoire (⁶). La récolte de ces huit États forme les deux tiers environ de la production du maïs aux États-Unis. Sept (⁷) sont désignés sous le nom de « surplus States », parce que ce sont eux qui fournissent au grand commerce la majeure partie de son approvisionnement.

Les États du sud, depuis l'Alabama jusqu'au Maryland et au Delaware, ont aussi une grande partie de leur territoire cultivée en maïs (de 7,5 à 17,5 p. 100).

Le rendement par acre a augmenté. Il est en moyenne (moyenne de 1880-1889) de 24 boisseaux (8,7 hectolitres) (⁸). Tandis que les États du sud n'en récoltent guère que 10, ceux du bassin moyen du Mississipi en obtiennent 27 à 30, et ceux de la région du nord-est de 30 à 32 (10,8 à 11,6 hectol.).

(1) Comtés : Collin, Colorado, Cooke, Dallas, Denton, Ellis, Fannin Fayette, Grayson, Lamar, Mc Lennan, Navarro, Red River, Smith, Washington.

(2) Comtés : Bourbon, Christian, Daviess, Fayette, Graves, Hardin, Henderson, Jefferson, Logan, Madison, Mason, Owen, Shelby, Union, Waren,

(3) Comtés : Bedford, Carroll, Davidson, Fayette, Gibson, Giles, Henry, Lincoln, Marshall, Maury, Montgomery, Obion, Rutherford, Smith, Weakley, Williamson, Wilson.

(4) Comtés : Berks, Bucks, Chester, Cumberland, Franklin, Greene, Lancaster, Montgomery, Washington, Westmoreland, York.

(5) La production totale de ces 11 États est de 1,238 millions de boisseaux sur une production totale de 1,619,5 millions en 1893.

(6) Voir la troisième carte de l'*Album of agricultural Statistics*.

(7) Les États sus-nommés, moins le Kentucky et le Tennessee qui n'ont qu'un faible surplus.

(8) La moyenne avait été de 27 dans la période de 1870-1879. Elle a été de 27 pour l'année 1889.

Naguère on donnait partout le maïs aux porcs en jetant les épis dans la cour de la ferme ; aujourd'hui beaucoup de cultivateurs le donnent aux bœufs qui ne le digèrent qu'en partie ; les porcs vont chercher leur nourriture dans la bouse.

Froment. — La culture du blé a fait de plus rapides progrès encore. Elle produisait, d'après le Census, 848,000 boisseaux (307,824 hectol.) en 1839, 100 millions (36 millions d'hectol.), récoltés sur 8 millions d'hectares en 1849 et 490 (178 millions d'hectol.) récoltés sur 15,4 millions d'hectares en 1889 ; d'après la statistique annuelle, 212 millions en 1867, 611 (222 millions d'hectol.) en 1891, la plus belle récolte que les États-Unis aient eue jusqu'ici ; celle de 1892 n'a donné que 516 millions de boisseaux (187 millions d'hectol.) et celle de 1893 que 396 (143 millions d'hectolitres).

En 1840, la France produisait deux fois plus de blé que les États-Unis. Depuis 1875, les États-Unis ont dépassé la France, et leur production a été en 1891 double de la sienne.

Je n'ai pas à insister sur cette culture, parce que je puis renvoyer à un ouvrage français, *Le blé aux États-Unis d'Amérique* par M. A. Ronna ([1]), qui jouit d'une légitime autorité et dont j'ai pu mieux apprécier la valeur, après avoir visité quelques-unes des régions décrites par lui. Mais les renseignements statistiques

---

(1) D'après M. Ronna, la culture du blé paraît avoir été introduite au commencement du xviiᵉ siècle dans les colonies anglaises. Les États-Unis du nord et du centre ayant en général un hiver rude, un printemps long et humide, mais un été très chaud, cultivent surtout des variétés de froment qui mûrissent vite. Dans les États du sud, la maturation a lieu en mai, dans le centre en juin, dans le nord en juillet. Le blé d'hiver est cultivé surtout dans les États de l'est, du midi et du centre ; le blé de printemps l'est dans les autres États : au nord de l'État du Missouri, dans la région des Grands lacs, dans la Nouvelle-Angleterre.

de cet ouvrage s'arrêtent à 1879, et depuis ce temps, il s'est produit de notables changements.

Jusqu'en 1849, plus de la moitié de la production du froment appartenait aux États riverains de l'Atlantique. De 1849 à 1869, la supériorité a passé aux États situés entre les Appalaches et le Mississipi qui ont fourni à peu près la moitié de la récolte totale. En 1892, plus de la moitié provenait des États situés à l'ouest du Mississipi. Le centre de la production, que les Américains nomment « Wheat belt », s'est, ainsi que le centre de gravité de la population (1), déplacé vers l'ouest à mesure que les terres depuis longtemps en culture ont été fatiguées, et que la colonisation et les moyens de transport ont facilité de nouveaux défrichements.

De 1867 à 1880, la surface totale cultivée en blé a passé de 18 millions d'acres à 38 et la récolte de 212 millions de boisseaux à 498 : c'est la période la plus prospère.

L'année agricole 1867-1868, après la guerre, a été marquée par une grande activité commerciale ; le blé a atteint son prix le plus élevé et les cultivateurs ont réalisé de gros profits. Les années 1869 et 1870 n'ayant donné que de bas prix (surtout pour le maïs), l'ensemencement du blé n'a pas augmenté et la récolte a diminué en 1870 et en 1871. Puis l'un et l'autre ont rapidement progressé de 1871 à 1880 (excepté en 1875 et 1876) : c'est alors que la récolte a atteint 498 millions 1/2 de

____

(1) En 1881, M. Breuil (*Rapport sur l'agriculture des États-Unis*, p. 33) faisait remarquer que le « Wheat belt » avait passé, dans le centre de l'Ohio à l'Indiana, de l'Indiana à l'Illinois, de l'Illinois à l'Iowa, mais qu'il semblait y avoir un retour vers le bassin de l'Ohio, probablement parce que des terres appauvries par une exploitation exagérée avaient recouvré leur fécondité par le repos.

boisseaux. C'est la période où la machinerie agricole s'est propagée le plus rapidement, où les moyens de transport se sont le plus améliorés et où l'Amérique a pris une position considérable sur le marché européen.

Depuis l'année 1882, la baisse du prix du blé a déconcerté les fermiers et les spéculateurs (1) ; diverses autres causes, notamment la difficulté plus grande des débouchés résultant soit de la concurrence d'autres pays exportateurs, soit des mesures restrictives de douane dans plusieurs pays importeurs, ont entravé le progrès. Aussi, depuis 1880, les emblavements (ou pour mieux dire les superficies sur lesquelles il y a eu une récolte de blé), sont-ils restés à peu près stationnaires ; le maximum a été atteint en 1884 (39,4 millions d'acres) et en 1891 (39,9 millions), le minimum en 1885 (34,2 millions) par suite des gelées qui ont détruit les semences et en 1893 (34,6 millions) par suite de la sécheresse à l'époque des semailles de blé d'hiver, puis ensuite du froid dans la région centrale, et à cause du bas prix qui a empêché beaucoup de fermiers d'ensemencer autant que les années précédentes.

En conséquence, la récolte, depuis 1880, n'a guère varié que par des influences climatériques ou par suite de conditions accidentelles du marché, sans qu'il y ait une tendance régulière et continue à l'accroissement ou à la diminution. La plus forte récolte est celle de 1891 qui correspond à la plus grande superficie et qui a été de 611 millions de boisseaux (222 millions d'hectolitres) ; la plus faible est celle de 1885, qui correspond à la plus

___

(1) En 1887, le prix a été à Chicago plus bas qu'il n'avait jamais été depuis 1865. Il est remonté un peu depuis ce temps pour redescendre ensuite.

petite superficie et qui a été de 357 millions de boisseaux;
la récolte de 1893 (396 millions de boisseaux — 144 millions d'hectol.) a été une des plus faibles; la sécheresse
lui a été nuisible ([1]). La récolte du blé, comme celle des
autres céréales, est exposée à de grandes variations d'une
année à l'autre, à cause des intempéries, surtout dans
l'ouest où les pluies sont peu abondantes et irrégulières;
aussi le revenu du fermier y est-il plus aléatoire en général qu'en Europe.

Voici la superficie cultivée, la récolte en blé et le rendement de cette récolte, depuis l'établissement de la statistique annuelle du Département de l'Agriculture et
même auparavant par estimation depuis 1863.

(1) C'est à cause de la sécheresse que dans la région de Grand Forks
(N. Dakota) le rendement n'a été que de 5 à 10 boisseaux à l'acre.

ANNÉES.	SUPERFICIE CULTIVÉE		PRODUCTION		RENDEMENT	
	(EN MILLIONS d'acres).	(EN MILLIONS d'hectares).	(EN MILLIONS de boisseaux).	(EN MILLIONS d'hectolitres).	PAR ACRE et en boisseaux.	PAR HECTARE et en hectolitres.
1863.	13,0	5,2	173,6	47,8	13,2	11,98
1864.	13,1	5,3	160,7	44,2	12,2	11,20
1865.	13,3	5,4	148,5	40,9	12,1	11,00
1866.	15,4	6,2	152,0	41,9	10,0	9,00
1867.	18,3	7,1	212,4	77,1	11,0	9,98
1868.	18,5	7,4	224,0	81,3	12,1	11,00
1869.	19,2	7,7	260,1	94,7	13,5	12,23
1870.	19,0	7,6	235,9	86,6	12,4	11,25
1871.	19,9	8,0	230,7	83,7	11,5	10,41
1872.	20,8	8,4	250,0	90,7	11,9	10,78
1873.	22,2	9,1	281,2	102,0	12,7	11,60
1874.	25,0	10,1	308,1	111,8	12,3	11,14
1875.	26,4	12,7	292,1	106,0	11,0	9,80
1876.	27,6	13,2	289,9	105,2	10,5	9,31
1877.	26,3	12,6	364,2	132,1	13,9	12,59
1878.	32,1	13,0	420,1	152,5	13,1	11,87
1879.	32,5	13,1	448,7	162,8	13,8	12,57
1880.	38,0	15,3	498,5	180,9	13,1	11,87
1881.	37,7	15,2	383,3	139,1	10,1	9,14
1882.	37,1	15,0	504,2	183,0	13,6	12,34
1883.	36,4	14,6	421,1	152,8	11,6	10,52
1884.	39,5	16,0	512,7	186,1	13,0	11,79
1885.	34,2	13,8	357,1	129,6	10,4	9,20
1886.	36,8	14,9	457,2	165,9	12,4	11,25
1887.	37,6	15,1	456,3	165,6	12,1	10,96
1888.	37,3	15,0	415,9	150,8	11,1	10,05
1889.	38,1	15,4	490,5	177,9	12,9	11,61
1890.	36,1	14,6	399,3	144,8	11,1	10,05
1891.	39,9	16,1	611,8	222,1	15,3	13,86
1892.	38,5	15,5	515,9	187,1	13,4	12,16
1893.	34,6	14,0	396,1	143,7	11,4	10,43

Cependant les emblavements ne sont pas restés partout stationnaires. Pendant qu'ils décroissaient dans l'est et dans le bassin de l'Ohio, ils ont continué à augmenter (excepté en 1893) dans la plupart des États de l'ouest (¹).

Ce qui est en décroissance depuis dix ans, c'est la valeur dont je parlerai dans un autre chapitre. Elle était estimée (valeur à la ferme) 474 millions de dollars (2,441 millions de francs) en 1880 et 213 millions (1,097 millions de francs) en 1893. Cette décroissance a été presque continue, principalement de 1880 à 1887. S'il y a eu en 1891 un relèvement subit dans la valeur totale de la récolte, c'est un accident dû non à la hausse du prix, mais au fort rendement de la terre. D'autre part, la chute brusque de 322 millions de dollars en 1892 à 213 en 1893 paraît être en partie un fait accidentel (médiocre récolte) et en partie le résultat d'une cause permanente (abaissement des prix).

Ce n'est pas la terre qui manque. Il y a arrêt dans le développement; il n'y a pas épuisement du sol productif. Les calculs que certains publicistes ont faits pour fixer une limite à la production me paraissent peu fondés; ils peuvent être déjoués par le progrès de l'irrigation, des moyens de transport et par d'autres

---

(1) Nombre d'acres sur lesquelles a été faite une récolte de blé :

	En 1880	En 1893
Wisconsin	1,753,130	651,405
Minnesota	3,060,280	3,197,363
Dakota (nord et sud)	»	5,168,261
Nebraska	1,520,315	1,228,493
Missouri	2,206,201	1,609,217
Kansas	2,033,600	2,768,092

Dans l'Iowa, il y a une diminution considérable : en 1880, 3 190,212 acres ; en 1893, 587,000.

causes. Mon sentiment est que les cultivateurs s'appliqueront de plus en plus à varier leurs cultures, mais que, dans cette variété, il restera encore place aux États-Unis pour un développement de la culture du blé, moins rapide sans doute qu'il n'a été de 1867 à 1880, mais encore long en durée et ample en quantité, et que ce développement ne manquera pas de se produire si un jour les conditions du marché intérieur et de l'exportation lui deviennent favorables.

On cultive un grand nombre de variétés de blé d'hiver et de blé de printemps. Jusqu'en 1891, le premier occupait une superficie double de celle du second. Le contraire s'est produit en 1892 : on a cultivé deux fois plus de blé dur de printemps que de blé d'hiver.

Voici la comparaison en 1885, 1891 et 1892.

	BLÉ D'HIVER			BLÉ DE PRINTEMPS		
	Millions d'acres.	Millions de boisseaux.	Rendement par acre.	Millions d'acres.	Millions de boisseaux.	Rendement par acre.
1885. . .	24,1	212	9,6	12,0	145	12,10
1891. . .	26,6	392	14,7	13,3	219	13,5
1892. . .	12,3	156	12,7	26,2	359	13,7

Le blé de printemps, qui rend généralement plus en Amérique que le blé d'hiver, domine presque exclusivement dans le Minnesota, l'Iowa et généralement dans l'ouest et l'extrême nord, à cause de la rigueur des hivers et de l'humidité du printemps. La limite méridionale de la zone où il domine peut être figurée par une ligne allant du Colorado au lac Ontario.

Ce blé, qui donnait une farine grise, parce qu'il était difficile par les anciens procédés de séparer complètement le son, a beaucoup gagné depuis 1880 dans l'estime des meuniers, depuis l'emploi du système hongrois de mouture au cylindre qui produit une farine très blanche et en rend plus au boisseau (¹). Le prix du blé de printemps a augmenté de 20 à 40 p. 100 en vingt ans ; depuis 1887, il vaut à Chicago un peu plus que le blé d'hiver : de là le développement qu'a pris cette culture (²). Cette transformation a donné un avantage de plus aux nouveaux États du nord-ouest sur les anciens États du centre (³).

Le blé d'hiver est cultivé surtout dans les États situés à l'est du Mississipi. Jusqu'à ces dernières années, la meunerie avait préféré le blé tendre au blé dur : il valait 5 à 10 cents de plus. Dans le sud, on cultive le blé dur en concurrence avec le blé tendre.

Sur les 516 millions de boisseaux récoltés en 1892, 12 États en ont produit 419, fournissant chacun plus de 10 millions de boisseaux. Situés presque tous dans le bassin moyen et supérieur du Mississipi, ils forment un groupe compact dans la plaine centrale, comprenant le Kansas (71 millions de boisseaux en 1892 et 23 seulement en 1893 : diminution énorme) (⁴) qui tenait cette année le premier rang, le Nebraska (15 millions) (⁵), les deux

---

(1) Très souvent aujourd'hui on mélange les deux blés pour faire de la farine.

(2) Voir *Third biennial Report of the Bureau of Statistics of Labor of Minnesota*, p. 179 et suiv.

(3) Le blé dur du Dakota, « red fife », fait prime à New York.

(4) Comtés qui ont produit le plus de froment en 1880 (d'après le Census) : Brown, Dikinson, Doniphan, Jefferson, Mc Pherson, Saline, Sedgwick. La récolte du Kansas est sujette à des variations considérables, 71 millions est de beaucoup la plus forte récolte que cet État ait eue ; elle est encadrée entre celle de 1891 qui a donné 54 millions et celle de 1893 qui en a donné 23 ; la récolte de 1887 n'avait été que de 7,6 millions.

(5) Comtés : Adams, Butler, Clay, Dodge, Fillmore, Hamilton, Saline, Seward, Sherman, York.

Dakota (66 millions en 1892 et 47 en 1893) (¹), **le Minnesota** (²) (41 millions en 1892 et 30 en 1893) (³), le
Missouri (⁴) (25 millions en 1892 et 15 en 1893), l'Illinois (⁵) (28 millions en 1892 et 15 en 1893), l'Indiana (⁶)
(40 millions en 1892 et 35 en 1893), le Michigan (⁷)
(24 millions en 1892 et 26 en 1893), l'Ohio (⁸) (38 millions
en 1892 et en 1893), le Kentucky (⁹) (11 millions en
1892 et 10 en 1893), la Pennsylvanie (¹⁰) (19 millions
en 1892 et 18 en 1893). On peut rattacher à ce groupe
deux petits États voisins de la Pennsylvanie, Maryland
et Delaware. La plupart de ces États consacrent 6 à
12 p. 100 de leur territoire à la culture du froment.
L'Iowa, qui a donné jusqu'à 32 millions 1/2 de boisseaux (en 1886) a tout à coup réduit en 1892 des deux
tiers sa superficie cultivée en blé et n'a récolté que
6 millions 1/2 de boisseaux en 1893. Que de déceptions
et de gênes de pareilles variations ne font-elles pas
soupçonner!

(1) Comtés (en 1890) : Barnes, Cass, Dickey, Grand Forks, Pembina,
Richland, Sargent, Traill. Walsh.

(2) Comtés (en 1891) : Brown, Douglas, Kandiyohi, Lac qui Parle,
Marshall, Meeker, Nicollet, Norman, Otter Tail, Renville, Sibley,
Stearns, Yellow Medicine.

(3) Le rendement avait été de 13 boisseaux par acre d'après le Census
de 1880 ; il était de 14 boisseaux d'après celui de 1890.

(4) Comtés : Franklin, Greene, Johnson, La Fayette, Pike, Polk,
Saint-Charles, Saint-Louis, Saline.

(5) Comtés : Adams, Christian, Clinton, Greene, Macoupin, Madison, Montgomery, Monroe, Pike, Randolph, Saint-Clair, Sangamon,
Washington.

(6) Comtés : Allen, Caroll, Elkhart, Fountain, Gibson, Knox, La
Porte, Montgomery, Posey, Rush, Saint-Joseph, Shelby, Tippecanoe.

(7) Comtés : Allegan, Barry, Calhoun, Clinton, Hillsdale, Iona,
Jackson, Kalamazoo, Kent, Lenawee, Oakland, Saint-Joseph, Washtenaw.

(8) Comtés : Champaign, Darke, Greene, Hancock, Miami, Montgomery, Pickaway, Sandusky, Seneca, Stark, Wayne.

(9) Comtés : Bourbon, Christian, Fayette, Hardin, Logan, Mcason,
Scott, Woodfort.

(10) Comtés : Berks, Chester, Cumberland, Franklin, Lancaster,
Washington, Westmoreland, York.

La Californie (¹) (39 millions en 1892 et 35 en 1893) forme à elle seule un groupe important.

La moyenne générale du rendement a été, pendant la période 1880-1893, de 12,4 boisseaux par acre, (11,25 hectol. par hectare) (²). En France la moyenne a été 15,10 hectolitres par hectare, pour la période 1880-1889) (³).

Le rendement est considérable dans les terres irriguées, et dans certaines vallées de la région de la Cordillère où s'est accumulé depuis des siècles un humus profond que les pluies n'ont pas dilué; il s'élève jusqu'à 17,8 boisseaux (16,1 hectolitres par hectare) dans l'Utah, le Nevada, le Montana, jusqu'à 18 dans le Wyoming et même 19 (17,2 hectolitres) dans le Colorado. Mais ces États ne produisent en somme qu'une petite quantité de blé, parce que la plus grande partie de leur territoire est inculte. En général, le rendement moyen par acre semble avoir une tendance à diminuer dans les nouvelles fermes de l'ouest à mesure que la surface cultivée s'étend et que les mauvaises herbes se multiplient.

Au contraire, dans les États de la Nouvelle-Angleterre où presque tout le sol est approprié et où la culture

(1) Comtés : Butte, Colusa, Contra Costa, San Joaquin, Solano, Stanislaus, Sutter, Tehama, Yolo.

(2) La moyenne calculée sur la totalité des récoltes des États-Unis pendant les années 1889-1893 est de 11,56 hectol. par hectare, la statistique américaine donne une autre moyenne un peu plus forte calculée sur les rapports des correspondants du Département de l'Agriculture; cette moyenne, qui comprend les deux très bonnes récoltes de 1892 et surtout de 1893, est supérieure à la moyenne des vingt années 1870-1889 qui a été de 11,01 hectolitres.

Pour la France la moyenne quinquennale de 15,20 hectolitres comprend la mauvaise récolte de 1891 et la récolte médiocre de 1892.

(3) M. Dodge (*Album of Agric. Stat.*, p. 7) fait remarquer que, quoique le climat du sud ne soit pas favorable à la production du blé, on peut en certains endroits obtenir une récolte supérieure à la moyenne générale des États-Unis.

est le plus avancée, le rendement ne dépasse guère 16 boisseaux (14,5 hectolitres), parce que la terre est généralement de médiocre qualité (¹). Cependant le rendement tend à y augmenter à mesure que l'agriculture se perfectionne ; on trouve dans le Maine des fermes qui rendent 30 à 40 boisseaux par acre (27 à 36 hectolitres par hectare) et dans le New York des fermes qui rendent 32 et quelquefois plus (²).

Le rendement descend à 8 (6,4 hectolitres) et même à 6 (South Carolina) dans le sud qui est, sous presque tous les rapports, à l'état d'infériorité. Néanmoins, quoique le climat n'y soit pas favorable à la production du blé, on pourrait, en certains endroits, obtenir un rendement supérieur à la moyenne générale des États-Unis.

Dans l'échelle du rapport de la quantité produite au nombre d'habitants, le premier rang appartient aux deux Dakota, qui ne sont jusqu'à présent qu'une grande fabrique de blé bien outillée en machines où l'on épargne le travail de l'homme. En général les régions de l'ouest et du nord-ouest récoltent par tête d'habitant beaucoup plus de blé que celles de l'Atlantique.

« Le rendement, dit M. Dodge dans son rapport pour l'année 1892 (³), pourrait facilement augmenter de

---

(1) D'après l'enquête décennale de 1882, le rendement moyen en blé était de 15,92 hectolitres pour la France entière. La récolte ayant été très bonne (129 millions d'hectolitres), ce rendement est un peu supérieur à la moyenne ordinaire de la période 1880-1890. Cette moyenne varie beaucoup suivant les départements. Ceux où elle était le plus forte sont : Seine 27,29, Nord 24,25, Eure-et-Loir 20,10, Oise 20,80, Seine-et-Marne 21,80, Seine-et-Oise 23,60. Ceux où elle était le plus faible sont : Corse 9,17, Charente 11,70, Basses-Alpes 12,36, Alpes-Maritimes 12,07, Charente-Inférieure 12,77, Lot 12,13.

(2) On trouve aussi dans l'Illinois, le Minnesota, etc., quelques fermes rendant 20 à 30 boisseaux par acre.

(3) M. Dodge (*Report of the Statistician for* 1892, p. 417) fait remarquer

moitié; mais il est juste de dire qu'il n'augmentera pas tant qu'il y aura des terres vierges qu'on égratignera par une espèce de labour improprement nommé culture. La superficie emblavée aujourd'hui, si la culture était rationnelle et habile, suffirait à une population deux fois plus nombreuse. »

La valeur de la récolte par acre ne correspond pas nécessairement à la quantité récoltée, parce qu'il faut tenir compte de la distance moyenne que cette récolte doit parcourir pour arriver jusqu'au consommateur. C'est ainsi qu'un boisseau vaut plus dans une ferme du New York, près du plus grand centre de consommation et d'exportation, qu'à Minneapolis, dans une contrée qui produit plus qu'elle ne consomme et qui est très éloignée de l'Atlantique. Dans le Colorado. où la population, surtout la population urbaine, a crû plus vite que la production et où les terres à blé ont un fort rendement, l'acre rapportait $ 16,22 (soit 83 fr. 53), moyenne de 1880-89. Mais en général il ne donnait guère que $ 10 (51 fr. 50) dans la région située entre le Missouri ou le lac Supérieur et les Montagnes Rocheuses et même moins, $ 9,23 (47 fr. 50) dans le Missouri, $ 7,52 (38 fr. 75) dans les deux Dakota, région où le rendement moyen par acre est médiocre, et dont le blé doit être exporté très loin. Il donnait davantage dans la région située entre le Mississipi, les Grands Lacs et l'Ohio où le rendement est plus fort et la population plus dense. Il donnait très peu dans le sud ($ 6,42, soit

que 50,000 fermiers ont fourni des renseignements sur le rendement en récoltes en 1892, mais que le plus grand nombre les a fournis seulement pour le maïs. Pour le blé, les renseignements ont porté sur 23 millions de boisseaux et 1 million 1/2 d'acres; d'où le rendement moyen serait 15,7 boisseaux à l'acre, chiffre supérieur à la moyenne réelle, parce que ce sont en général les meilleurs fermiers qui répondent.

33 fr. 06 dans la North Carolina), parce que le rendement est très faible et que la population pauvre consomme peu de froment. C'est dans le nord-est que le rendement en argent est le plus élevé, parce que la culture y est plus intensive, la population plus dense et plus riche et aussi parce que la région possède les ports d'exportation : c'est ainsi que la valeur de la récolte de blé par acre atteignait $ 20,74 (106 fr. 80) dans le Massachusetts. A mesure que la population augmentera, que la culture se perfectionnera, que les transports deviendront plus économiques, on verra s'atténuer la différence qui est au moins du simple au double entre le prix à la ferme dans le nord-est et dans le centre.

Avoine. — La culture de l'avoine a fait de très rapides progrès. Depuis 1883, elle a même dépassé de beaucoup le blé ; la récolte, qui était de 278 millions de boisseaux (100,914,000 hectol.) en 1867, s'est élevée jusqu'à 751 (272,613,000 hectol.) en 1889, et était de 638 en 1893 (1). L'avoine blanche du Canada est la plus cultivée dans le nord.

La superficie cultivée en avoine a doublé en moins

(1) Voici la superficie cultivée et la récolte en avoine depuis l'établissement de la statistique annuelle du Département de l'Agriculture :

ANNÉES.	SUPERFICIE cultivée en millions d'acres.	PRODUCTION totale en millions de boisseaux.	ANNÉES	SUPERFICIE cultivée en millions d'acres.	PRODUCTION totale en millions de boisseaux.
1867	10,7	278,7	1881	16,8	416,5
1868	9,7	254,1	1882	18,5	488.2
1869	9,5	288,3	1883	20,3	571,3
1870	8,8	247,3	1884	21,3	583,6
1871	8,3	255,7	1885	22,8	620,4
1872	9,0	271,7	1886	23,6	624,1
1873	9,7	270,3	1887	25,0	659,6
1874	10,9	240,4	1888	27,0	701,7
1875	11,9	354,3	1889	27,4	751,5
1876	13,3	320,9	1890	26,4	523,6
1877	12,8	406,4	1891	25,6	738,4
1878	13,2	413,6	1892	27,0	661,0
1879	12,7	363,7	1893	27,3	638,8
1880	16,2	417,9			

de dix ans. C'est d'une part, parce que les défrichements ont eu lieu surtout dans le nord et le nord-ouest dont le climat est propice à cette culture ([1]), tandis que le climat des régions de l'Atlantique lui convient peu ; d'autre part, parce que l'avoine est consommée en Amérique non seulement par le bétail, mais par les hommes, particulièrement sous forme d'« oatmill ». Depuis quelques années, on a substitué en partie dans l'alimentation du cheval l'avoine au maïs qu'on trouvait trop excitant ([2]).

Douze États ont produit en 1892 plus de 20 millions de boisseaux d'avoine : l'Iowa (95 millions) ([3]) et l'Illinois (75) ([4]), les deux États où il occupe relativement la plus large place, le Wisconsin (89) ([5]), le Kansas (44) ([6]), le Minnesota (43) ([7]), le Nebraska (43) ([8]), l'Indiana (29) ([9]), le Michigan (27) ([10]), l'Ohio (26) ([11]), le Missouri (24) ([12]),

[1] L'avoine exige pour mûrir une moindre somme de chaleur que le blé. L'avoine, qui pèse 40 ou 50 livres au boisseau en Écosse et en Norvège, dégénère en Amérique et diminue de poids d'année en année. Cependant l'avoine d'hiver semée en automne réussit bien dans le sud (Voir *Album of agricultural Statistics,* p. 6.

[2] Voir *Album of agricultural Graphics,* introduction.

[3] Comtés qui ont produit le plus d'avoine en 1880 (d'après le Census) : Black, Hawk, Buchanan, Clinton, Delaware, Dubuque, Fayette, Jackson, Jasper, Linn, Winneshiek.

[4] Comtés : Bureau, Champaign, Cook, De Kalb, Du Page, Hancock, Henry, Iroquois, Kane, La Salle, Lee. Livingston, Mc Henry, Mc Lean, Ogle, Stephenson, Will, Winnebago.

[5] Comtés : Dane, Grant, Green, Iowa, La Fayette, Rock, Sauk, Walworth.

[6] Comtés : Brown, Crawford, Johnson, Mc Pherson, Marshall, Sedgwick, Washington.

[7] Comtés en 1891) : Fillmore, Freeborn, Goodhue, Martin, Mecker, Hower, Nobles, Olmstead, Rice, Rock, Winona.

[8] Comtés : Cass, Douglas, Dundy, Fillmore, Lancaster, Saline, Saunders, Washington.

[9] Comtés : Allen, Benton, De Kalb, Lake, Porter, Tippecanoe, Warren, White.

[10] Comtés : Genesee, Hillsdale, Lenawee, Macomb, Monroe, Oakland, Saint-Clair, Washtenaw, Wayne.

[11] Comtés : Ashtabula, Crawford, Cuyahoga, Huron, Lorain, Medina, Richland, Seneca, Stark, Summit, Tuscarawas, Wayne.

[12] Comtés : Callaway, Carroll, Clark, Harrison, Montgomery, Nodaway, Pettis, Pike, Putnam, Scotland.

7

et, plus à l'est, le New York (38) (1) et le New Jersey (29) (2).

Le rendement (moyenne générale de 1880-1889) par acre est de 26,6 boisseaux (24 hectolitres par hectare). Il s'élève beaucoup plus haut dans l'extrême nord dont le climat humide et froid est très favorable à cette culture : 32 boisseaux dans le Washington, 32,6 dans le Montana, 32,3 dans le Michigan, 33,1 dans le Vermont, 32,8 (30 hectolitres par hectare) dans le New Hampshire. Il descend à 10 (9 hectolitres par hectare) et au-dessous dans le sud (9,5 dans North Carolina), parce qu'une grande partie de l'avoine d'hiver y est consommée en vert.

Aussi est-ce surtout dans le nord et dans la région de la Cordillère que la valeur de la récolte par acre est le plus élevée. Aux deux extrémités de l'échelle se trouvent l'Idaho avec une valeur de $ 15,8 (81 fr.) par acre cultivée en avoine et la North Carolina avec une valeur de $ 4,56 (23 fr. 50).

Orge. — L'orge est recherchée pour la nourriture du bétail et pour la fabrication de la bière dont la consommation a beaucoup augmenté aux États-Unis. De 1867 à 1893 la production de cette céréale a augmenté de 25 à 69 millions de boisseaux, dont près des deux tiers sont fournis par la Californie (3) qui en a produit 17 millions de boisseaux en 1893, le Wisconsin (4), le Minnesota (5),

(1) Comtés : Cayuga, Erie, Jefferson, Monroe, Oneida, Onondaga, Saint-Lawrence, Steuben.
(2) Comtés : Hunterdon, Mercer, Morris, Somerset, Warren.
(3) Comtés qui ont produit le plus d'orge en 1880 (d'après le Census) : Alameda, Butte, Colusa, Contra Costa, Monterey, Sacramento, San Joaquin, Santa Clara, Solano, Ventura, Yolo.
(4) Comtés : Dane, Dodge, Jefferson, Milwaukee, Rock, Sheboygan, Walworth, Waukesha.
(5) Comtés (en 1891) : Dodge, Fillmore, Goodhue, Marshall, Mower, Nobles, Olmstead, Rock, Wabasha, Wilkin.

le New York (¹), les Dakota (²), l'Iowa (³) et le Nebraska (⁴).
L'orge du nord est la plus demandée par les brasseurs ;
c'est pourquoi on en importe beaucoup du Canada.
C'est dans la région de la Cordillère (Montana, récolte
en 1888-1889, 27,2 boisseaux par acre, soit 24,6 hectol. par hectare, valant $ 18,5, soit 95 fr. 30 moyenne
de 1880-1888), et dans la Nouvelle-Angleterre (Vermont
récolte de 24,7 boisseaux par acre, soit 22,4 hectol. par
hectare, valant $ 18,5) que l'orge donne les plus beaux
résultats (⁵). Le rendement par acre est généralement
médiocre dans le sud.

Il est à remarquer qu'en général l'orge procure au
fermier plus d'argent par acre que les autres céréales.

Seigle. — Le seigle, culture des sols pauvres, n'est pas
en progrès : 23 millions de boisseaux en 1867 et 26 1/2
en 1893 (7 millions d'hectolitres). Dans le nord il rend
de 15 à 12 boisseaux par acre (⁶) (de 13,6 à 10,8 hectol.
par hectare). Dans le sud, la statistique en accuse 4,5 à 7,2 ;
(1,4 à 2,2 hectol. par hectare) ; il est vrai qu'une partie
de la récolte est, ainsi que celle de l'avoine, coupée en
vert et consommée à l'état de fourrage. Le Washington
et l'Orégon au nord-ouest, avec le Colorado au centre
et la Nouvelle-Angleterre à l'est, sont les États qui en
produisent le plus (⁷).

(1) Comtés : Cayuga, Genesee, Jefferson, Livingston, Monroe, Nia-
gara, Onondaga, Ontario, Orléans, Schuyler, Seneca, Steuben, Wayne,
Yates.
(2) Comtés (en 1891) : Cass, Cavalier, Grand Forks, Oliver, Traill,
Walsh.
(3) Comtés : Benton, Cedar, Clinton, Scott, Tama.
(4) Comtés : Cass, Clay, Fillmore, Otoe, Saline, Elko.
(5) Il y avait à l'exposition des orges qui avaient donné 48 boisseaux
à l'acre.
(6) Et même 17,1 dans le Colorado.
(7) Voir *Album of agricultural Graphics.*

Sarrasin. — Le sarrasin, qui n'a jamais été une culture importante aux États-Unis, est en décroissance : 21 millions de boisseaux (7,6 millions d'hectolitres) en 1867 et 12 (4,3 millions d'hectolitres) en 1893. Le New York, la Pennsylvanie, l'Ohio et le Michigan d'une part, la Californie d'autre part, sont les États où cette culture est le plus pratiquée. Dans la partie septentrionale de la Nouvelle-Angleterre, les fermiers obtiennent en moyenne 18 boisseaux par acre (16 hectol. par hectare) : c'est le rendement le plus fort. Avec l'avoine et le seigle, cette culture est au nombre de celles qui rendent le moins en argent.

Rendement des cultures de céréales. — Voici la valeur moyenne pour les États-Unis pendant la période 1880-1889, du produit de l'acre (et celui de l'hectare) cultivé :

	Produit de l'acre.	Produit de l'hectare.
	$	fr.
en maïs.	9,47	121,92
froment	9,95	128,10
avoine	8,16	105,05
orge	12,76	164,27
seigle	8,27	106,47
sarrasin	8,24	106,08

Riz. — Le riz est une céréale dont la culture est confinée dans les bas terrains d'alluvion et faciles à inonder de la région chaude avoisinant l'Atlantique et le golfe du Mexique. La Caroline du sud [1], la Géorgie et la Louisiane [2], étaient en 1880 les États qui en produisaient le plus. Cette culture rend environ 500 livres par acre. Elle est en décadence ; elle produisait 215 millions de livres (97 millions de kilogrammes) en 1850, 110 (49 millions de kilogrammes) en 1880, et 76 (34 millions

(1) Comtés de Beaufort, de Charleston, de Colleton, de Georgetown, etc.
(2) Paroisses d'Iberville, de Saint-James, de Plaquemines, etc.

de kilogrammes) en 1890. C'est aujourd'hui la Louisiane, avec ses terres d'alluvion largement irriguées, qui produit presque seule cette céréale.

LA CULTURE DES PLANTES HERBACÉES AUTRES QUE LES CÉRÉALES

Les autres produits herbacés les plus importants des terres de labour sont la pomme de terre, le tabac, le lin et le coton.

Pomme de terre. — La pomme de terre joue un rôle important dans l'alimentation du peuple américain qui a conservé à cet égard les habitudes de l'Anglais et de l'Irlandais. Le climat d'ailleurs dans le nord est favorable à la culture de la pomme de terre proprement dite désignée sous le nom de « irish Potato » et dans le sud à la patate, « sweet Potato ». Les variétés sont en général bonnes et la culture est bien conduite.

La pomme de terre est cultivée dans le New York [1] et la Pennsylvanie [2] plus que partout ailleurs; elle l'est aussi dans la Nouvelle-Angleterre, l'Ohio [3], le Michigan [4], l'Illinois [5], le Wisconsin [6], l'Iowa [7], l'In-

(1) Comtés qui produisaient le plus de pommes de terre en 1880 (d'après le Census) : Clinton, Erie, Franklin, Genesee, Monroe, Oneida, Onondaga, Ontario, Queens, Rensselaer, Saratoga, Saint-Lawrence, Stenben, Washington.

(2) Comtés : Allegheny, Bradford, Bucks, Erie, Luzerne, Montgomery, Schuykill, Susquehanna.

(3) Comtés : Clermont, Cuyahoga, Hamilton, Portage, Stark, Warren, Wayne.

(4) Comtés : Allegan, Branch, Calhoun, Eaton, Genesee, Jackson, Kent, Lenawee, Macomb, Oakland, Ottawa, Savignaw, Saint-Clair, Saint-Joseph, Wayne.

(5) Comtés : Champaign, Cook, Du Page, La Salle, Lee, Mac Lean, Madison, Ogle, Pope, Rock Island, Saint-Clair, Stephenson, Will.

(6) Comtés : Dane, Dodge, Fond du Lac, Grant, Milwaukee, Outagamie, Portage, Rock, Sauk, Waukesha, Waupaca.

(7) Comtés : Clayton, Dubuque, Jasper, Johnson, Linn, Marion, Muscatine, Scott, Winneshiek.

diana (¹). **Les terres neuves de la région de la Cordillère donnent aujourd'hui les plus fortes récoltes : plus de 100 boisseaux d'après la moyenne de 1880-89, par acre (90 hectol. par hectare) dans l'Orégon** (²), **l'Idaho** (³), **le Montana,** (⁴), **le Washington** (⁵). **Le rendement moyen est de 76 boisseaux par acre (68 hectolitres par hectare). La récolte totale, qui était de 97 millions de boisseaux (35 millions d'hectolitres) en 1867, s'est élevée graduellement à 202 (73 millions d'hectolitres) en 1888 : c'est, après la récolte de 1883 (208 millions), une des plus fortes qu'on connaisse aux États-Unis. La récolte de 1893 a été de 183 millions de boisseaux (66 millions d'hectolitres), dont 25 millions (9 millions d'hectol.) pour l'État de New York qui occupe le premier rang, 15 pour la Pennsylvanie, 14,6 pour le Michigan, 12 pour le Wisconsin. La superficie cultivée était en 1893 de 2,605,000 acres (1,055,000 hectares) et la valeur de la récolte de 108 millions 1/2 de dollars (soit 559 millions de francs).**

La patate, dont la culture est à peu près stationnaire, 38 millions de boisseaux (soit 13,5 millions d'hectolitres) en 1850,33, en 1880, 55 millions (soit 19 millions d'hectolitres en 1888), est cultivée surtout dans la Caroline du Nord, la Géorgie, le Mississippi et l'Alabama.

Tabac. — Le tabac a été cultivé en Virginie dès le commencement du XVII° siècle. Il y devint promptement

---

(1) Comtés : Allen, Boone, Elkhart, Hamilton, Hendricks, Lake, La Porte, Marion, Porter, Saint-Joseph, Spencer, Switzerland, Tippecanoe, Vanderburgh, Vigo.
(2) Comtés : Clackamas, Marion, Multnomah, Washington.
(3) Comtés : Ada, Boisé, Nez Percé, Oneida.
(4) Comtés : Deer Lodge, Lewis, Madison, Missoula.
(5) Comtés : Clarke, Island, King, Lewis, San Juan, Whatcom.

la seule préoccupation des colons qui avaient rencontré un sol et un climat propices à cette plante et à qui la mère patrie fournissait un débouché commercial. Les terres situées près de la côte, sur le bord des cours d'eau, furent les premières utilisées à cet effet; puis les défrichements se portèrent plus loin dans l'intérieur à mesure qu'une suite ininterrompue de récoltes eurent épuisé le sol. Le tabac était si bien la principale richesse du pays que pendant longtemps il y servit de monnaie. Le tabac de la Virginie était apprécié en Europe surtout par les priseurs, celui du Maryland par les fumeurs. Au commencement du xviii° siècle, Savary écrivait : « Le tabac de Virginie est estimé un des meilleurs de l'Amérique, et c'est aussi la culture de cette plante qui fait la principale occupation des habitants et un des plus considérables commerces du pays. »

Quand les régions situées au delà des montagnes commencèrent à se peupler, les colons y apportèrent la culture du tabac qui prospéra dans le Kentucky et sur les bords de l'Ohio. La production a augmenté avec le progrès de la consommation européenne (¹). Elle était, d'après le Census de 1850, de 200 millions de livres (90,6 millions de kilos) et, d'après celui de 1860, de 434 millions. La guerre de la rébellion la fit tomber à 263 millions en 1872; elle s'est relevée et a atteint, en 1888, 566 millions de livres (²) et en 1893, 483 millions (219 millions de kilos).

____

(1) Vers 1834, l'exportation était de 100,000 boucauts, soit environ 40 millions de kilos, auxquels il faut ajouter 6 millions de kilos de tabac préparé, le tout valant une cinquantaine de millions de francs.

(2) Ces 566 millions de livres (256 millions de kilos) ont été récoltées sur une superficie de 747,000 acres et avaient une valeur de 43 millions 1/2 de dollars (soit 222 millions de francs).

Le tabac est une culture dont le produit brut est très élevé : 29 à 44 dollars par acre (¹) (373 fr. 40 à 566 francs par hectare). Dans les États du nord et principalement dans la vallée du Connecticut (²) on cultive un tabac dit « seed Leaf », très estimé pour la fabrication des cigares. Depuis 1870 le « white Burley » est très renommé aussi. Les trois principales espèces sont le Kentucky, tabac gras à grand feuillage, le Virginie, très aromatique, et le Maryland, odorant et léger. Le tabac du nord a, sauf quelques exceptions, plus de valeur que celui du sud.

Huit États : Kentucky (217 millions de livres valant 16 millions 1/2 de dollars en 1893), qui fournit à lui seul plus de la moitié de la récolte des États-Unis (³), Virginie (⁴) (68 millions 1/2 de livres), Tennessee (31 millions) Caroline du Nord, (45 millions), Wisconsin (22 millions), Ohio (18 millions, mauvaise récolte, celle de 1888 ayant été de 35 millions), Maryland (10 millions), Pennsylvanie (28 millions), Missouri (9 millions), Connecticut (10 millions), produisent plus des neuf dixièmes du tabac des États-Unis.

Lin. — La culture du lin a fait de notables progrès (⁵). En 1866, cette culture occupait 50,000 acres ; en 1889,

---

(1) C'est dans le Maryland que le rendement est de 44 dollars. Dans la Caroline du Nord, le produit des larges feuilles pour enveloppe de cigares s'élève à 51 dollars par acre. Certains tabacs à chiquer de l'Ohio rendent 66 dollars par acre.

(2) Comté de Harljord, etc.

(3) On cultive le tabac au Kentucky, surtout dans les comtés de Dracken, Christian, Daviess, Graves, Henderson, Logan, Mason, Hopkins, Owen, Toded, Trigg.

(4) Comtés de Pillsylvana, Halifax, Bedfort, etc.

(5) It is a capital crop for new land, flourishing luxuriantly on the rank soil and breaking it for cereal grains, lit-on dans la notice du Minnesota à l'Exposition de Chicago (*Minnesota, A Brief sketch of its history, resources and advantages*, p. 55).

1,060,000 (¹). La plante est cultivée pour sa graine beaucoup plus que pour sa filasse; cependant des manufacturiers se préoccupent de l'utilisation de cette dernière matière qui aujourd'hui est généralement brûlée. C'est une culture très prisée dans les nouveaux défrichements, d'abord parce qu'elle rapporte et ensuite parce qu'elle prépare bien une terre vierge pour d'autres cultures. Aussi est-ce dans l'ouest qu'elle est le plus pratiquée. Lors du Census de 1880, 65 p. 100 de la récolte totale du lin provenait des États situés à l'est du Mississipi. Aujourd'hui ces États ne fournissent pas le centième de la récolte. En 1892 la récolte qui était de 11 millions de boisseaux (4 millions d'hectolitres) appartenait pour les neuf dixièmes au moins au Minnesota, au South Dakota, à l'Iowa, au Kansas et au Nebraska.

Coton. — La culture du coton a une importance considérable aux États-Unis. Le cotonnier est une plante délicate qui craint le froid et les vents du nord et qui exige une terre fertile. Les principales espèces sont le cotonnier arborescent qui donne principalement les longues-soies et le cotonnier herbacé qui donne les courtes-soies et qui, beaucoup plus cultivé que l'autre, entre dans la rotation des bonnes terres de labour (²). Le premier ne supporte pas les hivers rigoureux; le second, dont la végétation dure à peu près sept mois, a besoin d'un été très chaud. On plante le coton à la fin de février en Géorgie, au milieu de mars dans la Caroline du Sud, au milieu d'avril dans le Mississippi, de

(1) La superficie avait même été de 1,284,000 acres en 1887, rendant 10 millions 1/2 de boisseaux, d'une valeur de 9 millions 1/2 de dollars.

(2) Le cotonnier herbacé a une hauteur moyenne de 1 mètre. Lorsque j'ai traversé d'Atlanta à Richmond les États du sud, en suivant la région boisée du Piedmont, les cotonniers que j'ai vus dans les clairières de la forêt paraissaient s'élever à peine à 60 centimètres au-dessus du sol.

manière, autant que possible, à éviter les gelées et les inondations. A l'époque de la maturité, c'est-à-dire au mois de juillet, la récolte commence ; elle continue durant plusieurs mois, à mesure que les capsules entr'ouvertes laissent échapper leurs flocons de duvet. Hommes, femmes et enfants sont alors employés à cueillir les touffes, la séparation de la laine et de la graine se fait à la machine. La graine sert à fabriquer une huile à brûler, légèrement fumeuse.

Le coton poussait spontanément dans le sud des États-Unis. Cependant, malgré les efforts faits par quelques gouverneurs pour attirer de ce côté l'attention des planteurs exclusivement occupés du tabac, la culture ne se développait pas parce que l'Angleterre consommait encore très peu de coton et que les colons n'avaient pas le droit de fabriquer leurs propres étoffes. On n'en récoltait guère qu'en Louisiane et en Géorgie où le coton longue-soie a été importé seulement en 1786, après la guerre de l'Indépendance. En 1770, 7 balles et 3 barils de coton furent expédiés par la colonie à la métropole et, après la paix, en 1784, 8 balles arrivèrent sur le marché de Liverpool. La marchandise fut alors saisie pour cause de fausse déclaration, parce que, disait la douane, « une si grande quantité de coton ne pouvait pas avoir été récoltée aux États-Unis ». Quatre ans après, l'importation en Angleterre était déjà de 309 balles, et en 1806, les États-Unis, outre leur consommation, produisaient assez pour exporter 100,000 balles. Ce progrès était dû en partie à la nécessité où s'étaient trouvés les Américains de se suffire à eux-mêmes pour leur consommation de tissus (1).

(1) « Dans ces derniers temps, nous nous sommes livrés dans l'intérieur

Après l'invention de la machine à égrener, par Éli Whitney, et le rétablissement de la paix en Europe, l'accroissement fut très rapide : l'exportation décupla en trente ans. La production avait été évaluée à 400,000 balles environ en 1821, et s'était élevée par une progression régulière à 5,198,000 en 1860 ([1]). La guerre de la rébellion et l'abolition de l'esclavage la paralysèrent; on ne trouva que 2,200,000 balles en 1866, lorsque la statistique de la récolte fut de nouveau dressée et ce n'est que vers 1878 que cette récolte est parvenue à remonter au niveau de 1860. Elle l'a beaucoup dépassé aujourd'hui. Elle a été en 1892 de 9,035.000 balles, soit (la balle étant comptée à raison de 476 livres ou 215 kilogrammes), 1,948 millions de kilogrammes ([2]). La récolte de 1893, à cause de la réduction des surfaces cultivées et des dommages causés par les insectes, n'a été que de 6,717,000 balles; c'est la plus faible que les États-Unis aient eue depuis 1887.

Malgré l'augmentation, cette culture ne satisfait pas les fermiers découragés par les bas prix ([3]); c'est pourquoi il y a eu diminution dans la surface cultivée en 1892 ([4]).

de nos familles à la fabrication des articles les plus nécessaires pour nous couvrir le corps et pour nous habiller; ceux du coton peuvent entrer en comparaison avec les tissus du même genre provenant des fabrications européennes. » (JEFFERSON, *Notes sur la Virginie*, 1781.)

(1) Le prix avait constamment baissé de 1835 à 1845 et s'était relevé un peu de 1845 à 1860.

(2) Le coton Sea-Islands, qui n'est pas compris dans les statistiques de la production, a donné, en 1882, 37,800 balles (344 livres par balle).

(3) La livre de « Middling cotton » à New York a varié, en moyenne annuelle de 10,03 cents à 11,07 de 1887 à 1890; elle est tombée à 8,60 en 1891 et à 7,71 en 1892.

(4) *Statistical Abstract* 1892, p. 209. En 1892, c'est sous l'influence des bas prix et des conseils du Département de l'Agriculture, que la superficie cultivée en coton a diminué (*Report of the Statistician*, 1892, p. 413).

Vers 1830, la Louisiane tenait le premier rang, fournissant à elle seule près du tiers de la récolte totale. En 1860, le Mississippi [1] était au premier rang, la Louisiane [2], la Géorgie [3] et l'Alabama [4] au second. En 1890, la récolte totale étant de 7,452,000 balles, c'étaient le Texas [5] (1,500,000 balles), la Géorgie (1,191,000 balles), le Mississippi (1,154,000 balles) qui tenaient le premier rang ; puis venaient l'Alabama, la Louisiane, la Caroline du Sud.

Le 37ᵉ parallèle est à peu près la limite septentrionale de la culture du coton. La Louisiane, l'Arkansas [6], avec ses « lowlands » sur les bords de l'Arkansas et de la rivière Rouge, et quelques cantons du Missouri [7] sont les parties où le rendement est le plus fort : 230 livres par acre. Les côtes basses des Caroline [8] cultivées en « Sea Islands » procurent un revenu supérieur.

Le tableau suivant fait connaître par période décennale (et même quinquennale pendant la guerre de sécession) la production et la consommation du coton.

(1) Comtés qui ont produit le plus de coton en 1880 (d'après le Census) Bolivar, Hinds, Holmes, Washington, Yazoo.
(2) Comtés : Concordia, Carroll, Tensas.
(3) Comtés : Burke, Coweta, Houston, Meriwether, Troup. Washington.
(4) Comtés : Barbour, Dallas, Lowndes, Montgomery, Wilcox.
(5) Comtés : Collin, Dallas, Fanin, Fayette, Lamar, Washington.
(6) Comtés : Chicot, Jefferson, Lee, Phillips, Pulaski.
(7) Comtés : Dunklin, Pemiscot, Stoddart.
(8) Comtés : Edgecombe, Halifax, Mecklenburg, Wake, Abbeville, Barnwell, Edgefield Fairfield, Laurens, Newberry, Orangeburgh, Spartanburgh, York.

Le coton aux États-Unis (¹).

PÉRIODES.	PRODUCTION (Moyenne annuelle ou production de l'année). (pour 1861, 1891-93)		CONSOMMATION annuelle des États-Unis en millions de kilogrammes.	EXPORTATION		RAPPORT p. 10 exportation et consommation locale.	
	en milliers de balles.	en millions de kilogrammes.		moyenne annuelle ou exportation de l'année (1861, 1891-93) en millions de kilogrammes.	par période décennale.	Exportation.	Consommation.
1791—1800. .	»	5,3	?	2,5	25	»	»
1801—1810. .	»	32	?	20	200	»	»
1811—1820. .	»	50	?	32	320	»	»
1821—1830. .	»	114	?	92	920	»	»
1831—1840. .	1 367	234	38	196	1 960	83,4	16,6
1841—1850. .	2 118	400	75	321	3 210	81,2	18,8
1851—1860. .	3 380	680	150	530	5 300	78,0	22,0
1861.	3 656	870	?	140	»	»	»
1862—1865. .	?	?	?	5	19	»	»
1866—1870. .	2 382	490	157	333	1 663	60,1	35,9
1871—1880. .	4 396	945	315	630	6 300	68,8	31,2
1881—1890. .	6 455	1 336	476	990	9 900	68,3	31,7
1891.	8 655	1 861	664	1 351	»	67,3	32,7
1892.	9 035	1 948	774	1 364	»	65,1	34,9
1893.	67 00	1 444	1 140	2 212	»	65,9	34,1

(1) La manière de calculer le poids d'une balle, lequel varie de 529 à 465 livres anglaises, poids brut, et de 477 à 466 livres, poids net, n'a pas toujours été la même dans les statistiques. Depuis 1861, c'est le poids brut qui est enregistré dans ce tableau.

Les chiffres de ce tableau, ne portent (production, consommation et exportation) que sur la récolte des États-Unis. L'importation de coton étranger, qui est peu importante, a varié de 1880 à 1890 de 3,5 à 8,6 millions de livres (1,600,000 kilos à 4 millions) et s'est élevée à 21 millions (9,7 millions de kilos) en 1891, et à 28 millions et demi en 1892 (19,2 millions de kilos). De ce coton étranger il a été réexporté une quantité variant de 2,3 millions (en 1883) à 132,000 livres (en 1892); le reste de l'importation a été consommé aux États-Unis.

Houblon. — La culture du houblon a augmenté avec la consommation de la bière, boisson que l'immigration allemande a contribué à populariser. On en récoltait 3 millions et demi de livres en 1849, 25 millions et demi en 1859, 39 (17 millions de kilos) en 1890 [1]. L'État de New York est le grand producteur de houblon [2] : la moitié de la récolte lui appartient. La région du Pacifique, Californie, Orégon et Washington, vient ensuite ; puis le Wisconsin et le Michigan.

Sucre. — Les États-Unis sont au nombre des États producteurs de sucre.

L'érable croît en abondance dans les forêts du nord-est et du centre ; on en extrait du sucre par des incisions pratiquées au mois de mars sur le tronc de l'arbre à 1 mètre environ du sol ; on arrête l'opération quand l'arbre bourgeonne. On obtient par évaporation du sirop de sucre, du sucre en pain ou du sucre granulé ; c'est généralement le sirop qu'on consomme. La Nouvelle-Angleterre (surtout le Vermont), le New York, la Pennsylvanie, l'Indiana, l'Ohio (757,000 hectolitres en 1893), le Michigan pratiquent cette industrie qui fournissait en 1880 plus de 20,000 tonnes de sirop, et, en 1893, 3 millions de livres de sucre.

La canne à sucre est cultivée sur toute la côte du golfe du Mexique, surtout en Louisiane dans le delta du Mississipi qui fournissait à lui seul plus des deux tiers de la récolte en 1880 et qui fournit aujourd'hui les 9/10 environ. La production était tombée après la

---

(1) La superficie était de 49.000 acres ; la valeur de la récolte de 11 millions de dollars. Les États-Unis exportent en général plus de houblon qu'ils n'en importent.

(2) Surtout dans les comtés d'Erie, de Madison, d'Oneida, d'Oswogo et de Schoharie.

guerre de la rébellion à 95 millions de livres de sucre et 6 millions de gallons de mélasse (en 1868-69) ; elle a été de 360 millions de livres et de 16 millions 1/2 de gallons en 1891-92 (¹). La Géorgie produit aussi un peu de sucre.

Il y a une quinzaine d'années on s'était enthousiasmé en Amérique du sucre de sorgho. Les essais ont très médiocrement réussi et on a presque renoncé à cette culture qui n'a produit, en 1892, que 1 million de livres. Le Kansas est un des États qui cultivaient le plus le sorgho sucré noir.

Mais on s'est tourné vers le sucre de betterave, qui a donné de meilleurs résultats et qui commence à entrer dans la période industrielle; de grandes fabriques se sont installées et la culture a pris en deux ou trois ans un soudain et rapide développement, **surtout dans la Cali**fornie qui possède trois fabriques importantes. Cependant la cherté de la main-d'œuvre apporte jusqu'ici un très sérieux obstacle à ce développement. La production du sucre de betterave était de 5,400 tonnes en 1891; elle a monté en 1893 à 12,000, soit environ 27 millions de livres (12 millions de kilos), dont 21,8 en Californie.

La production totale des États-Unis, qui était en 1840 de 65,000 tonnes, toute en sucre de canne provenant presque entièrement de la Louisiane, s'est élevée à 220,000 tonnes ou 481 millions de livres en 1893, à savoir : sucre de canne, 450 millions de livres; sucre de betterave, 27 millions; sucre de sorgho, environ 1 million; sucre d'érable, 3 millions (²).

<hr>

(1) *Statistical Abstract.*, 1892, p. 221.
(2) Voir *The World Almanac and Encyclopædia*, 1894, p. 195.

Cette production (que le gouvernement protège par une prime) (¹) ne suffit pas aux États-Unis qui ont fabriqué en outre 30,000 tonnes de sucre avec des mélasses importées et qui ont importé 1,593,000 tonnes de sucre, c'est-à-dire pour une valeur de 100 millions de dollars. L'importation forme donc les huit neuvièmes de la consommation totale qui est de 1,813,000 tonnes. En 1892, pour la première fois, l'entrée en franchise qui résulte de traités signés en 1877 avec certaines puissances étrangères a constitué presque la totalité de cette importation (²).

La consommation du sucre par tête augmente rapidement aux États-Unis : 43 livres en 1880 ; 62 (28 kilos) en 1892. Il est vraisemblable que cette consommation augmentera encore et que la production indigène, particulièrement celle du sucre de betterave, prendra d'amples développements.

Légumes et fleurs. — Au nombre des produits secondaires de la ferme sont les choux, les betteraves, le céleri, les pois, fèves et haricots, surtout les flageolets, les melons, surtout les melons d'eau dont on mange des quantités considérables en été, les tomates, les concombres et le céleri qui se trouvent sur toutes les tables, les carottes rouges et blanches, les laitues, la rhubarbe, le maïs (sweet corn) pour la table, les asperges, les épinards et autres légumes qui fournissent des ressources très variées et très importantes à l'alimentation. Il y avait à l'Exposition de Chicago une abondance énorme de légumes, dont beaucoup étaient de très belle appa-

(1) La prime est de 2 cents par livre de sucre produite aux États-Unis. En 1892, les primes se sont élevées à la somme de 7,342,000 dollars, dont 6,9 millions pour la Louisiane (sucre de canne).
(2) Voir *Statistical Abstract.*, 1892, p. 207.

rence; on citait un établissement des environs de New York qui envoyait régulièrement trois wagons de céleri à la ville pendant presque toute l'année.

Les légumes sont cultivés partout, mais principalement dans la région du nord-est, New York, Pennsylvanie, New Jersey, Nouvelle-Angleterre, surtout dans le voisinage des villes où la population est dense et la consommation forte. La culture de certains légumes, comme le melon d'eau, est presque exclusivement pratiquée dans le sud; la Floride en approvisionne les marchés du nord.

Cette industrie est exercée soit par des maraîchers, « Market gardening », soit par des fermiers, « Truck farming ». Les premiers s'établissent en général près des villes; ils produisent à force de fumier et d'eau, soit en pleine terre, soit sous chassis, des primeurs et des légumes de choix et, comme les maraîchers de la banlieue des grandes villes de France, ils apportent à peu près chaque jour leurs denrées au marché ou les expédient en détail. Les seconds cultivent en grand sur de vastes espaces certains végétaux et les vendent en gros à des marchands ou les confient à des commissionnaires; ils s'adonnent en général à quelques spécialités de légumes ou de fruits et recherchent moins la proximité d'une ville que les convenances de sol et de climat.

L'une et l'autre industrie ont fait de grands progrès depuis vingt ans. Le « Truck farming » existait à peine il y a un demi-siècle; en 1889, il utilisait 534,440 acres (216,400 hectares) et produisait une valeur de 76 millions et demi de dollars (393,900,000 fr.) dont le quart environ appartenait à trois États (New York, Pennsylvanie et

New Jersey) (¹). Toutefois les gourmets qui vivent tantôt en France et tantôt en Amérique estiment que la plupart des légumes frais, petits pois, asperges, n'ont pas à New York la finesse qui les distingue d'ordinaire à Paris dans leur saison.

Dans la Virginie, le comté de Norfolk, situé au bord de la mer, à l'embouchure du « James river », doit à la douceur et à l'humidité de son climat d'être une contrée privilégiée pour le « Truck farming ». Avant la guerre de la rébellion, quatre petits voiliers faisaient irrégulièrement le service de Norfolk à New York et à Baltimore, et, les moyens de transport manquant, les fermiers profitaient peu des avantages de la nature. Aujourd'hui que de grands bateaux à vapeur vont régulièrement à New York (en 21 heures), à Boston (en 40 heures), à Providence, à Philadelphie (en 18 heures), à Baltimore (en 12 heures), à Washington (en 12 heures) et que les chemins de fer ont organisé des trains rapides (12 heures pour New York, 24 pour Boston, 47 pour Washington, 34 pour Chicago), les débouchés ont stimulé la production. Le commerce des légumes et des fruits s'élevait déjà à 1,751,000 dollars (9,000,000 de francs) en 1879; il a atteint 4,541,000 dollars (23,386,000 francs) en 1890. Les fermes sont en général divisées en sections de 80 à 100 acres (32 à 40 hectares); chaque section a un directeur spécial, qui participe aux profits, et une rotation déterminée. Beaucoup de directeurs, après avoir fait des économies, deviennent eux-mêmes propriétaires cultivateurs. On produit toute espèce de primeurs, pommes

---

(1) Voici la valeur par acre de quelques produits de ce genre, telle qu'elle est donnée par le dernier recensement pour la Nouvelle-Angleterre où ce produit est plus fort qu'ailleurs : tomates, $ 300; asperges, $ 216; melons $ 188; choux, $ 183; épinards, $ 175.

de terre, asperges, salades, etc., et surtout beaucoup de
fraises ; il y avait en 1893, près de la ville de Norfolk,
un champ de fraisiers de 200 acres (81 hectares) (1).

« Le travail dans les « Truck farms », dit M. Whitney,
est dur et, par conséquent, le salaire est élevé. C'est
une culture très intensive pour laquelle il faut dépenser
beaucoup d'argent, quoique le succès dépende en grande
partie des saisons et de l'état du marché. Il arrive souvent qu'une récolte qui vaut un bon prix quand elle est
apportée sur le marché, n'aurait pas même payé les frais
de transport si elle avait été apportée un ou deux jours
plus tard. Aussi les fermiers s'appliquent-ils à obtenir
leurs produits le plus tôt possible (2). »

La culture des plantes de serre et celle des fleurs
ont pris aussi un ample développement. Les États-Unis
possédaient en 1890, 4,310 établissements de cette espèce
exploitant 172,800 acres ; le New York comptait 530 maraîchers ou horticulteurs de serre en 1890 ; l'Illinois et
la Californie étaient dans les premiers rangs (3).

D'autres établissements s'adonnent à la culture des
semences. En 1890, il y avait 596 cultivateurs de ce
genre occupant 169,850 acres. Le progrès a été si rapide
que les producteurs se plaignent amèrement de l'avi-
lissement des prix par la concurrence.

La production des fruits et des fleurs est aux États-
Unis une industrie qui, comme toutes les industries du
pays, tend à se concentrer en grandes exploitations et par
spécialités, le comté de Santa Barbara (Californie) est aujourd'hui aux États-Unis ce que Nice est à la France.

(1) Voir *The Southern States*, revue mensuelle, Baltimore, juin 1893.
(2) *Maryland, its resources, industries and institutions*, 1893, p. 174.
(3) En 1890, le Census estimait à 78 millions de dollars (401 millions
de francs) la valeur des cultures florales.

Mais, quoique les Américains fassent un grand usage des uns et des autres, cette production est sans doute relativement moindre qu'en France, parce qu'elle y a beaucoup plus rarement le caractère domestique. Les maisons de campagne et les maisons à la campagne n'ont presque jamais de murs et par conséquent pas d'espaliers; une simple barrière de bois les entoure; il y a quelquefois un petit potager par derrière, mais devant et sur les côtés le terrain est presque toujours une pelouse garnie d'arbres qui ne sont pas fruitiers; le gazon est entretenu dans sa fraîcheur grâce aux concessions d'eau dont on jouit même dans beaucoup de villages, et à un fréquent arrosage à la lance qui est une des distractions du propriétaire.

L'arachide, que les Américains tiraient autrefois d'Afrique, est devenue dans quelques États, surtout en Virginie, l'objet d'une culture régulière qui peut être classée à côté de celle des légumes et dont le produit est de qualité supérieure.

Fourrages. — Les plantes des prairies naturelles sont très nombreuses; la station d'expérience du Dakota en avait exposé à Chicago 148 espèces, dont 28 indigènes. La superficie consacrée aux prairies naturelles ou artificielles a plus que doublé depuis la guerre de la rébellion : 20 millions d'acres ayant fourni 26 millions de tonnes en 1867 et 49 et demi en 1893 rendant 66 milions de tonnes (¹) (19,8 millions d'hectares et 67 millions de tonnes, mesure française). Le New York (7,2 millions de tonnes), le Missouri (3,6), le Kansas (4,3), la Pennsylvanie (3,2), l'Ohio (3,3 millions),

_____

(1) La valeur était de 372 millions de dollars (1,916 millions de francs) en 1867 et de 571 (2,941 millions de francs) en 1893.

l'Iowa (8,6), sont les États qui récoltent le plus de foin.
Le Kansas et le Nebraska sont au nombre de ceux où
le progrès, depuis une dizaine d'années, a été le plus
rapide sous ce rapport. Malgré la transformation qui se
produit dans l'économie rurale de l'est, plusieurs États
de cette partie de l'Amérique, notamment le Massachusetts et le Connecticut, récoltent aujourd'hui moins de
foin qu'il y a une vingtaine d'années. La culture de l'alfalfa est en progrès (¹).

En parlant de fourrages, il faut citer la betterave
fourragère dont la culture augmente et le maïs récolté en
vert et conservé dans des silos pour nourrir les vaches
laitières pendant l'hiver.

IV

LA CULTURE DES FRUITS

Fruits. — Il y a bien des années que les Américains
cultivent les arbres fruitiers. On montre encore à Danvers
(Massachusetts) un poirier planté en 1632. Mais c'est
seulement depuis 1840 que cette culture a commencé à
devenir une industrie spéciale ; or le nombre des pépiniéristes et des espèces cultivées était alors très restreint (²). L'« American pomological Society », dont l'origine remonte à la convention réunie en 1848 à Buffalo
sous les auspices de la Société d'agriculture de New York
et qui a été présidée pendant quarante ans par Marshall
P. Wilder, a beaucoup contribué au développement de
cette branche de l'économie rurale (³).

(1) Massachusetts, 2,28 millions de tonnes en 1867 et 10,6 en 1888 ;
Connecticut, 15,5 en 1867 et 8,4 en 1888.
(2) Voir l'article sur la « Nursery industry » de M. G. Ellvanger dans
American Agriculturist. January 1892.
(3) La Société tient tous les deux ans un congrès dans une ville des

Tous les fruits d'Europe (¹), pommes, poires, pêches, prunes, cerises, abricots, etc., sont cultivés depuis ce temps, surtout dans le nord, New York, Pennsylvanie, Ohio, Illinois, Indiana, Michigan, Californie (²).

Le New Jersey, le Delaware, l'Ohio, le Missouri, le Maryland, la Virginie Occidentale, où l'on cultive en

États-Unis ; le dernier a eu lieu en 1893 à Chicago. A chaque session, il est présenté un rapport sur l'état de la culture des fruits par les délégués de chacun des États et le catalogue des fruits cultivés. Un volume publié sous le titre de « Proceedings » contient tous les renseignements relatifs à la session.

(1) Les pépiniéristes américains ont depuis longtemps introduit et propagé les meilleures variétés d'Angleterre, de France et de Belgique.

(2) Ces États sont ceux dont le Census de 1880 évalue à plus de 2 millions de dollars la production des vergers. Le Kentucky, le Tennessee, la Virginie, le Missouri viennent au second rang. Dans les « Proceedings » de la session de 1889 de l' « American Pomological Society », on trouve 339 variétés de pommiers cultivées principalement dans le New York, le Michigan, le Missouri, la Louisiane, et donnant des pommes à cidre, comme le Shockley, ou des pommes de table comme le Newtown-Pippin ; 117 variétés de poiriers, parmi lesquels les plus estimées ou les plus cultivées sont le Barlett (Bon chrétien), le Seckel, etc. ; 114 variétés de pêchers qui sont cultivées en grande quantité dans la Géorgie, le Texas, les autres États du sud, le New York et le Michigan (le pêcher, d'après le Census de 1890, occupe 330,000 acres et produit une valeur annuelle de 70 millions de dollars (soit 360 millions de francs) ; 86 variétés de pruniers cultivées surtout dans le Vermont, le New York, le Michigan, l'Ohio, le Missouri, la Californie, les États du sud. L'abricotier se trouve principalement dans le New York, la Californie, le Kentucky, le Nebraska ; le cerisier dans les États du nord et du centre ; le fraisier, plante herbacée, dans le Michigan, le Connecticut, l'Ohio, le Missouri, le New York, le Maryland ; les groseillers, les groseillers à maquereau, les cassis, les mûriers, les framboisiers sont cultivés en général dans les États du nord et du centre. Les orangers, les limoniers, les citronniers le sont dans les États du sud, surtout en Floride et dans la Californie. Les ananas, les bananes, les oliviers en Floride et dans quelques autres parties de l'extrême sud. Les figuiers en Californie et en Floride. On cultive aussi en Amérique le noyer, le chataigner, le noisetier, le néflier, etc. (Voir *La culture fruitière aux]États-Unis*, par Félix Sahut, Montpellier, 1894.)

D'après l'estimation du « Manufactures Record » de Baltimore, la consommation des oranges aux États-Unis aurait quadruplé depuis 1885 et la production aurait presque vingtuplé en Californie. Nombre de caisses d'oranges consommées : en 1885, 2,104,000 dont 900,000 de Floride, 160,000 de Californie, 1,044,000 d'importation étrangère ; en 1893, 8,000,000 dont 4,500,000 de Floride, 2,500,000 de Californie, 847,000 d'importation étrangère.

grand la fraise, sont aussi à citer ici, quoique la fraise ne soit pas une plante arborescente.

En 1890, le secrétaire de la Société d'horticulture du Missouri avait évalué à 10 millions de dollars la production de l'État en fruits. On s'étonna du chiffre ; vérification faite, on trouva que la Compagnie « Chicago and Alton railroad » avait à elle seule transporté 5 millions de barils de pommes, ayant une valeur de 10 millions, et que, par conséquent, la production totale n'avait pas rapporté aux fermiers de l'État moins de 15 millions de dollars (77 millions de francs) ; car, outre les pommes qui poussent surtout dans le nord, le Missouri cultive en grand des pêches qui réussissent très bien dans la contrée des monts Ozark dont il vante la finesse des raisins (¹), des prunes, des cerises et des poires (ces dernières surtout dans les environs de Saint-Louis) (²).

Dans les États du sud, particulièrement dans la Floride, on trouve les pruniers et les fraisiers, les figuiers et surtout les fruits subtropicaux, comme l'orange et le citron, le cocotier même, l'ananas et la banane, plantes herbacées, dont les Américains font une très grande consommation. En 1890, il y avait dans les deux seuls États de Floride et de Californie 13 millions d'orangers et 664,000 citronniers. La Californie, qui, en 1870, ne possédait que 19,000 pruniers, en comptait plus d'un million en 1886, et ce nombre est dépassé de beaucoup aujourd'hui par suite des plantations nouvelles, surtout dans le comté de Santa Clara (³).

____

(1) Les vignes qu'on a commencé à planter dans le canton de Gasconade vers 1840, se trouvent surtout sur les coteaux d'Hermann.

(2) Voir *Missouri at the World's Fair*, 1893, p. 37 et suiv.

(3) Les comtés de San José, San Joaquin, Riverside, Los Angeles rivalisent avec celui de Santa Clara.

Cet État, qui avait fait à Chicago une splendide exposition de ses produits agricoles et spécialement de ses fruits : oranges, limons, citrons, figues, prunes, pommes, poires, grenades, etc., a exporté, en 1879, 3 millions de livres de fruits frais et 298,000 caisses de fruits conservés [1] et, en 1891, 98 millions et demi de fruits frais et 1,460,000 caisses de fruits conservés [2]. Il avait étalé à l'exposition des monceaux d'oranges, et se vantait d'en avoir exporté 2 millions et demi de caisses en 1892-1893. Il s'était ingénié à attirer l'attention de la foule sur sa richesse en ce genre, en construisant dans le bâtiment de l'horticulture et dans son palais particulier des pyramides et des sphères d'oranges, un grand tableau en fruits de couleurs diverses et une statue équestre en prunes ; le goût de cette exhibition était douteux, mais la foule admirait.

L'exposition de fruits de la Californie était la plus importante ; mais celle de bien d'autres États, surtout dans l'ouest, comme le New Mexico, l'Orégon, le Washington, étaient aussi très dignes de remarque. On s'étonnait particulièrement que les horticulteurs eussent pu conserver en si bon état des fruits jusqu'à la fin de l'été.

L'industrie des fruits secs et des conserves, qui a pris oans plusieurs États une grande extension, compte 1,860 établissements et approvisionne largement le marché intérieur et l'exportation. En 1890, on comptait aux États-Unis 4,510 pépinières d'une contenance de 172,800 acres (69,660 hectares).

---

(1) La dessication est pratiquée en grand dans des fruitiers à un ou plusieurs étages chauffés par un calorifère ou dans des caissons exposés au soleil. Les fruits secs, pommes, poires, pêches, etc., valent de 0 fr. 50 à 0 fr. 75 la livre aux États-Unis et 1 fr. 25 le demi-kilo à Paris.

(2) *Rapport sur l'Exposition de Chicago,* par M. Lourdelet, p.568.

Le Census de 1890 estimait à 300 millions de dollars (1,545 millions de francs) la production totale des fruits aux États-Unis.

Vignes et vins. — La vigne ne pousse ni aux extrémités septentrionale et méridionale des États-Unis, ni dans la région de la Cordillère. On a trouvé à l'état sauvage dans la partie centrale des espèces diverses : l'Adirondack qui fournit un bon raisin de table, le Catawba, originaire de la Caroline du Nord, qui donne un vin souvent désigné sous le nom de « catawba tokay », l'Isabella qui a un goût de muscat, le Delaware dont le produit rappelle les vins du Rhin. Aujourd'hui, presque toutes les espèces européennes ont été transplantées en Amérique ; mais elles n'ont que très médiocrement réussi, excepté en Californie, et les espèces qui sont le plus employées sont le Concord, le Catawba, le Delaware, le Hartford, l'Ives, le Norton's Virginia. Dans les États du sud on cultive le genre « vitis rotundifolia » dont on fait courir horizontalement les branches sur un berceau en charpente.

La Californie est l'État qui possède le plus de vignobles, son climat étant favorable à la maturation du raisin. Elle en a une grande variété et de qualité très diverse : tokay, muscat, sherry, claret, etc. En 1880, d'après le Census, la Californie récoltait déjà 360,000 hectolitres sur 10,000 hectares ; en 1891, elle a produit 22 millions de gallons, soit 998,000 hectolitres et seulement 12 millions, soit 544,000 hectolitres en 1893. Les vins communs, blancs ou rouges, qui sont produits surtout dans le centre, dominent (¹).

---

(1) Les comtés de Sonoma, Los Angeles, Napo, Eldorado, Santa Clara où dominent les cépages français, Yola, San Francisco sont ceux qui produisent le plus.

Les vins blancs, dits de mission, qui proviennent en général de vignobles plantés par les missionnaires espagnols au xviiie siècle dans le district de Los Angeles, les vins rouges, le Claret, fourni par des vignes d'origine française, le Zenfendell, d'origine hongroise, jouissent d'une certaine réputation auprès des Américains. Une partie des vins de Californie est transformée en un vinaigre qui est estimé ou en une eau-de-vie qui fait concurrence au whisky (eau-de-vie de grain).

L'Ohio, dont les vignobles se trouvent pour la plupart sur les coteaux qui bordent l'Ohio entre Maysville et Louisville, et le Missouri viennent au troisième rang. La région des bords de l'Ohio qui s'étend sur l'Indiana et le Kentucky produit les vins de Charleston, Ripley, Vincennes, New Harmony, Belleville, Hermann, etc. Au troisième rang est le New York, qui possédait en 1890, 43,000 acres (17,400 hectares) et faisait 2 millions 1/2 de gallons de vin (113,000 hectol.) Les vins dits Concord et l'Ives Seedling du Missouri, du Kentucky et de la Virginie sont estimés. Dans l'Ohio, le vin blanc de Catawba, qui a une certaine saveur agréable, est plus renommé encore, surtout lorsqu'il est champagnisé, industrie qui est exercée en grand à New York.

Il faut citer aussi le New Mexico (surtout pour son raisin de table), le North Carolina, le Kansas.

En général, le climat américain, excepté en Californie, se prête mal à la culture de la vigne : la grande chaleur de l'été et l'état hygrométrique de l'air pendant cette saison favorisent le développement des maladies cryptogamiques.

Les Américains connaissent les procédés de fabrication et généralement ils n'épargnent pas la dépense pour avoir une installation convenable. Mais le sol et le climat n'étant pas les mêmes qu'en Europe, les meilleures espèces perdent de leur saveur et la fabrication des vins fins est loin de donner des résultats toujours satisfaisants.

La production du vin a doublé aux États-Unis depuis une vingtaine d'années : 12,954,000 gallons (587,000 hectol.) en 1875 et 23,033,000 (1,045,698 hect.) en 1892 [1]. Cette production, quoique très minime relativement à la population, a entravé le progrès de l'importation : elle a été de 7,036,000 gallons (319,434 hectol.) en 1875 et 5,434,000 (246,703 hectol.) en 1892 ; c'est que les habitants font très peu usage de cette boisson [2] qui est généralement chère aux États-Unis et ne paraissent guère disposés par leurs habitudes à augmenter beaucoup leur consommation.

La production du raisin de table est plus importante que celle du vin : elle était évaluée, en 1890, à 267,000 tonnes que fournissaient surtout le New York et la Californie,

[1] D'après une estimation faite au Département de l'Agriculture, principalement par M. Ch. Mc. k. Leoser (voir *Statistical Abstract.*, 1892, p. 215). Les vins exportés ne sont pas compris dans cette estimation. Une statistique, qui paraît exagérée, porte à 40 millions de gallons, en 1892, la production du vin aux États-Unis (*Resources of California*, p. 129).

[2] On peut dire qu'en somme l'importation est, à travers les variations annuelles, à peu près stationnaire. Le maximum a été en 1883 avec 8,372,000 gallons, le minimum en l'année suivante avec 3,105,000 : on avait trop importé ; depuis 1885, il semble y avoir une tendance à l'augmentation qui s'accuserait certainement davantage si le droit de douane était abaissé.

	1885	1891	1893
Vins non mousseux en fût (gallons) . .	3,419,532	3,860,503	»
Vins non mousseux en bouteille (douzaines de bouteilles)	239,381	348,660	»
Champagne et autres vins mousseux (douzaines de bouteilles)	278,580	400,084	»
Valeur totale des vins importés (dollars) .	6,275,703	10,007,060	10,337,373

et, après eux la Caroline du Nord et le Missouri. Dans la variété des raisins de table, il y en a beaucoup à gros grains, à peau épaisse et beaucoup trop qui ont un goût peu agréable de renard ou de cassis. La difficulté que les vignerons, surtout ceux de Californie, éprouvent à vendre leur vin et les bas prix qu'on en offre ont poussé beaucoup d'entre eux à faire des raisins de table et des raisins secs, ces derniers surtout étant d'une exportation commode.

Bière et cidre. — La bière a gagné beaucoup plus. On en fabrique beaucoup d'espèces différentes ; une des plus consommées est le « Lagerbeer ». Milwaukee, Détroit, Saint-Louis, Philadelphie, Albany possèdent de très importantes brasseries.

On consommait 295 millions de gallons en 1875, dont 293 fabriqués dans le pays et 2 importés ; en 1892, la consommation s'est élevée à 987 millions de gallons (44,809,000 hectol.) dont 984 de fabrication indigène et 3 d'importation.

Aussi, pendant que la consommation moyenne du vin par tête et par an est restée presque invariable depuis vingt ans à un peu moins de 1/2 gallon, c'est-à-dire moins de 2 litres, celle de la bière a passé de 6 gallons 1/2 (30 lit.) à 15 (68 lit.) (¹).

On fait du cidre dans les régions où il y a beaucoup de pommiers. Cette industrie est en progrès parce que le climat convient mieux à la culture du pommier qu'à celle de la vigne. Toutefois elle est encore domestique et peu considérable. A l'exposition de Chicago on débitait beaucoup de cidre doux de pommes, ainsi que du

(1) La consommation de l'alcool par tête est restée pendant ces vingt ans à 1 gallon 1/2 par tête (6 lit. 2/3).

cidre d'oranges. On vend, mais en petite quantité, du cidre mousseux dit « champaign cider ».

V

LES FORÊTS ET LE BOIS

Nous avons vu que les bois occupaient le tiers (35,5 p. 100) des exploitations agricoles. Mais les bois dépendant des fermes ne sont qu'une petite partie des surfaces boisées aux États-Unis.

Ce pays est une des contrées du globe les plus riches en forêts [1] : l'étendue totale est évaluée à 450 millions d'acres (204 millions d'hectares) dont 2/5 dépendent des fermes et 3/5 n'en dépendent pas. Comme son territoire est très étendu, il possède une flore arborescente très variée : les botanistes y comptent environ 300 espèces d'arbres, non compris les arbrisseaux; en retranchant celles qui, poussant seulement dans l'Alaska ou dans la Floride et le Texas méridional, n'ont que peu de représentants, ils estiment le nombre des espèces ordinaires à 120, dont une vingtaine atteint 100 pieds de hauteur, une douzaine 200 pieds et cinq ou six 300 pieds et plus. La végétation arborescente y est, comme partout, étroitement subordonnée au climat, à l'exposition et à la constitution géologique du sol. Aux arbres indigènes s'ajoutent aujourd'hui un grand nombre d'espèces empruntées aux autres parties du monde, l'orme d'Europe, le peuplier de Lombardie, l'eucalyptus d'Australie, etc.

C'est l'abondance de la pluie ou sa répartition à peu près égale entre les saisons qui fait que la région du

---

(1) Une partie des renseignements relatifs aux forêts sont tirés de « Woodland and forest systems of the U. S. », by prof. W.-H. Brewer (*Statistical Atlas of the U. S. Census of* 1870).

nord-ouest, entre le détroit de Juan de Fuca et le cap de Mendocino, la région extrême du nord-est et surtout le Maine, la région extrême du sud-est et surtout la Floride sont très boisées; c'est probablement la rareté de la pluie et surtout la longue sécheresse de l'été qui prive de végétation arborescente les prairies de l'ouest et la plus grande partie du plateau de la Cordillère. Cependant, quelquefois, l'influence particulière des vents et la disposition des lieux fait pousser des arbres sur des terrains peu favorisés de la pluie, comme sur les versants des parcs des montagnes du Colorado.

Les surfaces boisées n'ont pas beaucoup varié depuis cinquante ans, mais l'exploitation très active de l'industrie a considérablement diminué la quantité de beaux arbres.

Régions forestières. — Le territoire forestier des États-Unis peut se diviser en 10 régions (¹) (non compris l'Alaska).

1° La *Nouvelle-Angleterre* et la partie septentrionale du New York, qui étaient autrefois entièrement boisées, forment la région dans laquelle l'orme et l'érable à sucre sont le plus nombreux et atteignent leur plus grand développement. Dans le Maine et dans les plaines sablonneuses de la côte, les pins et sapins abondent. En général cependant, ce sont les bois durs qui dominent; on les recherche pour l'ébénisterie et la carrosserie, mais les grands arbres pouvant servir aux constructions navales sont devenus rares. D'autre part, les parcs, les jardins et les plantations autour des villes donnent, sur-

----

(1) C'est une région de plus que n'en compte M. Brewer, parce que j'ai distingué la région qu'il appelle nord-ouest, en région centrale et région septentrionale.

tout l'été, à certaines parties de la Nouvelle-Angleterre l'aspect d'une région boisée. Les trois quarts environ du Maine septentrional et central, des Montagnes Blanches et des Adirondacks sont occupés par des forêts.

2° Les *États du Centre-Atlantique*, Pennsylvanie, New York, etc., étaient, avant l'occupation européenne, tout couverts de forêts comme la Nouvelle-Angleterre. Il y a encore de vastes étendues boisées, dont plusieurs sont même peu exploitées; cependant le progrès de la colonisation et la consommation du bois pour les usages de la vie et de l'industrie les ont beaucoup éclaircies. Les arbres à feuilles caduques, le chêne, le noyer, le frêne, s'y mêlent aux conifères qui dominent au nord-est de la région. C'est surtout dans les Appalaches que se trouvent les plus vastes forêts; elles couvrent les flancs et quelquefois les crêtes des hauteurs qui s'allongent du sud-ouest au nord-est et elles descendent dans certaines vallées jusqu'au bord des cours d'eau.

3° La *région du sud-est*, qui était aussi toute boisée jadis, possède la flore la plus variée : les chênes, les pins (particulièrement le « pitch pine » espèce de pin jaune) les sapins, les ormes, les érables, les noyers durs (hickory) qui sont renommés pour la carrosserie, les cyprès, les magnolias s'y trouvent en abondance. Dans la région des Appalaches, les arbres à feuilles caduques se mêlent aux conifères et autres arbres à feuillage persistant; à l'ouest, sur le versant du bassin du Mississipi, les forêts couvrent de vastes espaces; à l'est, la longue bande de terrains primaires imprégnés d'oxyde de fer qu'on désigne sous le nom de Piedmont, est presque toute boisée. La chaleur et l'humidé favorisent la pousse des arbres.

Près de la mer s'étend une autre bande presque continue de pins résineux, principalement dans la région côtière de la Caroline du Nord et dans la partie centrale de la Géorgie ; pin dur, pin jaune, pin de Géorgie, etc., recherchés par le commerce ; la Géorgie seule en exportait, vers 1870, 200 à 300 millions de pieds par an. Aussi a-t-on en partie épuisé cette richesse ; les beaux arbres sont très rares. Sur la côte même, au milieu des marais, poussent en grande quantité les cyprès. Dans la Floride, le sol est, partout où les marécages ne l'inondent pas, couvert sur les trois quarts environ de sa surface de forêts touffues où s'épanouit la végétation subtropicale.

4° La *plaine centrale* est beaucoup moins riche en forêts. Elle n'en est cependant pas dépourvue.

Dans cette région, la plaine a peu d'arbres et l'aspect le plus général est celui de la prairie ; cependant les collines de l'Ohio sont en partie boisées ; même dans les parties les plus nues de l'Illinois, on voit de grands buissons d'arbrisseaux et d'épaisses forêts d'arbres à feuilles caduques, noyers, tulipiers, tilleuls, dans les vallées des cours d'eau. On rencontre plus souvent encore des arbres plantés ; les progrès de la colonisation et de la culture les multiplient chaque jour, parce que cette région n'est pas nécessairement rebelle à la culture arborescente.

5° La *région septentrionale* à l'ouest du lac Michigan et du lac Supérieur est celle ou l'exploitation du bois et le plus importante. La limite occidentale de cette région se trouve dans le bassin de la rivière Rouge où commence la grande plaine d'humus, fertile en blé, où cesse la végétation arborescente.

Le Michigan, le Wisconsin et le Minnesota possèdent

d'immenses étendues boisées en conifères et autres arbres ; c'est la région qui fournit au commerce le plus de madriers et de planches surtout en pin blanc ; mais là, comme ailleurs, les beaux arbres disparaissent sans être remplacés.

6° La *région du bassin moyen et inférieur du Mississipi* est mieux boisée que la plaine centrale, le climat étant plus humide. La partie de l'est et du sud-est, adjacente aux Appalaches, était originairement riche en forêts. Les monts Ozark et les bords de l'Arkansas en sont encore couverts. Les marécages de la côte abondent encore en cyprès ; les pins occupent une large zone depuis la côte de l'Alabama jusqu'au Territoire Indien. La vallée du Mississipi, depuis le delta jusque vers Saint-Louis, a une belle végétation arborescente.

7° Entre le 95° et le 97° méridien commence la grande *plaine de l'ouest*, vaste région qui s'étend vers l'ouest jusqu'au pied des Montagnes Rocheuses et que caractérise l'absence d'arbres. Cette région, dont la largeur varie de 500 à 1,300 kilomètres, n'est cependant pas absolument dénuée de végétation arborescente ; on y trouve quelques rideaux d'arbres sur le bord des cours d'eau, et des cèdres rabougris sur les collines du nord ; les Black Hills forment même au milieu de cette plaine une île de belles forêts de pins et de sapins sur une longueur de près de 500 kilomètres.

8° La *région septentrionale de la Cordillère* est, grâce à l'humidité de son climat, assez boisée : ce sont les conifères qui dominent presque exclusivement.

Du côté de l'est, les forêts commencent à apparaître sur les Big Horn mountains dans le Wyoming ; elles couvrent les flancs des montagnes depuis les Wind river mountains jusqu'à la frontière septentrionale des États-Unis et s'étendent sur la partie du plateau située au nord du Columbia river où la forêt envahit le sol et où les prairies sont rares. Le versant occidental, qui est plus boisé encore, peut être rattaché à cette région ou à celle du Pacifique.

9° Le *plateau de la Cordillère* est un désert encore plus dépourvu de végétation arborescente que la plaine de l'ouest. Il n'y a que quelques parties montagneuses, comme les Montagnes Bleues, les Wahsatch et les Uintah, les monts Mogollon où poussent le pin, le sapin, le « propopis glandulosis », arbre à gomme très recherché et l'arbre à fer, à côté des yuccas et des cactus. L'épais massif des monts du Colorado porte des forêts.

10° *La région* du *Pacifique* est riche en forêts qui couvrent les flancs de ses montagnes dans la chaîne de la Côte jusque dans le voisinage de San Francisco et dans toute la chaîne des Cascades et la Sierra Nevada. La grande humidité convient à la végétation arborescente. Là sont, principalement sur les versants occidentaux, de grandes et épaisses forêts alternant avec les clairières et les prairies. L'Orégon, le Washington, la Californie avaient exposé à Chicago d'énormes rondelles revêtues d'écorces monstrueuses. Dans le parc de San Francisco il y a une rondelle de 29 mètres de circonférence qui appartenait, dit la légende, à un arbre de 129 mètres de hauteur. C'est sur les flancs de la Sierra Nevada, entre 900 et 2,200 mètres d'altitude par le 36° et 38° degrés de latitude, que poussent les plus beaux spécimens de l'espèce « sequioa gigantea » et « sequioa sempervirens », dits « Big trees », les grands arbres ; les touristes vont admirer ces antiques géants, à

Mariposa Grove (¹), à Santa Cruz et à Calavera Grove.

Parmi les autres arbres qui, moins grands, sont plus abondants et plus utiles au commerce, on peut citer le sapin rouge, « abies Douglasii », qui peut atteindre 5 mètres de diamètre et 60 à 90 mètres de hauteur, le cèdre de l'Orégon ou thuya gigantesque, le pin punkin, le sapin jaune qui se trouvent surtout dans la partie septentrionale, le « pinus Lambertiana » (sugar pine), les épiceas qui se trouvent surtout dans la partie méridionale, le bois rouge, très estimé, qui pousse dans la chaîne de la Côte et atteint 60 à 70 mètres de hauteur, le cèdre de Californie, plusieurs espèces de cyprès et de chênes. Près de San Francisco on a introduit avec succès l'eucalyptus. La flore de la Californie a un caractère tout particulier. Cet État est, avec l'Orégon et le Washington, au nombre de ceux où l'exploitation du bois a le plus d'importance; mais l'abus qu'on en a fait a déjà dénudé en partie la chaîne de la Côte.

Consommation du bois. — Le bois est consommé surtout pour les usages domestiques aux États-Unis, principalement pour le chauffage et la construction des maisons; dans les campagnes, les maisons sont presque toutes en bois et elles le sont souvent dans les villes. Dans les régions où le bois abonde, il est gaspillé pendant que, dans les régions les plus peuplées, on se plaint de sa rareté croissante et que le charbon minéral le remplace. Après les usages domestiques, ce sont les chemins de fer et les bateaux à vapeur, les mines et les

(1) A Mariposa Grove, il y a 365 arbres dont 154 ont plus de 4 mètres et demi de diamètre. Le plus bel arbre connu de cette espèce, le Grizzly Géant, dont le sommet a été brisé sous le poids de la neige, avait 106 mètres de hauteur et 10 m. 1/2 de diamètre; il mesure, à 1ᵐ,60 du sol, 30.6 mètres de circonférence.

usines qui en consomment le plus. On exporte une très grande quantité de bois de construction, de menuiserie et d'ébénisterie, de bardeaux et de lattes du Pacifique pour l'Océanie et l'Amérique du sud; de l'Atlantique pour l'Europe.

Il suffit de visiter quelques scieries de Minneapolis ou de Duluth, de voir le passage des bateaux chargés de planches à Sault-Sainte-Marie ou à Détroit, de parcourir les « Lumber yards » d'Albany les docks de Chicago ou d'entrer dans les fabriques de meubles du Grand Rapids, pour se faire une idée de l'énorme consommation du bois, laquelle augmente sans cesse.

En 1880, les 25,708 scieries recensées aux États-Unis avaient un capital de 181 millions de dollars, consommaient une valeur de 146 millions de dollars de bois et produisaient en madriers, planches, etc. 233 millions de dollars (1,200 millions de fr.). En 1890, l'industrie s'étant concentrée, le nombre des scieries s'est trouvé réduit à 21,011; mais elles avaient un capital de 505 millions de dollars, achetaient 186 millions de dollars de bois et produisaient une valeur de 403 millions de dollars (2,075 millions de fr.) [1].

Dans la seule région que l'on désigne sous le nom de « Mississipi valley district » et qui comprend le Minnesota et le Wisconsin — c'est la région, il est vrai, la plus importante sous ce rapport — il a été débité 4,380 millions de pieds de planches en 1892 [2]; la production des

[1] L'exploitation des forêts est faite généralement dans le nord par quelques grands entrepreneurs. Ils emploient surtout des ouvriers scandinaves qui travaillent l'hiver à raison de 20 dollars par mois; ils sont nourris et vivent dans des « bloch houses » jusqu'au printemps. Les scieries travaillent de mai à novembre.

[2] Dans ce total ne sont pas compris les bois de la rivière Rouge qui ont fourni 15 millions de pieds à Grand Forks, etc.

cinq années précédentes avait varié entre 3,127 et 4,068 millions. Cette même année 1892, il a été produit 748 millions de pieds de bardeaux et 993 millions de pieds de lattes. Les 13 scieries (1) de Minneapolis figurent pour 488 millions dans les 4,380 millions. Les 35 scieries qui se trouvent sur le Mississipi en aval de Minneapolis en ont débité 932 millions (2) ; Duluth et sa banlieue 349 ; la vallée du Wisconsin, 456.

Les emplois du bois sont très variés et l'industrie en découvre encore de nouveaux. Ainsi la pulpe de bois, qui a été utilisée d'abord seulement pour la fabrication du papier, commence à l'être pour la fabrication, par compression, des tuyaux, des meubles et même des maisons : on en a fait jusqu'à des balles de fusil ; il paraît qu'en 1890 il y avait aux États-Unis 237 moulins montés pour produire 4 millions de livres de pulpe de bois (3).

Le chef de la division forestière au Département de l'agriculture évaluait en 1892 la consommation annuelle du bois aux États-Unis à 22 milliards et demi de pieds cubes ; à savoir 18 milliards pour le bois à brûler, 3 milliards pour les planches vendues au marché et le bois des manufactures, 600 millions pour les chemins de fer (4), 280 millions pour le charbon, 500 millions pour les clôtures et barrières, 150 millions pour les mines.

En 1880, le Michigan et la Pennsylvanie occupaient le premier rang pour la production du bois ; l'Indiana,

(1) Une de ces scieries, « Bacus and How », en a débité 71 millions de pieds.

(2) En 1872, Minneapolis faisait 168 millions de pieds de planches ; en 1882, 314. (*Chamber of commerce of Minneapolis*, 1892.)

(3) *Thirty third annual Report of the commissioner of the State of Minnesota together with the Report of the State agricultural Society and the Forest Tree Manual*, 1891, p. 251.

(4) Une autre statistique évalue la consommation des chemins de fer, rien qu'en traverses, à 80 millions valant 30 millions de dollars.

l'Ohio, le New York, le Wisconsin étaient au second. L'augmentation a été considérable dans l'ouest où le peuplement a été la cause de très nombreuses constructions de maisons, de clôtures et de chemins de fer (¹); ainsi, dans le Minnesota, le produit des scieries, qui avait été de 7,3 millions de dollars en 1880 s'est élevé à 19,1 en 1890. En général, la demande s'accroît et la consommation totale aux États-Unis dépasse de beaucoup la reproduction. En 1880, le professeur Sargent disait déjà dans le dixième Census : « La superficie des grandes forêts de pins qui existent encore dans le Michigan, le Wisconsin, le Minnesota est relativement petite, et on voit un danger quand on la compare à la consommation de bois de sapin qu'on fait dans le pays ; l'entier épuisement de ces forêts est certain dans un temps comparativement court (²). »

Le pin blanc de la Nouvelle-Angleterre et du nord-ouest, qui est recherché pour les constructions, n'existe plus qu'en très petite quantité ; le pin à longue feuille du sud, le noyer, le tulipier, le frêne sont devenus rares.

On répète que le déboisement altère le régime général des eaux (³). L'évaporation par le soleil ou le vent y est plus grande qu'auparavant et dessèche la terre. Des agronomes estiment qu'il faudrait réserver 300,000

(1) On consomme aussi aujourd'hui beaucoup de bois pour la fabrication du papier : c'est une industrie qui s'est très développée depuis dix ans.

(2) Il est vrai qu'en 1880, M. Sargent évaluait à 84,000 millions de pieds la quantité de bois de pin blanc dans la région des lacs ; que de 1880 à 1889 on en a exploité 86,000 et qu'on estimait en 1889 qu'il en restait encore 47000 millions.

(3) Dans le Minnesota on donne comme exemple de l'influence des forêts sur le régime des eaux le Mississipi et le Minnesota, le premier ayant, avant le confluent, un bassin de 23,000 milles carrés presque tout boisés, le second un bassin de 19,000 milles carrés presque sans arbre. Le premier roule sept fois plus d'eau que le second.

acres de forêts denses par chaque million d'acres cultivées. Mais on n'a rien fait jusqu'ici qui fût efficace pour
maintenir cet équilibre. On détruit par une exploitation
inconsidérée; on a détruit par les incendies (1). « 10 à
15 millions d'acres, dit le professeur Fernow, chef de
division forestière au Manitoba, sont ainsi dénudées
chaque année; en 1890, on a brûlé dans la région du
Pacifique plus d'acres de forêts qu'on n'en avait exploité
depuis le commencement de la colonisation. In the trea-
tement of their forest resource, ajoute-t-il, Americans
have been worse than savages (2). »

Des sociétés ont été fondées pour la conservation du
bois : l' « American foresty Association », qui est une
société nationale composée de délégués de tous les États,
plusieurs associations d'État et des sociétés privées. Sept
États ont institué des commissions chargées de veiller à
cette conservation. Le Congrès a renouvelé le « Timber
Culture Act » et le Président des États-Unis a été autorisé,
par une loi du 3 mars 1891, à ériger des forêts en « réserves ». Dans 42 États ou Territoires on a institué un
« Arbor day », c'est-à-dire un jour de fête où les habitants, surtout les écoliers, sont invités à planter des
arbres.

Les écoles sont presque partout invitées officielle-
ment à prendre part à cette fête. Par exemple, en 1892,
dans le Rhode Island, le commissaire des écoles publiques, conformément à une loi votée par l'assemblée
générale, envoyait une circulaire et un programme dé-
taillé, avec notice sur la culture des arbres, à toutes

(1) On a estimé à 12 millions de dollars (62 millions de francs) les
pertes par incendies.
(2) *Twenty third annual Report of the commissioner of Statistics of
Minnesota*, p. 243.

les écoles de l'État, en les invitant à prendre une part active à l'« Arbor day » qui était fixé au vendredi 6 mai. Dans son rapport annuel il s'applaudissait du résultat et disait que les instituteurs commençaient à comprendre l'importance d'une fête qui, en excitant l'enthousiasme des écoliers, avait son retentissement au foyer de la famille et contribuerait à faire comprendre la solidarité sociale ([1]).

En Georgie l'« Arbor day » était fixé au vendredi 4 décembre en 1891, par une loi de l'État intitulée : « An Act to encourage the planting and to conserve the forests of the State » et les maîtres étaient invités à y prendre part par une circulaire du « State school Commissioner » qui expliquait que le but de la fête était de montrer aux enfants la valeur et la beauté de leurs forêts par la plantation d'arbres sur le terrain de l'école, de l'église, sur les routes et autres lieux publics ([2]).

Dans le Missouri, où la fête est célébrée depuis 1886, elle l'a été en 1888-1889 dans 600 districts scolaires sur un total de plus de 8,000 districts et les enfants ont planté, presque partout, sur le terrain de l'école, 9,334 arbres.

Dans l'État de New York, la loi qui a établi l'« Arbor day » date de 1888. En 1889, 5,681 districts scolaires y ont pris part et ont planté 24,166 arbres ; en 1890, 8,106 districts et 27,130 arbres ; en 1891, 8,950 districts, 22 villes et 25,285 arbres. La fête comprend des lectures publiques, des discours, des chants, des processions, la plantation d'arbres ; des prix sont décernés aux écoles

(1) *Twenty third annual Report of the State board of education together with annual Report of the Commissioner of public schools of Rhode Island*, january 1893, p. 28.

(2) *Report of the State school Commissioner*, 1891 et 1892, p. 72.

dont le jardin est le mieux tenu. « Quoique l'effet sur
le régime forestier soit médiocre, dit le Commissaire
de l'éducation, les enfants, dont l'intérêt est éveillé,
apprendront à respecter les œuvres de la nature. »

VI

LES ANIMAUX DE FERME

Statistique générale. — L'Américain a eu longtemps
et a encore devant lui l'espace : dans certaines parties,
de vastes forêts; dans d'autres et surtout dans le centre,
des pâturages immenses ; dans le nord-est, dans les
Appalaches, dans le bassin de l'Ohio, sur le versant du
Pacifique, de belles prairies naturelles. Il peut donc
nourrir facilement du bétail. Aussi, relativement au
nombre des habitants, le nombre des animaux est-il
beaucoup plus grand aux États-Unis qu'en Europe, et
ce nombre s'accroît rapidement à mesure que le centre
et l'ouest se peuplent (¹).

En 1893, on comptait 66 millions et demi d'habitants
sur le territoire des États-Unis et 163 millions d'animaux d'espèce chevaline, bovine, ovine et porcine :
soit 25 animaux par 10 habitants. D'un même total ren-
fermant des unités aussi différentes qu'un cheval et un
mouton, on ne peut tirer une mesure précise, mais

(1) M. Breuil, dans son *Rapport sur l'agriculture des États-Unis* (p. 40),
donne comme exemple du cheptel vivant au Massachusetts celui d'une
ferme de Westchester West (142 acres) qui avait 1 paire de bœufs,
1 taureau, 23 vaches, 12 génisses, 6 veaux, 3 chevaux, 1 jument poulinière,
2 poulains, 53 porcs et celui d'une ferme de Worcester South (163 acres)
qui avait 100 acres de prairies naturelles ou artificielles et entretenait
32 vaches ou génisses, 1 taureau, 3 chevaux, 1 jument et 1 poulain.
Voir plus haut en note (page 76) la composition moyenne du cheptel
vivant d'une ferme de 150 à 200 acres.

on se fait par comparaison une idée relative de la richesse des habitants des États-Unis en animaux de ferme en remarquant qu'en France le rapport était, en 1892, de 12 animaux par 10 habitants. L'idée n'est plus la même quand on établit la comparaison relativement au territoire : aux États-Unis le nombre des animaux de ferme par rapport à la superficie des terres appartenant à des fermiers était, en 1893, de 65 par kilomètre carré, tandis qu'en France il est de 92.

Voici les chiffres donnés soit par les Census [1] soit par le Département de l'Agriculture (pour 1893). Ils ne doivent être considérés que comme des approximations [2] :

Animaux de ferme aux États-Unis

(nombres exprimés par milliers d'unités).

	1840	1850	1860	1870	1880	1890	1893
Chevaux		4,337	6,249	7,145 (1)	10,357	14,213	16,206
	4,335						
Mulets et ânes .		559	1,151	1,125	1,813	2,331	2,231
Bœufs de travail.		1,701	2,255	1,319	994		
Vaches laitières.	14,971	6,385	8,582	8,935	12,443	15,953	16,427
Autres bêtes de race bovine.		9,693	14,779	13,566 (2)	22,489	36,849	35,954
Race ovine. . .	19,311	21,723	22,471	28,478	35,192 (3)	44,336	47,273
Race porcine. .	26,301	50,354	33,513	25,135	47,682	51,602	46,004

(1) Aux chevaux existant dans les fermes, le Census de 1870 a ajouté 1,547,000 chevaux hors des fermes.

(2) Gros bétail hors des fermes d'après le Census de 1870 : 4,274,000.

(3) Il faut y ajouter 7,000,000 de moutons en pâture sur les terres publiques. Total : 42,000,000, sans compter les agneaux de printemps.

[1] Voir, en outre, en appendice, la figure de statistique n° 4.

[2] Entre les chiffres des Census et ceux du Département de l'agriculture il y a parfois de grandes différences. Au sujet de ces statistiques, voici comment s'exprime M. de Savignon dans un rapport au ministre sur la production et l'industrie agricole en Californie : « On s'accorde à reconnaître que la richesse du pays en bétail de toute nature est supé-

Chevaux. — Le cheval américain a des qualités qui lui sont propres. En général, il est nerveux, il a le pied sûr, l'allure rapide ; il passe en Amérique pour être plus léger (excepté les chevaux de trait) qu'en Angleterre. Mais les races sont diverses, suivant les régions et suivant la destination.

Le cheval a été introduit en Amérique par les Espagnols ; du Mexique, il a peu à peu gagné les plaines du nord. On n'a connu longtemps dans le sud que le cheval espagnol, type du Texas, qui était un animal dur à la fatigue ; dans le nord, que le cheval pesant du Vermont ; dans l'ouest que le cheval californien originaire du Mexique, petit et sauvage, rappellant le cheval arabe. L'élevage a fait depuis cinquante ans de remarquables progrès dans les deux espèces du gros cheval de trait et du cheval léger d'attelage ou de selle. C'est surtout depuis 1851 qu'on a introduit comme reproducteurs d'animaux de trait le « Cleveland bay », le « Clydesdale » (¹), qui est long de corps, fort de membrure, calme d'allure, puis le « Shire » qui ressemble au précédent, bien qu'un peu plus grand et plus massif et qui se distingue par la longueur des poils du bas de la jambe, et le « Suffolk punch » qui est plus petit, mais bien proportionné pour le trait ; ces quatre races sont venues d'Angleterre.

De France, les Américains ont tiré des chevaux normands et surtout des percherons qui se recommandent comme animaux de trait d'allure rapide. Pendant plu-

---

rieure d'au moins un tiers aux chiffres accusés par les documents officiels, ce qui provient de dissimulations de la part des propriétaires en vue de s'affranchir d'une partie de l'impôt... »

(1) La première importation de Clydesdale paraît remonter à 1842. Voir *Le Cheval* par M. Lavalard, t. II, p. 373.

sieur années, ils ont acheté surtout des étalons percherons qu'ils payaient à un très haut prix ; recherchant de préférence les plus gros parce qu'ils aiment les chevaux d'une corpulence énorme pour la traction des gros fardeaux.

Ils ont amélioré ainsi, par l'infusion de sang anglais, français et belge leurs propres races de trait qui ne paraissent pas très nettement caractérisées par elles-mêmes. L'Ohio est un des États les plus renommés pour l'élevage des gros chevaux. Le développement des tramways électriques ou à câbles restreint depuis quelques années le marché des chevaux de cette espèce.

Ce sont surtout les trotteurs qui constituent ce que les Américains nomment leur « cheval national ». C'est moins une race qu'un animal perfectionné par la sélection et l'élevage. Les Américains se sont appliqués depuis longtemps à améliorer leurs trotteurs [1] et ont fondé un grand nombre de sociétés pour encourager l'espèce ; l'Association américaine et l'Association nationale du trotteur comptaient, en 1893, 1 364 sociétés locales, qui ont organisé 4,594 jours de course dans l'année et distribué 3,296,000 millions de dollars en prix. Il y a en outre environ 1,200 jours de courses organisées par des sociétés qui ne sont pas affiliées à une des grandes associations.

Ils obtenaient dans les courses, des vitesses d'un mille (1,609 mètres) en 2'42'' en 1830 ; ils sont arrivés peu à peu à 2'10'' en 1892 et même 2'4'' en 1893 [2].

---

[1] Les premières courses au trot datent de 1791. Beaucoup de trotteurs américains descendent d'un cheval anglais, Messenger, importé en 1788.

[2] Cette course (2'7'' 3/4) a été fournie par « Kremlin », cheval bai né en 1887, n° 13 327 du Stud book des trotteurs.

Le Kentucky, avec son terrain calcaire et riche en phosphate, ses prairies ondulées, semées de bouquets d'arbres et produisant le « Blue grass », jouit depuis longtemps d'une réputation méritée pour l'élevage des trotteurs.

L'Illinois, le Michigan et le New York figurent aussi parmi les États qui fournissent les meilleurs chevaux de luxe, « trotters » qui vont le trot, « pacers » qui vont l'amble, « Hand-some's cabs horses » qui sont rapides et légers, « Hackney » qui sont employés surtout pour les voitures de maîtres, chevaux de courses parmi lesquels il y a eu un vainqueur au Grand prix de Paris.

En général le climat de l'Amérique, sec et chaud l'été, froid et sec l'hiver, rend les chevaux musculeux et contribue à leur donner une allure rapide. On en voit rarement qui soient poussifs. Rarement aussi ils sont rétifs; peut-être parce qu'ils sont d'ordinaire bien soignés et traités doucement. Je n'ai jamais vu battre un cheval et j'ai remarqué que les animaux attelés avaient presque tous le poil propre et luisant.

Le nombre des chevaux a beaucoup augmenté depuis une trentaine d'années : de 4 millions 1/3 environ en 1850, il s'est élevé à plus de 16 millions en 1894 ([1]). La quantité n'a cependant pas augmenté dans le sud; les dix États qui composent ce groupe possédaient 1,633,000 chevaux d'après le Census de 1860 et 1,727,000 d'après la statistique de l'agriculture en 1893; le nombre a même diminué dans l'Alabama, la Géorgie, les deux Caroline et la Virginie. Mais les autres régions

---

(1) On estimait en 1893 la valeur des chevaux à 992 millions de dollars (5,108 millions de francs), et en 1894 à 769 (3,960 millions de francs) seulement. Le nombre des chevaux avait peu changé.

fournissent une ample compensation. Dans la Nouvelle-Angleterre, on comptait 259,000 chevaux en 1860 et 379,000 en 1893; dans le Maine (¹), qui y tient le premier rang (60,000 en 1860, 111,000 en 1893), le nombre a doublé. Dans les États et Territoires de l'ouest, on en comptait 3 millions en 1860 et plus de 11 millions en 1893; dans les États du Pacifique, 202,000 en 1860 et 1,122,000 en 1893. Quatre États : l'Illinois (²) (564,000 en 1860; 1,377,000 en 1893), l'Iowa (³), le Kansas (⁴) et, plus au sud, le Texas (⁵) ont chacun plus d'un million de chevaux. La Californie (⁶) a passé de 160,000 à 519,000.

Dans les nombres précédents, les animaux de ferme sont seuls compris. Pour avoir le total des animaux d'espèce chevaline aux États-Unis, il faudrait ajouter les chevaux employés hors des fermes et qui étaient au nombre d'un million et demi en 1870.

Relativement à l'étendue du territoire, les plateaux de la Cordillère sont la partie qui nourrit le moins de chevaux. Les plaines de l'ouest sont à peu près dans la

(1) Comtés qui possédaient le plus de chevaux, au Census de 1880 : Aroostook, Cumberland, Kennebec, Penobscot, Somerset, Waldo, York.

(2) Comtés : Adams, Bureau, Champaign, Christian, Cook, De Kalb, Edgar, Fulton, Hancock, Henry, Iroquois, Knox, La Salle, Lee, Livingston, Mc Lean, Macoupin, Ogle, Sangamon, Vermilion, Whiteside, Will.

(3) Comtés : Benton, Cedar, Clinton, Dubuque, Fayette, Jackson, Jasper, Johnson, Keokuk, Linn, Mahaska, Pottawattamie, Tama, Washington, Winneshiek.

(4) Comtés : Bourbon, Brown, Butler, Cloud, Cowley, Crawford, Dickinson, Douglas, Franklin, Jefferson, Jewell, Johnson, Linn, Lyon, Miami, Pottawattamie, Shawnee.

(5) Comtés : Bell, Bexar, Cameron, Collin, Dallas, Denton, Duval, Ellis, Fannin, Gonzales, Grayson, Hill, Mc Lennan, Navarro, Nueces, Williamson.

(6) Comtés : Alameda, Colusa, Los Angeles, Sacramento, San Joaquin, Santa Clara, Sonoma, Yolo.

même situation, à l'exception toutefois du Colorado où le grand élevage a commencé vers 1875 et où l'on compte près de 13 chevaux par mille carré (5 par kilomètre carré). Toute la région du sud et celle du Pacifique, malgré l'importance de l'élevage dans le Texas et la Californie, restent à cet égard, ainsi que le Maine, au-dessous de la moyenne générale des États-Unis, qui est de près de 10 chevaux par mille carré (4,3 par kilomètre carré). C'est peu relativement à l'étendue du territoire. Mais sous un autre rapport, le nombre de 16 millions correspond à 1 cheval par 4 habitants, tandis qu'en France, nous ne possédons guère que 1 cheval par 13 habitants. L'Illinois, l'Indiana et le Missouri comptent même 1 cheval par 3 habitants; le North Dakota presque 1 par habitant et plusieurs Territoires ou États de l'extrême ouest où l'espace est très vaste et la population très rare sont dans le même cas.

Les chevaux ont en général peu de valeur dans l'extrême ouest parce que ces animaux sont en très grand nombre et que les meilleurs sont envoyés chaque année au loin sur les marchés de l'est. En effet le nord-est est la région où l'on prise les animaux de choix et où leur prix moyen est le plus élevé. Dans l'ouest on a pensé récemment à expédier des chevaux en Europe comme viande de boucherie ([1]).

Sur le marché de Chicago, les prix ont été (le 2 mai 1893) : 475 à 575 francs pour les chevaux ordinaires, 1,000 à 1,250 francs pour les chevaux de trait pesant 750 kilog., 800 à 1,000 francs pour les chevaux légers, 2,250 à 3,500 francs pour la paire de chevaux de voi-

---

([1]) Le service vétérinaire du Montana l'a conseillé.

ture. A New York, les prix sont à peu près les mêmes : un cheval de tramway vaut de 600 à 700 francs, un cheval de camion de 900 à 1,400; les chevaux de luxe coûtent très cher.

Mulets et ânes. — Les mulets et ânes, qui sont en général grands et vigoureux et dont le nombre a plus que triplé depuis 1850 (559,000 en 1850 et 2,360,000 en 1894) (1), dominent dans le sud aux États-Unis (comme en France), surtout dans le Missouri (2) (249,000), le Texas (3) (241,000), le Mississippi (4), la Géorgie (5), l'Arkansas (6). On en trouve aussi un grand nombre dans le Kentucky (7) et le Tennesse (8).

Dans beaucoup de fermes du nord on les préfère aujourd'hui, parce qu'ils sont réputés savoir mieux se nourrir et prendre soin d'eux mieux que les chevaux. C'est pourquoi on en trouve 106,000 dans l'Illinois.

Race bovine. — Les bêtes à cornes sont une des principales richesses agricoles des États-Unis, et une richesse dont l'importance s'accroît rapidement à mesure qu'aug-

(1) Valant 164 millions de dollars.
(2) Comtés qui possèdaient le plus de mulets (d'après le Census de 1880) : Boone, Callaway, Carroll, Cooper, Franklin, Howard, Jackson, Johnson, La Fayette, Monroe, Pettis, Pike, Ray, Saint-Charles, Saint-Louis, Saline.
(3) Comtés : Collin, Dallas, Ellis, Fannin, Fayette, Grayson, Harrison, Lamar, Mc Lennan, Navarro, Rusk, Tarrant, Washington.
(4) Comtés : Bolivar, De Soto, Hinds, Holmes, Lowndes, Madison, Marshall, Monroe, Noxubee, Panola, Tate, Washington, Yazoo.
(5) Comtés : Burke, Coweta, Floyd, Harris, Huston, Meriwether, Monroe, Sumter, Troup.
(6) Comtés : Benton, Independence, Jefferson, Lee, Phillips, Pulaski, Sebastian, Washington.
(7) Comtés : Ballard, Calloway, Christian, Graves, Henderson, Hopkins, Logan, Madison, Todd, Trig, Warren.
(8) Comtés : Bedford, Carroll, Davidson, Fayette, Gibson, Giles Hardeman, Haywood, Henry, Lincoln, Madison, Marshall, Maury, Montgomery, Obion, Rutherford, Shelby, Sumner, Weakley, Williamson, Wilson.

mentent les défrichements et les habitants. L'étendue des pâturages et l'abondance du maïs favorisent l'élevage. Les animaux de race bovine (bœufs de travail, vaches laitières et autres animaux de race bovine) étaient 17,770,000 en 1850 et 53,000,000 en 1894 ([1]) : merveilleux progrès en quarante-quatre ans.

Les États-Unis n'ont eu pendant longtemps qu'un bétail de très médiocre qualité ; les animaux étaient osseux, peu pesants, mal faits. Les deux principales races étaient les bœufs du Texas, animaux d'origine espagnole à jambes hautes et à grandes cornes ([2]), qu'on trouve encore surtout dans la région du sud-ouest, et les « stockers » qui proviennent d'animaux importés par les premiers colons anglais et qui sont très répandus dans le centre et l'est; ils ne pesaient guère en moyenne plus de 1,000 à 1,200 livres (450 à 550 kilogrammes) à l'âge de quatre ans. A partir de 1853, des essais d'amélioration ont été faits à l'aide de taureaux Durham, dits « short-horns », bœufs à cornes courtes, importés d'Angleterre, animaux plus gros et plus en viande. Cette industrie a fait de grands et de rapides progrès depuis la guerre de la rébellion, c'est-à-dire depuis que les Améri-

---

(1) En 1893, 52,300,000, dont 16,424,000 vaches laitières valant 357 millions de dollars (1,838 millions de francs) et 36 millions d'autres animaux de race bovine valant 548 millions de dollars (2,822 millions de francs). En 1894, 16,482,000 vaches laitières valant 359 millions de dollars et 36,608,000 autres animaux de race bovine valant 537 millions de dollars. (Voir *Statistical Abstract*, 1893, p. 324, 325.)

(2) « Ce bétail fut importé du Mexique vers 1770 ; il n'avait point été amélioré en Europe. Il en fut de même au Mexique et plus tard en Californie, où il a vécu toujours à l'état sauvage. Son extérieur en a contracté les signes caractéristiques. Le gris souris, le brun et le rouge bronzé sont les robes qui lui sont propres... Les membres sont développés et nerveux ; les articulations sont fortes. Le corps et le flanc sont souvent longs, mais le corps manque souvent d'ampleur..., les cornes fines, longues, pointues. » (Rapport de M. de Savignon.)

cains ont cherché en Europe des débouchés à leur production en viande; c'est alors qu'a commencé d'une manière méthodique l'élevage en grand dans les plaines de l'ouest. Il y a eu à l'exposition universelle de Chicago de remarquables concours de bœufs, Durham, Guernesey, Jersey.

Des agronomes se flattent même aujourd'hui d'obtenir aux États-Unis, grâce à l'élevage en plein air et la qualité des herbes, une viande de qualité supérieure à celle des animaux élevés à l'étable en Europe : ce qui ne s'applique qu'à des régions particulièrement favorisées, comme les « Blue grass ». Mais les fermiers intelligents obtiennent à trois ans des croisés du poids de 1,500 à 1,800 livres (680 à 815 kilos) et des pur sang de 1,800 à 2,000 (815 à 906 kilos.) [1] .

Le Texas est l'État du sud où l'élevage a pris la plus grande extension. Il possédait, en 1894, 7,410,000 bêtes à cornes, beaucoup plus qu'aucun autre État. Là, ainsi que dans plusieurs États ou Territoires voisins, la proportion s'élevait à plus de 3,8 animaux par habitant.

Dans cet État, comme dans le New Mexico [2]

(1) Un éleveur faisait remarquer en 1877 qu'un gros bœuf commun de 3 ans et demi valait 63 dollars, tandis qu'un pur sang de 3 ans en valait 108 sur le marché de Chicago et qu'il y avait profit à élever des pur sang. Un autre grand éleveur de l'Illinois calculait que sur 112 bœufs croisés âgés de 3 ans qu'il avait vendus à sa ferme, il avait gagné 7,000 dollars de plus, tout compte fait, qu'il n'aurait gagné sur 112 bœufs natifs âgés de 4 ans, et que son acheteur avait revendu à Chicago ses animaux à raison de 6 cents 3/4 la livre, tandis que la qualité moyenne en natifs était payée 4 cents 1/2. (Voir l'*Agriculture des États-Unis*, par M. Breuil, p. 44.)

(2) Comtés qui possédaient le plus de vaches laitières, bœufs et autres animaux de race bovine, d'après le Census de 1880 : Archer, Austin, Brown, Clay, Coleman, Colorado, Cooke, Denton, De Witt, Ellis, Fort Bend, Goliad, Gonzales, Grayson, Harris, Hunt, Jack, Jackson, Lamar, Lavaca, Llano, Mason, Medina, Nacogdoches, Nueces, Refugio, Stonewall, Tarrant, Victoria, Wise.

(1,240,000 bêtes à cornes en 1894), l'Arkansas (¹)
(983,000), le Colorado (²) (1,072,000), le Kansas (³)
(2,647,000), le Nebraska (⁴) (2,158,000), l'Arizona (⁵)
(664,000), les bœufs passent toute l'année en plein air,
soit dans de vastes enceintes désignées sous le nom de
« corral », soit dans les plaines où ils errent librement,
broutant tantôt l'herbe verte et tantôt une herbe sèche
qui conserve son suc et se convertit d'elle-même en
foin. Dans ces plaines, 100 à 200 « vaqueros », bouviers à cheval, suffisent pour garder des troupeaux qui
comptent parfois 10,000 à 35,000 têtes (⁶); ils ramè-
nent le soir vers un point déterminé les animaux
qui se sont dispersés au loin dans la journée et ils ser-
rent le troupeau en galopant autour du cercle jusqu'à
ce que tous soient couchés. De novembre à avril, ce
troupeau reste à peu près abandonné à lui-même, sans
gardien et sans abri; au printemps, les bouviers font
une grande tournée, fouillant le pays pour chercher les
animaux, les pousser vers le corral et y marquer les
veaux. Comme il faut que le bétail s'abreuve deux fois
par jour, les terrains d'élevage n'ont de valeur qu'à une
certaine proximité d'un cours d'eau. La rareté des eaux

---

(1) Comtés : Bernadillo, Mora, Rio Arriba, San Miguel, Socorro.
(2) Comtés : Arkansas, Ashley, Benton, Columbia, Dorsey, Drew,
Hempstead, Independence, Logan, Lanoke, Washington, White.
(3) Comtés : Arapahoe, El Paso, Las Animas, Park, Pueblo, Saguache,
Weld.
(4) Comtés : Anderson, Atchison, Bourbon, Brown, Chase, Chautau-
qua, Goffey, Douglas, Franklin, Greenwood, Jackson, Jefferson, Linn,
Lyon, Miami, Nemaha, Osage, Pratt, Shawnee, Wabaunsee, Wallace,
Wilson.
(5) Comtés : Burt, Cass, Cheyenne, Custer, Lancaster, Lincoln, Otoe,
Richardson, Washington.
(6) Un troupeau de 10,000 têtes, donnait vers 1880, 1,500 à 2,000 animaux à vendre comme animaux gras, dont 20 p. 100 étaient des vaches,
80 p. 100 des bœufs valant, à 4 ans, 125 à 150 francs par tête.

potables est, beaucoup plus encore que la rigueur des hivers et les épidémies, un obstacle au développement de l'élevage dans l'ouest et surtout à l'introduction des races délicates.

Les animaux sont ordinairement parqués dans des enclos séparés par des clôtures en gros madriers; suivant les besoins de l'alimentation ou du service de l'exploitation, on les fait passer d'un enclos dans l'autre.

Vers 1880, ce genre d'élevage était considéré comme une des industries les plus lucratives des États-Unis : il rapportait jusqu'à 33 p. 100 à ceux qui opéraient en grand.

Il est pratiqué d'une manière différente dans le centre et le nord-ouest (¹).

En moyenne les bêtes à cornes sont à bon marché dans les États du sud et du sud-ouest, d'abord parce que la production dépasse la consommation, quoique cette production y reste à peu près stationnaire et rétrograde même dans quelques-uns (²), ensuite parce qu'on engraisse peu dans cette région et que les bœufs mexicains à longues cornes, espèce qui donne peu de viande, sont encore très nombreux.

Les pays d'engraissement se trouvent plus au nord, sur la rive gauche du Mississipi particulièrement dans le « Blue grass » du Kentucky et du Tennessee. L'herbe bleue, « poa pratensis », qu'on rencontre aujourd'hui dans diverses contrées du centre, est depuis longtemps renom-

---

(1) Dans certaines régions du nord de l'Amérique, le progrès a été plus rapide encore qu'au Texas. Ainsi le Montana, qui, en 1880, avait 172,000 bêtes à cornes, en comptait 1,072,000 en 1893.

(2) Les dix États de cette région (de l'Alabama à la Virginie) possédaient, en 1860, 2,202,000 vaches laitières et 5,057,000 autres bêtes à cornes; en 1893, 2,598,000 et 4,122,000. La Géorgie, qui avait 1 million d'animaux d'espèce bovine en 1860, n'en avait que 908,000 environ en 1893.

mée pour le gros bétail aussi bien que pour les chevaux, et les animaux à courtes cornes qu'on y élève sont recherchés, particulièrement comme reproducteurs. Les pays de céréales, tels que les plaines de l'Ohio et du Mississipi supérieur, achètent les bœufs du sud et de l'ouest à l'âge de deux ans et les engraissent en même temps que leurs propres animaux nés sur place. Les États qui pratiquent le plus cette industrie sont l'Illinois, l'Indiana, l'Iowa (4,000,000 de bêtes bovines), le Missouri, l'Ohio.

C'est dans les fermes du nord-est que le gros bétail a le plus de valeur et qu'il est le mieux engraissé; c'est aussi dans ces États que le nombre des consommateurs est le plus considérable relativement à l'étendue du territoire. Aussi, pendant que la valeur moyenne — renseignement vague d'ailleurs — d'une bête de race bovine est d'environ $ 20 pour l'ensemble des États-Unis (moyenne de 1886-1889), elle dépasse $ 30 (154 francs) dans le New York et la Nouvelle-Angleterre; elle atteint même $ 35 (180 francs) dans le Massachusetts[1]. L'éditeur du *Short horns herdbook* estimait récemment à 15,000 le nombre des animaux de pur sang, valant l'un dans l'autre 300 dollars. Au contraire, la valeur moyenne dans le sud (Alabama, Mississipi, Géorgie) est à peine de 10 dollars.

Les bœufs autrefois transportés du sud au nord par mer et par le Mississipi le sont aujourd'hui, pour la plupart, en chemin de fer et dans de bien meilleures conditions. Les bestiaux engraissés, qui ne servent pas à la consommation locale, sont dirigés sur les grands marchés, tels que Chicago, Cincinnati, Saint-Louis, New York,

____

[1] Voir *Album of agricultural Statistics*, 1891.

Boston. Ils sont pesés, vendus, conduits dans des stalles et abattoirs. Les filets et les meilleurs morceaux sont expédiés en général pour les États de l'est, dans des wagons frigorifiques (1); d'autres sont salés et mis en barils; la plus grande partie, composée surtout de bas morceaux, est désossée, bouillie et mise en boîtes pour être vendue à l'état de conserves.

M. Dodge fait remarquer que l'approvisionnement en viande peut devenir plus considérable sans que le rapport du nombre des animaux au nombre des habitants augmente, parce qu'un animal qui pèse 600 livres à trente mois, donne trois fois autant de viande qu'un animal qui met quatre ans à atteindre le poids de 320 livres : cause d'abondance et par suite de bon marché. C'est ce qui est arrivé aux États-Unis comme en France.

Les bœufs sont employés quelquefois au travail. Toutefois cet emploi est rare, excepté dans le sud où même il a diminué depuis la guerre de la rébellion.

Si le Texas est l'État qui possède le plus de bêtes bovines, il n'est pas celui où la densité du bétail est le plus grande. C'est dans la région centrale, celle du Mississipi supérieur et de l'Ohio, c'est-à-dire la région des céréales, qu'elle se trouve; pour les cinq États de l'Ohio, de l'Indiana, de l'Illinois, de l'Iowa et du Missouri, elle varie de 18 (pour l'Ohio et l'Iowa) à 12 têtes (pour le Missouri) par kilomètre carré.

La proportion est même un peu plus forte dans l'est : New York (23 têtes par kil. c.) (2), Pennsylvanie (15), Connecticut (17), Vermont (16).

---

(1) Voir plus loin les « Stockyards » de Chicago.
(2) Le New York égale ainsi la proportion moyenne de la France, qui est d'un peu moins de 25 têtes par kilomètre carré.

Au contraire, dans les États du sud, la densité varie de 3 à 6 têtes par kilomètre carré; dans la plupart des Territoires de l'ouest elle est inférieure à 1.

La moyenne générale pour tout le territoire des États-Unis ne dépasse pas 6,5 têtes par kilomètre carré (en 1893), tandis qu'elle est de 25 en France. Mais, si l'on compare ce bétail à la population qui le possède, on trouve 80 têtes par 100 habitants, tandis que la France n'en a que 34 ; c'est là le signe à la fois d'une culture encore extensive aux États-Unis et d'une grande abondance de viande.

Beurre et fromage. — Le nombre des vaches laitières a doublé dans le New York (1,556,000 en 1893), la Pennsylvanie, l'Illinois, l'Iowa, le Missouri, l'Indiana, le Kansas, le Minnesota, le Nebraska, l'Ohio, le Wisconsin et le Texas qui possèdent chacun plus de 500,000 animaux de cette catégorie.

On fait du lait condensé; il existe deux très grandes usines pour cette fabrication, l'une à Dixou (Illinois) et l'autre à Middletown (New York). Le lait est employé en partie à la fabrication du beurre et du fromage, laquelle s'est considérablement développée avec la facilité des communications intérieures, la nécessité de trouver des ressources autres que la culture des céréales et le progrès de l'exportation. Jusqu'à quel point la margarine a-t-elle contribué à accroître la quantité, c'est ce qu'on ne saurait calculer. Mais on peut dire que le beurre d'Amérique s'est amélioré par l'empressement qu'ont mis les fermiers et fermières à étudier et à essayer les procédés nouveaux. Dans la région centrale, l'Illinois, le Michigan, l'Indiana, l'Ohio occupent sous ce rapport le premier rang ; dans l'est, le New York et la Pennsylvanie.

Le beurre figure à chaque repas sur la table des Américains ; presque toujours il est salé, ce qui facilite l'exportation et la fabrication en grand. Aussi, depuis une dizaine d'années, de grandes fabriques de beurre se sont-elles installées dans la Nouvelle-Angleterre et dans d'autres contrées d'élevage. Une des plus importantes, celle de Saint-Albans, dans l'État de New York, peut être citée comme un des plus remarquables exemples de cette industrie. Elle achète le lait, à raison de 45 à 55 cents le gallon (55 à 65 centimes le litre) à tous les fermiers de la contrée et produit plus de 20,000 livres (environ 9,000 kilos) de beurre par jour. Cinquante-huit écrémeuses traitant mille litres de lait chacune à l'heure, quatorze barattes d'une capacité de 1,500 à 2,000 litres et deux grands malaxeurs automatiques font le travail. La propreté est irréprochable et l'établissement, dont la réputation est établie, livre au commerce en gros son beurre sur le pied de 2 francs à 2 fr. 20 le kilogramme. Là, comme ailleurs, la grande industrie concentre la production en forçant les petits producteurs à abandonner la place : c'est une transformation économique qui est à peu près générale en Amérique.

Les fromages sont peu variés jusqu'ici, quoiqu'on fabrique à peu près tous les fromages d'Europe, principalement le gruyère et le chedard ([1]). L'Amérique exporte environ les 2/5 ([2]) de sa production fromagère, tandis qu'elle n'exporte que 2 p. 100 de son beurre ([3]).

([1]) M. Dodge évalue la production moyenne du lait à 360 gallons (environ 1,620 litres) par vache. Elle s'élève à 475 dans les États où l'élevage est perfectionné.

([2]) Les 2/5 de 139 millions de kilogrammes.

([3]) 2 p. 100 sur 453 millions de kilogrammes, mais les États de l'Est consomment l'un et l'autre en grande quantité. L'exportation a augmenté

Sur beaucoup de points, la fabrication se fait en grand, comme celle du beurre; des fromageries ont été savamment installées et les fermiers du voisinage apportent leur lait.

Des statisticiens évaluaient, il y a une douzaine d'années, la valeur du lait des États-Unis à 3 milliards de francs, la production du beurre à 450 millions et celle du fromage à 140 millions de kilogrammes ([1]).

Race ovine. —Les Américains se sont moins appliqués à l'élevage des moutons. Le nombre total des bêtes de race ovine était d'environ 22 millions ([2]) en 1850 et de 45 en 1894 ([3]); il avait dépassé 50 en 1884, nombre un peu moindre que celui des bœufs; depuis une dizaine d'années, l'état était resté à peu près stationnaire; il y a même aujourd'hui rétrogradation.

C'est à la région centrale et aux deux États de l'est qui lui sont contigus qu'appartient le premier rang. Elle ne l'avait pas encore en 1840; mais elle l'avait en 1850 avec 7,7 millions de moutons recensés dans la partie désignée sous le nom de « Western States and Territories »; en 1860 avec 8,1 millions; en 1870 avec 13,7 millions; en 1880 avec 14,1 millions et en 1890 avec 12,6 millions : chiffres, empruntés au Census, qui ne donnent peut-être pas avec précision la quantité réelle, mais qui marquent les étapes d'un progrès

de la manière suivante de décade en décade. depuis 1840 : beurre 34,36, 133, 152, 158 millions de livres ; fromage (plus facile à exporter) 91,79. 447, 1,000, 1,042.

[1] Valant 126 millions de dollars.

[2] Cependant il y a eu diminution jusqu'en 1889 (42,5 millions) et augmentation depuis 1890.

[3] Le volume intitulé *Wool and manufactures of wool* donne des évaluations très diverses du nombre des moutons : en 1890, d'après le Census, 35,935,364 (p. 34); d'après le Département de l'Agriculture, 44,336,072 (p. 47) et 47,273,553 en 1893 (p. 50).

enrayé depuis une quinzaine d'années ; le maximum
pour cette partie des États-Unis a été atteint, en 1884,
avec 15,639,000 moutons (¹). L'Ohio (²) (4,378,000 moutons en 1893 et 3,767,000 en 1894) nourrit 35 têtes
par kilomètre carré et donne plus de laine qu'aucun autre État. L'Indiana (³) (1,080,000 en 1893 et
972,000 en 1894), l'Illinois (⁴) (1,032,000 en 1894), le Michigan (⁵) (2,392,000 en 1894), le Kentucky (⁶) (1,163,000),
le Missouri (⁷) (1,000,000), la Pennsylvanie (⁸) (1,473,000)
et le New York (⁹) (1,388,000), qui en nourrissent de
16 à 6, appartiennent au même groupe. Dans cette
région les moutons sont élevés à peu près comme en
Europe.

Le Vermont élève de bons mérinos pour la reproduc-

(1) Cette partie comprend 11 États (Ohio. Michigan, Indiana, Illinois,
Wisconsin, Minnesota, Iowa, Missouri, Kansas, Nebraska, Colorado); les
chiffres de cette statistique, qui sont ceux du Census, ne concordent pas
exactement avec ceux du *Statistical abstract* qui proviennent du Département de l'Agriculture, voir *Wool and manufactures of wool* by Wor-
thington C. Ford, chief of the Bureau of statistics, Treasury department,
1894, p. 32.

(2) Comtés qui possédaient le plus grand nombre de moutons d'après
le Census de 1880 ; Belmont, Carroll, Columbiana, Coshocton, Delaware,
Guernsey Harrison, Jefferson, Knox, Liking, Norrow. Muskingum, Tuscarawas.

(3) Allen, De Kalb, Elkhart, Fountain, Hendricks, Lagrange, Montgomery, Noble, Owen, Putnam, Steuben.

(4) Comtés : Brown, Fulton, Lake, Mc Henry, Mc Lean, Macoupin,
Vemilion.

(5) Comtés : Branch, Calhoun, Clinton, Eaton, Genesee, Hillsdale, Ingham
Iona, Jackson, Kalamasoo, Lenawee Livingston, Macomb, Oakland,
Shiawassee, Washtenaw.

(6) Comtés : Boone, Bourbon, Clark, Fayette, Harrison, Henry, Madison, Mercer, Nelson, Oldham, Scott, Shelby, Spencer.

(7) Comtés : Boone, Caldewell, Callaway, Daviess, Harrisson, Linn,
Monroe, Pettis, Shelby.

(8) Comtés : Allegheny, Beaver, Bradford, Butler Crawford, Fayette,
Greene, Indiana, Lawrence, Marcer, Susquehanna, Washington, Westmoreland.

(9) Comtés : Allegany, Cayuga, Columbia, Genesee, Livinsgton, Onondaga, Ontario, Steuben, Washington, Yates.

tion. Le New York et le Michigan ont d'importants marchés pour la laine.

Dans le sud, le Texas [1] (4,334,000 en 1893 et 3,814,000 en 1894) n'a pas moins d'importance que l'Ohio; mais le mode d'élevage y est différent et le nombre des animaux qui s'était élevé rapidement de 1 million et demi en 1875 à près de 8 millions en 1884, est tombé brusquement au-dessous de 4 millions, sans que la production de la laine ait beaucoup varié. Le New Mexico [2] (2,921,000) où le nombre des animaux a aussi diminué sensiblement (5,4 millions en 1885) et le Colorado [3] (1,293,000) appartiennent au même groupe.

Dans le nord, le Wisconsin [4] (1,066,000) occupe le premier rang; dans la Cordillère, le Montana [5] (1,528,000 en 1893 et 2,780,000 en 1894), l'Utah [6] (2,117,000 en 1893 et 1,905,000 en 1894) où le nombre des animaux avait rapidement augmenté de 1883 à 1893, le Wyoming [7] (1,198,000) et, sur le versant du Pacifique, l'Orégon [8] (2,529,000) et la Californie [9] (4,121,000 en 1893 et 3,918,000 en 1894), laquelle rivalise par le nombre

(1) Comtés : Bec, De Witt, Duval, Encinal, Frio, Gillespie, Goliad Gonzales, Hartley, Karnes, Kinney, la Salle, Live Oak, Maverick, Nueces, Uvalde, Wharton, Zapata.

(2) Comtés : Bernalillo, Colfax, Mora, Rio Arriba, San-Miguel, Socorro, Taos, Valencia.

(3) Comtés : Arapahoe, Bent, Elbert, El Paso, Larimer, Las Animas, Pueblo, Weld.

(4) Comtés : Columbia, Dane, Dodge, Fond du Lac, Green, Green Lake, Jefferson, Kenosha, Racine, Rock, Walworth, Waukesha, Winnebago.

(5) Comtés : Beaver Head, Deer Lodge, Madison, Meagher.

(6) Comtés : Beaver, Salt Jake, Sanpete, Tooele.

(7) Comtés : Albany, Laramie.

(8) Comtés : Baker, Douglas, Grant, Lane, Linn, Marion, Umatilla, Wasco.

(9) Comtés : Butte, Calaveras, Colusa, Fresno Humboldt, Kern, Los Angeles, Mendocino, Merced, Monterey, Sacramento, San Diego, San Joaquim, San Luis Obispo, Santa Barbara, Sonoma, Stanislaus, Tehama, Tulare, Ventura.

avec l'Ohio et le Texas et prend place dans les premiers rangs pour la production de la laine, quoique le nombre des animaux ait été constamment en diminuant depuis douze ans (plus de 7 millions 1/2 en 1880, année du maximum).

Dans les pays de l'ouest où dominent les types mexicains, croisés de mérinos, les animaux vivent en plein air, bien qu'ils exigent plus de soins que les bœufs. Beaucoup sont atteints de la gale ; leur laine est généralement commune et est altérée par les graines épineuses qui s'y attachent. Le mouton californien, qui descend de races diverses, est le plus renommé dans l'ouest ; la douceur de l'hiver lui est propice et la liberté de pâture sur les terres publiques a favorisé la multiplication de l'espèce. La viande du « Royal Warwick Oxford » est particulièrement estimée.

La moyenne générale est d'environ 6 têtes par kilomètre carré. La proportion en France est presque dix fois plus forte par rapport au territoire. Relativement au nombre d'habitants elle est à peu près la même dans les deux pays, malgré la diminution du nombre total des animaux de cette espèce depuis vingt ans en France.

Aussi les États-Unis ne suffisent-ils pas à leur propre consommation de laine, quoique le rendement moyen par mouton ait augmenté depuis cinquante ans de deux livres à cinq, d'après M. Dodge, même jusqu'à 6 livres 1/2 d'après M. N. D. North (¹) et que la production du pays ait triplé depuis trente ans, avec une progression constante de 1872 à 1885. Tous les ans les États-Unis

____

(1) En 1893, le poids moyen des toisons variait de 4 1/2 livres en Géorgie à 8 1/2 dans le Wyoming. Voir *Wool and manufactures of wool*, 1894, p. 50.

importent plus de laine qu'ils n'en exportent ([1]), tandis que l'exportation des moutons vivants augmente.

Cette production était évaluée, en 1893, à 304 millions de livres (136 millions de kilos) de laine non lavée ou lavée provenant de la tonte et à 47 millions de livres (21 millions de kilos) de laine provenant de peaux. Sur les 304 millions, le Texas en a fourni 30, la Californie 27, l'Ohio 22, l'Orégon 19, le Montana 17, le Michigan 16, l'Utah 15, le New Mexico 12 et le Wyoming 10 ([2]).

Le prix de la laine a subi le sort de la plupart des produits agricoles aux États-Unis : il a diminué. La laine Ohio-Pennsylvania XX, qui est une marchandise de choix, est descendue sur une pente à peu près continue de 70 à 75 cents la livre, en 1872, l'année de la plus grande cherté sous le régime du papier-monnaie, à 22 et 25 cents en février 1894 ; la laine commune Ohio-Pennsylvania a suivi la même pente, de 65 à 70 cents en 1872 jusqu'à 21 et 20 cents en février 1894. La laine de choix du Colorado, qui a moins de valeur, est descendue de 55 et 50 cents en 1872 à 15 et 12 cents en février 1893 ([3]).

(1)

LAINE (millions de livres).

	Production indigène.	Importation.	Consommation totale des États-Unis *.
1840.	35	10	45
1860.	60	26	85
1870.	162	49	209
1880.	238	128	356
1890.	276	105	378
1892.	294	148	439
1893.	301	172	470

* La consommation ne correspond pas toujours exactement au total de la production et de l'importation, à cause de l'exportation. Ainsi, en 1892, la production indigène a été de 294 millions de livres, l'importation de 148,7 : total 442,7 ; l'exportation a été de 3.2 (dont 0,2 de laine indigène et 3,0 de laine importée) ; il est resté pour la consommation intérieure 439,5 millions de livres.

(2) Voir *Wool and manufactures of wool*, p. 50.

(3) Voir *Wool and manufactures of wool*, p. 61 à 84.

Porcs. — **Les porcs** ont aux États-Unis une importance beaucoup plus grande que les moutons, quoique le nombre total des animaux ne soit pas plus considérable ; mais on élève un porc en moins de temps et le produit annuel se trouve être ainsi beaucoup plus considérable. L'élevage de ces animaux, qui a fait de grands progrès malgré la crise de la guerre de la rébellion, est un des côtés caractéristiques de l'agriculture américaine.

Les porcs étaient, en 1850, au nombre de 30,354,000 et, en 1894, au nombre de 45 millions ([1]) : ce qui correspond à 6 animaux par kilomètre carré et presque à 2/3 de tête par habitant. La France possède à peu près 10 porcs par kilomètre carré et 1 porc par 7 habitants.

L'élevage des porcs est partout associé à celui des bœufs, ceux-là mangeant ce que ceux-ci ne prennent pas ou ne digèrent pas, vivant en liberté sans abri, abondamment approvisionnés de maïs qui constitue leur principale nourriture. La transformation du maïs en viande de porc est un des principaux emplois de cette céréale ; par conséquent, l'abondance du maïs favorise la multiplication des porcs non moins que l'étendue des forêts où pousse le gland.

L'ancien porc, maigre et osseux, a été depuis longtemps remplacé par des races nouvelles. Les « Berkshire » et les « Polandchina » qui sont les plus estimées sont des animaux ronds comme des cylindres avec des pattes et une tête perdues dans la graisse, se prêtant bien à l'engraissement, la première donnant une viande de qualité supérieure, la seconde ayant un développement rapide.

---

(1) Il a même été de près de 52 millions 1/2 en 1892. La valeur en 1892 était de 295 millions de dollars (1,519 millions de francs).

Le poids est très différent suivant le mode d'élevage. Dans les États où ces animaux servent principalement à la nourriture de la famille, on les tue jeunes et ils pèsent peu. Ils pèsent beaucoup au contraire dans les États où on en fait un grand commerce pour les « Packing houses » et ils parviennent à un embonpoint considérable ; ceux que reçoit Chicago pèsent en moyenne 127 kilogrammes en hiver et 108 en été (¹). Mais ils sont exposés à plusieurs maladies, particulièrement au choléra qui détruit parfois les troupeaux de toute une région (²).

La région centrale tient le premier rang sous le rapport de la quantité. Dans l'Iowa (³) il y avait, en 1894, environ 6,000,000 de porcs (185,000 de moins qu'en 1893), soit 41 par kilomètre carré et près de 4 par habitant ; l'Illinois (⁴) (3,422,000), le Missouri (⁵) (3,709,000 au lieu de 4,076,000 en 1893), le Kansas (⁶) (2,249,000), l'Indiana (⁷) (1,815,000), l'Ohio (⁸) (2,350,000), le Kentucky (⁹) (1,794,000), le Nebraska (¹⁰) (2,088,000) en avaient de 25 à 9 par kilomètre carré. La

(1) A l'Exposition de Philadelphie, en 1876, on citait un cochon qui, à l'âge de 21 mois 4 jours, pesait 1,307 livres.

(2) Dans le seul État de l'Illinois, en 1877, sur 2,961,000 porcs recensés, 359,000 sont morts par le « hog cholera », et la perte a été évaluée à 1 million 1/2 de dollars ; en 1878, il y a eu encore une perte aussi considérable.

(3) Comtés qui possédaient le plus de porcs d'après le Census de 1880 : Iowa, Jasper, Johnson, Jones, Linn, Mahaska, Marion, Pottawattamie, Poweshiek, Tama.

(4) Comtés : Adams, Bureau, Fulton, Henry, La Salle, Livingstone, Mc Lean, Sangamon.

(5) Comtés : Atchison, Carroll, Harrison, Nodaway, Saline.

(6) Comtés : Brown, Jewell, Linn, Miami, Republic, Sedgwick.

(7) Comtés : Boone, Delaware, Grant, Hamilton, Hendricks, Henry, Madison, Montgomery, Randolph, Shelby, Wayne.

(8) Comtés : Clinton, Darke, Fayette, Franklin, Greene, Hancock, Pickaway, Preble, Union.

(9) Comtés : Boone, Christian, Graves, Hardin, Hopkins, Logan, Shelby, Warren.

(10) Comtés : Cass, Lancaster, Nemaha, Otoe, Richardson, Saunders.

population de ces huit États, qui est de 18,600,000 individus, possédait en tout plus de 19 millions de porcs.

Dans le sud, le Texas ([1]) (2,555,000), le Mississipi ([2])
(1,577,000), le North Carolina ([3]) (1,334,000), le
Tennessee ([4]) (1,930,000), l'Arkansas ([5]) (1,547,000),
la Géorgie ([6]) (1,791,000), l'Alabama ([7]) (1,514,000)
avaient chacun plus d'un million de porcs en 1893.
En dehors de ces deux groupes, mais contigu au premier,
l'État de Pennsylvanie (1,033,000) est le seul qui attei-
gnît le chiffre d'un million.

C'est dans la Pennsylvanie, le New York et la Nouvelle-Angleterre que le porc acquiert sa plus grande
valeur ([8]). Il en est de même pour le cheval, le bœuf et
le mouton.

Les porcs de la région du centre ([9]) sont principalement expédiés sur les grands marchés de la région, Chicago, Saint-Louis, Cincinnati, Indianopolis, Milwaukee,
Louisville, etc. Le nombre des porcs tués dans les abattoirs

(1) Comtés : Cass, Cherokee, Fannin, Henderson, Hopkins, Lamar,
Red River, Smith, Van Zandt.
(2) Comtés : Attala, Copiah, Hinds, Holmes, Monroe, Yazoo.
(3) Comtés : Bertie, Duplin, Johnston, Robeson, Sampson, Wake.
(4) Comtés : Bedford, Gibson, Giles, Henry, Lincoln, Maury, Obion,
Rutherford, Shelby.
(5) Comtés : Benton, Clark, Columbia, Independence, Logan,
Washington.
(16) Comtés : Bulloch, Burke, Emanuel, Washington.
(7) Comtés : Clarke, Jackson, Lawrence, Madison.
(8) Sur 16,553,662 porcs tués aux États-Unis pendant la saison d'hiver
et la saison d'été de l'an 1880-81, 12,243,000 appartenaient à la région
du centre, principalement à l'Illinois et à Chicago (2,979,000 porcs tués
dans l'Illinois pendant l'hiver sur un total de 6,919,000 pour la saison
d'hiver dans tous les États du centre), au Missouri (963,000) et à Saint-
Louis, à l'Ohio (839,000) et à Cincinnati, à l'Iowa (648,000), à l'Indiana
(540.000). On en tue beaucoup aussi à Milwaukee.
(9) Il vaut plus de 10 dollars dans la Nouvelle-Angleterre, tandis que
la valeur moyenne pour les États-Unis (période 1880-89) n'est que de
5 dollars, et qu'elle descend au-dessous de 4 dollars dans les États
du sud. Dans la région de la Cordillère, la valeur est d'environ 8 dollars.

de cette région qui s'élevait, il y a une douzaine d'années, à 12 millions (exercice 1880-81) ; augmente d'année en année. En ajoutant à ce nombre celui des porcs tués dans l'est (Boston, New York, Philadelphie, Baltimore, etc.) et sur la côte du Pacifique (San Francisco), on arrive, pour ce même exercice, à un total de plus de 16 millions (1).

La rapidité avec laquelle les porcs sont abattus et débités dans les « Packing houses » a été souvent décrite. Le cochon est saisi par les pattes de derrière, hissé en l'air, saigné, échaudé, gratté ; les intestins sont retirés, la tête est coupée, le corps séparé en deux parties ; les jambons sont plongés dans la saumure, puis enfumés, emballés dans des sacs de calicot ; les quartiers restent empilés dans la cave entre des lits de sel, puis sont lavés, séchés, mis en caisse. Les déchets sont préparés en saucisses ; la panne est transformée en saindoux. Toutes ces opérations se font avec la précision automatique qui est le cachet de la grande manufacture. (Voir plus loin le chapitre relatif à Chicago.)

Les États dans lesquels l'élevage, surtout celui des bœufs et des porcs, a pris une grande importance, produisent plus qu'ils ne consomment et ne sont soutenus et stimulés dans cette pratique agricole que par leur exportation pour les autres États ou pour l'étranger. Or, comme le bétail vivant et la viande sont des produits encombrants, le développement de cette industrie a été jusqu'ici et restera étroitement lié au progrès des voies de communication, surtout des chemins de fer.

Le commerce de la viande. — Ce commerce a pris une

____

(1) Correspondant à la région dite « The West » par les Américains.

extension considérable. L'exportation des animaux et des matières animales, qui était déjà de 50 millions de dollars (257 millions de francs) en 1872 et constituait à peu près le douzième de l'exportation totale des États-Unis, est montée à 172 millions de dollars (885 millions de francs) en 1880 sur une exportation totale de 840 millions de dollars (4,326 millions de francs).

Elle serait plus considérable si la grande distance entre certains pays d'élevage, comme le Colorado ou même la région du centre, et les ports de New York, Philadelphie, Baltimore, Boston, etc., ne faisait perdre aux bœufs beaucoup de leur poids.

Dans cette exportation, les animaux vivants figuraient pour environ 80 millions de francs; c'étaient presque exclusivement des bœufs embarqués pour la Grande-Bretagne. Les produits de la race bovine figuraient pour une valeur de 230 millions dont plus des trois quarts étaient à destination de la Grande-Bretagne; ils consistaient surtout en fromages, suif, viandes fraîches, beurre et cuirs, expédiés à l'aide de procédés réfrigérants. Les produits de la race porcine : jambons, lard fumé, porc salé, saindoux, figuraient pour une valeur de plus de 430 millions, dont les cinq huitièmes étaient dirigés sur l'Angleterre. (Voir plus loin le chapitre du commerce extérieur.)

Autres produits animaux. — La volaille est, sauf exception, plus abondante que fine aux États-Unis. Le dindon seul, animal originaire du pays, est délicat, mais de plus petite taille qu'en Europe; on en élève beaucoup, surtout dans le Kentucky. Toutes les espèces européennes se trouvent dans les fermes d'Amérique, et le prix en est généralement très modéré; depuis l'émancipation, les nègres possédant un petit coin de terre ont élevé de la volaille. Le commerce des œufs est considérable et généralement lucratif.

Quoique les États-Unis aient beaucoup augmenté de 1870 à 1880 la fabrication des soieries, ils élèvent cependant encore peu de vers à soie. Le climat se prête quelque peu à cet élevage au sud du 40° parallèle ; cependant cette industrie agricole n'y est pas en progrès. La récolte, en 1834, avait atteint la valeur de 2 milliards de francs; depuis 1850, elle paraît n'avoir jamais dépassé 500 millions de francs. En 1880, elle n'a pas atteint 2 millions de kilogrammes et n'a eu qu'une valeur de 375 millions de francs ; elle provenait presque entièrement de la Californie, quelque peu du Tennessee, de la Caroline du nord (¹), du Kentucky, du Texas où un Français a introduit dès 1869 l'élevage du ver à soie.

Le miel et la cire ont plus d'importance. On trouve des ruches dans tous les États de la région du centre, Illinois, Missouri, Ohio, etc., et de la région du nord-est, le Maine excepté ; on en trouve aussi en Californie. On voyait aussi à l'exposition de Chicago des ruches en bois avec compartiments en planchettes que l'on présentait comme un perfectionnement auquel peuvent se conformer les habitudes des abeilles.

VII

LES RÉGIONS AGRICOLES

Division en régions. — Aux États-Unis, non plus que dans les États européens, les régions agricoles ne sont

(1) A l'Exposition de Philadelphie, la « colonie française » de Fayetteville (Caroline du nord) exposait des cocons. En 1869, une colonie séricicole française a été fondée à Silkville (Kansas) par un autre Français.

pas assez nettement tracées par la nature ou par l'exploitation pour qu'on ne puisse pas différer au sujet de leur étendue et de leurs limites. Le Département de l'Agriculture et le *Statistical Abstract* emploient dans plusieurs tableaux la division en Nouvelle-Angleterre, États du centre, États du sud, États et Territoires de l'ouest, États du Pacifique. J'ai adopté à peu près ce groupement en subdivisant cependant plusieurs régions qui présentent des caractères divers. Je partage en conséquence les États-Unis en neuf grandes régions agricoles : Nouvelle-Angleterre, Centre-Atlantique, Sud-Atlantique, États du Golfe, Région appalachienne occidentale, Région des plaines du centre, Région des plaines du nord, Région de la Cordillère, Région du Pacifique (¹).

Je ne décrirai pas chacun des quarante-quatre États et des Territoires ; mais je prendrai dans chaque région quelques-uns de ceux qui la caractérisent et j'indiquerai les traits principaux qui peuvent en marquer le caractère.

Première région : Nouvelle-Angleterre. — La Nouvelle-Angleterre comprend le Connecticut, le Maine, le Massachusetts, le New Hampshire, le Rhode Island et le Vermont (172,145 kilomètres carrés). Elle est surnommée la région granitique (²) parce qu'elle est presque entièrement formée de terrains azoïques ou paléozoïques. La couche de terre végétale y est très mince, excepté dans les vallées ; en maint endroit les plateaux en sont dépourvus et on ne voit que roc, gravier ou sable.

(1) Voir dans l'appendice, pour la production des États, les figures de statistique : nᵒ 5 (maïs), 6 (blé), 7 (pommes de terre), 8 (coton), 9 (tabac), 10 (foin), et les cartes nᵒ 11 (cultures herbacées), nᵒ 12 (animaux de ferme).

(2) Le New Hampshire est surnommé « Granite State ».

Le froid est très rigoureux en hiver; l'été très chaud, d'une chaleur souvent lourde, humide et énervante; l'automne est généralement très agréable. La température moyenne de l'année est basse : 42° Fahrenheit (+ 5° 5 centigrade) à Montpelier, capitale du Vermont; 50° (+ 10° cent.) à Hartford, capitale du Connecticut, qui est situé plus au sud. La moyenne mensuelle de la Nouvelle-Angleterre varie en général de 26°1 (—3° 3 cent.), en janvier à 68°7, (+ 20° 5 cent.) en juillet.

La pluie est abondante ; elle atteint une hauteur moyenne de 48,19 pouces (1ᵐ,22) pour l'année entière. Elle est assez également répartie entre les saisons ; le maximum, soit 47,0 pouces (1ᵐ,19) étant en juillet et le minimum, 32,1 pouces (81 cent.) en juin.

La Nouvelle-Angleterre, qui a été une des premières contrées colonisées, n'a depuis longtemps qu'un rôle secondaire dans la production des céréales ([1]). En 1850, Elle ne fournissait que le centième de la récolte des États-Unis en froment. et le cinquantième en maïs; l'avoine y avait relativement plus d'importance. Il s'en faut qu'elle soit en progrès sous ce rapport.

En effet, elle récolte beaucoup moins de maïs qu'il y a vingt et vingt-cinq ans et surtout beaucoup moins de blé. Il semble qu'elle n'ose même plus avouer ses pertes, puisqu'en 1892 le Massachusetts, le Connecticut et le Rhode Island n'ont pas donné au Statisticien du Département de l'Agriculture le chiffre de leur récolte en blé. Elle n'a pas gagné sous le rapport de la pomme de terre dont le rendement est variable. Elle a beaucoup

---

([1]) « In her industrial career, Massachussets was first agricultural, then naval, then manufacturing ». (*Massachusetts, A typical american commonwealth* by William E. Griffis, 1893, publié à l'occasion de l'Exposition de Chicago.)

moins de moutons et moins de bœufs que naguère, mais plus de vaches laitières ; elle a plus de chevaux, mais elle n'a pas plus de porcs. (Voir le tableau ci-après.)

Il y avait eu un progrès dans la récolte du foin ; 3,4 millions de tonnes en 1850 et 4,6 millions en 1867 ; mais ce progrès est enrayé depuis une quinzaine d'années par la concurrence de l'ouest ([1]). J'ai traversé deux fois en chemin de fer, du sud au nord et du nord au sud, toute cette région et sur ma route je n'ai vu pour ainsi dire que des prairies, çà et là quelques bois, très rarement un champ de céréales ; il est vrai que les voies ferrées suivent les vallées. La statistique confirme l'impression du voyageur. Dans les fermes de la Nouvelle-Angleterre le tiers du terrain environ est en prairies ([2]) : proportion bien supérieure à celle des autres régions ([3]).

Dans les montagnes et dans les plaines toutes bossuées du Maine ([4]), les bois, principalement le pin (dans le Maine) et l'érable (dans le New Hampshire), couvrent une grande partie du sol. Il n'y a guère qu'un tiers du Maine qui soit occupé par des fermes et plus de la moitié des terres de ces fermes est en bois.

La population est très clairsemée dans le nord (8 habitants par kilomètre carré dans le Maine, 13 dans le Vermont, 16 dans le New Hampshire), la plus grande

---

(1) Ainsi le Maine est resté stationnaire depuis 1867 (1,050,000 tonnes en 1867, 1,292,000 en 1888), ainsi que le Vermont (1,000,000 en 1867 et 1,038,000 en 1888), le Connecticut (718,000 en 1867 et 574,700 en 1888) et le Massachusetts (1,032,000 en 1867 et 674,000 en 1888) ont rétrogradé.

(2) Dans le Massachusetts, 37 p. 100 des terres de ferme sont en prairies, 29 seulement en labour, le reste en bois ou en friche. Dans le Vermont, la proportion des prairies s'élève à 39 p. 100 (*Album of agricultural Statistics*).

(3) Excepté toutefois dans le Wyoming, où la proportion des prairies est de 47 p. 100.

(4) Le Maine est surnommé « Lumber State ».

NOUVELLE-ANGLETERRE.

ÉTATS.	ANIMAUX DE FERME (par milliers d'unités).					RÉCOLTES DE CÉRÉALES (par milliers de boisseaux).			(par milliers de tonnes).
	CHEVAUX.	VACHES laitières.	BŒUFS.	MOUTONS.	PORCS.	MAÏS.	BLÉ.	POMMES de terre.	FOIN.
En 1860 (d'après le Census).						**En 1860** (d'après le Census).			
Connecticut	33,3	98,9	143,0	117,1	75,1	2,059	52	1.833	562
Maine	60,6	147,3	229,6	452,5	54,8	1,546	233	6.374	975
Massachusetts	47,8	144,5	135,4	114,8	73,9	2,157	119	3,201	665
New Hampshire	41,1	94,9	169,6	310,5	51,9	1,414	238	4,137	642
Rhode Island	7,1	19,7	19,4	32,6	17,5	461	1	542	82
Vermont	69,1	170,7	195,8	752,2	52,9	1,525	437	5,253	940
TOTAL	259,0	676,0	892,8	1 779,7	326,1	9,162	1,080	21,340	3,866
En 1893 (d'après le Dép. de l'Agriculture).						**En 1893** (d'après le Dép. de l'Agricult.)			
Connecticut	45,3	134,9	96,1	42,5	54,3	1,228	»	2,114	513
Maine	111,1	174,1	145,1	398,7	76,9	410	72	6,228	1,129
Massachusetts	65,1	181,8	92,9	53,0	65,9	1,355	»	3,492	724
New Hampshire	54,0	109,3	109,3	135.8	54,1	794	35	2,598	672
Rhode Island	10,3	24,3	11,9	12,3	13,6	218	»	667	71
Vermont	93,0	238,8	160,7	329,6	74,1	1,428	138	3,271	1,028
TOTAL	378,8	863,2	615,9	971,9	335,9	5,433	»	18,370	4,137

partie du sol étant impropre au labour : sur 19 millions d'acres de supercifie, le Maine n'en avait que 6 millions et demi qui appartinssent à des exploitations agricoles et près de la moitié (47 p. 100) de ces six millions 1/2 était sans culture. Au contraire, dans le Massachusetts (104 babitants par kilomètre carré), le Rhode Island (106 habitants par kilomètre carré); le Connecticut (57 habitants par kilomètre carré), elle est très dense, les villes sont nombreuses, l'industrie très active; par suite, la consommation est considérable. Aussi la culture maraîchère y occupe-t-elle une place importante; elle a fait depuis quinze ans de grands progrès.

Les ouvriers ont quitté les fermes pour les manufactures et dans les manufactures elles-mêmes il s'opère un changement considérable de personnel; les Américains ont été en grande partie remplacés par les immigrants venus par mer d'Irlande ou d'Allemagne et par terre du Canada français.

Les terres sont généralement exploitées par le propriétaire : sur 100 fermes on en comptait, en 1880, 91,8 qui l'étaient ainsi, 6 qui l'étaient par des fermiers et 2,2 par des métayers. Mais, en 1890 (1), il n'y en avait plus que 85 ; la crise agricole, qui semble avoir en France diminué le nombre des fermiers, a eu un effet inverse dans la Nouvelle-Angleterre.

Des fermiers ont été découragés par la dépopulation des campagnes, le peu de fécondité du sol et le bas prix des denrées. En 1890, il y avait dans le Massachusetts, surtout dans les comtés de l'ouest (2), 1,461 fermes aban-

---

(1) *Extra Census Bulletin*, n° 31 et 40.

(2) Les comtés de Worcester et de Hampshire sont ceux qui ont le plus de fermes abandonnées. Dans le comté de Berskhire, il y a un « town », celui d'Otis, où 19 p. 100 des fermes ont été abandonnées.

données (¹). Cette statistique étant la première de ce genre, on ne sait pas combien il y avait antérieurement de fermes abandonnées; le chef de bureau pense que beaucoup d'abandons datent de loin (²). Les 1,461 fermes avaient une superficie totale, cultivée ou non, de 126,509 acres (53,300 hectares); leur valeur vénale s'élevait rarement au-dessus de 10 dollars l'acre (128 fr. 75 l'hectare) sans les bâtiments; c'étaient en général de mauvaises terres. C'étaient aussi généralement de petites fermes, ayant en moyenne une étendue de 87 acres (35 hectares) et une valeur de 894 dollars, avec bâtiments à 561 dollars, sans bâtiments (4,604 à 2,889 fr.). Elles représentaient environ 3,4 p. 100 de la superficie totale des fermes du Massachusetts (³) et 0,9 p. 100 de leur valeur. Cette situation difficile n'avait pourtant pas empêché que d'autres cantons mieux situés, prospérassent, et que, de 1875 à 1885, dans certains cantons du Massachusetts, la superficie cultivée se fût étendue (⁴) et que la valeur totale de la propriété agricole eût augmenté de 23 p. 100.

Le Massachusetts, le Connecticut et le Rhode Island sont depuis longtemps au nombre des États où la terre atteint le prix le plus élevé. Le prix moyen de l'acre de ferme était de 19 dollars (244 francs l'hectare) en 1880

(1) 689 fermes sans bâtiments et 772 avec bâtiments.

(2) Un rapport du secrétaire du « Board of agriculture » constate que sur 77 réponses faites par diverses localités à la question des fermes abandonnées, 43 ont répondu qu'il n'y en avait pas plus en 1890 que dix ans auparavant, 25 qu'il y en avait plus, 5 qu'il y en avait moins, 4 que les conditions n'avaient pas changé.

(3) Depuis 1890, il n'a pas été dressé de nouvelle statistique de ce genre au Massachusetts. Le « State Board of Agriculture » s'est efforcé de procurer des acheteurs aux propriétaires qui voulaient vendre leur terre et a réussi quelquefois; mais la plus grande partie est restée sans culture et a été transformée en bois ou en pâturages.

(4) 848,660 acres cultivées en 1875 et 876,558 en 1885.

aux États-Unis, il était de 43,52 au Massachusetts, de 49,34 dans le Connecticut, de 50,27 dans le Rhode Island (soit 560 francs, 635 francs et 647 francs l'hectare); ce prix baissera probablement sous l'influence de la crise.

Les petites fermes, ai-je dit, tendent à diminuer en nombre par suite de cette crise pour faire place à de plus grandes exploitations (¹). Mais, grâce à une plus grande variété de cultures, la valeur annuelle produite par les fermes du Massachusetts, au lieu de diminuer, a augmenté de 28,78 p. 100 dans l'intervalle des deux recensements de 1875 et de 1885 (²). L'augmentation de production est supérieure à celle de la valeur foncière : d'où il résulterait, si la statistique est suffisamment exacte, que l'on capitalise à un taux un peu moins élevé. Il est à remarquer que la valeur des produits manufacturés n'a augmenté dans le même temps au Massachussetts que de 27,56 p. 100, c'est-à-dire un peu moins que celle des produits agricoles; c'est que la prospérité de l'agriculture est liée à celle de l'industrie, comme celle de l'industrie l'est à la richesse agricole.

Sur 144 « towns » dans lesquels il y avait des fermes abandonnées en 1890 et qui étaient presque tous exclusivement agricoles, 88 avaient moins d'habitants qu'en 1880; quelques-uns en avaient même moins qu'en 1855 (³). Déjà à cette date des écrivains se plaignaient

---

(1) La grandeur moyenne des fermes du Massachussetts était de 78 acres (31 hectares) en 1875 et de 88 (35 hectares) en 1885.

(2) Cette valeur était estimée à 42,898,626 dollars en 1885 ; augmentation 28,75 p. 100. Même dans le Berkshire, où il y a eu beaucoup de fermes abandonnées, l'augmentation est de 34,61 p. 100. Plusieurs autres comtés sont dans le même cas.

(3) Ainsi dans les deux towns du comté de Barnstable, celui qui a été le plus atteint, la diminution a été de 53,6 p. 100 de 1855 à 1890 (3,393 habitants en 1855, 1,819 en 1890.

de la désertion des campagnes. « Où est cette longue
file de nobles fermiers si nombreux et si prospères,
écrivait un publiciste en 1855, qui s'étendait de North
River au delà de Christian Hills jusqu'aux Montagnes
Vertes? Tout a disparu….. » On peut voir le même changement, plus ou moins accentué, dans la plupart des
districts ruraux de la Nouvelle-Angleterre.

Ce déplacement de population se produit aujourd'hui
non seulement dans la Nouvelle-Angleterre, mais même
dans le bassin de l'Ohio. La pauvreté de certaines terres
comparativement à d'autres, la configuration du sol qui
ne permet pas ou qui rend plus difficile qu'ailleurs la
culture par les machines, l'éloignement des marchés ou
des voies de communication, l'attraction des villes qui
attirent dans leurs murs ou dans leur banlieue par leurs
fabriques, leurs écoles et autres commodités de la vie,
par la certitude d'un large marché pour la vente des
denrées sont les causes principales de cet abandon, qui
n'implique pas nécessairement une décadence générale
de l'agriculture : je viens d'en donner une preuve.

Le changement qui s'est opéré dans la condition du
fermier en fournit une autre. Les fermiers de la Nouvelle-Angleterre étaient remarquables autrefois par les
qualités morales qui les soutenaient dans les difficultés
de la vie. « Mais, dit le chef de la statistique du travail
du Massachusetts, il serait facile de montrer que ces
difficultés et que la pauvreté étaient beaucoup plus
grandes autrefois qu'aujourd'hui. Les perfectionnements
dus aux inventions modernes ont éclairé le travail de la
culture, le chemin de fer, le télégraphe, la presse ont mis
les fermes les plus écartées en communication avec le
mouvement du siècle. Si le fermier n'est pas en situation

d'amasser la richesse, la majorité des citadins est dans le même cas. Mais il est généralement assuré de vivre confortablement en récompense de sa peine. »

Dans le New Hampshire et le Vermont où il y a plus de terres abandonnées encore que dans le Massachusetts, le gouvernement a tenté de repeupler par la colonisation; le succès n'a pas encore justifié l'expérience. On n'a guère vu des citadins refluer vers la campagne; mais on voit des Canadiens français, enfants de familles nombreuses, ayant peu d'emploi dans leur pays natal et se contentant d'un gain moindre que les Yankees, venir prendre la place de ceux-ci.

Certaines campagnes, qui, pour être peu fertiles, n'en sont pas moins pittoresques, peuvent inviter, par le bon marché de la terre, des citadins aisés à en faire des parcs et des maisons de plaisance; il y a encore là un emploi du sol qui deviendra plus fréquent à mesure que la population urbaine sera plus dense et plus riche.

L'agriculture de la Nouvelle-Angleterre subit certainement une crise très grave pour le pays et très douloureuse pour beaucoup de cultivateurs. C'est même moins une crise qu'une transformation sans chance de retour; ce n'est pourtant pas une situation désespérée, puisque la terre a des emplois divers et que, si des champs reviennent à leur ancien état forestier, d'autres se couvrent de légumes.

C'est encore dans cette région des États-Unis qu'on paye en général les céréales le plus cher et que la terre, mieux cultivée qu'ailleurs et, plus souvent fumée ou amendée, rend le plus, quelquefois en quantité, presque toujours en argent : l'acre produit 30 boisseaux de maïs et plus (27 hectolitres par hectare) valant de 20 à 24 dollars (103 à 124 francs) ; 14 à 15 boisseaux de froment (13 hectolitres par hectare) d'une valeur de 16 à 21 dollars (82 à 108 francs). Cette région est aussi une de celles où les animaux de ferme, chevaux, bœufs, moutons, porcs, atteignent les plus hauts prix, conséquence de la densité et de la richesse.

Deuxième région : Centre-Atlantique. — La région du Centre-Atlantique comprend le New York, la Pennsylvanie, le New Jersey, le Delaware, le Maryland (301,500 kilomètres carrés) ; elle est plus grande que la Nouvelle-Angleterre.

La température dans cette région varie de 37° 7 Fahrenheit (+ 0° 56 centigrades) en janvier à 76° 3 (+ 24° 4 cent.) en juillet. La moyenne température de l'année est de 49° (+ 9° 4 cent.) à Albany, de 52° (+ 11° 1 cent.) à New York, de 54° (+ 12° 2 cent.) à Philadelphie, de 53° 3 (+ 11° 6 cent.) à Pittsburgh, de 55° 6 (+ 12° 8 cent.) à Baltimore.

La moyenne de la pluie est de 45,42 pouces (1ᵐ,14), par conséquent un peu inférieure à celle de la Nouvelle-Anglerre. Elle est de 44,37 pouces (1ᵐ,10) à Baltimore, près de la mer ; elle est un peu moindre quand on s'éloigne des côtes (¹) et n'est que de 37,3 pouces (0ᵐ,93) à Pittsburgh sur le revers occidental des Appalaches. C'est en juillet et en avril qu'elle est ordinairement le plus abondante.

Le thermomètre et le pluviomètre ne donnent qu'une notion incomplète du climat de cette région et en général des climats de l'Amérique. Le climat du Centre-Atlantique est en général excessif, non seulement dans l'intérieur des terres, mais sur le littoral, excepté dans quelques îles ou presqu'îles. L'hiver est rigoureux ;

(1) Voir *Maryland, its resources, industries and institutions.*

presque tous les ans la neige reste longtemps sur le sol ;
les fleuves sont gelés. Les chaleurs estivales, de juin
jusqu'à la mi-août, sont parfois accablantes quand
soufflent les vents du sud et que l'air est saturé de vapeur.
L'Européen est très incommodé par l'humidité chaude
qui le pénètre, et l'Américain lui-même en est affecté.
Même en été, il y a de grandes variations de température d'un jour à l'autre et d'une heure à l'autre dans
la journée : ainsi, à Baltimore, ville située cependant sur
le bord de la mer qui tempère les excès climatériques,
on trouve 18°7 degrés centigrades de différence entre le
maximum et le minimum de la température en été (¹).

L'alternative de grand froid et de chaleur humide, qui
favorise la pousse de certains végétaux, rend impossible
ou difficile la culture de certains autres. La vigne, par
exemple, s'en accommode mal et la flore arborescente
n'est pas aussi méridionale que celle de l'Italie qui est
située sous la même latitude.

Le sol de cette région est en général meilleur que
celui de la Nouvelle-Angleterre, notamment dans le Maryland et le Delaware. Dans aucun État le prix moyen de
la terre de ferme ne s'élève aussi haut que dans le New
Jersey, d'après le statisticien du Département de l'Agriculture, qui donne pour l'année 1880, 65,16 dollars l'acre
(839 francs l'hectare). Il est vrai que cette valeur est bien
supérieure à celle qu'a donnée en 1889, à cause de la
crise, le « State Board of Agriculture » du New Jersey et
qui est de 30 à 60 dollars l'acre (386 à 772 francs l'hectare) (²). Le New Jersey, le New York, la Pennsylvanie

(1) Maximum en été 33°5 ; minimum en été, 14°.
(2) *Twelfth Annual Report of the Bureau of statistics of Labor and Industries of New Jersey,* p. 308.

et le Delaware sont au nombre des dix États qui occupent les premiers rangs sous le rapport de la valeur ([1]).

La majeure partie des fermes est exploitée par le propriétaire ; la proportion cependant est un peu moindre que dans la Nouvelle-Angleterre ([2]).

Plus des deux tiers du sol de cette région sont occupés par des fermes et plus de la moitié ([3]) des terres de ferme est en labour; l'autre tiers est en bois ([4]).

La Pennsylvanie et le New York, sont au nombre des dix États de l'Union qui produisent le plus de blé et surtout d'avoine; le New York tient aussi pour la culture de la pomme de terre un des premiers rangs. Ces deux États produisent beaucoup de tabac et de foin ([5]) et sont dans les dix premiers rangs pour le nombre des chevaux et des bœufs; la Pennsylvanie l'est aussi pour celui des porcs ([6]). Ce qui s'explique par l'étendue de leur territoire, le chiffre de leur population urbaine et leur climat.

La valeur moyenne du maïs, du blé et de la plupart des céréales par acre est un peu moindre dans la région Centre-Atlantique que dans la Nouvelle-Angleterre; mais elle est égale ou supérieure à la moyenne des États-Unis ([7]). Les animaux de ferme ont, comme dans la Nouvelle-Angleterre, un prix élevé.

(1) Le prix moyen, d'après le Census de 1880, était de $ 44,40 dans le New York, de 49,30 dans la Pennsylvanie, de 32,33 dans le Maryland. La moyenne générale des États-Unis était de 19,02.

(2) Exemple : en Pennsylvanie, sur 100 fermes, 78,8 étaient exploitées par le propriétaire, 8 par des fermiers, 13,2 par des métayers.

(3) 38 p. 100 dans la Pennsylvanie.

(4) 24,4 p. 100 dans la Pennsylvanie.

(5) Le rendement et la valeur par acre cultivée en tabac se sont élevés dans ces deux États de 100 à 150 dollars.

(6) La valeur de la production en 1892 a été en Pennsylvanie : blé, 15 millions de dollars; avoine, 12. — Pour New York : blé, 7 millions de dollars; avoine, 15; pommes de terre, 11.

(7) L'acre cultivée en maïs rend 19 à 15 dollars; en blé, 10 à 19 (moyenne de 1880-89, d'après l'*Album of agricultural graphics*.)

Tous les États de cette région subissent, comme ceux de la Nouvelle-Angleterre, une dépréciation de valeur de la terre qui est la conséquence de la diminution du prix des denrées. Dans le New Jersey, un comité, chargé en février 1890 de rechercher les « Causes of the depression of the farming interests », a conclu que, depuis 10 ou 15 ans, cette valeur avait diminué en moyenne de 40 p. 100 (1).

Le *Maryland*, qui se distingue par la diversité de ses couches géologiques et qui est un des États les plus fertiles du Centre-Atlantique, peut être pris comme exemple de la diversité des sols et des cultures, exemple d'autant plus frappant que le territoire de l'État est peu étendu (31,620 kil. c.)

La partie nord-ouest de cet État est la mieux dotée par la nature. Elle appartient au massif appalachien et se compose de terrains dévoniens à l'ouest, siluriens à l'est. L'altitude est généralement supérieure à 1,200 pieds et atteint 3,000 (360 à 900 mètres) au « Negro Mountain » et au « Savage Mountain ». Le terrain est ondulé et bien arrosé. Les terres calcaires, surtout dans les vallées, sont très bonnes pour les céréales et les fourrages ; elles peuvent rendre jusqu'à 30 et 40 boisseaux de froment à l'acre (27 à 36 hectolitres par hectare) quand elles sont bien cultivées. Les terres formées de la décomposition du gneiss conviennent aussi au labour et à l'herbage, plus encore au maïs et aux tomates ; emblavées, elles donnent environ 20 à 30 boisseaux (18 à 27 hectolitres par hectare). Le grès cambrien qui flanque à l'est

---

(1) *Twelfth Annual Report of the Bureau of Statistics of Labor and Industries of New Jersey*, p. 308. A la question « Have farming lands depreciated in your county ? » toutes les réponses, moins deux, ont été affirmatives.

le massif appalachien convient aux pêches de montagne. Les schistes argileux d'Hamilton et Chemung sont généralement des pacages et des bois d'une maigre végétation. Ceux de l'Hudson, légers et froids, conviennent mieux aux arbres fruitiers qu'au froment qui n'y rend guère que 15 boisseaux (13 hectolitres par hectare). Les grands pâturages du nord-ouest sont les parties qui nourrissent le plus de bétail.

Le massif appalachien se termine à l'est sur la plaine basse de Hagerstown qui est en grande partie composée de calcaire de Trenton et produit du blé et de l'herbe. Cette plaine est elle-même flanquée à l'est d'une bande de granit et de basalte qui paraît avoir été le rivage de la mer à l'époque où se sont formés les terrains appalachiens, et qui convient au froment, au maïs et à l'herbe.

Dans le Maryland méridional, qui est plus plat et moins riche en herbages, la formation tertiaire, dite de la baie de Chesapeake, donne le meilleur tabac sur certains sols ; on y trouve des terres à blé plus légères et un peu moins productives que celles du Maryland septentrional et aussi des terres fortes. Souvent les fermiers cultivent alternativement le tabac et le blé. Les terres sablonneuses donnent des légumes qui, comme les fruits, y mûrissent plus hâtivement que sur les autres sols ; elles sont recherchées à cause de cet avantage, mais la culture du blé n'y est pas rémunératrice. La formation Lafayette, qui est de gravier et de sable et qui pourrait aussi être utilisée pour les arbres fruitiers précoces, est en général stérile ou boisée de pins.

Le Maryland oriental, dont l'altitude est très peu considérable, comprend dans ses plaines unies de fertiles terres à blé et à maïs qui pourraient être converties en prairies, des terres humides qui ont besoin de drainage et qui étaient bien cultivées avant la guerre quand la main-d'œuvre coûtait peu.

En allant de la frontière occidentale du Maryland à la baie de Chesapeake, on ne traverse pas moins de soixante-quatre bandes géologiques, dont plusieurs, il est vrai, appartiennent à la même formation, mais diffèrent par l'altitude ou par la composition de la couche végétale. Ces bandes sont orientées du sud-ouest au nord-est, parallèlement à l'axe des Appalaches. La quantité de pluie annuelle ([1]) varie de 28 pouces, (soit $0^m,70$), à l'ouest (dans les Appalaches) à 48 ($1^m,20$), plus près de la baie de Chesapeake (canton d'Annapolis.) On conçoit qu'avec de telles conditions il y ait une grande diversité dans le degré de fertilité et le genre de production des terres.

Dans le Maryland, comme dans toute la région du Centre-Atlantique, l'agriculture avait fait des progrès et était prospère il y a une dizaine d'années. La diminution des prix a mis maintenant les fermiers dans la gêne, surtout ceux des terres de qualité médiocre. Avant la guerre ils cultivaient du riz et du coton pour la consommation locale : deux cultures que la facilité des transports ont rendues impossibles en permettant au nord de s'approvisionner à meilleur marché dans le sud. La suppression de l'esclavage a causé aux cultivateurs de la partie méridionale un dommage qu'ils n'ont pas pu réparer; leurs terres sont lourdement grevées d'hypothèques et, dans certains endroits, elles ont perdu, dit-on non sans exagération probablement, les

---

([1]) L'été est la saison qui fournit le plus de pluie, au Maryland comme dans tout le Centre-Atlantique.

quatre cinquièmes et jusqu'aux neuf dixièmes de leur valeur. C'est une révolution pénible pour beaucoup, qui aboutira à un changement dans le mode d'exploitation : il paraît que le fermier du Maryland ne peut cultiver aujourd'hui le blé avec profit que sur un sol rendant au moins 18 boisseaux par acre (16 hectol. par hectare).

Le maïs (15 millions de boisseaux en 1892), le froment (8 millions de boisseaux) et l'avoine (2 millions de boisseaux) sont cependant encore les plus importantes récoltes du Maryland, quoique la superficie cultivée en céréales ait diminué de 10 p. 100 de 1879 à 1889 [1]. Le tabac, que, sous le régime de l'esclavage, on cultivait dans l'est, ne l'est plus aujourd'hui, sauf quelques exceptions, que dans le sud et la surface cultivée a diminué de moitié en dix ans [2].

D'autre part, la production des légumes [3] et des fruits [4] a beaucoup augmenté et donne lieu à une active exportation.

Le Maryland méridional était renommé autrefois pour ses chevaux de luxe ; il a perdu sous ce rapport depuis la suppression de l'esclavage. Le gros bétail y

(1) La superficie cultivée en blé a diminué de 10 p. 100. Elle a même diminué de 41 p. 100 dans le Maryland méridional. Le rendement moyen du blé par acre au Maryland a augmenté de 14,06 boisseaux à 16,35. La superficie cultivée en maïs a diminué de 11,7 p. 100.

(2) Diminution de 52,9 de 1879 à 1889.

(3) J'ai dit qu'il y a deux modes de culture des légumes : les jardins maraîchers (Market gardening), qui se trouvent surtout près des villes, et les fermes à légumes (Truck farming) où l'on cultive en grand des légumes qui sont vendus à des marchands en gros. Les principaux légumes cultivés au Maryland sont les patates, les choux, les pois, les asperges, les tomates dont la production a beaucoup augmenté, les pommes de terre, les melons d'eau.

(4) Avant 1830, on ne cultivait que quelques pêchers près de Baltimore. Cette culture, aujourd'hui, est importante dans le sud et sur certaines terres des Appalaches. Les fraises (comté d'Anne Arundel, etc.) les mûres, les framboises sont très cultivées.

est de bonne qualité et s'est amélioré depuis vingt ans.
La race Durham, celle de Guernesey et du Holstein
ont remplacé la race de Jersey qui a été trouvée trop
délicate. Depuis quelques années la fabrication du
beurre, qui était toute domestique, commence à se concentrer dans de grandes crémeries (¹) dont Baltimore
est le centre principal. On engraisse des bœufs, surtout
dans les pâturages de l'ouest. L'élevage des moutons,
dont les plus grands appartiennent à la race Southdown,
et des porcs, dont la race la plus répandue est celle du
Berkshire, est depuis longtemps prospère au Maryland.

La diversité des terrains et des cultures qu'on observe
au Maryland se rencontre à plus forte raison dans les
États qui ont un grand territoire. Aussi, dans celui de
New York, le fertile comté de Genesee, qui est cultivé
surtout en blé et en trèfle et rend 16 à 26 boisseaux
par acre (14,5 à 23 hectol. par hectare), quelquefois
même jusqu'à 40 (36 hectol. par hectare), a un tout autre
caractère agricole que le massif montagneux des Adirondacks qui ne présente guère que des rocs, des forêts
et des pâturages. Dans la Pennsylvanie (²) la plaine
du versant de l'Atlantique, avec ses prairies et ses terres
de labour ne ressemble ni au massif appalachien dont
les crêtes et les versants boisés encadrent des pâturages,
ni à la terrasse de terrains cambriens, siluriens, dévoniens et carbonifères qui forme le talus occidental du
massif.

Dans l'État de *New York* qui est presque aussi grand
(127,350 kil. c.) que le royaume d'Angleterre, l'étendue

(1) La première date de 1884; il y en avait, en 1892, une soixantaine
dans le Maryland, dont quelques-unes sont coopératives.
(2) Au nombre des productions de la Pennsylvanie, il ne faut pas oublier le sirop d'érable.

des terres en culture avait beaucoup augmenté de 1860 à
1880 (¹). Le nombre des fermes avait augmenté aussi (²).
Mais depuis dix ans un mouvement inverse s'est produit
et le Census de 1890 (³) a enregistré 16,108 fermes de
moins que celui de 1880. La population rurale a diminué
aussi, et cela dans une proportion considérable (⁴).

D'autre part, on avait trouvé plus de fermes de 100 à
500 acres (de 40 à 202 hectares), et beaucoup moins
d'une contenance inférieure à 100 acres en 1880 qu'en
1870 (⁵) : signes d'une concentration de la culture et
d'une exploitation qui, ayant amélioré son outillage,
emploie moins de bras. « Tous les États du nord et de
l'ouest, dit le chef du bureau de statistique de l'État
de New York (⁶), manifestent la même tendance, c'est-
à-dire une diminution du nombre total des fermiers
ou une augmentation beaucoup moindre que celle de
la superficie mise en culture. » M. Dodge, comparant
la population rurale qui formait 47,4 p. 100 de la population totale des États-Unis en 1870 et 44,1 en 1880,
disait que cette proportion diminuerait encore et que,
lorsque les améliorations de culture, qui étaient encore
locales, seraient devenues générales, 30 p. 100 suffi-

---

(1) En 1860, 14,3 millions d'acres; en 1880, 17,7 : augmentation de 3,4.
(2) 196,990 en 1860 ; 241,050 en 1880.
(3) 224,942 fermes.
(4) Elle a diminué de 66,735 habitants de 1880 à 1890 dans les fermes
et dans les villages de moins de 4,000 âmes.
(5) Voici la comparaison entre 1870 et 1880.

	1870.	1880.	Accroisse-ment.	Diminu-tion.
Fermes de moins de 10 acres. .	13,078	14,913	1,835	»
— de 10 à 100 acres . . .	146,982	128,276	»	18,706
— de 100 à 500 acres. . .	55,948	96,273	40,325	»
— de plus de 500 acres. .	245	1,596	1,351	»

(6) *Tenth Annual Report of the Bureau of Statistics of Labor of the
State of New York for the year* 1892, p. 205.

raient à nourrir la totalité de la population américaine.

Dans la majorité des comtés agricoles du New York, le travail des fabriques et les chemins de fer enlèvent une portion et généralement la portion la plus intelligente de ses travailleurs à l'agriculture qui, de son côté, s'applique à leur substituer la machine.

Le maïs est encore une des principales cultures du New York ; mais cette culture, qui était en progrès jusqu'en 1880, a sensiblement décliné depuis cette date. En 1880, la superficie cultivée en maïs a été de 801,600 acres qui ont produit 27,896.000 boisseaux valant 15,900,000 dollars ; en 1892, il n'y a eu que 527,689 acres et 17,414,000 boisseaux valant 10 millions 1/2 de dollars (1). Il en est de même pour le blé : en 1880, 788,000 acres produisant 12,609,000 boisseaux d'une valeur de 14,700,000 dollars ; en 1892, 518,000 acres, 8,405,000 boisseaux, 7,144,000 dollars (2). La culture de la pomme de terre, très importante aussi, a varié suivant les circonstances, sans qu'il y ait décroissance accusée dans les quantités, mais avec décroissance de valeur (3). La culture du tabac, pratiquée principalement dans les comtés d'Onondaga, de Cayuga et de Chemung, varie aussi suivant les circonstances sans décroître, mais perd quelque peu de sa valeur (4). Le houblon,

(1) En 1867, la récolte qui était de 19 millions 1/2 de boisseaux, a valu 25,7 millions de dollars : c'est le maximum de valeur obtenue.

(2) Le maximum de la valeur du blé a été, en 1867 ; 21,7 millions de dollars.

(3) C'est en 1876 que la superficie la plus grande (418,181 acres) a été consacrée à cette culture. En 1888, cette superficie, qui est en somme en progrès, a été de 371,105 acres. La plus forte récolte est celle de 1877, 39,300,000 boisseaux. En 1888, cette récolte a été de 29,688,000 boisseaux valant 11,3 millions de dollars. En 1867 la valeur a été de 22,4 millions, et n'est jamais descendue au-dessous de 12 jusqu'en 1885.

(4) En 1889, sur 8,629 acres, 9,316,000 livres de tabac, 836,000 dollars. En 1867, la récolte de tabac (8,743,000 livres) a valu 1,224,000 dollars.

(comtés de Madison, Otsego, Oneida, Schoharie), qui avait beaucoup augmenté de 1869 à 1880, a quelque peu diminué en quantité, mais non en valeur (¹).

Le nombre des chevaux dans les fermes avait augmenté sensiblement de 1860 à 1888 et a quelque peu rétrogradé depuis 1888 (²) ; celui des vaches laitières augmente lentement (³) ; celui des bœufs, des moutons et des porcs diminue (⁴). Dans l'ensemble la valeur des animaux de ferme a plus perdu que gagné.

C'est du côté des cultures intensives et de luxe que le New York a gagné. Il a plus de fermes adonnées à la culture des légumes, plus de pépinières, plus d'établissements d'horticulture, une plus grande production de raisin de table. Les récoltes en foin, qui avaient augmenté jusqu'en 1878, restent à peu près stationnaires et les prix ont une tendance marquée à la baisse (⁵). L'agriculture du New York se débat non sans peine contre la concurrence de l'ouest.

Troisième région : Sud-Atlantique. La région du Sud-Atlantique comprend la Virginie, la Caroline du nord, la Caroline du sud et la Géorgie (478,460 kil. c.) ; elle diffère beaucoup des deux précédentes par le climat, les cultures et l'état économique.

Le Maryland méridional forme en quelque sorte la transition.

Cette région comprend la plus grande partie du massif appalachien. Elle est bornée à l'est par l'Océan. Elle

(1) 17,5 millions de livres de houblon récoltées en 1869 et 17,8 en 1890.
(2) 503,000 chevaux en 1860, 674,000 en 1888, 659,000 en 1892.
(3) 1,123,000 en 1860, 1,510,000 en 1884 et 1,552,000 en 1892.
(4) 901,866 bœufs en 1880 et 775,000 en 1892 ; 1,732,000 moutons en 1884 et 1,421,000 en 1892 ; 751,000 porcs en 1880 et 672,000 en 1892.
(5) Voir *Tenth Annual Report of the Bureau of Statistics of Labor of the State of New York for the year* 1892. Agriculture, p. 196 et suiv.

est composée : à l'ouest de montagnes et de plateaux où les bois alternent avec les prairies ; au centre, d'une longue terrasse, dite Piedmont, formée de terrains azoïques et presque entièrement boisée, avec des clairières cultivées et des vallées d'alluvion fertiles, « Middle country » ; à l'est, d'une plaine cultivée et, sur le bord de la mer, d'une terre basse, « Tide water », sablonneuse et pauvre, entrecoupée de marais, de tourbières, de forêts de cyprès et de pins, « Pine barrens », avec des parties où pousse le coton longue-soie.

La température varie de 47°,5 Fahrenheit (+ 8°,5 centigrades), moyenne normale de janvier, à 80°,7 (+ 26°,9 cent.), moyenne normale de juillet. A Lynchburg (Virginie) la température moyenne de l'année est de 57°,1 (+ 13°,9 cent.) ; celle de Savannah (Géorgie) de 67°,1 (+ 19°, 4 cent.) ; celle d'Atlanta (Géorgie) dans le Piedmont est moindre : 61°,1 (+ 16°1), parce que l'altitude est plus grande.

La pluie tombe en abondance : 44 pouces (1^m,10) à Lynchburg ; 52 (1^m,30) à Savannah ; 55 (1^m,37) à Atlanta. La moyenne générale (surtout près des côtes) est à peu près de 55 pouces (1^m,37) ; elle est un peu supérieure (50 à 60 pouces) dans le massif appalachien et un peu moindre dans la plaine (45 à 50 pouces) (1). C'est en juillet, août et septembre qu'il tombe le plus d'eau.

Cette région n'est pas riche en céréales. On n'y récolte guère que 11 boisseaux de maïs par acre en moyenne, (10 hectol. par hectare), 6 de froment (5 hectol. à l'hectare), 10 d'avoine (9 hectol. à l'hectare). Comme en outre les prix sont bas, la valeur à l'acre ne dépasse pas

(1) Voir la carte de H. Gannett dans *Internal Commerce of the United States*, 1880.

8, 7 ou 6 dollars (112 à 77 francs par hectare) (¹) ; rémunération très faible. La pomme de terre rend un peu plus ; la culture du riz, qui était importante autrefois en Géorgie, a diminué de plus des deux tiers en quarante ans (²).

Le tabac est une des ressources agricoles de la Virginie et de la Caroline du nord. Toutefois c'est le coton qui est la culture caractéristique de cette région. Sur 3,438 millions de livres de coton récoltées en 1888, plus du quart (913 millions) a été produit par les quatre États de la région, la moitié de ce quart (463 millions) provenait de la Géorgie. Ce dernier État cultive le coton longue-soie dans les îles de la côte à l'état d'arbuste ; le coton « Upland » dans la plaine et dans les clairières du Piedmont à l'état herbacé. Herbacé, le coton est une plante annuelle s'élevant à peine de 50 à 60 centimètres au-dessus des à-dos sur lesquels elle a été plantée en avril et d'où, à partir du mois d'octobre, le duvet mûr s'échappe par les capsules ouvertes ; le champ paraît alors tout moucheté de taches blanches.

La patate, que la Caroline du nord et la Géorgie produisent en plus grande quantité qu'aucun autre État, certains légumes et quelque peu le riz sont au nombre des cultures de cette région.

Le bétail n'a qu'une médiocre valeur. Pendant que la moyenne générale du prix aux États-Unis dans la période décennale 1880-89 a été d'environ 20 dollars (103 francs) pour les bœufs, 26 (134 francs) pour les vaches laitières, 2,21 (11 fr. 35) pour les moutons, 5 (26 francs) pour les porcs, elle n'était guère que de 9

____

(1) Ce rendement est inférieur à celui que j'ai donné comme moyenne des États-Unis. (Voir plus haut le § *Sarrasin*.)
(2) 160 millions de livres en 1850, 52 millions en 1880.

(46 francs), de 14 (72 francs), de 1,50 (7 fr. 70) et de 3 (15 fr. 50) dans le sud. Les mulets seuls se présentent avec avantage ; la Géorgie est un des dix États où l'on en compte le plus : 158,000 en 1893.

J'ai traversé tout le Piedmont, d'Atlanta à Richmond. Sur ma route le sol ondulé, presque partout de couleur d'ocre, très boisé d'arbres divers de moyenne futaie, paraissait d'une médiocre fertilité. Çà et là des clairières avec quelques rares champs de mil et un plus grand nombre de champs de coton où des gens de couleur, surtout des femmes, la tête cachée sous une grande capote blanche, faisaient la cueillette : aux gares, des balles de coton, enveloppées en partie de treillis et cerclées de fer. Les stations portent le témoignage de la profonde séparation qui subsiste entre les deux populations : les gens de couleur ne sont pas admis dans les salles d'attente des blancs (1). Il en est de même dans les écoles. Les cabanes éparses dans la campagne et même les maisons agglomérées dans les villages ont un aspect très différent de celui des habitations du nord. Toutes sont en bois : ce qui d'ailleurs est commun au nord et au sud. Elles sont grossièrement blanchies à la chaux ou conservent la couleur du bois brut que le temps brunit ; une porte, une ou deux fenêtres, quelquefois aucune fenêtre, un simple rez-de-chaussée composé d'une ou deux chambres au plus. La plupart des maisons bourgeoises de la campagne sont aussi de simples rez-de-chaussée en bois, ornés souvent d'un petit portique devant

---

(1) Il y a à chaque station deux salles d'attente avec cette inscription : « Waiting room for White people » ; « Waiting room Colored people ». Dans le reste des États-Unis, il y a généralement aussi deux salles d'attente, mais l'une est réservée aux dames, l'autre est la salle commune où l'on peut fumer.

l'entrée. Quelques-unes ont un certain cachet de distinction; mais on devine de prime abord qu'elles ne doivent pas offrir à l'intérieur le confortable des cottages bourgeois du nord et on ne se trompe pas.

C'est qu'en effet la population de cette région, à considérer l'ensemble, est pauvre. Elle est essentiellement rurale et nulle part aux États-Unis la proportion des travailleurs agricoles relativement à ceux des villes n'est plus forte (¹). La consommation urbaine étant ainsi restreinte, les denrées ont peu de débouchés et sont à bas prix, quoique l'homme du sud paye souvent ses objets de consommation plus cher que l'homme du nord.

Autre conséquence : la terre a peu de valeur; l'acre n'est estimée en moyenne que 10,89 dollars (140 fr. l'hectare) en Virginie, 6,07 et 5,10 en Caroline, 4,30 (55 fr. l'hectare) en Géorgie, tandis qu'elle en vaut 49,30 (634 fr. l'hectare) en Pennsylvanie et 65,16 (838 fr. l'hectare) dans le New Jersey.

L'esclavage a été aboli; cette question devait être tranchée un jour ou l'autre pour l'honneur et pour l'unité de la grande république américaine. Mais elle l'a été sans que les propriétaires d'esclaves reçussent d'indemnité, comme en avaient reçu ceux des colonies de l'Angleterre et de la France, et les propriétaires sont appauvris. Elle l'a été sans que les anciens esclaves reçussent de terre comme les serfs de Russie, et ils forment aujourd'hui une plèbe de prolétaires ruraux.

On trouve, depuis l'émancipation, beaucoup moins de propriétaires exploitant leur domaine que dans les autres

(1) La moyenne des travailleurs agricoles aux États-Unis, d'après le Census de 1880, est de 44 sur 100 personnes engagées dans tout genre d'occupation. Dans les deux Caroline, elle est de 75 p. 100; dans la Géorgie de 71.

parties des États-Unis ([1]); n'ayant plus d'esclaves, beaucoup de planteurs ont été réduits à diviser et à affermer leurs terres. Les cultivateurs sont beaucoup plus souvent des métayers travaillant à mi-fruit que des fermiers payant leur redevance en argent; c'est précisément le contraire dans la Nouvelle-Angleterre où les capitaux sont plus abondants.

Mais ils sont rares dans le sud. L'esclavage a laissé une profonde empreinte sur les mœurs et sur toute l'économie sociale. La fortune des maîtres consistait en terres et en esclaves, les uns faisant valoir les autres par leur travail. La plupart de ces maîtres étaient habitués à une vie de loisir et de luxe; beaucoup laissaient la surveillance à des intendants et dépensaient leur revenu dans les villes ou dans leurs maisons de plaisance de la montagne. Quand les esclaves ont manqué à la terre, celle-ci a perdu la plus grande partie de sa productivité, les propriétaires n'ayant pas d'argent en réserve pour l'exploiter. Aussi, quand on examine les chiffres du Census de 1880, constate-t-on non seulement que la valeur de la terre est moindre dans le sud que dans le nord mais que le cheptel agricole et la production sont moindres aussi ([2]). L'habi-

---

[1] Ainsi d'après le Census de 1880, le nombre des fermes exploitées par le propriétaire est de 70,5 p. 100 dans la Virginie, de 66,5 dans la Caroline du Nord, de 49,7 dans la Caroline du Sud, de 35,1 dans la Géorgie; il décroît du Nord au Sud, tandis qu'il est en moyenne de 74,5 aux États-Unis et dépasse 80 et 90 dans la Nouvelle-Angleterre et dans l'ouest (Voir *Album of agricultural Statistics*).

[2] La comparaison suivante, calculée d'après le Census de 1880, en fournit les preuves :

Valeur moyenne par ferme, en dollars :

	Massachusetts.	Pennsylvanie.	Géorgie.
De la ferme.	3847	4580	811
Du cheptel mort.	135	166	38
Du cheptel vivant.	341	395	188
Des constructions ou réparations faites dans l'année	16	26	13
Des produits consommés, vendus ou en magasin.	636	609	486

tude d'être servi a fait des maîtres une race d'hommes douée de certaines qualités aristocratiques jointes à de graves défauts : la morgue, le dédain du travail, l'inhabileté à traiter avec des hommes libres, inférieurs à eux. Aujourd'hui il y a beaucoup de propriétaires qui, ayant été impuissants à surmonter les difficultés de la transition, vivent en cachant une extrême gêne sous des dehors de gentilhommerie. Ils ne savent pas tirer parti de leur domaine, produire avec économie ce qui est utile à leur consommation personnelle; ils se bornent à faire et à vendre du coton. Dans la classe des intendants qui étaient presque tous des hommes de couleur, il s'est trouvé des hommes plus avisés qui, ayant su employer les noirs, sont parvenus à l'aisance, quelquefois même qui se sont substitués à leurs anciens maîtres.

Le noir est loin d'être un travailleur accompli; l'esclavage n'était pas fait pour améliorer son caractère qui est insouciant et vaniteux. Il n'éprouve pas les mêmes besoins de bien-être que le Yankee et il vit de peu : mauvais logement, nourriture chétive; quand il a de l'argent, c'est en plaisirs et en frivolités qu'il le prodigue. Beaucoup de noirs sont aujourd'hui métayers; ils font valoir avec une ou deux mules un petit lopin de terre et c'est à peine s'ils en tirent, par la vente de leur récolte, de quoi suffire à leur subsistance. Le marchand auquel ils vendent leur coton leur a en général avancé, à un intérêt usuraire de 20 p. 100, de quoi acquitter leurs taxes, acheter leurs vêtements, leur nourriture, payer peut-être les frais d'un enterrement; il faut qu'ils récoltent la quantité de coton indispensable pour satisfaire leurs créanciers. Aussi, comme le blanc, le noir ne fait-il que du maïs et du coton (¹) et, comme lui, plus que lui sans doute, il achète cher sur le marché les denrées dont il se nourrit et qu'il pourrait produire sur son propre champ s'il avait plus d'énergie et de prévoyance.

Quoiqu'on puisse citer d'honorables exceptions en faveur de la race africaine, ces traits sont ceux qui la caractérisent. Des écrivains américains prétendent que le noir était matériellement dans une meilleure situation au temps où l'esclavage lui assurait la nourriture et le vêtement.

Ces raisons expliquent la faiblesse des salaires agricoles. En 1890, pendant que l'ouvrier de ferme non nourri était payé par mois 30 dollars (154 francs) dans le Massachusetts et 22,80 (117 francs) en Pennsylvanie, il n'avait que 14,21 dollars (73 francs) en Virginie, 12,50 (64 fr. 30) dans les Caroline, 13,13 (67 fr. 65) dans la Géorgie (²). Il est vrai que le noir aimant mieux généralement louer un champ comme métayer que louer son temps pour un salaire, ce ne sont guère que les mauvais travailleurs qui restent ouvriers.

Le chiffre des hypothèques qui grèvent la terre est pourtant faible et ne dénonce pas cet état de gêne. Cependant les cultivateurs du sud, les blancs comme les noirs,

---

(1) M. Bemis (*The Journal of political Economy, University of Chicago* march 1893) dit que la culture maraîchère pourrait procurer dans certains cas un rendement dix fois supérieur et cite l'exemple d'un nègre qui, en cultivant des radis, a récolté de quoi payer son fermage pendant dix ans.

(2) Ces salaires ont peu varié depuis l'émancipation (16 dollars sans nourriture en 1866, 17,21 en 1869, 13,21 en 1879, 14,77 en 1890) et la proportion est, entre les États, restée à peu près la même. Une preuve que le noir du sud se nourrit à moins de frais, c'est que la différence entre l'ouvrier de ferme nourri et non nourri est de 11,50 dollars au Massachusetts, 8,10 en Pennsylvanie, et qu'elle est seulement de 5,24 en Virginie, de 4,3 et 3,48 dans les Caroline, de 4,75 en Géorgie.

sont rongés par l'usure (¹), ayant emprunté sur leurs biens mobiliers et sur leurs récoltes qui sont engagées d'avance. Si donc la production du coton augmente, c'est surtout, comme je viens de le montrer (²), parce que les cultivateurs, quelle que soit leur couleur, sont forcés de produire pour s'acquitter vis-à-vis de prêteurs qui leur ont baillé les fonds nécessaires pour semer, cultiver, vivre et qui attendent la vente pour se couvrir de leurs avances. Propriétaires et fermiers sont devenus, suivant l'expression d'un Américain, les « péons » de leurs créanciers.

Les capitaux du nord commencent cependant à se porter dans le sud ; ils pourront contribuer au progrès de certaines branches de l'industrie agricole, comme ils l'ont déjà fait depuis quelques années, pour l'industrie métallurgique. La forêt de Biltmore, située sur les bords de la French river, dans la région appalachienne de la Caroline du nord, en est un exemple. Cette forêt de chênes et de pins, d'une superficie de plus de 7,000 acres, repose sur un sol maigre et sablonneux de gneiss et de quartz. Elle était livrée à la vaine pâture ; les fermiers mettaient le feu aux broussailles et le bétail détruisait les jeunes pousses. Un capitaliste de New York, M. G. W. Vanderblitt l'a achetée, l'a fait aménager, cultiver par des méthodes rationnelles ; dès la première année (1892-93) il a obtenu un produit de 9,519 dollars, laissant un bénéfice de 392 dollars (³).

---

(1) Dans un article des *Annals of the american Academy*, M. Holmes dit que l'intérêt est au moins de 25 p. 100 et qu'il dépasse quelquefois 100 p. 100.

(2) Voir plus loin le chapitre de la dette hypothécaire.

(3) *Billmore forest, on account of its treatment*, by Gifford Pinchot, Chicago, 1893.

Quatrième région : Région du Golfe. — La région du Golfe comprend six États : la Floride, l'Alabama, le Mississipi, la Louisiane, le Texas et l'Arkansas (1,362,920 kil. c.).

Ce qui la caractérise tout d'abord, c'est son climat chaud : la moyenne température de janvier est de 47° Fahrenheit (+ 8°,3 centig.), celle de juillet de 82° (+ 27,8 cent.). La moyenne générale de l'année est de 68° 4 (+ 20°,2 cent.) à Key West (Floride), de 75° (+ 23°9), à Pensacola (Floride), de 70°2 (+ 21°,1) à la Nouvelle-Orléans, de 70°,5 (+ 21°3) à Galveston (Texas), de 66° (+ 18°8) à Vicksburg, de 62°,4 (+ 16°8 cent.) à Little Rock (Arkansas).

La pluie est abondante : plus de 60 pouces par an (1ᵐ,50) en moyenne, surtout dans la partie basse, sur la côte; 59 (1ᵐ,48) à l'est du Mississipi; 46 (1ᵐ,15) à l'ouest du fleuve. La quantité diminue à mesure qu'on avance vers le nord et surtout vers l'ouest; sur la frontière occidentale du Texas il ne tombe que 10 à 15 pouces (25 à 37 centimètres).

Le terrain est quaternaire dans la Floride qui renferme d'immenses marais, sur les côtes et dans les vallées des principaux cours d'eau; il est tertiaire dans le reste du bassin du Mississipi et au sud du massif appalachien et il est encadré de formations plus anciennes.

Dans cette région, il y a de très vastes étendues qui ne font pas partie des exploitations agricoles; ce sont des bois ou des marais qui, en Floride, constituent les 9/10 du territoire (1) et en Louisiane, près des 3/4.

---

(1) 90,5 p. 100 du territoire. En outre, dans les exploitations agricoles, il n'y a que 2,7 p. 100 du territoire cultivé; le reste est en bois (6,3 p. 100) ou sans culture (0,5 p. 100) (Voir l'*Album of agricultural Statistics*).

Les prairies ont peu d'importance; dans la Louisiane par exemple, il n'y a que 3 p. 100 des terres de ferme (lesquelles elles-mêmes ne sont que le quart du territoire de l'État) qui soient en prairies, tandis qu'il y en a 55 p. 100 en bois. La proportion est à peu près la même dans les autres États, le Texas excepté (¹).

Les deux tiers environ des terres sont exploités par leur propriétaire; proportion un peu plus forte que dans le Sud-Atlantique, mais moindre que dans tout le reste de l'Amérique. Presque tous les propriétaires sont des blancs. Comme dans le Sud-Atlantique, le métayage, pratiqué par des noirs et par de petits blancs, est plus fréquent que le fermage, et les métayers sont en général pauvres et peu industrieux. La population est en grande majorité rurale (²) et, comme dans le Sud-Atlantique, elle est rongée par l'usure.

Un habitant de l'Alabama écrivait, il y a un an, que les fermiers-propriétaires, y compris l'unique noir propriétaire dans le comté (il est vrai qu'un autre correspondant dit que le nombre des propriétaires noirs augmente), étaient actifs et prévoyants; qu'il n'en était pas de même des métayers dont les deux tiers étaient des blancs et qui, les uns comme les autres, ne travaillaient que quand ils y étaient obligés et passaient le reste de leur temps à flâner dans les boutiques; que chaque métayer avait une ou plusieurs vaches, mais pas de jardin fruitier, que la plus grande partie des récoltes sur pied était engagée à des créanciers; que l'intérêt des prêts hypothécaires était communément de 12 p. 100, quoique

<hr>

(1) En effet, dans le Texas, les prairies occupent 13,8 p. 100 des terres de ferme.

(2) L'Arkansas, qui compte 83 travailleurs sur 100 occupés dans l'agriculture est l'État qui a la plus forte proportion de population rurale.

la loi le limitât à 8, enfin que les avances sur récoltes se faisaient au taux de 24 p. 100.

La terre a en général peu de valeur. D'après le Census de 1880, l'acre de ferme ne valait pas en moyenne plus de 7 dollars (89 francs l'hectare); il descendait au-dessous de 5 dans le Texas (64 fr.) (¹).

La région du Golfe est caractérisée surtout, comme celle du Sud-Atlantique, par la culture du coton. Le Texas et le Mississipi sont aujourd'hui les deux États de cette région qui en produisent la plus grande quantité; mais c'est dans la Louisiane et l'Arkansas que le rendement par acre est le plus élevé (²).

Cette région a aussi quelques autres cultures spéciales : le riz, qui n'est pas en progrès (³), la canne à sucre, les patates, les melons d'eau, les légumes et les fruits, surtout les primeurs, qui trouvent un débouché assuré sur les marchés du nord.

Le maïs est la céréale principale; mais le rendement par acre est généralement faible (⁴). Le froment et l'avoine sont peu cultivés (⁵) et rendent peu (⁶).

(1) 7,13 dollars dans la Louisiane, celui des six États où la valeur est le plus élevée; 4,70 dans le Texas.

(2) Sur une production de 292 millions de dollars en coton (récolte de 1888), le Texas figure pour 68, le Mississipi pour 45. Mais, tandis que dans ces deux États on récolte 197 et 194 livres par acre, on en récolte 233 et 230 dans la Louisiane et l'Arkansas.

(3) Cependant dans la Louisiane, la récolte de riz avait augmenté de 4 millions 1/2 de livres en 1850 à 23 millions en 1880.

(4) En Floride où il est le plus faible, il ne donnait (moyenne de 1880-89) que 9,7 boisseaux à l'acre; dans l'Arkansas, où il est le plus fort, il en donnait 19,7. La moyenne générale des États-Unis était de 24,1. Entre l'*Album of Agricultural Statistics* et l'*Album of Agricultural graphics*, il y a quelques légères divergences qui proviennent de la différence de date des renseignements.

(5) Dans le Mississipi et le Texas, par exemple, sur 1,000 acres de territoire, il n'y en avait en 1888 que 3 en froment, tandis que la moyenne générale des États-Unis était de 20.

(6) Dans le Mississipi le froment ne rend (moyenne de 1880-89) que

Les animaux de ferme ne sont pas nombreux dans l'est de la région; ils sont au contraire très nombreux dans le Texas. Aussi le cheval se vend-il cher en Floride (75 dollars, 386 francs) et très bon marché au Texas (32,17 dollars, 166 francs) (¹). Les bœufs, les porcs et les moutons sont généralement à bas prix.

Les divisions culturales adoptées par le professeur Loc Kett pour la Louisiane donnent une idée de la diversité des terrains de cette région. Les « coast marsh », marais côtiers, n'y sont guère jusqu'à présent utilisés que pour la pêche et la chasse. Les « wooded swamps », marécages boisés que la mer peut couvrir en grande partie, se trouvent sur la côte et dans les vallées fluviales; ils sont riches en bois, surtout en cyprès; on y trouve aussi du chêne et du noyer; quelques parties ont été endiguées et cultivées. Les « alluvial lands », riches en humus et très fertiles, occupent le fond des vallées et atteignent une grande largeur des deux côtés du Mississipi; elles portent des forêts et sont cultivée en coton, maïs, canne à sucre, tabac, riz, orangers, bana niers, etc. Les « prairies », plaines unies situées dans la partie occidentale de la Louisiane, n'étaient guère exploitées il y a une vingtaine d'années que pour l'élevage d'un bétail à demi-sauvage; des émigrants venus du nord les ont peuplées et en ont défriché certaines parties qui produisent du maïs, du riz, des cannes et y ont multiplié les animaux de ferme. Les « pine flats », plaines de pins, sont de pauvres terres situées dans le bassin de la rivière Sabine. Les « bluff lands » sont des mornes qui

5,7 boisseaux à l'acre, valant 6,35 dollars (prix élevé), tandis que la moyenne générale des États-Unis est de 12 boisseaux, valant 10 dollars.
(1) La valeur moyenne aux États-Unis étant de 66,11 dollars (340 fr.).

n'occupent qu'une petite surface, sol fertile, où l'eau est rare et qui est propre à la culture du coton, du maïs, de la canne et du riz. Les « pine hills », collines boisées de pins, terrain accidenté, bien arrosé, portant de beaux arbres, mais pauvre terre de labour, occupent une grande surface. Les « good uplands », bonnes terres hautes dont le sous-sol est d'argile rouge et dont la superficie forme une terre végétale rouge, jaune et sablonneuse, se trouvent dans la partie nord-ouest de la Louisiane; c'est une contrée fertile, surtout dans les parties creuses : le coton, le maïs, la pomme de terre, les petits grains y poussent. La Louisiane produit plus des neuf dixièmes du sucre des États-Unis.

Situé au nord de la Louisiane, l'*Arkansas* est pour ainsi dire sur la limite de deux climats; il n'est pas rare de trouver à la fois sur la même ferme le coton, produit du sud, et l'avoine, produit du nord. Le fleuve est bordé de vastes marécages hérissés de cyprès et de terres basses que l'inondation couvre à l'époque des crues. Les fruits de l'Arkansas, raisins, poires, pêches et surtout pommes, jouissent d'une certaine renommée. Les forêts occupaient plus de 50,000 milles carrés (129,500 kil. carrés), dont 7,000 environ ont été défrichés; elles contiennent des essences très variées : chêne, cyprès, pin jaune, frêne, etc. L'Arkansas tient un bon rang sous le rapport de la productivité en maïs, en pomme de terre, en foin, etc. Ses prairies lui permettent d'entretenir son bétail dans de bonnes conditions.

Le *Texas* a fait des progrès bien plus rapides encore. Cet État, plus grand que la France (¹), qui avait 212,000 ha-

----

(1) 688,000 kil. carrés.

bitants en 1850, en comptait dix fois plus (2,235,000) en 1890, et il est loin d'être entièrement occupé.

Les formations de la période crétacée y occupent une très large place. Il y a d'immenses savanes et des déserts, principalement le « Llano Estacado », mais dans lesquels on rencontre des parties couvertes d'une épaisse et fertile couche d'humus et propices aux céréales. Le climat est très doux en hiver, chaud en été; les vents soufflent avec violence dans des plaines sans obstacle.

La face du pays s'est renouvelée depuis la fin de la guerre de la rébellion, grâce au caractère des habitants et surtout à l'émigration des Américains du nord ou du sud et aussi des Anglais ou Écossais qui ont apporté des capitaux. Les exploitations agricoles du Texas étaient estimées valoir 16 millions 1/2 de dollars (84,9 millions de francs) en 1850, 170 millions 1/2 (878 millions de francs) en 1880, et elles ont beaucoup augmenté depuis ce temps par le progrès de la colonisation; la valeur du maïs récolté a passé de 15 à 33 millions de dollars (de 1867 à 1892), celle du coton (sea-island et upland) de 41 à 68 (de 1878 à 1893); de 1880 à 1893 le nombre des chevaux s'est élevé de 805,600 à 1,246,000, celui des mulets de 132,000 à 241,000, celui des animaux de race bovine de 4,084,000 à 7,220,000, celui des moutons de 2,411,000 à 4,378,000, avec augmentation dans la production de la laine, celui des porcs de 1,950,000 à 2,423,000. La valeur totale de ces animaux était de 134 millions de dollars en 1893.

La population étant de 2,235,000 âmes en 1890, il en résulte qu'il y a presque 7 animaux de ferme par habitant et que, pour les chevaux particulièrement, il y en a 1 par 2 habitants. Aussi les domestiques de ferme possèdent-ils presque tous au moins un cheval (¹).

Le sol et le climat conviennent très bien à l'élevage de la race bovine qui y multiplie vite et qui constitue le principal revenu du pays. Il y a trente ans, le bétail errait presque partout librement dans les plaines sans cloture qui étaient des terres publiques; chaque propriétaire reconnaissait à sa marque particulière les animaux qui lui appartenaient. Les bouviers, « cowboys », montés sur des chevaux rapides, les surveillaient; ils ne les rassemblaient dans des enclos qu'à certaines époques pour marquer les animaux et choisir les bêtes à vendre ou à tuer. Le régime pastoral est resté le mode dominant d'élevage dans l'ouest (²), où il y a encore beaucoup de grands « cattle ranchos »; la sécheresse oblige parfois les animaux à parcourir une cinquantaine de kilomètres pour trouver un abreuvoir, et il en meurt souvent de soif ou de faim.

Mais, dans l'est et le centre, les terres arpentées en « townships » et sections ont été en grande partie occupées en vertu de la loi de « Homestead » ou vendues par l'État du Texas (³). Les animaux ont été parqués, nourris l'hiver avec du fourrage conservé; l'exploitation est devenue ce qu'on nomme « stock farm ». Malgré cette division du sol, il reste même dans ces régions de très vastes ranchos appartenant à d'anciennes familles; quelques-uns ont jusqu'à 250,000 acres (101,200 hectares).

La *Floride*, en partie marécageuse, ne jouit pas d'une

---

(1) Voir *Métayer de l'ouest du Texas* (dans la collection des *Ouvriers des Deux Mondes*), par M. Cl. Jannet.

(2) Voir dans *Report on the Internal Commerce*, 1885, la carte intitulée : the range and ranch cattle area.

(3) Depuis 1873, le Texas a accordé à tout occupant père de famille un « Homestead » de 160 acres. Les terres peuvent être acquises aussi par droit de préemption, et achetées aux chemins de fer ou au School land.

grande prospérité; néanmoins ses fibres textiles d'aloès et surtout ses légumes et ses fruits subtropicaux sont l'objet d'un commerce actif qui se développera certainement encore. Elle tend à devenir pour ainsi dire le jardin d'hiver de l'Amérique qu'elle approvisionne de primeurs.

Cinquième région : Région appalachienne de l'ouest. — Le Tennessee, le Kentucky et la Virginie occidentale (277,720 kilomètres carrés) forment une région particulière, comprise entre les crêtes des Appalaches à l'est, le Mississipi et l'Ohio à l'ouest, qu'on peut nommer, quoique cette dénomination ne soit pas géographiquement bien exacte, région appalachienne de l'ouest.

A Nashville (Tennessee), la moyenne de la température annuelle est de 59°,3 Fahrenheit (+15°,1 centigrades), et la hauteur de la pluie de 56,66 pouces (1^m,41); à Louisville (Kentucky), 57°3 (+ 14°3) et 47,16 pouces (1^m,18). Comme conséquence de l'altitude d'une partie de la région, il y a une différence sensible entre la température d'hiver et celle d'été : 33°9 (+ 0,57 cent.) en janvier et 77°5 (+ 25°2 cent.) en juillet.

Cette région était autrefois et est encore très boisée; les flancs des Appalaches dans le Tennessee portent de vastes forêts de pins. Au-dessous, les collines portent des bois ou des pâturages; les vallées et la plaine ont des terres de labour fertiles.

Les fermiers et métayers blancs du Tennessee passent pour de bons travailleurs; ils emploient de plus en plus les machines agricoles, mais ils en prennent peu de soin : ils ne sont d'ailleurs pas les seuls. Parmi les noirs, la plupart sont ouvriers, et le petit nombre de ceux qui sont métayers manque d'intelligence. Les che-

mins ruraux sont pour la plupart en très mauvais état :
c'est une critique qui pourrait s'adresser à presque tous
les États.

L'apparence des maisons rurales n'indique pas en
général l'aisance. Elles ressemblent un peu aux maisons du Sud-Atlantique : j'ai senti, en traversant le
pays, qu'il avait dû être longtemps sous le régime de
l'esclavage. Mais il participe aussi du caractère agricole
de la région centrale dont il est limitrophe; c'est ainsi
que le Tennessee et le Kentucky sont au nombre des
dix États qui ont, relativement à leur territoire, la plus
grande superficie cultivée en maïs; toutefois ils ne sont
pas au nombre de ceux où le rendement par acre est le
plus fort. Le Tennessee cultive le coton dans la plaine
du Mississipi. Les trois États cultivent le tabac, sans
que le rendement par acre les place dans les premiers
rangs; le Kentucky est de beaucoup celui qui en produit le plus (¹). Ils possèdent beaucoup d'abeilles.

C'est par l'élevage surtout qu'ils se distinguent. Le
Kentucky particulièrement, qui possède une portion du
« blue grass », région calcaire, bien arrosée, est renommé
depuis longtemps pour ses chevaux, chevaux de selle
et ses trotteurs dont il a commencé à former la race
il y a une cinquantaine d'années, pour ses mulets,
pour ses bœufs à courtes cornes qu'il engraisse et ses
porcs qu'il nourrit de maïs, pour la laine et la chair
de ses moutons. Cependant, depuis une quinzaine
d'années, les bas prix de la laine et la concurrence de
la région du nord-ouest ont découragé les éleveurs de
moutons et la plupart des beaux troupeaux ont dis-

____

(1) 283 millions de livres en 1888 sur une production totale de 566 millions aux États-Unis.

paru (1). C'est une ressource qui manque à un pays dont l'économie agricole a été, comme celle de tous les anciens pays à esclaves, fortement ébranlée par l'émancipation.

Au nord-ouest du Kentucky, la Virginie occidentale, qui est située dans le massif appalachien à une altitude de 500 à 4,000 pieds, est en majeure partie boisée ou inculte. Le maïs y est la principale céréale. On rencontre aussi dans certaines parties le « blue grass », propice au gros bétail; les moutons se plaisent dans les paturages de ses montagnes (2).

Sixième région: Région centrale ou *région des plaines du centre.* — La région centrale est une région de plaines occupant le bassin du Mississipi moyen et comprenant l'Ohio, le Michigan, l'Indiana, l'Illinois, le Missouri, l'Iowa, le Nebraska, le Kansas (1,237,986 kilomètres carrés). Elle correspond à peu près à l'ancienne mer de la période carbonifère et comprend même une partie des terrains dévoniens et siluriens (3).

Il fut un temps où la partie occidentale de cette région était, la « Prairie » le « Far west ». Mais le Far west, qui n'a pas de bornes précises, recule avec le peuplement et la culture a couvert çà et là la prairie d'arbres (4).

---

(1) *Kentucky live stock*, 1893, by John W. Yerkes, p. 19.

(2) *The mountain State. A description of the natural resources of West Virginia*, 1893.

(3) Par exemple, dans le Missouri, on trouve les terrains granitiques et porphyriques, algonquins, cambriens (argiles et grès), siluriens, carbonifères inférieurs et supérieurs dont les couches ont 1,000 et 2,000 pieds d'épaisseur; on trouve aussi les terrains tertiaires et quaternaires. Ces derniers comprennent les dépôts glaciaires qui couvrent toute la moitié septentrionale du Missouri.

(4) On a disserté beaucoup sur les causes qui ont fait des plaines de l'ouest une prairie sans végétation arborescente, excepté dans les fonds de vallée. On a dit que la terre, formée par des dépôts lacustres, était trop acide pour la pousse des arbres. On a dit que toute la végétation arborescente y avait été détruite par les glaces de   ériode glaciaire.

Dans cette région, le sol superficiel est généralement un limon broyé et déposé par les grands glaciers de la période glaciaire lorsque cette contrée ressemblait au Groenland actuel. Ce limon, aisément labourable et riche en humus dans maint endroit, fait la fertilité de cette immense plaine, très légèment ondulée de collines dans l'Ohio et l'Iowa. L'altitude varie de 300 mètres environ dans l'Ohio à 100 mètres au confluent de l'Ohio et du Mississipi.

La température varie de 17° (— 8°33 cent.), moyenne de janvier, à 72° (+ 22°2), moyenne de juillet. A Cleveland, sur le bord du lac Erié, la température moyenne de l'année est de 48°6 (+ 8°89), à Cincinnati de 55°5 (+ 12°9), à Alpena, au nord du Michigan, de 40°7 (+ 4°44), à Indianopolis (Indiana) de 52°3 (11°2), à Chicago (Illinois) de 48°7 (+ 8°9), au Cairo (Illinois) de 55° (+ 12°6), à Saint-Louis (¹) (Missouri) de 56°3 (+ 13°4), à Des Moines (Iowa) de 48°9 (+ 8°9), à Omaha (Nebraska) de 49°6 (+ 9°4), à Podge City (Kansas) de 51°5 (+ 10°6).

La hauteur de la pluie dans l'Ohio, l'Indiana et l'Illinois est de 40 à 45 pouces (1ᵐ,00 à 1ᵐ,12); elle est moindre au nord dans le Michigan (40 à 20); elle décroît à mesure qu'on s'avance vers l'ouest, de sorte que l'extrémité occidentale du Kansas et les trois quarts du Nebraska reçoivent en moyenne moins de 20 pouces (0ᵐ,50), quantité qui est considérée comme à peine suf-

---

On a dit que le sol était trop pulvérisé pour porter des arbres et que les surfaces boisées ne se rencontraient que là où il y avait des graviers glaciaires. On a dit que les feux allumés par les Indiens avaient détruit les arbres. M. Redway a affirmé récemment (*The geographical Journal of the Royal geographical Society*, march 1894) que, si la prairie n'avait pas d'arbres, c'était surtout parce que les semences n'y avaient jamais été propagées par la nature.

(1) Température moyenne de l'hiver, 33° (+ 0°56); de l'été, 76° (+ 24°4).

fisante (¹) pour la culture régulière du froment. Mais plus de la moitié de cette pluie tombe d'avril à juillet, condition favorable aux céréales de printemps; « *Rain follow the plow* », disent les Américains. En outre, dans la région des Grands lacs, il s'élève des brouillards du matin qui, dans certains jours d'été, remplacent la pluie.

Nulle part la proportion entre les terres productives et la superficie totale du territoire n'est aussi grande : 69 p. 100 dans l'Ohio, 60,7 dans l'Indiana, 72,9 dans l'Illinois. Elle est un peu moindre dans l'Iowa et le Missouri, beaucoup moindre dans le Michigan, qui est très boisé, et dans les deux États de l'ouest, Nebraska et Kansas, où le sol est encore en grande partie inoccupé (²). Plus de la moitié des terres des fermes sont labourées (³), tandis qu'il n'y en a guère que le quart dans la Nouvelle-Angleterre et le tiers dans les anciens États à esclaves.

Les trois quarts à peu près des fermes sont exploités par leurs propriétaires : proportion beaucoup plus forte que celle qui se trouve dans les anciens États à esclaves, mais inférieure à celle de la Nouvelle-Angleterre et surtout de l'extrême ouest.

La terre, étant très productive, a une valeur bien supérieure à la moyenne générale des États-Unis qui est de 19,02 dollars l'acre (244 fr. 70 l'hectare). Or, dans l'Ohio, qui occupe le premier rang sous ce rapport, elle est de

(1) Des agronomes américains donnent 24 pouces comme la hauteur nécessaire. Mais, comme dans cette région la pluie tombe surtout d'avril à juillet, c'est-à-dire pendant la pousse du blé de printemps, les 14 pouces qui tombent pendant ces mois sont presque l'équivalent de ce qui tombe à l'est du Mississipi dans le même temps.

(2) Dans le Nebraska, il n'y a que 11,3 p. 100 de terres productives; elles sont situées surtout dans la partie orientale de cet État.

(3) C'est dans l'Illinois que la proportion est le plus forte : sur 100 acres de ferme, 65,6 sont labourées, 16,8 sont en prairies, 15,6 en bois, 2 sont improductives.

45,97 dollars (591 fr. 70 l'hectare), différant peu de celle de la Pennsylvanie, État limitrophe de l'Ohio. Cette valeur diminue à mesure qu'on s'avance dans les vastes espaces inoccupés de l'ouest : dans le Kansas, la valeur moyenne (10,98 dollars) est bien inférieure à la moyenne générale des États-Unis.

La région centrale est le grenier de l'Amérique. Sur 1,628 millions de boisseaux de maïs récoltés aux États-Unis en 1892 (¹), elle en a fourni 1,031 millions; sur 515 millions de boisseaux de blé, elle a fourni 248 millions (²). Elle a fourni en 1893 plus de la moitié de la récolte d'avoine (³) : 343 millions de boisseaux sur 638; le tiers de la récolte de seigle, le quart de la récolte d'orge, plus du tiers de la récolte de pommes de terre. Le Nebraska et l'Ohio sont, avec la Nouvelle-Angleterre, les États où le rendement du maïs par acre est le plus fort (⁴). (Voir le tableau ci-joint de la production des céréales en 1859, 1869 et 1893.)

Le rendement en blé, surtout en blé d'hiver, qu'on

(1) Elle consacre à cette culture de grandes étendues. Sur les dix États qui ont, relativement à l'étendue totale de leur territoire, le plus de terres cultivées en maïs, sept appartiennent à cette région qui tient le premier rang. Dans l'Iowa 22 p. 100 du territoire est cultivé en maïs. L'Iowa, l'Illinois, le Missouri, l'Indiana, l'Ohio, et bien loin derrière eux le Nebraska, le Kansas sont au nombre des 10 États qui ont produit le plus de maïs en 1892. Dans le bâtiment de l'Agriculture à l'exposition de Chicago, l'État d'Iowa avait construit son pavillon tout en épis de maïs.

(2) Elle consacre aussi de grandes étendues à cette culture. Sur les dix États qui ont, relativement à l'étendue totale de leur territoire, le plus de terres cultivées en blé, quatre appartiennent à cette région. Dans l'Indiana, qui tient le premier rang, 12,6 p. 100 du territoire est cultivé en blé. L'indiana, l'Ohio, l'Illinois, le Michigan, le Kansas sont au nombre des dix États qui ont produit le plus de blé en 1892.

(3) L'Illinois (11 p. 100 du territoire) et l'Iowa sont les deux États qui consacrent la plus forte proportion de leurs terres à la culture de l'avoine. L'Illinois, l'Iowa, le Missouri, le Nebraska, le Kansas sont au nombre des dix États qui ont produit le plus d'avoine en 1892.

(4) 32,7 boisseaux par acre dans le Nebraska, 31,7 dans l'Ohio. La moyenne des États-Unis est de 24,2.

Production des céréales en 1859, 1869 et 1893.

ÉTATS	1859 (D'APRÈS LE CENSUS).				1869 (D'APRÈS LE CENSUS).				1893 (D'APRÈS LE RAPPORT DU DÉPARTEMENT DE L'AGRICULTURE).			
	MILLIERS DE BOISSEAUX.			MILLIERS de tonnes. Foin.	MILLIERS DE BOISSEAUX.			MILLIERS de tonnes. Foin.	MILLIERS DE BOISSEAUX.			MILLIERS de tonnes. Foin.
	MAÏS.	BLÉ.	POMMES de terre.		MAÏS.	BLÉ.	POMMES de terre.		MAÏS.	BLÉ.	POMMES de terre.	
Illinois	115,174	23,837	5,540	1,774	129,921	30,128	10,944	2,747	160,550	15,507	8,504	3,273
Indiana. . . .	71,588	16,848	3,866	622	51,094	27,747	5,399	1,076	85,368	35,579	5,176	2,875
Iowa	42,410	8,449	2,806	813	68,935	29,435	5,914	1,777	251,832	6,749	9,755	8,622
Kansas	6,150	194	296	56	17,025	2,391	2,342	490	139,456	23,251	4,668	4,374
Michigan . . .	12,444	8,336	5,261	768	14,086	16,265	10,318	1,290	21,790	19,920	4,677	1,869
Missouri. . . .	72,892	4,227	1,990	401	66,034	14,315	4,238	615	158,197	15,287	7,054	3,651
Nebraska . . .	1,482	148	162	24	4,736	2,125	739	169	157,278	10,687	4,965	2,589
Ohio	73,543	15,119	8,695	2,289	67,501	27,882	11,192	1,564	64,487	38,916	10,300	3,306
TOTAL. . . .	395,683	77,158	28,616	6,747	419,332	150,288	51,086	9,728	1 038,958	165,896	55,099	30,559

a préféré jusqu'ici dans cette région, est bien supérieur à la moyenne générale ([1]), quoique inférieur à celui qu'on obtient dans la Nouvelle-Angleterre et dans l'extrême ouest. L'Illinois, le Michigan, l'Ohio sont au nombre des États où l'avoine donne les meilleurs résultats ([2]). L'orge réussit surtout dans l'Illinois ([3]); le seigle dans le Michigan ([4]), l'Indiana, etc. L'Ohio occupe un bon rang dans la culture du tabac ([5]), quoique le rendement n'y égale pas celui des États situés plus à l'est. Le jardinage et la culture des fruits se développent à mesure qu'augmentent la population des villes et la consommation. Le Michigan est considéré comme prenant rang sous ce rapport, immédiatement après le New York; le Missouri, l'Illinois, l'Ohio viennent ensuite. Le Missouri, une partie du Kansas et une petite partie du Nebraska cultivent beaucoup de pommes. Sous le climat chaud et sur le sol alluvial et siliceux du Missouri méridional, des fruits variés, pommes, poires, pêches, prunes, cerises, raisins ([6]), viennent en abondance.

---

(1) La moyenne générale, calculée par M. Dodge pour la période 1880-89, est de 12,3 boisseaux de blé par acre (11,12 hectolitres par hectare). L'Ohio a produit 14,6 dans la même période, l'Indiana 14,1, l'Illinois 13,7, le Michigan 15,9; les autres États ont donné un peu **moins**, plus cependant que la moyenne. D'après M. Veblen (*The Journal of political Economy, University of Chicago*, december 1892), le rendement moyen du bassin de l'Ohio a été de 14 3/4 boisseaux dans la période 1877-1883 et 13 3/4 dans la période 1885-1892 pendant laquelle il y a eu la mauvaise récolte de 1885 (10 boisseaux par acre) et la bonne récolte de 1891-(17 1/4 boisseaux par acre). Voir aussi l'*Album of agricultural Statistics of the United States* 1889. Dans l'autre publication du même genre faite par le Département de l'Agriculture *Album of agricultural Graphics* 1890, la moyenne générale est de 12 boisseaux (10,06 hectolitres par hectare).

(2) 34 boisseaux à l'acre dans l'Illinois, 31 dans l'Ohio.

(3) 15,5 boisseaux par acre.

(4) 25,1 boisseaux par acre.

(5) Il récolte 913 livres par acre.

(6) Illinois, Ohio, Iowa, Indiana, Michigan. Les premières vignes (sur-

Quoique cette région appartienne en partie à celle qu'on nommait autrefois la « Prairie », et qui commence à l'ouest de la région forestière, les prairies n'y occupent qu'un espace restreint, beaucoup moindre, relativement au territoire, que dans la Nouvelle-Angleterre. Néanmoins, cinq des États de la région comptent parmi les dix qui produisent le plus de foin par acre. Plusieurs États, entre autres le Missouri, avaient fait à Chicago, une belle exposition de leurs plantes fourragères. Ce foin, ajouté aux céréales, surtout au maïs, permet d'élever un très nombreux bétail.

L'Illinois, l'Iowa et le Kansas étaient, en 1893, les seuls États, avec le Texas, qui comptassent plus d'un million de chevaux [1] : dans le Kansas, il y a presque autant de chevaux que d'habitants [2]. Le Missouri est l'État qui élève le plus de mulets [3]. L'Illinois et l'Iowa étaient, avec le New York, les seuls qui eussent plus d'un million de vaches à lait, en 1880 : ils fabriquaient plus de 200 millions de livres de beurre. L'Iowa [4], le Kansas, l'Illinois, l'Indiana, le Missouri, le Nebraska ont, outre leurs vaches laitières, plus d'un million de bêtes de race bovine ; il n'y a que trois autres États en Amérique qui en comptent autant [5]. C'est aussi une région de moutons, quoique les moutons soient, proportionnellement aux autres animaux, bien moins nombreux en Amérique que dans les pays d'Europe : l'Ohio, l'Illi-

tout le catawba) ont été plantées de 1835 à 1840 dans le comté de Gasconade. *Missouri at the World's Fair*, official publication, 1893.

(1) Le Missouri et l'Ohio en ont près d'un million.

(2) 1,000,594 chevaux en 1893, et 1,427,096 habitants en 1890.

(3) 249,000 en 1893 ; ce qui fait plus d'un million avec les chevaux.

(4) L'Iowa avait, en 1893, 2,704,000 animaux de race bovine, et, en outre, 1,291,000 vaches laitières.

(5) Le Texas : 6,462,000 (sans compter les vaches laitières).

nois, l'Indiana, le Michigan, le Missouri (¹) figurent dans la liste des dix-sept États ayant plus d'un million de bêtes de race ovine. Région de porcs surtout; on en comptait, en 1893, 24 millions dans les huit États et sept de ces États étaient les seuls, avec le Texas, qui en possédassent plus de deux millions (²).

Le bétail s'est en général sensiblement amélioré depuis quinze ans, particulièrement dans le Missouri ; la vieille vache des broussailles, « before the war » recule devant l'introduction des Courtes-cornes, des Holstein, etc. Dans les gras pâturages du « blue grass » les bœufs de bonne race s'engraissent vite. Les moutons mérinos acquièrent une haute taille, surtout dans le Missouri ; malgré la diminution du prix de la laine, on en élève un grand nombre. L'ancien porc à échine saillante a disparu ; on ne voit plus que des races à courtes pattes et d'un engraissement précoce, telles que le Berkshire et le Poland-china. La volaille doit être comptée aussi au nombre des richesses agricoles. L'État du Missouri, par exemple, a vendu hors de ses frontières, en 1890, 14 millions de douzaines d'œufs et 28 millions de livres de volaille. Presque tous les États de la région figurent dans les premiers rangs par le nombre des animaux de chaque espèce, les mulets exceptés (³).

Par kilomètre carré du territoire, cette région possé-

(1) D'après le *Statistical Abstract*, le Missouri aurait depuis 1880 plus d'un million de moutons. Une publication officielle de l'État du Missouri (*Missouri at the World's Fair*) n'en comptait que 675,000 en 1891, mais déclare que le relevé n'est pas complet.

(2) L'Iowa, qui est en Amérique au premier rang, possédait 6,181,000 porcs en 1893.

(3) Trois États, Ohio, Illinois, Missouri y figurent pour les quatre espèces, le Michigan n'y figure que pour les chevaux et le Nebraska que pour les bœufs.

daitplus d'animaux qu'aucune autre. Cinq États possèdent plus de 5 chevaux par kilomètre carré (¹) (privilège qu'ils partagent avec le New York et la Pennsylvanie), tandis que la moyenne des États-Unis n'est que de 2; cinq (²) ont plus de 12 bêtes à cornes (privilège qu'ils partagent avec une partie de la Nouvelle-Angleterre et du Centre-Atlantique), tandis que la moyenne générale n'est que de 6,6; trois (³) ont plus de 11 moutons par kilomètre carré (privilège partagé avec le New York, la Pennsylvanie et le Vermont), tandis que la moyenne générale n'est que de 6,1; l'Ohio est beaucoup au-dessus de tous les autres (⁴). Quatre ont plus de porcs qu'aucun autre État : le rapport par kilomètre carré varie de 35 dans l'Illinois à 25 dans le Missouri, tandis que la moyenne générale des États-Unis n'est que de 6.

Je ne connais pas de grande contrée qui ait, par tête d'habitant, une telle abondance, et en même temps une si grande diversité de céréales et de bétail (⁵).

Si l'on additionne les animaux sans distinction d'espèce, on trouve qu'il y a en moyenne par habitant 3,3 têtes, ayant une valeur de 57,7 dollars (297 fr. 15). Si l'on additionne, d'autre part, les deux principales céréales, maïs et blé, on trouve par habitant 63 boisseaux (25 hectolitres) valant 21,7 dollars (111 fr. 75). Ces rapports sont de pures abstractions, les totaux étant composés d'unités de na-

---

(1) Ohio (7), Illinois, Indiana, Missouri, Iowa (5,5)

(2) Iowa (18), Ohio, Illinois, Indiana, Missouri (12). En France on en compte en nombre rond environ 20.

(3) Ohio (48), Michigan, Indiana (11).

(4) La tonte a produit 60 millions de livres de laine en 1860, 232 en 1880 et 276 en 1890 pour tous les États.

(5) Dans la République Argentine et l'Australie, il y a beaucoup plus de moutons par habitant; mais il n'y a pas la même abondance de céréales.

ture très différentes ; néanmoins ils attestent une richesse agricole énorme, que la nature du sol et le génie des colons ont contribué à créer. Il n'est donc pas étonnant que tout fermier ait une ou plusieurs voitures, que tout habitant consomme beaucoup de viande, et que le pays se soit enrichi pendant une trentaine d'années par l'exportation de ses denrées agricoles.

Le progrès a été rapide. En 1859, le nombre total des animaux de ferme était de 28,6 millions ; en 1893, il s'était élevé à 62 millions. En 1868, le nombre total d'hectolitres de céréales récoltées (maïs et blé) était de 560 millions de boisseaux ; en 1888, il s'élevait à 1,496 millions de boisseaux. La valeur totale des fermes a triplé en trente ans : elle était en 1860 de 1,971 millions de dollars (10,150 millions de francs), en 1880 de 4,565, en 1890 de 6,069 (31,255 millions de francs)(1); la valeur moyenne d'une ferme s'était élevée de 2,879 dollars (1860) à 3,140 dollars (1880) et à 4,200 environ en 1890.

Les fermiers ne payent pas la main-d'œuvre très cher, puisque le salaire par mois dans la région est plutôt au-dessous qu'au-dessus de la moyenne générale des États-Unis (2). Cependant ils se plaignent, comme ceux de la Nouvelle-Angleterre, parce que la baisse du prix des denrées a restreint leur revenu, et ils réduisent leurs

(1) Les chiffres de la valeur m'ont été communiqués par M. Carroll D. Wright. Comme ils sont encore inédits, il est utile de donner la preuve du total. Voici donc en millions de dollars cette valeur pour les huit États : Ohio 1,050, Indiana 755, Illinois 1,263, Michigan 556, Iowa 858, Missouri 626, Nebraska 402, Kansas 560.

(2) Cette moyenne, calculée d'après la moyenne de chaque État en 1890, et non d'après le nombre total des salaires payés aux États-Unis, est d'environ 24 dollars ; or, le salaire variait entre 20,25 (Missouri) et 25,50 (Nebraska).

emblavements. Leur mécontentement a commencé vers
l'année 1884, année où la récolte a été mauvaise et où
les prix ont commencé à décliner; il augmente d'année
en année dans les États du bassin de l'Ohio et plus encore peut-être dans ceux qui sont situés à l'ouest du
Mississipi. La population émigre vers les villes et les
théories socialistes recrutent de nombreux partisans
dans les campagnes; le génie allemand se prête à cette
propagande.

Les fermiers regrettent amèrement le temps où le blé
se vendait cher. Aux élections présidentielles de 1876
et de 1880, temps où le papier monnaie était contesté
ou venait d'être supprimé, les « Greenbakers », dé-
fenseurs de ce papier, ont trouvé parmi eux de nombreux
adhérents. Ils sont restés « Inflationists », c'est-à-dire
partisans de l'augmentation de la monnaie qui fait
hausser les prix. A la dernière élection présidentielle
(1892), les démocrates de la région et même, dans plusieurs États, les républicains ont demandé l'égalité des
deux métaux, ce qui signifie la libre frappe de l'argent.
Les démocrates de l'Iowa disaient : « Nous croyons que
l'or est une base monétaire insuffisante et qu'il est nécessaire d'avoir une circulation libre et illimitée d'or et
d'argent », et les républicains faisaient chorus : « Nous
réclamons le vote de lois qui augmentent la frappe de
l'argent » (¹).

L'*Ohio*, dont la terre végétale, formée d'alluvions glaciaires, est sableuse et légère, produit, outre les céréales,
des fruits divers, pêches, poires, etc., du raisin, l'érable
à sucre; possédant un nombreux bétail, il fabrique une

____

(1) Voir *The Tribune Almanac*, 1893, p. 50 et 51.

grande quantité de beurre et de fromage, et vend beaucoup de laine; il élève de la volaille : c'est un des États les plus riches de cette riche région.

L'*Indiana* a aussi des terres faciles à cultiver, avec une proportion plus forte de plaines labourées que l'Ohio, et est caractérisée à peu près par les mêmes productions.

Le *Michigan* forme une région à part, plus boisée dans sa partie supérieure que les autres, malgré les abatages qui ont éclairci ses belles forêts. Une acre de bois n'y vaut guère, en moyenne, que les deux tiers d'une acre de terre labourée; le revenu d'une acre de ferme en moyenne ne s'élève pas au dixième du revenu d'une acre dans l'intérieur d'un village, et est 200 fois moindre que celui d'une acre à bâtir dans une cité. Ces rapports, calculés par le chef du bureau de statistique du Michigan, peuvent, avec des proportions quelque peu différentes, s'appliquer à la plupart des États de la région [1].

L'*Illinois* est un peu plus grand (146,720 kilomètres carrés) que le cinquième de la France. C'est une grande plaine, qui s'étend entre le lac Michigan et le Mississipi, très légèrement ondulée et sillonnée de fossés peu profonds où coulent les rivières. Le sol, formé de dépôts glaciaires, est presque partout facile à travailler à la charrue et fertile, naturellement couvert de hautes herbes qui ont fait donner à l'Illinois le surnom de « Prairie State » et que la culture a remplacées par des champs de céréales, par des herbages et par des bouquets de bois dans le voisinage des fermes. Dans la partie contiguë au Mississipi, du côté d'Alton particulièrement, on trouve un humus de plusieurs pieds d'é-

(1) Rapport du chef du bureau de statistique du travail du Michigan, 1892, p. 269.

paisseur dont la fécondité est renommée en Amérique.

L'Illinois a été érigé en État en 1818. Toutefois la culture n'y a pris un ample développement qu'à partir de l'époque où les chemins de fer ont facilité le débouché des produits. D'après le recensement de 1850, la récolte était de 9,4 millions de boisseaux en blé(¹), de 57,6 en maïs, de 10 en avoine ; en 1864, les mêmes récoltes s'étaient élevées à 33,3, 38,3 et 24,2. Depuis ce temps, le blé et le maïs sont restés à peu près stationnaires en quantité ; la superficie consacrée au blé a même sensiblement diminué (²). L'avoine a continué à augmenter jusqu'en 1888 dans une très forte proportion (³); l'orge aussi, à cause de la demande croissante des brasseries dans un pays où une forte portion de la population est d'origine allemande (⁴).

La partie septentrionale de l'État d'Illinois produit moins qu'elle ne consomme. C'est là, il est vrai, que se trouve la ville de Chicago qui à elle seule exige 4,7 millions de boisseaux ; mais, indépendamment de cette ville, la consommation dépasse de près de 1 million 1/2 de boisseaux la production dans cette partie. Au contraire, les parties centrale et méridionale produisent 19 millions

(1) En 1892, la récolte a été de 30,5 millions de boisseaux de blé, de 137,5 boisseaux de maïs et la valeur qui avait atteint 55 millions de dollars en 1867 pour le blé et 103 millions en 1864 pour le maïs est tombée à 21 millions pour le blé et à 49 millions pour le maïs en 1892. La plus forte récolte en blé a été celle de 1882 (467 millions de boisseaux. et la plus faible celle de 1885 (7,1 millions). La plus forte récolte en maïs a été celle de 1879 (306 millions de boisseaux) et la plus faible celle de 1863 (83 millions).

(2) Il y avait, en 1880, 3,256,000 acres cultivées en blé ; en 1892, il n'y en avait que 1,665,000.

(3) L'avoine occupait en 1864, 779,000 acres ; en 1888, 3,809,000 acres ayant produit 114 millions d'hectolitres ; en 1892, 2,698,000 acres ayant produit 89 millions d'hectolitres.

(4) La production de l'orge a été de 85,000 boisseaux en 1864, de 4,064,000 en 1882 (maximum), de 2,259,000 en 1892.

de boisseaux de plus qu'elles n'en consomment. Les comtés de Madison, de Saint-Clair, de Washington, de Monroe, de Randolph, de Clinton, situés dans le sud, ont fourni plus de 7 millions de cet excédent en 1892. Au 1er janvier 1893, l'Illinois possédait 1,3 millions de chevaux, 0,1 de mulets, 1 de vaches laitières, 1,5 d'autres animaux de race bovine, 1,2 de moutons, 3,7 de porcs (1), le tout ayant une valeur de 187 millions de dollars. De 1850 à 1870, cette valeur avait sextuplé (2); mais, devant le progrès d'autres contrées plus neuves, elle avait un peu rétrogradé de 1870 à 1880 (3). Elle a augmenté de nouveau, de 30 p. 100 seulement, de 1880 à 1893 et, cette fois, le progrès est dû à l'amélioration des espèces plus qu'à l'accroissement du nombre (4). Les bœufs de travail ont été peu à peu remplacés par des chevaux; les vaches laitières ont augmenté parce que la consommation du lait a augmenté dans les villes; mais le nombre des bœufs et celui des moutons est resté à peu près stationnaire depuis douze ans et celui des porcs a considérablement diminué. La concurrence de l'ouest et les bas prix pèsent lourdement sur l'agriculture de l'Illinois, comme sur toute la région centrale.

(1) Le prix moyen était de $ 65 le cheval, $ 68 le mulet, $ 23 la vache laitière, $ 20 le bœuf, $ 3,6 le mouton, $ 8,1 le porc.

(2) 24.2 millions de dollars en 1850, 72,5 en 1860, 149,7 en 1870.

(3) 132 millions de dollars en 1880.

(4) NOMBRE DES ANIMAUX DE FERME DANS L'ILLINOIS A DIVERSES ÉPOQUES

ANIMAUX.	D'APRÈS LE CENSUS DE				AU 1er JANVIER 1893.
	1850	1860	1870	1880	
Chevaux.	267,653	563,736	853,738	1,023,082	1,377,654
Mulets et ânes	10,573	38,539	85,075	123,278	105,778
Bœufs de travail.	76,156	90,380	19,766	3,346	»
Vaches laitières.	294,671	522,634	640,321	865,913	1,093,812
Autres d'espèce bovine.	541,209	970,799	1,055,499	1,515,063	1,538,009
Moutons.	894,043	769,135	1.568,286	1,037,073	1,187,329
Porcs.	1,915,907	2,502,308	2,703,343	5,170,266	3,720,053

A l'ouest du Mississipi, la colonisation agricole n'a commencé réellement qu'après la cession de la Louisiane par la France. Le *Missouri* a été érigé en Territoire en 1809; en 1820, date de son admission comme État, il avait 66,586 habitants (1); il en a aujourd'hui 2,679,000. La place n'y manque pas encore; car la densité n'est que de 15 habitants par kilomètre carré. Au nord et à l'ouest sont des savanes doucement ondulées; dans le voisinage des deux grands cours d'eau, Missouri et Mississipi, un lœss qui atteint jusqu'à une cinquantaine de pieds d'épaisseur; dans le sud-ouest, des forêts dont le chêne, surtout le chêne blanc, et le gommier sont les essences principales.

L'*Iowa*, qui est réputé aujourd'hui une des terres les plus fertiles de l'Amérique, n'a commencé à être apprécié que postérieurement à l'année 1865. Dans le sud-ouest, la région appelée « blue grass », qui s'étend jusque sur le Missouri septentrional, est couverte d'une herbe haute, drue, nourrissante, qui rivalise avec celle du Kentucky.

Il produisait 1 million 1/2 de boisseaux de blé en 1850, 8 millions 1/2 en 1860, 22 millions de boisseaux en 1872, puis, par une subite élévation, 34 millions 1/2 en 1873: ce qui procura aux fermiers un supplément de recette de plus de 8 millions de dollars; or il n'y avait que 115,600 fermes (Census de 1870). Le climat et surtout les longues sécheresses ont rendu le succès aléatoire. En 1876, on récoltait 17 millions 1/2 de boisseaux de blé et l'année suivante 37,8, la plus forte récolte que cet État ait eue. Cependant le « Board of agriculture », conseillant un assolement varié avec fumure, sonnait alors l'alarme :

______

(1) Saint-Louis avait alors 5,000 habitants dont le quart était français.

« Sans cela, l'État d'Iowa cessera bientôt d'être compté parmi les grands producteurs de blé. Le temps n'est plus où un homme pouvait semer 160 acres de blé, le laisser pousser en se croisant les bras, recommencer la seconde année, puis une troisième et compter sur la récolte pour payer la terre, construire des clôtures, bâtir une maison, une grange, acheter un piano et faire les frais d'un professeur pour sa fille ! » S'il ne le pouvait plus (ce qui est douteux) en 1878, quand la récolte était de 30 millions 1/2 d'hectolitres sur 3,238,000 acres (il est vrai que le prix avait été très bas), combien ne devait-il pas être gêné en 1893 où il n'a emblavé que 586,000 acres et récolté que 6,749,000 boisseaux de blé? C'est un désastre [1].

La plus grande partie des terres du *Kansas* sont propres au labourage. Les variations des récoltes n'y ont guère été moindres que dans l'Iowa. Celle du blé s'est élevée de 2 millions de boisseaux en 1872 à 27 en 1878 ; elle était de 35 en 1884 et de 11 l'année suivante, de 7 1/2 seulement en 1887 ; elle a atteint son maximum (70,8 millions de boisseaux) en 1892 pour tomber brusquement à 23 en 1893. Cette récolte était estimée valoir 40 millions de dollars en 1891 et moins de 10 millions

[1] Le tableau suivant donnera une idée des différences qui se sont produites d'une année à l'autre dans les récoltes de l'Iowa. Il montre la quantité récoltée en 1888, la dernière pour laquelle le Département de l'agriculture ait donné régulièrement les quatre récoltes mentionnées et les trois dernières années. En 1893, le Département a donné quatre récoltes.

VARIATIONS DES RÉCOLTES DANS L'IOWA (EN MILLIONS D'UNITÉS)

	1888	1891	1892	1893
Maïs (boisseaux)	278	350	200	251
Blé (boisseaux)	24.2	27.6	7.2	6.7
Pommes de terre (boisseaux)	16.9	»	»	9.7
Foin (tonnes)	3.6	»	»	5.4

en 1893; de telles variations sont néfastes dans un État dont les fermiers ont à payer les annuités d'une très forte dette hypothécaire. Le sorgho à sucre est cultivé dans le Kansas plus qu'ailleurs. On y élève beaucoup de bétail; les porcs de Kansas City sont célèbres en Amérique.

Dans le *Nebraska*, qui n'est colonisé que depuis 1854, on trouve de vastes étendues de lœss sablonneux, perméable, épais de 10 à 100 pieds, recouvert d'humus : conditions favorables. Le maïs y rend parfois jusqu'à 70 boisseaux à l'acre (63 hectolitres à l'hectare), rarement moins de 26 (23 hectolitres à l'hectare); on peut le cultiver sur le même champ pendant une suite indéfinie d'années. Le blé y vient bien, ainsi que l'avoine, le seigle, l'orge, le millet et le lin; on a essayé avec succès la culture du tabac, de la chicorée et de la betterave; deux fabriques de sucre ont été créées en 1892. Les prairies sont renommées pour la variété et la qualité de leurs plantes fourragères. Les fruits, surtout les pommes et les pêches, sont devenus l'objet d'un commerce actif. « Il est démontré jusqu'à l'évidence, dit un Américain, que le grand désert américain des anciens est un mythe créé par l'ignorance... On ne doute plus de l'aptitude de cette contrée à l'exploitation agricole, beaucoup plus loin à l'ouest qu'on ne le supposait il y a peu d'années. »

Septième région : Région des plaines du nord. — La région des plaines du nord comprend le Wisconsin, le Minnesota et les deux Dakota (745,050 kil. carrés).

C'est une région froide. La température moyenne de l'année y varie de 44° Fahrenheit (+ 6,6 centigrades) au sud à 36° (+ 2,2 cent.) au nord. A Saint-Paul (Minnesota) elle est de 44° (+ 6,7 cent.) (1) ; à **Duluth** (Minnesota), ville située plus au nord sur la rive du lac Supérieur, elle est de 38°6 (+ 3,3 cent.), à Fort-Assiniboine (Montana), de 40° (+ 4,4 cent.). Vers l'extrémité nord-ouest de cette région, la température moyenne de janvier n'est que de — 1°5 (— 17° cent.), celle de juillet est de 68° (+ 20° cent.).

A l'est, dans le Wisconsin, la hauteur de la pluie est de 30 à 35 pouces (0^m,87). Elle diminue vers l'ouest, entre le lac Supérieur et la rivière Rouge, elle est de 20 à 30 pouces (0^m,50 à 0^m,75) ; elle n'est guère que de 15 (0^m,37) dans le Dakota et de 10 (0^m,25) dans le Montana.

L'hiver est long et rude. La chaleur succède presque sans transition au froid ; la végétation se développe alors très rapidement. La pluie, qui est peu abondante, souvent trop peu, tombe surtout au printemps et en été : ce qui facilite la pousse des céréales. En été, il y a, dans le voisinage des lacs, des rosées et des brouillards qui entretiennent la fraîcheur des plantes.

Le *Minnesota*, dont des voyageurs français avaient découvert le territoire au xviie siècle, n'a eu cependant (excepté au sud, le long du Mississipi) ses premiers colons européens que vers 1820. Une petite chapelle de bois, construite en 1840, a été le premier édifice de la future ville de Saint-Paul. En 1858, le Minnesota, qui avait alors 150,000 habitants, fut érigé en État. Mais les Indiens occupaient encore la plus grande partie du pays ; en 1862, ils ont ravagé la contrée, tuant 700 personnes et détruisant les maisons de plus de 20,000 colons.

(1) En 1892, le jour le plus chaud a été de + 90° (+ 32,2 cent.), le plus froid de — 23° (— 30,5 cent.).

Aujourd'hui, cantonnés dans quelques réserves, ils ne sont plus redoutables et le Minnesota est un des États où l'agriculture est le plus en progrès; les terrains de ses deux villes jumelles, Saint-Paul et Minneapolis, ont même été l'objet d'un « boom » prodigieux, c'est-à-dire qu'une spéculation effrénée les a fait monter à des prix insensés et a abouti à un « krack ».

A l'est du Mississipi, la terre est généralement légère, sablonneuse et couverte de forêts; à l'ouest, c'est une prairie dont la couche d'humus a une épaisseur de 1 à 5 pieds et qui comprend le « Red river valley », vallée de la rivière Rouge : c'est, à proprement parler, non une vallée, mais une plaine plate avec de très légères ondulations, où le cours de la rivière n'est marqué que par un rideau d'arbres. Les géologues y voient le bassin d'une ancienne mer intérieure ou d'un ancien lac; des alluvions ont formé cet humus et les détritus des herbes pourries ou incendiées pendant une longue suite de siècles l'ont enrichi. Terre et climat conviennent excellemment à la culture du blé de printemps. J'ai traversé du sud au nord cette région qui s'étend non seulement sur le Minnesota, mais sur la partie orientale du Dakota et j'ai été frappé des conditions avantageuses qu'elle offre à la culture : pas de défoncement coûteux, car il n'y a ni souches ni pierres; une terre noire, pulvérisée, meuble, d'une grande fertilité et d'une épaisseur qui assure une longue continuité de récoltes; une surface unie qui facilite l'emploi des machines; pas une acre de terre n'est perdue. L'insuffisance de la pluie dans certaines années est le grand obstacle; mais la neige qui persiste longtemps et qui, en fondant, pénètre le sol d'humidité, garantit quelque peu contre la sécheresse.

A l'époque de mon voyage, la moisson était faite ; on n'apercevait à perte de vue que des chaumes de blé, très rarement un petit bouquet d'arbres, çà et là une maison de bois sans étage, perdue dans l'immensité, ou la roue d'un moulin à vent haut perché sur quatre échalas en fer et faisant monter l'eau du puits, des meules de blé, quelques rares champs de maïs dont les épis seuls avaient été enlevés ou dont les bottes étaient groupées en dizeaux, des pièces de terre très grandes que des hommes, les uns à pied, les autres sur un siège, labouraient avec des charrues à deux socs traînées par quatre chevaux et traçant des sillons dont quelques-uns avaient peut-être un kilomètre de long. La plupart des stations de chemin de fer ne se composent que d'un bureau en planches pour les voyageurs, d'un réservoir d'eau pour la machine et d'un « Elevator » pour les grains ; quelques-unes sont attenantes à des villages naissants, dont les rues futures sont déjà tracées à angle droit, munies de trottoirs en planches et éclairées à l'électricité.

La partie septentrionale du Minnesota, surtout entre les sources du Mississipi et le lac Supérieur, est une terre de granit, accidentée, boisée, réputée stérile, à peu près sans fermes jusqu'ici, qu'on nomme quelquefois « Pine région ». Dans le centre, la « Park region », entre le Mississipi et le Minnesota, qui est accidentée aussi, possède des terres de qualité diverse, labour, bois, prairies, et convient à l'élevage ; le voisinage de Minneapolis et de Saint-Paul en a hâté le défrichement. La partie méridionale « Southern Minnesota », autrefois toute boisée, moins pittoresque que « Park region », a été trouvée propre à la culture des céréales et des légumes à mesure

que l'exploitation des bois y a pratiqué de grandes
clairières : c'est un sol aussi riche que celui du nord de
l'État d'Iowa. Cette partie a été la première exploitée
et elle est plus peuplée que les autres.

Les grandes propriétés, quoique nombreuses au
Minnesota, sont l'exception. La moyenne est de 160 à
200 acres (64 à 81 hectares). Sur 160, il y en a ordinairement une centaine en labour, dont un tiers en blé;
le reste est en prairies ou en pâture. Les fermes de
320 acres (129 hectares) sont déjà considérées comme
grandes; celles de 1,000 acres (405 hectares) sont rares.
On en rencontre au contraire fréquemment qui n'en ont
pas plus de 40 (16 hectares). « Nous sommes fiers du
grand nombre de nos petits propriétaires », me disait le
professeur d'économie politique de l'Université du Minnesota; le gouverneur du Minnesota auquel j'ai rendu
visite et un sénateur de l'État avec lequel j'ai causé à
Chicago m'avaient déjà exprimé le même sentiment. Là,
comme dans le reste de l'Amérique, les fermiers se
plaignent du bas prix auquel ils vendent leurs denrées;
cependant, les petits souffrent peu de la crise parce qu'ils
vivent de leur propre fonds, qu'ordinairement ils en
vivent assez largement avec leur famille, et que la variété des cultures qui est facilitée par le voisinage de
deux grandes villes (Minneapolis et Saint-Paul) les rend
moins dépendants du marché des céréales. Il y a dix
ans, les deux tiers de leurs terres étaient ensemencés en
froment, et, quand le froment manquait, c'était la gêne
ou la ruine; aujourd'hui, le quart seulement est en froment et, si une récolte manque, ils peuvent se tirer
d'affaire avec les autres (¹).

(1) Cependant les Indiens y cultivaient le maïs avant la venue des

Voici le progrès des récoltes du Minnesota en vingt ans, de 1870 à 1890 : blé, 15 et 40 millions de boisseaux (la récolte avait même atteint 52 1/2 en 1886) [1] ; avoine, 10 et 39 millions ; maïs, 5 1/2 et 19 ; orge, 1 1/2 et 8 ; pommes de terre 1,3 et 6 1/2 ; graine de lin, 0,7 (en 1872) et 4 ; beurre 7,3 millions de livres (en 1871) et 32. Il faut ajouter que, dans le même temps, la population s'est élevée de 439,000 à 1,301,000 habitants.

A cause de la latitude, le blé de printemps [2] et l'avoine sont les céréales les plus cultivées ; l'orge et le seigle viennent au second rang. Malgré le préjugé longtemps contraire [3], le maïs mûrit au Minnesota. Le lin donne de bons résultats dans les défrichements nouveaux [4]. La betterave peut réussir aussi, ainsi que la plupart des légumes et des fruits. L'étendue des pâturages facilite l'élevage : en 1891, le Minnesota possédait plus d'un million de bêtes à cornes dont près de la moitié étaient des vaches à lait. Aussi le lait y devient-il, comme dans d'autres États, la matière d'une grande industrie ; en 1891, 152 crèmeries et 53 fromageries ont livré au marché 27 millions de livres de beurre et près d'un million et demi de livres de fromage.

Européens ; mais ce maïs ne donnait que de petits grains. Voir le Voyage de Groseillers et Radisson en 1658.

(1) Le rendement moyen entre 17,91 boisseaux par acre en 1868 et 9,61 en 1876, année où la moitié de la récolte a manqué. Il paraît avoir un peu diminué et il n'a guère été que de 13 en moyenne depuis cinq ans.

(2) La récolte de 1891 a été exceptionnellement bonne au Minnesota, comme dans la plupart des États : 53 millions de boisseaux. Il a fallu faire venir des machines et des ouvriers des États voisins ; néanmoins tout le grain n'a pas pu être rentré avant l'hiver. (Voir *Minnesota. A brief sketch of its history, resources and advantages*, 1893.)

(3) En 1880, les 18 comtés de cette région avaient 66 p. 100 de leurs terres cultivées en blé ; en 1890, ils en avaient 25 p.100.(*Third biennial report of the bureau of Labor Statistics of the State of Minnesota*, 1891-92, p.371.)

(4) Le Minnesota et le Dakota produisent les deux tiers de la récolte de lin des États-Unis.

Le *Wisconsin* continue à l'est le Minnesota. Il n'est pour ainsi dire, dans ses parties septentrionale et centrale, qu'une vaste forêt dans les éclaircies de laquelle sont les villages et les cultures. La terre a d'ailleurs peu de valeur dans les pinières décapitées dont le sol est hérissé de troncs tranchant par leur teinte noirâtre sur la verdure des broussailles. J'ai traversé toute cette région. Les beaux arbres commencent à y devenir rares ; mais les clairières le sont aussi et la plupart des stations ne sont que des haltes, à côté de quelques cabanes de bûcherons. Dans ses parties sud et sud-ouest, le Wisconsin est beaucoup plus cultivé ; il possède des prairies et de bonnes terres de labour. Là, 200 acres (81 hectares) sont considérées comme constituant une ferme d'une bonne étendue ; 500 acres (202 hectares) ne peuvent être exploitées que par un homme riche. A Middleton et à Madison où j'ai séjourné, la plaine, doucement ondulée et bordée de petites collines boisées, m'a paru fertile ; les prairies alternent avec les labours ; selon l'usage, les champs sont clôturés ; les maisons de bois du village de Middleton ont un certain air d'aisance : ce n'est pas un pays pauvre.

Les Dakota, bien moins peuplés encore que le Wisconsin ([1]), sont une contrée tout récemment colonisée qui avait 4,837 habitants au recensement de 1860 et qui, divisée en deux États en 1889, en comptait 410,000 au recensement de 1890.

Le *North Dakota* est trop jeune pour avoir une histoire statistique de ses récoltes ([2]). Il possède des parties

____

(1) 12 hab. par kil. carré dans le Wisconsin, 1,5 dans le Dakota.

(2) Le bureau de l'agriculture et du travail n'y a été créé qu'en novembre 1889. Le commissaire se plaignait dans son premier rapport que les

très fertiles, comme la plaine de la rivière Rouge qui coule sur sa frontière orientale en le séparant du Minnesota, et des parties très stériles, comme le coteau du Missouri. La température moyenne de l'année est de 40° à 45° Fahrenheit (+ 4° 44 à 7° 22 cent.). A Bismark, le thermomètre est descendu à — 34° (— 1° 11 cent.) en février et est monté à 102° (+ 38° 89 cent.) en août 1889. La pluie a une hauteur moyenne de 19,57 pouces (48 cent.), mais en 1889 il n'en est tombé que 11 (27 cent.)

A l'insuffisance de la pluie on a remédié en quelques endroits par des puits artésiens dont plusieurs ont jusqu'à 600 pieds de profondeur.

En 1892, les 27,102 fermes du North Dakota occupaient 6,759,000 acres (2,737,000 hectares), c'est-à-dire un huitième du territoire de l'État ; près des deux tiers étaient en culture [1]. L'étendue moyenne de ces fermes en 1890, variait, dans les comtés qui avaient fourni ce renseignement, de 94 à 409 acres de (38 à 165,6 hectares) [2]. Sur ces défrichements nouveaux il faut, avec les procédés employés pour la culture, plus de terrain que dans le Minnesota méridional pour réussir. On estime que 200 acres (81 hectares) sont nécessaires ; 250 (102 hectares) sont considérées comme une bonne moyenne.

J'ai rencontré un Canadien français, mécanicien au service d'une Compagnie de chemin de fer, qui avait

---

assesseurs ne lui fournissent pas de renseignements ou ne lui en fournissent pas de suffisamment exacts. Voir *First report of the Commissioner of Agriculture and Labor to the Governor of North Dakota 1890.*

(1) En 1890, la valeur estimée des fermes, y compris les améliorations foncières, était de 27,5 millions de dollars, soit environ $ 5 l'acre. — Le sixième à peu près des terres taxées du North Dakota paraît être (en 1890) la propriété de Sociétés (corporate).

(2) 409 dans le comté de Mc Intosh.

acheté il y a quatre ans d'un autre propriétaire pour la somme de 3,500 dollars une ferme de deux quarts de section (320 acres, 129,6 hectares) dans le comté de Pembina (North Dakota). On lui en avait offert dernièrement 5,000 dollars; il a refusé. Ayant des économies, il avait pu payer comptant son outillage. Il a dix chevaux qui lui ont coûté 80 dollars (412 fr.) chaque et des vaches; sa femme élève beaucoup de volaille. Il cultive en blé 160 acres qui lui ont rendu en moyenne 24 boisseaux par acre (22 hectolitres par hectare); le reste est en bois ou en pré; il a vendu une partie de son foin. Il trouve dans son puits, à 12 pieds de profondeur, une eau potable, avantage que tous ses voisins n'ont pas ; car l'eau est en général saumâtre et déplaît au bétail.

On voit, il est vrai, à côté des fermes de cette étendue moyenne de très grandes exploitations dans le bassin de la rivière Rouge. Elles appartiennent en général à des sociétés, dont quelques-unes ont été formées sous le patronage de compagnies de chemins de fer. La plus grande (75,000 acres, soit 30,375 hectares) et la plus connue, dont je parlerai dans le chapitre suivant, est « Darlymple farm », située à Casselton près de Fargo. Ce sont, d'ailleurs, les chemins de fer qui ont donné la vie aux terres naguère incultes du nord-ouest et c'est à proximité des voies ferrées seulement que la culture du blé est lucrative (1).

Dans les deux Dakota, comme dans le Minnesota, chaque station est munie d'un ou de plusieurs élévateurs. L'elévateur est un instrument nécessaire au trafic des

(1) Le Dakota exposait à Chicago une petite charrette attelée d'un bœuf avec cette inscription : « This outfit was the only means of travel and transportation northwest of Saint-Paul prior to 1871. »

chemins de fer. C'est un bâtiment en bois très haut, étroit, terminé au-dessus du toit par une sorte de lanterne qui le fait ressembler à une église. Un plan incliné en bois facilite l'accès aux voitures. Le fermier y apporte son grain qui est coté comme blé de première, seconde ou troisième qualité, pesé, puis versé dans la masse. Ce blé est classé, vanné, porté mécaniquement dans les réservoirs supérieurs d'où il peut, par l'ouverture d'une soupape, couler dans un wagon comme de l'eau. C'est un emmagasinage intelligent et un mode de chargement rapide et économique ; j'y reviendrai dans le chapitre suivant.

Comme dans le Minnesota, la plupart des stations ne comprennent que le bâtiment de la gare et l'élévateur. Il y a cependant quelques localités qui ont déjà acquis un certain développement ; par exemple, Grand Forks où est l'université du North Dakota et Fargo qui est la ville la plus peuplée de l'État. Trois mois avant mon passage un incendie avait détruit plus de cent maisons à Fargo ; la plupart de ces maisons se relevaient lorsque je l'ai vue et les constructions en briques dépassaient déjà le premier étage ; de toutes parts des maçons étaient à l'œuvre, et tant de matériaux se trouvaient amoncelés dans la principale rue que les voitures ne pouvaient plus y passer. J'avais sous les yeux un exemple de l'énergie américaine.

Dans le North Dakota, le progrès de la colonisation a été très rapide. Il y a quatre « Districts de terre » du gouvernement fédéral, à Fargo, à Grand Forks, à Devil Lake, à Bismarck, qui disposaient encore en 1890 de 16,7 millions d'acres (6,758,000 hectares) (¹).

____

(1) Surtout dans le district de Bismarck qui dispose de 11,6 millions d'acres.

Le Northern pacific railroad possède de grandes étendues de terre qu'il vend 2,50 à 5 dollars l'acre (32 fr. 15 à 64 fr. 35 l'hectare) à l'est du Missouri, et 1,50 à 5 dollars (19 fr. 25 à 64 fr. 35 l'hectare) à l'ouest de la rivière.

En 1880, il n'y avait encore que sept comtés qui produisissent du blé et la récolte n'atteignait pas 2 millions de boisseaux ; en 1892, 18 comtés organisés, c'est-à-dire tous, moins un, et deux comtés non organisés en produisaient ; il y en avait six qui en récoltaient chacun plus de 2 millions de boisseaux (¹) et la récolte totale atteignait 39,9 millions, sur 2,878,000 acres, soit un rendement moyen de 13,9 boisseaux par acre (14,400,000 hectolitres sur 1,165,000 hectares, soit 12,4 par hectare) (²).

La même année, l'avoine a donné 13,800,000 boisseaux, le seigle 400,000, l'orge 5,300,000, le maïs 200,000, la pomme de terre 1,800,000, le lin 400,000 ; le millet et le poa de Hongrie ont donné 110,000 tonnes ; les autres fourrages artificiels 23,000 ; le foin des prés environ 600,000. Les excès de sécheresse ou d'humidité sont également à redouter dans cette plaine où la pluie est ordinairement peu abondante et où elle a peu d'écoulement quand elle tombe. C'est ainsi que la belle récolte de 1891 aurait été de près de 3 millions de bois-

____

(1) Comtés de Cass (5 millions 1/2), de Grand Forks, de Pembina, de Richland, de Traill, de Walsh.

Les chiffres donnés ici sont extraits du *Special report of the Commissioner of Agriculture and Labor for the year* 1893. Ils diffèrent de ceux qui avaient été donnés dans le *First report...* 35,8 millions de boisseaux et 2,828,000 acres avec un rendement de 12,6.

(2) Le comté où la moyenne a été la plus forte a été Olliver : 18,5 boisseaux par acre. En l'année 1891, la superficie avait été de 2,847,000 acres, la récolte de 58,3 millions de boisseaux, le rendement avait été de 20,5 par acre.

seaux de blé plus forte (¹) sans les pluies qui sont survenues à l'époque de la moisson.

Le produit des cultures maraîchères était estimé à 73,700 dollars en 1891 ; la valeur de la volaille et des œufs vendus l'étaient à 153,000 dollars ; celle du lait et de la crème à 1 million de dollars. La production du fromage a été cette même année de 300,000 livres ; celle du beurre, beaucoup plus importante, de 5,573,000 livres (2,520,000 kilos). La culture des fruits ne faisait que commencer (²), ainsi que les plantations d'arbres (³) ; mais il y avait 673,000 acres de terrain naturellement boisé (⁴).

Le nombre des chevaux, des bœufs et des moutons a beaucoup augmenté, comme on peut le voir par la comparaison des années 1885 et 1893 (⁵).

(1) *Tenth annual report of the trade and commerce of Minneapolis, 1892, Chamber of commerce*, p. 137. La récolte de 1893, d'après l'estimation du commissaire de l'agriculture et du travail, a été seulement de 27,8 millions de boisseaux de blé, quoique les emblavements aient augmenté (2,878,000 acres en 1892 et 2,977,000 en 1893); aussi le rendement est-il tombé de 13,88 boisseaux à 9,36 par acre. La récolte de l'avoine est tombée de 13,8 à 11,4 millions de boisseaux ; celle de l'orge, de 5,3 à 4,5 ; celle des pommes de terre de 1.7 à 1,1. Il y a eu une légère augmentation pour le maïs et le seigle.

Special report of the Commissioner of Agriculture and Labor to the Governor of North Dakota for the year, 1893, p. 7 et 8.

(2) 9,315 acres portant fruit, 11,709 ne portant pas encore fruit.

(3) 24,400 acres en 1892.

(4) La statistique donne 252,000 en 1891 et 673,000 en 1892 (*Chamber of commerce of Minneapolis*, p. 146). On ne voit pas comment a pu se produire d'une année à l'autre cette différence.

(5) Voir *Tenth annual report of the trade and commerce of Minneapolis*, p. 148 à 157.

Il n'y a pas concordance complète entre les chiffres donnés pour l'année 1892 dans ce document et le *Special report*.

Les mulets et ânes sont mentionnés pour 1892 et ne le sont pas pour 1893.

Cet État est encore tout agricole. Sur la somme de 3,275,000 dollars, à laquelle il évaluait sa production industrielle en 1892, la farine figurait pour 2 millions 1/2. Ces chiffres se sont trouvés réduits en 1893 à 2,519,000 dollars au total et à 1,670,000 pour la farine ; c'est que la récolte

ANIMAUX.	1885	1893
Chevaux	53,573	174,513
Mulets et ânes.	8,248	7,199 *
Bœufs	92,850	243,229
Moutons	14,576	252,571
Porcs.	30,627	44,783

* En 1892 pour les mulets et ânes.

Huitième région : Région de la Cordillère. — La région de la Cordillère comprend le Montana, dont la moitié orientale appartient en réalité aux plaines du nord, l'Idaho, le Wyoming, le Nevada, l'Utah, le Colorado, l'Arizona et le New Mexico (2,237,570 kil. carrés).

Le climat y est extrême et la pluie très rare. Dans la partie septentrionale du plateau la température moyenne de janvier est de 25°4 Fahrenheit (+ 3,9 cent.), celle de juillet de 72°1 (+ 22,2 cent.). La moyenne mensuelle dans la partie méridionale est de 42°2 (+ 5,7 cent.) en janvier, et de 82°7 (27,9 cent.) en juillet; la moyenne annuelle est de 62,7 (+ 16,9 cent.).

Dans le Nevada et l'Utah (excepté à l'est du Grand lac Salé), il tombe moins de 10 pouces d'eau par an (0^m,25). Dans les montagnes du Montana et du Colorado, ainsi que dans les monts Watsach et Uintah, il en tombe davantage ([1]), mais l'hiver est très rigoureux. A Helena (Montana), la température moyenne de l'année est 43° (+ 6,1 cent.) et il tombe 12,6 pouces d'eau (0^m,31). A Salt

de 1893 a été très mauvaise en général, que le rendement en blé a été de 35 p. 100 au-dessous du rendement de 1892. « Cette année, dit le Commissaire de l'agriculture et du travail, a été la plus défavorable qu'on ait eue depuis les débuts de la colonisation, excepté dans la partie nord-est de l'État, et, en outre, le prix est le plus bas qu'on ait constaté depuis nombre d'années. » (*Special report of the Commissioner of agriculture and labor to the governor of North Dakota for the year* 1893 ; p. 7 et 8.)
(1) De 20 à 25 pouces (0,50 à 0,75).

Lake City (Utah), 51° (+ 10,5) et 16,6 pouces (0^m,41) d'eau ; à Uinnemucca (Nevada), 49°7 (+ 9,6) et 8,4 pouces (0^m,21) d'eau ; à Yuma (Arizona), 71°9 (+ 21,9) et 3 pouces (0^m,7) d'eau ; à Santa Fé (N. Mex.) 48°4 (+ 8,9) et 13,9 pouces (0^m,34) d'eau.

Aussi la culture des céréales et des légumes ne se fait-elle le plus souvent que par irrigation. Capter les eaux, construire des canaux de conduite est une des grandes industries du pays ; elle fait la valeur des terres. Pour une acre qui vaut 5 dollars, on en paie parfois 15 et plus pour avoir une concession d'eau.

Il n'y a encore qu'une très minime partie des terres de cette région qui soient occupées en fermes : moins de 1 p. 100 du territoire ([1]). Celles qui le sont contiennent beaucoup plus de bois ou de prairies et de terres incultes que de terres labourées ([2]). Le sol a en général peu de valeur ([3]), excepté toutefois sur certains points du Colorado et de l'Utah. L'exploitation est faite presque exclusivement par les propriétaires : sur 100 cultivateurs il y a à peine 13 tenanciers non-propriétaires dans le Colorado, État qui en a pourtant plus que les autres de la même région. Dans tout l'ouest, où l'on devient facilement propriétaire et où les ouvriers sont très rares, le salaire est plus élevé que dans le reste de l'Amérique : l'ouvrier agricole non nourri gagnait par mois, en 1890, de 27,50 dollars (141 fr. 60) dans l'Arizona à 36,50 (182 francs) dans le Montana.

---

(1) 1,8 p. 100 dans le Colorado, qui en a le plus ; 0,2 p. 100 dans le Wyoming et l'Arizona, qui en ont le moins.

(2) Dans le Colorado par exemple, le quart seulement des terres de fermes est labouré.

(3) Dans le Wyoming l'acre est évaluée en moyenne à 6,72 dollars (33 fr. 60).

Sur de vastes espaces, le sol de ces grandes « Plaines »
contient les éléments de la fertilité, déposés par les
herbes flétries et par les déjections des buffles pendant
des siècles. C'est l'eau qui manque. Le foin y est généralement bon ; quand l'herbe est trop maigre pour être
fauchée, la sécheresse du climat la conserve sur pied en
bon état.

Comme la proportion des terres en culture est très
faible relativement au territoire, la région a peu d'importance au point de vue de la production totale. Cependant, comme on n'y cultive guère que des terres
d'alluvion dans les vallées et à l'aide de l'irrigation, le
rendement par acre se trouve en général être fort. La
région se place sous ce dernier rapport dans les premiers
rangs : d'après la moyenne de la dernière décade, le
Colorado occupait même le premier rang avec un rendement de 19,6 boisseaux de blé par acre (17,7 hectol.
par hectare) ; pour le rendement des autres céréales
(moins le sarrasin) et les pommes de terre, la région dis-
pute le premier rang à la Nouvelle-Angleterre (¹). Elle
est aussi dans les premiers rangs pour la valeur de son
bétail, surtout de ses vaches laitières et de ses porcs.
On élève beaucoup de moutons dans l'Arizona qui reçoit
trop peu de pluie pour produire des céréales sur les
terres qui ne sont pas irriguées.

Le *Wyoming* élève des moutons et même des bœufs
dans ses steppes et ses prairies. Il cultive aussi les
céréales ; il exposait à Chicago de très belles avoines provenant du comté de Fremont, à l'altitude de 5,000 pieds
(1,500 mètres); il produit de la graine de lin, des haricots.

____

(1) Voir l'*Album of agricultural Graphics.*

Mais, étant pauvre en pluie, il ne donne de récoltes que par l'irrigation. On y endigue les ruisseaux, on dérive les rivières ; en 1893, 371 autorisations avaient déjà été accordées pour des irrigations qui pouvaient s'étendre sur 1,265,000 acres (512,000 hectares) ; la dépense devait être de 7 millions de dollars.

Le sol du *Nevada*, en grande partie formé d'argile et de roc, est généralement sec et stérile ; la population y a diminué depuis que l'exploitation des mines n'attire plus les ouvriers.

Le *New Mexico* a fait depuis quelques années de sensibles progrès, surtout pour la culture des fruits. Il avait exposé à Chicago de nombreuses variétés de froment, d'avoine, de seigle, de maïs obtenues par irrigation. Ses fermiers ménagent une rigole pour l'eau entre chaque à-dos qui porte chacun deux rangs de maïs.

La terre de l'*Utah*, comme toutes celles de cette région, n'est cultivable que par irrigation ([1]). Une statistique officielle, publiée à propos de l'exposition de Chicago, évaluait à plus de 20,000 milles (32,180 kilomètres) les canaux construits à cet effet en 1892 ([2]), le nombre des acres en culture à plus de 200,000 (81,000 hectares) et accusait un rendement supérieur à la moyenne des États-Unis ([3]). Il est permis d'avoir un doute sur l'exactitude de ces chiffres très différents de ceux d'un tableau qui figurait aussi à l'exposition de l'Utah et qui donnait 2,095 milles de canaux, 4,888 milles d'embranchement. L'alfalfa fournit trois et même, dit-on, quatre coupes. La cul-

---

([1]) La pluie, d'après le tableau placé à l'exposition de Chicago, y varie de 23 pouces (1875) à 10 (1890), avec une moyenne de 16 environ.

([2]) Parmi les plus importants sont ceux de « Bear river valley lands ».

([3]) *Utah. A complete and comprehensive description of the agricultural, stock raising*..... 1893.

ture, d'ailleurs, n'occupe, à cause du climat, qu'une place très restreinte : sur les 52 millions d'acres du territoire, 23 seulement sont appropriées sur lesquelles 374,000 sont en culture.

Le *Colorado*, où la hauteur moyenne de la pluie est à peine de 15 pouces ($0^m,37$), a un climat trop sec pour la culture des céréales qui n'est praticable que dans les vallées par irrigation. De 1880 à 1892 on y a dépensé 12 millions de dollars pour construire 11,000 milles (17,699 kil.) de canaux et autant de sous-embranchements, fertiliser 2 millions d'acres (810,000 hectares) et en rendre 4 millions d'autres propres au labourage. L'arrosage artificiel, qui a sur la pluie l'avantage de se produire au moment le plus favorable, a procuré sur les alluvions profondes des vallées que l'humidité atmosphérique n'a pas diluées, des résultats supérieurs au rendement ordinaire : 60 à 85 boisseaux (53 à 77 hectolitres par hectare) de maïs dans la vallée de l'Arkansas, trois coupes de foin dans les prairies. Les vastes « ranchos » ont été presque tous divisés en parcs et, au lieu du bœuf à demi-sauvage du Texas, on y entretient aujourd'hui des races européennes aptes à l'engraissement. L'élevage du cheval s'est amélioré aussi par l'importation de percherons et autres étalons et celui des moutons, qui convient particulièrement au climat, est en progrès.

Neuvième région : Région du Pacifique. — La région du Pacifique comprend le Washington et l'Orégon, dont toute la partie orientale se rattache en réalité à la région de la Cordillère, et la Californie (838,020 kil. carrés).

C'est une région remarquable par l'égalité relative du climat, conséquence du voisinage de l'Océan combiné avec la prédominance des vents d'ouest. Dans le nord, la température de janvier est de 39° Fahr. (+ 3,89 cent.) et celle de juillet 61°1 (+ 16,1 cent.); dans le sud, elle est de 53° (+ 11,6 cent.) en janvier et de 71°3 (+ 21,7 cent.) en juillet.

La hauteur de la pluie, qui tombe surtout de novembre à février, est à peu près de 60 pouces (1ᵐ,50) dans le nord. Elle décroît à mesure qu'on avance vers le sud; elle est encore de 50 à 25 pouces (1ᵐ,25 à 0ᵐ,62) dans la vallée du Sacramento; mais elle n'est que de 20 à 10 (0ᵐ,50 à 0ᵐ,25) dans celle du San Joaquim et elle est de moins de 10 (0ᵐ,25) dans la Californie méridionale.

Dans le Washington et l'Orégon, il y a encore très peu de terrains appropriés en fermes (1). Il y en a davantage en Californie (2), beaucoup moins cependant que dans le centre et l'est des États-Unis, parce qu'une grande partie du pays est montagneuse ou aride et que la population est insuffisante. Dans les fermes, les labours occupent à peine le tiers du sol (3). La terre, étant en grande quantité relativement à la population, a généralement peu de valeur, même en Californie (4). Les quatre cinquièmes des fermes sont exploitées par leurs propriétaires en Californie; la proportion est encore plus forte dans les deux autres États. La Californie est un des États où le salaire des ouvriers de ferme est le plus élevé; le Washington est celui où il l'est le plus (5).

(1) 3,3 p. 100 dans le Washington et 7 p. 100 dans l'Orégon.

(2) 14,6 p. 100.

(3) Ils occupent un peu plus du tiers en Californie, mais moins dans les autres États.

(4) En Californie, l'acre vaut en moyenne 15,79 dollars, tandis que la moyenne générale des États-Unis est 19,02.

(5) La moyenne du salaire mensuel de l'ouvrier agricole non nourri,

L'État de *Washington*, qui est surnommé « Evergreen State », comprend deux parties distinctes, surtout par le climat : l'une à l'ouest et l'autre à l'est des « Cascade Mountains ». Sur les plateaux de l'est, la pluie est insuffisante; aussi les vergers sont-ils aménagés avec de petits canaux qui portent l'eau à chaque plante. A l'ouest des montagnes, le climat est au contraire tout maritime et rappelle par sa douceur celui de la France centrale : pluie abondante (50 à 60 pouces, soit 1^m,26 à 1^m,52, et plus) et température à peu près égale toute l'année. L'herbe des prés est luxuriante; l'avoine et la plupart des légumes viennent bien; mais le maïs ne réussit pas et il faut une installation spéciale pour sécher les fruits. L'État de Washington avait fait à Chicago une ample exposition de ses produits agricoles et particulièrement des gros arbres de ses forêts. Le bois est en effet un de ses plus importants produits. Les cultures se trouvent principalement dans la vallée du « Snake river ». On se pressait dans une de ses salles pour voir, reproduit dans de grandes dimensions, le modèle d'une de ses fermes avec tout le ménage de la culture. A une extrémité, la maison du fermier ([1]) avec les autres bâtiments, tous en bois : remise, étable, porcherie, potager; une vaste étendue de champs au moment de la moisson; une voiture-cuisine, « cook-house », pour préparer le repas des travailleurs, une moissonneuse mécanique attelée par derrière de quatre chevaux qui marchent sans fouler les épis, une batteuse mettant le grain en sac immédiatement, des charriots

en 1890 aux États-Unis, était de 24 dollars (123 fr.;) en Californie, 35,50, (182 fr. 80) et au Washington 37 (190 fr.).

([1]) La maison avait trois fenêtres de façade et un étage.

transportant au fur et à mesure les sacs à la ferme. Dès leur début, ces exploitations nouvelles s'installent avec tous les perfectionnements de l'outillage.

Comme le Washington, l'*Orégon* comprend deux parties que séparent les « Cascade Mountains ». La partie orientale, qui appartient en réalité, comme le Washington oriental, à la région de la Cordillère, quoiqu'elle soit généralement à une altitude moindre, reçoit trop peu de pluie pour être partout cultivable. Jusqu'en 1873, la culture du blé était confinée dans la vallée de la Villamette; elle s'est étendue sur un vaste territoire de l'est depuis que des analyses chimiques ont démontré la fertilité du sol. Elle renferme des déserts. Mais les bords des rivières sont boisés et le sol des vallées, riche en humus, devient fertile quand il est cultivé. On y trouve d'ailleurs de vastes pâturages qui nourrissent un bétail estimé.

La partie occidentale est presque entièrement occupée par la vallée de la Villamette, qui est à peu près partout propre à la culture; le climat y est humide ([1]). Le flanc des montagnes est couvert d'épaisses forêts de pins, sapins, cèdres, chênes, qui fourniront pendant une longue suite d'années matière aux scieries : les fonds et les collines sont des prairies ou des broussailles que des fermiers pourront faire valoir. Le blé et l'avoine sont, avec le houblon, les produits les plus estimés des terres de labour dans cette partie ([2]).

La *Californie* est de beaucoup le plus important État du Pacifique. C'est, après le Texas, celui de l'Union qui

---

(1) 58 à 75 pouces de pluie ($1^m,45$ à $1^m,87$), pris au sud de la côte septentrionale.

(2) *The resources of the State of Oregon*, 1892.

a le plus vaste territoire (¹), territoire plus grand que celui de la Nouvelle-Angleterre et de la région du Centre-Atlantique réunies; mais elle ne vient qu'au 22ᵉ rang sous le rapport de la population, et, par conséquent, la densité y est encore très faible : elle attend des bras. Elle comprend trois régions principales qui s'allongent parallèlement les unes aux autres du nord au sud : la Sierra Nevada à l'est, la vallée du Sacramento et du San Joaquin au centre, la Chaîne de la Côte et la Côte elle-même à l'ouest.

La Sierra, qui possède le plus haut sommet des États-Unis (mont Whitney 4,469 mètres), est alpestre et inculte dans les parties hautes ; mais les vallées inférieures ont de belles forêts (²) et, entre 1,500 et 300 pieds d'altitude, on voit de très nombreux vergers d'arbres fruitiers.

La Chaîne de la Côte, beaucoup moins haute en général, encadre de fertiles vallées qui sont cultivables sans irrigation artificielle au nord et avec irrigation au sud. C'est au centre, près de la baie de San Francisco, qu'est la fertile vallée de Santa Clara ; c'est au sud, sur le bord de la mer, que se trouve la plaine de Los Angeles et de San Bernardino, une de celles qui donnent les plus beaux fruits du midi.

La vallée centrale est un long et étroit ovale fermé au nord et au sud par la jonction de la Sierra et de la Chaîne de la Côte. Elle est arrosée dans sa partie septentrionale par le Sacramento et dans sa partie méridio-

---

(1) 410,140 kil. carrés, 1,208,500 hab. densité 3 habitants par kil. carré.
(2) C'est dans cette partie que se trouvent la « Yosemite valley », célèbre par ses cascades et les « Big trees », c'est-à-dire les sequioa gigantea dont le plus grand a 33 pieds de diamètre et dont les plus hauts ont 272 pieds.

nale par le San Joaquin, moins riche en eau parce que le sud reçoit moins de pluie, les deux cours d'eau se réunissent près de leur embouchure dans la magnifique baie de San Francisco. Cette vallée ou plutôt cette plaine à peu près unie, qui mesure 6 millions d'acres (24,200 kil. carrés), est presque partout cultivable ; le sol y est sur beaucoup de points couvert d'un résidu blanchâtre.

Au nord de la plaine de Los Angeles et à l'extrémité sud-est de la Californie est le grand désert de Mojave et du Colorado, où il ne pleut presque jamais (¹).

La grande vallée californienne jouit d'un climat très favorable à l'horticulture ; la température moyenne y est d'environ 60° (+ 15,5 cent.); elle est en général plus élevée dans la partie septentrionale et surtout dans la partie méridionale qu'au centre près de la baie de San Francisco, parce que la brise de mer, arrêtée par la Chaîne de la Côte, n'y rafraîchit pas autant l'atmosphère en été.

La pluie, décroissant du nord au sud, a une hauteur de 34,61 pouces (0ᵐ,86) à Redding et de 5,1 (0ᵐ,13) à Bakersfield. Elle est en général abondante dans les vallées hautes de la Sierra arrosées par les nuées qui ont passé par-dessus la Chaîne de la Côte ; ces vallées, réchauffées par le vent d'ouest, n'ont pas une température inférieure à celle des bords du Sacramento. C'est la même brise de mer qui adoucit la température dans la région entière, surtout dans le sud durant l'été.

L'irrigation n'est pas nécessaire dans le nord ; mais elle l'est dans le sud où elle fait ordinairement toute la valeur de la terre (²). Elle y est d'ailleurs rendue facile

---

(1) Il tombe 5 pouces d'eau (0ᵐ,12) par an à Mojave.

(2) Dans beaucoup de parties du sud où la terre non irriguée n'a pas de valeur, la terre irriguée se vend 50 dollars l'acre (643 fr. l'hectare).

par le grand nombre de ruisseaux des petites vallées.
Les missionnaires l'avaient déjà pratiquée au xviiie siècle
et probablement, avant eux, les indigènes de l'Arizona.
Le premier puits artésien a été creusé vers 1850 dans
la vallée de Santa Clara ; depuis une quinzaine d'années
le nombre de ces puits a rapidement augmenté: il y en
a aujourd'hui des milliers dans le sud. On a capté des
sources dans les montagnes pour les amener par des tun-
nels et des aqueducs jusqu'aux cultures (1); afin d'éviter
l'évaporation, on irrigue quelquefois seulement le sous-
sol à l'aide de tuyaux. On a construit des barrages et des
réservoirs dans les hautes vallées pour retenir l'eau des
torrents (2). On complait en 1890 13,732 irrigateurs
fournissant l'eau à 1 million d'acres (405,000 hectares).
Grâce à cette eau, la valeur de la propriété a septuplé
de 1880 à 1892 dans les comtés du sud (3).

Dans ses fermes dont l'étendue est généralement plus
grande que celle des États du centre et de l'est (4), la
Californie produit en quantité du blé (5), et en plus
grande quantité qu'aucun autre État une orge de

(1) On cite, entre autres, la canalisation du comté de Kern.

(2) Un des plus importants est celui de Bear valley, situé à 6,000 pieds
d'altitude et retenant les eaux de la rivière Santa Ana. Il a 335 pieds de
large, 64 de haut et retient 20 millions de gallons.

(3) Dans sept comtés du sud, Los Angeles, Orange, San Bernardino,
San Diego, Fresno, Kern et Tulare, la valeur de la propriété taxée,
c'est-à-dire soumise à l'impôt était de 21 millions de dollars en 1880 et de
146 millions en 1892. Les améliorations culturales avaient une valeur de
68 millions en 1880 et de 36 millions en 1892.

(4) Il y a en Californie beaucoup de fermes de 5,000 à 10,000 acres
(2,025 à 4,050 hectares) et plus. Ces fermes tendent de plus en plus à se
subdiviser en fermes plus petites.

(5) 39 millions de boisseaux en 1892. M. George W. Walls, Commissaire
du travail de l'État de Californie, faisait remarquer dans le 5e rapport
biennal (1891-1892) que la Californie produisait 42 boisseaux de blé par
tête, tandis que la moyenne des États-Unis était de moins de 10. La culture du blé en Californie remonte à 1778 (dans la mission de San Diego).

bonne qualité. Elle exporte une notable partie de sa récolte en grain ou en farine (¹) pour l'Europe, la Chine et le Japon.

Elle est au nombre des dix États qui ont produit le plus de blé et de foin en 1892; mais elle doit ce rang surtout à l'étendue de son territoire. Cependant, c'est à la qualité de son sol qu'elle doit son fort rendement en pommes de terre et en sarrasin.

Elle est de beaucoup l'État qui produit le plus de betteraves à sucre : 7,1 millions de livres en 1890, 8,2 en 1891, environ 29 millions en 1892, sous l'influence de la prime. La culture est pratiquée dans le voisinage des trois grandes fabriques de Walsonville dans la vallée de Parajo, d'Alvarado sur la baie de San Francisco, de Chino au sud de la Californie.

Nulle part la machinerie agricole n'a un rôle plus important dans la culture (²). On compte environ 500 moissonneuses avec 2,000 hommes d'équipe que des entrepreneurs louent et qui vont de ferme en ferme à l'époque de la moisson; les ouvriers, qui sont en partie Chinois, ont leur campement, leur cuisine et font leur travail sans même le plus souvent entrer en contact avec le personnel des fermes sur lesquelles ils opèrent. Le Commissaire du travail de l'État, M. G. W. Walls, comparant la manière toute primitive dont cultivaient

---

(1) La meunerie est une des plus importantes industries de la Californie. Les moulins peuvent produire 20,000 barils de farine par jour. C'est une industrie qui tend à se concentrer. La meunerie de South Vallejo faisait 150 barils par jour; elle s'est équipée pour en faire davantage : en 1864, 650; en 1874, 800; en 1883, 2,000 avec deux moulins; aujourd'hui, organisée en Société, elle a fait construire un moulin qui peut produire 6,000 barils. Le commissaire du travail fait remarquer que les profits par baril ont diminué, en quinze ans, de 75 p. 100, pendant que les salaires restaient stationnaires.

(2) Voir plus haut : Machinerie agricole.

les Indiens des Missions aux machines actuelles mues
par la vapeur, croit pouvoir affirmer qu'il fallait alors
douze travailleurs par acre et qu'aujourd'hui il suffit, en
moyenne, d'un homme par 130 acres.

La Californie est par excellence (avec la Floride) l'État
fruitier de l'Amérique ; ses vergers ont quelquefois
une grande étendue et sont en général bien tenus.
A l'exposition de Chicago, dans son très vaste bâtiment construit sur le type architectural des Missions,
elle avait installé une magnifique exposition des produits de ses fermes, de ses vergers et de ses cultures maraîchères (¹), et elle en avait fait une seconde
presque aussi ample dans le bâtiment de l'horticulture,
étalant à profusion pommes, poires, pêches, abricots, figues, olives, prunes, raisins, oranges, citrons,
amandes, exposant même, ainsi que je l'ai déjà dit, une
statue équestre de grandeur naturelle tout en prunes ;
Le bureau d'horticulture de la Californie évaluait en 1892
à 282,000 le nombre des acres de culture fruitière qui
étaient en rapport et à 119,000 celui des acres qui ne
rapportaient pas encore (²). La même année, il a été
exporté de Californie par mer 35 millions de livres de
fruits frais et secs et par chemin de fer 375 millions,
sans compter les oranges et citrons dont on a expédié
vers l'est plus de 6,000 wagons. Ce sont les fruits de
choix qui sont expédiés à l'état frais ; les autres sont
desséchés dans des étuves ou sous châssis dans les
champs. De grandes associations de cultivateurs se sont

(1) Parmi les légumes, les oignons, les concombres, les haricots occupaient une large place à l'exposition.
(2) Les comtés du sud, San Bernardino, Los Angeles, Santa Clara,
sont ceux qui ont la plus grande superficie, ainsi que Fresno.

16

constituées pour faciliter les débouchés et aspirent à supplanter entièrement l'importation étrangère aux États-Unis (¹).

J'ai dit plus haut que la Californie était l'État qui produisait le plus de vin; cependant l'étendue de son vignoble n'atteint pas la moitié (800,000 hectares) de celle du département de l'Hérault : vins fins dans le nord, gros vins au centre, raisins de table et raisins secs dans le sud. Le « mal de Californie » et le phylloxera ont fortement attaqué les vignes. Les Américains, auxquels il convient d'ajouter les Allemands établis dans le pays, et un petit nombre de Français ont en général des bâtiments bien installés, à plusieurs étages, munis de monte-charge, cuves, etc., et emploient de bons procédés de fabrication. Non seulement ils ont introduit la plupart des cépages d'Europe, mais plusieurs ont imité la forme des bouteilles et jusqu'aux étiquettes (²). Mais les chaleurs de l'automne prolongent trop longtemps la fermentation; une des raisons pour lesquelles les vins, au sentiment des dégustateurs français, manquent souvent de bouquet (³). Cette industrie s'est rapidement développée; 400,000 gallons en 1860, 3,700.000 en 1870, 13,557,000 en 1880, 22 millions de gallons en 1891.

J'ai déjà dit que les Américains buvant peu de vin,

(1) Pour les prunes, par exemple, cette importation, qui a été de 1,940,000 dollars en 1891 est tombée à 506,000 en 1892.

(2) Il paraît que les bons viticulteurs de Californie protestent et réagissent contre cette fraude qui empêche d'apprécier leurs vins. Voir *Resources of California*, p. 129.

(3) Il faut noter cependant qu'il a été médaillé à l'Exposition universelle de Paris en 1889. Les Californiens se défendent: « As to the quality of California wines, it may be said that their average quality is above the average of either the French or German wines of like quality ». *Resources of California*, 1893.

les débouchés intérieurs étaient restreints (¹). Les nouvelles plantations ont fait baisser le prix du vin qui reste encore plus cher que celui de France en moyenne, par suite celui des vignobles, et les producteurs ont dû chercher un débouché à l'étranger. Il y a une crise ; cependant l'état du marché semblait un peu s'améliorer en 1893.

En Californie, la douceur du climat a favorisé l'élevage en plein air. Comme dans d'autres États, de grandes crémeries ont été établies qui, sur certains points, concentrent la fabrication du beurre et du fromage.

VIII

LA COLONISATION, LA VENTE DES TERRES ET LES HYPOTHÈQUES

Étendue du domaine public. — Un des plus puissants stimulants de la colonisation et de la culture aux États-Unis a été la vente des terres publiques. Grâce à la cession des territoires situés à l'ouest des Appalaches par les treize États (1782-83) (²), plus tard à celles de la région située à l'ouest du Mississipi par la France (1803) (³), de la Floride au sud par l'Espagne (1819) (⁴), de l'extrême ouest par le Mexique (1848-1853) (⁵), de l'Alaska (1867)

---

(1) Les exportations de vin par mer en Californie se sont élevées de 3 à 12 millions de gallons de 1886 à 1893.

(2) Les cessions faites par les États au Congrès en 1782 et 1783 en vertu de la résolution de 1780, avaient une superficie de 259 millions d'acres, dont 170 millions avaient appartenu à la Virginie.

(3) La cession de la Louisiane en 1803 par la France, moyennant 60 millions de francs, donna aux États-Unis 756 millions d'acres.

(4) La cession de la Floride par l'Espagne en 1819 donna aux États-Unis 38 millions d'acres.

(5) Le traité de Guadalupe avec l'Espagne en 1848 donna aux États-

par la **Russie** ([1]), d'immenses étendues devinrent des terres publiques dont le gouvernement fédéral eut la disposition. Le total de ces terres était de 407,000 milles carrés pour les cessions faites par les treize premiers États de l'Union et de 2,198,000 milles carrés pour les cessions faites ultérieurement par des États étrangers, soit en tout 1,667 millions d'acres (6,749,000 kil. c.) ou suivant un autre calcul, 1,815 millions d'acres (7,348,000 kilomètres carrés) ([2]). Le gouvernement fédéral n'a jamais possédé en même temps la totalité de ces terres parce qu'il avait déjà aliéné les premières quand il est devenu propriétaire des dernières.

Frontière de la colonisation ([3]). — Dans l'espace d'un siècle les immenses territoires du centre et de l'ouest ont été peu à peu envahis et couverts par le flot montant de la colonisation qui, à la sauvagerie indienne, a substitué la civilisation américaine. Ce flot a été très divers, tantôt pacifique, tantôt violent et impétueux, parfois impur, toujours mobile. La mobilité, qui est dans le caractère américain, a été un des traits essentiels du

Unis 334 millions d'acres auxquels le traité du 30 décembre 1853 ajouta 29 millions d'acres. En 1850, l'État du Texas, qui s'était réservé la disposition de ses terres publiques en entrant dans l'Union, céda au gouvernement des États-Unis 65 millions d'acres.

(1) La cession de l'Alaska par la Russie en 1867 au prix de 7,200,000 dollars a ajouté 369 millions d'acres au domaine public des États-Unis.

(2) Toutes les statistiques ne sont pas entièrement d'accord sur cette superficie. Celle que je donne dans le texte est tirée du *Statistical Atlas* publié par le Census de 1870. Le « General land office » a donné, à la date du 30 juin 1893, 2,836,000 milles carrés, soit 1,815,424,000 acres, y compris le Territoire indien, les réserves indiennes et les réserves nationales, les sections des écoles, etc. L'Alaska, qui a une superficie de 369 millions d'acres comprises dans ce total en 1888, a été ouvert à la colonisation.

(3) Voir l'article de M. Frédérick J. Turner, intitulé : The significance of the Frontier in american history, dans *Proceedings of the 41 annual meeting of the State historical Society of Wisconsin.*

pionnier. Michel Chevalier écrivait en 1835 dans ses *Lettres sur l'Amérique du Nord* (1) : « Le Yankee n'a pas de racine dans le sol; il est étranger au culte de la terre natale et de la maison paternelle; il est toujours en humeur d'émigrer... Il vendra la maison de son père comme de vieux habits, de vieux galons. Il est dans sa destinée de pionnier de ne s'attacher à aucun lieu, à aucun édifice, à aucun objet. » A la même époque, Grund (2) parlait du pouvoir d'expansion inhérent au caractère américain qui tient toutes les classes de la société dans une agitation continuelle et pousse une grande partie de la population aux extrêmes confins de l'État. Dès la période coloniale, cette tendance était accusée (3). En vain, en 1763, le roi d'Angleterre avait interdit tout établissement par delà les sources des rivières coulant vers l'Atlantique. « Si vous chassez les colons d'un lieu, disait Burke dans le parlement britannique, ils iront labourer et faire paître leurs troupeaux dans un autre. Vous ne pouvez pas mettre garnison en chaque point de ces déserts. »

Plus tard Washington, Jefferson, John Quincy Adams essayèrent aussi, mais sans succès, de parquer la colonisation pour la rendre plus intense ou pour faire de la vente des terres une source de revenu. L'expansion a débordé. En 1832, le président Jackson recommandait que les terres publiques fussent données gratuitement en vue de la colonisation et sans idée de spéculation et, quelques

____

(1) Lettre XXIII, t. II, p. 17.
(2) *Americans*, ii, p. 8.
(3) Le français Duquesne disait aux Iroquois qu'ils pouvaient encore chasser jusque sous les murs des forts français, tandis que les Anglais faisaient fuir le gibier dès qu'ils s'établissaient quelque part, parce que les forêts tombaient à mesure qu'ils avançaient.

années après, un sénateur de l'Indiana déclarait que la loi de préemption n'était qu'une simple déclaration du droit naturel des colons à l'occupation du sol.

Le sénateur du Missouri, Benton, que ses concitoyens ont surnommé « The great Missourian », a réclamé énergiquement, dans le double intérêt du défrichement et de la démocratie, l'occupation gratuite par les colons et, dès 1844, le parti des « Free soilers » portait dans son programme la concession gratuite, en quantité limitée, des terres publiques à ceux qui s'y étaient établis, l'interdiction aux étrangers d'en acheter et l'exemption de saisie du « Homestead ».

La frontière du peuplement, « the frontier of settlement », qui se trouvait sur les Alleghanies à l'époque de la guerre de l'indépendance, et qui a été reportée au Mississipi dans le premier quart du XIXe siècle, au Missouri au milieu de ce siècle, n'existe pour ainsi dire plus aujourd'hui que les colons ont pris à revers le continent par la Californie, quoique les « terres arides » situées à l'ouest du 99e méridien s'interposent encore entre le groupe des États du Mississipi et celui du Pacifique.

En 1848, Peck, l'auteur du *New Guide to the West*, distinguait trois flots successifs de colons dans les pays en pleine exploitation : le premier composé de pionniers qui chassaient, élevaient un cheval, une vache et deux cochons, cultivaient avec quelques outils un coin de jardin, habitaient une cabane en bois et vivaient indépendants dans la forêt ou la prairie solitaire ; le second flot formé d'émigrants qui remplaçaient par achat le premier, mettaient des cheminées de pierre aux maisons de bois, ébauchaient des routes à travers les forêts, érigeaient des églises ou des écoles ; le troisième qui achetait à son tour, apportait un capital et entreprenait une culture plus savante, construisait des villages et introduisait les raffinements de la vie civilisée. Ces flots parfois se juxtaposaient : on voyait des pionniers pasteurs à côté des fermes bien outillées. Peck disait qu'on pouvait rencontrer des centaines d'hommes n'ayant pas plus de cinquante ans qui s'étaient ainsi créé cinq et six fois un nouveau foyer, les uns parce qu'ils avaient le goût des aventures, les autres parce qu'ils savaient mieux tirer parti d'un sol vierge que d'un autre.

M. Frédérick-J. Turner, dans un intéressant article, fait comprendre comment ces flots, toujours changeant, mais toujours avançant, ont contribué à former l'esprit américain. Dans ceux qui ont envahi peu à peu le « Far west », il n'y avait pas seulement des Anglais ; c'était surtout une population mélangée, que la lutte contre la nature et contre les Indiens trempait peu à peu, et qui devenait rude dans ses mœurs, mais indépendante par sa situation même, moins particulariste que les puritains et les yankees de la Nouvelle-Angleterre ou que les Virginiens du sud, et profondément démocratique. « It was, dit M. Turner, typical of the modern United States (1). » La mobilité de la population, ajoute-t-il, est mortelle au provincialisme et la frontière de l'ouest n'a cessé d'avoir une population mobile.

Il n'y a plus d'Indiens à redouter, mais la vie du pionnier continue à être rude et sa mobilité n'est guère moindre que dans le passé.

(1) En 1830, un colon de la Virginie occidentale se faisait déjà le représentant et l'avocat de cet esprit démocratique en opposition avec l'esprit aristocratique des anciens planteurs.

Aliénation des terres publiques. — Le gouvernement des États-Unis n'a pas conçu en un jour le système de colonisation qui est aujourd'hui en vigueur et que Jefferson avait entrevu dès la fin du xviiie siècle (1).

Après la proclamation de l'indépendance, les États s'étaient fait concurrence pour attirer des colons en leur offrant des terres à vil prix, le Connecticut à 40 cents l'acre, le Massachusetts à 30 cents (dans le Maine), la Virginie, en mettant en vente le Kentucky. Chacun avait ses agents à New-York, et la rivalité avait été jusqu'à des rixes. En 1780, le Congrès décida que les terres inoccupées seraient désormais sous la juridiction de l'Union et en 1784, qu'elles seraient vendues par lots de 640 acres au moins :

Des concessions parfois très étendues furent faites à des spéculateurs, sans souci de la colonisation proprement dite et dans le seul but de fournir des ressources au trésor public alors très obéré; Washington, qui a été au nombre de ces spéculateurs, possédait de ce chef en 1797, 70,000 acres dont il revendit une partie (2).

En 1800, ce système fut remplacé par celui de la vente à crédit au prix de 2 dollars l'acre avec obligation de verser comptant seulement le quart du prix dans les quarante jours. Beaucoup de spéculateurs usèrent de ce système soit pour accaparer des terres, soit pour faire des tentatives d'établissement dans

(1) *History of the land question in the United states*, par Shousuke Sats dans les publications de *Johns Hopkins University*, 4e série, année 1886, nos 7, 8 et 9.

(2) Voir *Marylad's influence upon land cessions to the United States*, par H.-B. Adams dans les publications de *Johns Hopkins University*, 3e série, année 1885, no 1.

l'ouest dont un grand nombre échoua, faute de débouchés et par suite de l'insécurité causée par les Indiens. En 1829 la vente à crédit fut supprimée et le prix de l'acre fut abaissé à 1,25 dollars; mais la lutte dura encore plusieurs années entre les séparatistes qui demandaient la rétrocession des terres publiques aux États et les unionistes qui défendaient les droits du Congrès. Un journaliste, M. Evans, a été à cette époque un des plus ardents parmi les « Free Soilers » pour réclamer une demi-section du domaine public pour chaque père de famille.

Des concessions très étendues ont été faites d'abord à des spéculateurs contre des paiements à peu près fictifs. Le président Jackson essaya le premier de barrer la route à cet abus. Comme il était en désaccord sur ce point avec le Congrès, il profita du soir où celui-ci venait de clore sa session et où sa propre présidence n'expirait qu'à minuit, pour rendre à onze heures et demie un décret (3 mars 1837) ayant force de loi, qui interdisait la vente des terres publiques autrement que contre espèces. C'est le même président qui, en 1836, avait institué un Bureau général des terres, chargé de l'arpentage et des ventes, et depuis ce temps ce double service est devenu régulier.

Le Congrès étant devenu plus favorable à la politique qui avait pour objet de réserver la terre à de petits propriétaires et de s'en servir comme d'un moyen de peuplement, la loi de 1841, dite « Preemption act », fut rendue, autorisant tout Américain qui aurait défriché ou amélioré une terre de 160 acres au plus à l'acquérir, de préférence à tout autre personne, au prix de 1,25 dollar l'acre lorsqu'elle serait mise en vente; puis, la loi sur les « Military warrants » donnant aux soldats et marins, après leur service accompli, le privilège d'occuper gratuitement une étendue de 160 acres. Malgré certaines précautions du législateur, ces lois n'écartèrent pas la spéculation. On vit, particulièrement à la suite de la guerre du Mexique, des capitalistes faire occuper par des hommes de paille des terrains qui leur étaient ensuite rétrocédés ou acheter des warrants que des soldats, n'ayant pas le goût de devenir laboureurs, cédaient à des prix dérisoires. A une proposition d'autoriser l'occupation gratuite en « Homestead » de 160 acres par tout citoyen américain ou personne résolue à le devenir, les représentants du sud, sénateurs ou députés, avaient, en 1859 et 1860, opposé une résistance victorieuse et, lorsque le bill avait enfin été voté par les deux chambres, le président Buchanan avait opposé son véto (23 juin 1860) (1). A la législature suivante, sous la présidence d'Abraham Lincoln, une proposition nouvelle fut introduite qui aboutit à la loi du 20 mai 1862. Rendue pendant la guerre de la rébellion, sous l'influence du parti républicain le « Homestead law » donnait à tout Américain majeur le droit d'acquérir, moyennant certaines conditions de culture et de résidence, 160 ou 80 acres suivant les cas ; elle se proposait d'écarter les colons

(1) Le président terminait ainsi le mémoire adressé au Sénat pour motiver son véto. « Le citoyen pauvre et honnête peut, en chaque État de notre pays, par son activité et son esprit d'économie, acquérir l'aisance pour lui et pour les siens, et ce faisant il sent qu'il mange le pain de l'indépendance ; il ne tend la main ni au gouvernement, ni à ses concitoyens. Ce bill, qui a pour but de lui donner la terre à un prix purement nominal, aura pour effet de démoraliser le peuple honnête et laborieux et d'émousser les nobles instincts d'indépendance. Il ouvre la porte toute grande aux pernicieuses théories sociales qui ont fait tant de mal dans d'autres pays.

Pour annuler le véto du président, il aurait fallu les deux tiers des voix des sénateurs. Or, 38 voix se prononcèrent pour le bill et 18 contre ; le bill se trouva repoussé.

fictifs et de former une forte colonisation de propriétaires libres, qui assurerait bientôt au nord la prépondérance sur le sud. Dans la suite, on a permis au propriétaire d'un « Homestead » d'acquérir à titre de préemption 160 acres contiguës à sa terre, on a créé en 1864, les « Military naval warrants » pour faciliter aux soldats l'occupation de la terre ; on a autorisé, en 1877, le colon qui se trouvait dans les conditions de préemption, et, en 1888, le marin ou le soldat pourvu d'un warrant à convertir leur titre en celui de « Homestead ». On a réformé en 1890 et supprimé en 1891 la loi de préemption ; on a rendu en 1873, en 1878 et en 1891 les lois de « Timber culture », en vertu desquelles on peut obtenir 160 acres en boisant une certaine portion du terrain ; l'ensemble de la législation relative à l'aliénation des terres publiques a été ainsi remanié de 1887 à 1891.

Depuis que le Bureau général des terres, « General land office », a été institué, l'arpentage s'est fait d'une manière suivie. On a commencé par mesurer avec précision des parallèles et des méridiennes ou, pour parler plus exactement, des lignes de guide suivant à peu près un méridien (¹), qui ont servi de bases pour déterminer les côtés des « townships ». Le « township », en effet, est un carré dont les côtés ont 6 milles de long et sont orientés nord-sud et est-ouest et qui est désigné par

---

(1) Les lignes de guide ne suivent pas exactement les méridiens, parce que les divisions doivent être, à toute latitude, des carrés égaux. Une loi du 20 mai 1785 avait prescrit la division par « townships ». Ce système de division a pour auteur Olivier Phelps, qui s'est lui-même servi comme bases de la ligne mesurée par Mason et Dixon en 1763 (Mason et Dixon line) entre la Pennsylvanie et le Maryland et de la ligne frontière entre l'Ohio et l'Indiana (par 84°31' de longitude ouest de Greenwich).

deux numéros correspondant à l'échelle de latitude et de longitude. Il est divisé en 36 sections dont chacune a un mille de côté et mesure par conséquent 1 mille carré ou 640 acres. La section est subdivisée en quatre quarts de 160 acres chaque : ce qui est précisément l'étendue d'un « Homestead ». Les angles de ces divisions sont marqués par un abornement qui fait foi (1).

La loi de 1785 qui a constitué le Territoire nord-ouest a décidé que, dans chaque « township » la 16e section serait consacrée à l'entretien des écoles publiques. Une loi de 1787 a affecté deux « townships » par État à l'entretien d'une Université. En 1848, on a décidé que la 36e section serait, outre la 16e, affectée aux écoles publiques : c'est l'Orégon qui a le premier profité de cette dernière loi. En 1862, une quantité de terres égale à autant de fois 30,000 acres qu'il y avait de sénateurs et de députés, a été concédée à chaque État pour la création d'Universités dans lesquelles on enseignerait, entre autres matières, l'agriculture et les arts mécaniques.

Après la guerre de la rébellion, en juin 1866, le gouvernement national possédait encore 1,456 millions d'acres (589,400,000 hect.), dont 474 millions (191,900,000 hect.) étaient arpentés. L'arpentage était achevé dans l'Ohio, l'Indiana, l'Illinois, le Michigan, le Wisconsin, l'Iowa, le Missouri, l'Arkansas, et, sur la côte du golfe, dans le Mississipi et l'Alabama; il l'était presque dans la Louisiane et la Floride. Il était commencé dans le Minnesota, le Nebraska, le Kansas, la région du Pacifique.

Les États et Territoires du « Far west » sont très ac-

---

(1) La section contenant 340 acres, le « township », en contient 23,040. Plusieurs « townships », en nombre indéterminé, forment un comté dans les États où existe la division en comtés.

tivement secondés sous ce rapport par la politique du gouvernement national. Ils se sont efforcés à l'envi d'attirer les immigrants et de les fixer sur leurs terres, parce que la population est non seulement la source de la richesse au point de vue économique dans toute contrée vierge, mais aussi aux États-Unis la condition de la puissance au point de vue politique; il faut un certain nombre d'habitants pour qu'un Territoire soit érigé en État et le nombre des députés auxquels un État a droit dans le Congrès est proportionnel au nombre de ses habitants. Territoires et États ont donc favorisé l'occupation et la vente des terres, encouragé la construction des chemins de fer, fait, comme de véritables marchands, de la réclame pour vanter la qualité de leur sol et la salubrité de leur climat. prodigué autant qu'ils l'ont pu les faveurs aux colons par des écoles, par des institutions démocratiques, par des lois de « Homestead exemption », etc. On peut, ou du moins on pouvait jusqu'en 1891 devenir propriétaire de terres publiques de diverses manières ; voici les principales :

1° Les terres étaient jusqu'en 1891 mises aux enchères, « Public sale », sous l'autorité du Président, par le « General land office. » La mise à prix était de 1,25 dollar pour les terres ordinaires, et de 2,50 dollars pour les lots intercalés dans les « townships » concédés aux chemins de fer. La loi du 3 mars 1891 a supprimé la vente des terres publiques aux enchères, excepté dans quelques cas spéciaux.

2° Les terres qui, ayant été mises aux enchères, n'ont pas trouvé d'acheteurs peuvent être vendues à l'amiable et au comptant ([1]).

[1] Ce mode d'aliénation date du « Graduated act » (1846), en vertu duquel

3° Ces terres peuvent être acquises aussi partie en argent comptant, partie avec des garanties, « by private entry ».

4° Les terres arpentées ou non arpentées pouvaient jusqu'en 1891 être acquises par droit de « préemption », c'est-à-dire qu'un particulier pouvait occuper, avant la mise en vente, une terre jusqu'à concurrence de 160 acres ; lorsque plus tard l'arpentage avait lieu, l'occupant n'avait qu'à faire régulariser sa situation en payant en argent 1,25 dollars par acre ou en présentant une valeur analogue ; une personne possédant déjà une terre par « Homestead » pouvait acquérir, en se conformant aux règles de la préemption, une terre contiguë à sa propriété jusqu'à concurrence de 160 acres. Ce droit de préemption, dont on trouve des traces dans les anciennes colonies, avait été établi par une loi de 1801, réglé par une loi de 1841 et confirmé par les sections 2257 à 2286 des statuts revisés des États-Unis (1873-1875). Les abus auxquels il a donné lieu l'ont fait supprimer en 1889 et 1891 (loi du 3 mars 1891).

5° Les terres peuvent être acquises par « Homestead ». Le droit au « Homestead », créé par la loi de 1862 et modifié par d'autres lois (la dernière est du 3 mars 1891) (1), consiste à pouvoir occuper gratuitement 160 acres de terre arpentée (64,8 hectares), soit un quart de section dans les lots à 1,25 dollars l'acre, et 80 acres de terre

une terre qui est restée sur le tableau des adjudications pendant dix ans sans trouver d'acquéreur pouvait être cédée aux occupants pour 12 cents à 1 dollar l'acre.

(1) Parmi ces lois, celle du 20 juin 1866, portant qu'il ne sera fait aucune distinction quant à la couleur et à la race au sujet des demandes en concession, a été surtout désagréable aux planteurs du sud. Le code revisé en 1873-75 a supprimé la clause qui excluait du droit de « Homestead » les personnes ayant pris les armes contre les États-Unis.

arpentée dans les lots à 2,50. Il ne peut être exercé qu'une fois et par un citoyen des États-Unis âgé de 21 ans au moins ou par une personne ayant déclaré, conformément à la loi, avoir l'intention de devenir citoyen. Le concessionnaire doit être un colon de bonne foi ayant déclaré qu'il n'était pas l'agent d'une autre personne, résider et cultiver (¹); il ne reçoit le titre définitif qu'après cinq ans de séjour et de culture; d'ailleurs l'administration se contente en général de peu à cet égard. Les frais d'arpentage et d'enregistrement qu'il doit payer pour la délivrance du titre varient de 7 à 34 dollars (36 à 175 fr.). Après quatorze mois de séjour, il peut obtenir le titre définitif en payant au moins 1,25 dollars par acre. Tant que le concessionnaire n'a pas obtenu le titre définitif, il ne peut ni aliéner ni hypothéquer la terre; quand il l'a obtenu, cette terre ne peut pas être saisie pour paiement de dettes antérieures (²).

(1) Dans certains cas, par exemple pour maladie, il peut obtenir du receveur des domaines un congé d'absence (loi du 3 mars 1891).

(2) Il ne faut pas confondre la loi fédérale de 1862 sur le « Homestead » et les lois particulières des États sur le « Homestead exemption ».

La loi fédérale est celle qui autorise les citoyens américains et les personnes ayant déclaré leur intention de devenir citoyens à occuper un terrain de 160 acres dans certains cas et de 80 dans d'autres; l'occupant n'étant, en règle générale, propriétaire définitif qu'après cinq années, la terre qu'il occupe ne peut être ni vendue, ni hypothéquée par lui tant qu'il n'a pas cette qualité, et lorsqu'il l'acquiert, la terre ne peut pas être saisie pour paiement de dettes antérieures. Si le père et la mère viennent à mourir, les droits passent aux enfants. La jurisprudence a à peu près établi aujourd'hui que le colon peut hypothéquer son « Homestead » avant la cinquième année.

La première loi d'État sur le « Homestead exemption », celle du Texas, date de 1839, et est antérieure à l'annexion de cette province aux États-Unis. En 1893, quarante-trois États ou Territoires, c'est-à-dire tous à l'exception de la Pennsylvanie, du Rhode Island, du Delaware, de l'Orégon et du district de Columbia, possédaient une loi de ce genre. Ces lois ont pour objet d'exempter de la saisie et de la vente judiciaire, soit d'une manière générale pour tous les propriétaires qui se trouvent dans les conditions requises, soit d'une manière spéciale par déclaration du propriétaire, un certain domaine variant en étendue de 40 à 240 acres de terre rurale ou

6° **Les anciens soldats et marins de la guerre de la rébellion, leurs veuves et leurs orphelins peuvent obtenir un « Homestead » de 160 acres dans des conditions particulières, à titre de « military warrant »** ([1]).

7° Les lois de « Timber culture act », votées (1873, 1878 et 1891) en vue du reboisement, donnent le droit ([2]) à tout homme qui, dans l'espace de 3 ans, a planté 10 acres ou, dans d'autres cas, 5 acres en bois, d'en prendre 60 en « Homestead ». On peut cumuler un « Homestead » forestier avec un « Homestead » ordinaire.

8° Les lois de « Desert lands act » permettent d'acquérir au prix de 25 cents l'acre des étendues plus considérables (640 acres) en irriguant des terres arides.

9° Le gouvernement national a donné à plusieurs États et Territoires, par la loi du 2 juillet 1862, des terres publiques (30,000 acres par sénateur ou député envoyé au Congrès par chaque État) pour établir et entretenir des collèges d'agriculture et d'arts mécaniques. Ces terres sont vendues dans les mêmes conditions que les terres fédérales analogues par les États qui en sont dotés.

10° Il a attribué au fonds des écoles deux sections, la 16e et la 36e dans chaque « township ». Ces terres

---

en valeur de 500 à 5,000 dollars. (Voir en appendice le rapport fait à l'Académie des Sciences morales et politiques [*Comptes rendus des séances et travaux de l'Académie des Sciences morales et politiques*] sur le concours pour le prix Rossi, sur la question du Homestead, en juin 1894, par M. E. Levasseur.)

(1) Les « Military warrants » remontent à la loi du 4 août 1842, « Donation act », en vertu de laquelle tout citoyen capable de porter les armes pouvait obtenir une concession de 160 acres dans les contrées réputées dangereuses à cause du voisinage des Indiens. Le Code revisé de 1873-75 a décidé que tout soldat, marin, officier ayant servi au moins pendant 90 jours dans l'armée fédérale pourrait avoir 160 acres en résidant au moins un an; en cas de décès le domaine tout entier passe à la veuve ou aux enfants.

(2) Ce droit, suivant la loi de 1878, s'étendait à 160 acres.

sont vendues ou louées par les administrations locales.

11° Il a attribué à certains États des terres pour payer des travaux d'utilité publique dits « Internal improvements ».

12° Il a donné à diverses corporations, surtout à des chemins de fer ([1]), des terres publiques à titre de subvention, « grants ». Ces terres sont vendues par ces corporations et à leur profit.

Il y a ainsi trois vendeurs de première main des terres non appropriées : le Gouvernement national, lequel a institué 86 bureaux, « Land offices », pour la vente et l'enregistrement ; l'État, c'est-à-dire chaque État en particulier ([2]) ; les corporations et surtout les chemins de fer, qui sont de beaucoup l'espèce de corporation la plus dotée.

Les dispositions adoptées aujourd'hui pour l'aliénation des terres publiques n'ont pas fait disparaître tous les abus, mais elles ont considérablement hâté la colonisation.

Quelques exemples feront comprendre la manière dont fonctionne le système. Dans le Minnesota, il y a, en premier lieu, les terres du gouvernement national ;

---

[1] Les chemins de fer en 1891 avaient reçu 46 millions d'acres (18,600,000 hectares) depuis le commencement des subventions de ce genre. La première concession pour construction de chemin de fer a été faite en 1850 à l'État d'Illinois qui a doté ainsi l' « Illinois central Mobile and Chicago railroad ». La première subvention directe a été celle du 1ᵉʳ juillet 1862 au « Central Pacific », auquel le Congrès a donné 200 pieds (66 mètres) de large sur toute la longueur de la ligne (3,322 kil.). En 1864, le « Northern Pacific railroad » a obtenu 47 millions d'acres. De 1862 à 1890, environ 200 millions d'acres ont été concédées à des chemins de fer ; il y a eu des abus : des compagnies n'ont pas exécuté le contrat et une loi du 29 septembre 1891 en a frappé plusieurs de déchéance.

[2] Le prix des terres d'État varie suivant les lieux. Ordinairement il est fixé dans chaque comté par un comité de propriétaires ; il est en général, surtout pour les terres d'école, d'un peu plus de 3 dollars l'acre.

elles avaient, en 1893, une superficie d'environ 7 millions d'acres (2,835,000 hectares) éparses sur le territoire de l'État, et situées principalement dans le nord ; les terres nationales sont appropriées le plus souvent sous forme de « Homestead » ; leur superficie est susceptible de s'accroître par la réduction des réserves indiennes. En second lieu, les terres d'État, c'est-à-dire appartenant à l'État du Minnesota, comprennent dans chaque « township » les deux sections destinées à l'entretien des écoles et non aliénées jusqu'ici et les terres non encore vendues du fonds des universités et de celui des améliorations intérieures ; elles se vendent au moins 5 dollars l'acre et ne montent guère au delà ; il y a environ 400,000 acres (162,000 hectares) de cette espèce. En troisième lieu, il y a les terres des chemins de fer qui ont l'avantage d'être à proximité d'une voie ferrée ; aussi se vendent-elles en général un peu plus cher que les autres ; les chemins de fer accordent ordinairement des facilités de paiement et souvent l'acheteur n'a à payer au début qu'un intérêt ; il y avait en 1890 plus de 3 millions d'acres (1,215,000 hectares) de terres de ce genre en vente, sans compter celles qui n'avaient pas encore été arpentées (¹).

Autre exemple. Le district d'Aberdeen, « Aberdeen land district », comprend cinq comtés du South Dakota dans la vallée du Jim et du Missouri. La terre y est généralement bonne. En 1893, il y avait, dans ce district, d'après le rapport du Département de l'Intérieur, 311,450 acres ouvertes à la colonisation aux conditions de la loi du « Homestead », et, environ 189,880 acres

(1) *Minnesota. A brief sketch of its history, Resources and advantages*, p. 75.

soumises à la loi de « Timber culture » ; ces dernières avaient été occupées vers 1883 en vertu de cette loi par des spéculateurs qui, n'ayant pas rempli les conditions légales, avaient été évincés. Les actes relatifs à la colonisation devaient être faits au « Government land office » d'Aberdeen ou devant le clerc des juges du comté. J'ai eu en main un prospectus de la société d'immigration du district rappelant que tout citoyen qui n'avait pas encore usé de son droit de « Homestead » pouvait acquérir 160 acres de ces terres à condition de résider soit cinq ans en payant 14 dollars de droit, soit quatorze mois en payant 1,25 l'acre, soit sept ans en ne payant rien. Il rappelait aussi qu'il y avait des écoles, des églises, un chemin de fer à proximité, que la 16ᵉ et la 36ᵉ sections du fonds des écoles produiraient, au prix moyen de 10 dollars l'acre (les terres d'école se vendent en général plus cher que les autres), 27 millions de dollars dont le revenu, à 6 p. 100, serait de 1,600,000 dollars. Il y avait, en outre, à vendre dans le district des terres de chemin de fer et des fermes déjà organisées à un prix variant de 4 à 15 dollars l'acre, suivant l'état de la culture et la nature du sol.

En juin 1893, le total des terres qui avaient été ou qui étaient encore en la possession du gouvernement national sur tout le territoire des États-Unis, depuis l'organisation du service, s'élevait, comme je l'ai dit, d'après le « General land office », à 1,815 millions d'acres (1)

(1) Sur ce total, 369 millions se trouvaient dans l'Alaska où il n'y a pas eu encore d'arpentage. Au second rang, la Californie figurait avec 101 millions d'acres, puis les Dakota (96 millions), le Montana (92), le Colorado (86), le New Mexico (77), l'Arizona (73). Il en restait encore dans les États les plus cultivés : 21 millions dans l'Indiana qui venait au dernier rang parmi les 24 États ou Territoires contenant des terres publiques.

(735 millions d'hectares), dont plus de la moitié était arpentée (1,004 millions d'acres). Il restait, sans compter l'Alaska, encore 571 milions d'acres (231 millions d'hectares) non aliénées (1), soit environ le tiers ; dans ce reliquat ne sont pas comptés les parcs nationaux, les réserves indiennes et les réserves militaires. Mais il paraît que la majeure partie de ces terres encore invendues est impropre à la culture (2).

En entrant dans l'Union, l'État du Texas a stipulé qu'il conserverait la disposition de ses terres publiques. Indépendamment de 65 millions d'acres qu'il a cédées au gouvernement national en 1850, il a disposé de ce chef d'environ 100 millions d'acres qui ne figurent pas dans les chiffres de la statistique générale. De ce domaine il a aliéné environ 40 millions d'acres en faveur de compagnies de chemins de fer et tous les ans il donne en « Homestead » (3) ou vend à bas prix 3 millions d'acres à des colons.

C'est vers 1866 que le système du « Homestead » a commencé à fonctionner. De 1870 à 1880, le nombre d'acres occupées ainsi chaque année en vertu de cette loi a varié de 2 à 6 millions ; de 1881 à 1893, il a varié de 5 à 9 millions ; c'est en 1886 que ce dernier chiffre (9,145,135

---

(1) Ces terres (269 millions d'acres arpentées et 274 millions 1/2 non arpentées) se trouvaient dans 25 États ou Territoires qui sont situés presque tous à l'ouest du Mississipi. Il n'y en avait plus dans l'Indiana, l'Ohio, l'Illinois, etc. Le Montana (74 millions), le New Mexico (54), l'Arizona (49), le Wyoming (53), la Californie (48), le Colorado (41) étaient au premier rang.

(2) L'arpentage est terminé sur 269 millions d'acres ; Il ne restait en 1893 de grands espaces non arpentés que dans l'Idaho, l'Arizona, l'Utah, le Nevada, le North Dakota ; ces espaces sont presque tous des déserts. Les chiffres d'ailleurs ne paraissent pas concorder exactement dans les diverses statistiques. (Voir entre autres *The World, Almanac and Encyclopædia*, 1894, p. 177 et *Tribune Almanac*, 1893, p. 120.)

(3) La limite du « Homestead » texien est de 200 acres.

acres), le plus fort qui ait été atteint jusqu'ici, a été enregistré. La crise des bas prix a fait descendre rapidement le chiffre à 5 millions en 1891 ; il était remonté à 7,7 millions en 1892 et il est descendu à 6,8 en 1893. Le total des terres ainsi aliénées dans l'espace de vingt-cinq années a été de 135 millions d'acres (55 millions d'hectares) (1) et le nombre des « Homesteads » formés s'est élevé à 1,100,000, dont beaucoup, il est vrai, ont été ensuite abandonnés ou aliénés pour diverses causes d'insuccès par les premiers occupants (2). C'est dans l'ouest qu'il s'en est formé le plus : 90,485 « Homesteads » ayant une étendue totale de 12,2 millions d'acres (de 1862 à 1891) dans le Kansas, 74,794 ayant une étendue de 11 millions 1/2 dans le Dakota, 73,762 sur nne étendue d'environ 9 millions d'acres dans le Minnesota, etc.

Le total des aliénations annuelles du gouvernement national, comprenant les terres vendues, les terres occupées en vertu des lois du « Homestead » ou du « Timber culture », les terres données à d'autres titres ou réser-

(1) Voici le détail par année des terres occupées en vertu de la loi du « Homestead ».

Années.	Millions d'acres.	Années.	Millions d'acres.
1869	2,7	1882	6,3
1870	3,7	1883	8,2
1871	4,7	1884	7,8
1872	4,7	1885	7,4
1873	3,8	1886	9,1
1874	3,5	1887	7,6
1875	2,3	1888	6,7
1876	2,9	1889	6,0
1877	2,2	1890	5,5
1878	4,4	1891	5,0
1879	5,2	1892	7,7
1880	6,0	1893	6,8
1881	5,0		

(2) Dans le Dakota on a compté pendant quelques années 7 abandons ou cessions sur 8 demandes.

vées aux chemins de fer varie suivant les circonstances. Depuis 1870, le minimum a été de 3,5 millions en 1877, année de crise, le maximum a été de 26,8 millions d'acres (12,7 millions d'hectares) en 1884. Sur ce dernier chiffre, 7,8 millions avaient été occupées en « Homestead » et 8,3 avaient été données à titre de subvention à des chemins de fer. Le total des aliénations pour la période 1870-1893 a été de 295 millions d'acres (119 millions d'hectares) (1) qui ont produit au Trésor national une recette annuelle variant de 924,000 dollars (4,758,000 fr.) (1879) à 11,202,017 dollars (58 millions de fr.) (en 1888) (2).

(1) Voici le détail des aliénations pour les vingt-quatre années :

Années.	Millions d'acres.	Années.	Millions d'acres.
1870	6,6	1882	14,0
1871	7,1	1883	19,0
1872	7,2	1884	26,8
1873	6,4	1885	20,1
1874	4,8	1886	21,0
1875	3,8	1887	25,1
1476	4,3	1888	24,1
1877	3,5	1889	17,0
1878	7,2	1890	12,7
1879	8,7	1891	10,3
1880	9,2	1892	13,6
1881	10,8	1893	1,17

(2) Voici, comme exemple, le compte des aliénations d'une année où le total a été faible, à cause d'une crise, l'année 1875 :

	Acres.
Disposals of public lands by ordinary cash sales.	745 061,30
Military-bounty-land-warrant locations, under acts of 1847, 1850, 1852 and 1855.	137 000,00
Homestead entries.	2 356 057,69
Timber-culture entries.	464 870,16
Agricultural-college-scrip locations.	9 432,02
Certified to railroads.	3 107 643,14
Land approved to States as swamp.	47 721,25
Certified for agricultural colleges.	22 321,24
Certified for common schools.	142 388,11
Certified for universities.	16 454,04
Internal improvement selections approved to States	8 614,25
Sioux half-breed-scrip locations.	1 526,45
Chippewa half-breed-scrip locations.	11 181,64
Total.	7 070 271,29

Depuis l'origine des ventes en 1787 jusqu'en 1891, la vente des terres

La loi du « Homestead », qui a été promulguée l'année
de la création du Département de l'Agriculture et de la
dotation des collèges de l'agriculture, est un des grands
événements de l'histoire agricole des États-Unis. Elle
a fortement contribué au grand mouvement d'immigration qui a peuplé le « Far west », et elle fait comprendre l'accroissement des récoltes et l'augmentation
du bétail si rapides de 1867 à 1880. Tout récemment (1)
le secrétaire d'État du département de l'agriculture,
l'honorable J. Sterling Morton, disait que l'accroissement
de la superficie des terres labourées aux États-Unis
devait être en grande partie attribuée à l'action de la
loi du « Homestead ». Un écrivain américain en avait,
avant lui, fait l'éloge en ces termes : « Le « Homestead »
couvre d'habitations le sol des États, il fait sortir de
terre les communes et les cités ; il atténue les chances et
la gravité des désordres politiques et des bouleversements sociaux, en appelant à la propriété les colons indigènes ou étrangers qui viennent s'y établir.
Ce « Homestead » nous ne l'avons emprunté à aucune
autre nation ; il porte la puissante et originale empreinte
du génie de notre race et subsiste comme le témoignage
vivant et vivace de la sagesse et de l'esprit politique
qui l'ont établi (2). »

Le « Census » a relevé le nombre des contrats de
vente à crédit de terres qu'ont passés les États et les
compagnies de chemins de fer de 1880 à 1889. Il a trouvé
que, par 200,621 contrats, 43,402,000 acres avaient été

a procuré au Trésor national une somme d'environ 1 milliard 1/3 de francs.
Dans la seule année de 1837 la recette a été de 124 milllions de francs
qui ont servi à rembourser en partie la dette des États-Unis.

(1) Farmers fallacies and furrows, article du *Forum*, juin 1894.
(2) Donalson, *The public domaine*, p. 350.

vendues pour la somme de 112 millions de dollars (1) (17.570,000 hectares pour 576 millions de francs) : 30 millions et demi pour les terres d'État et 81 millions et demi pour les terres de chemins de fer (2).

Les terres que les chemins de fer ont reçues à titre de subvention, « Grants », sont en général situées des deux côtés de la voie, ce qui leur assure l'avantage d'un débouché facile ; mais, pour éviter l'accaparement, l'État ne donne aux compagnies qu'une partie des sections du « township » alternant avec d'autres sections dont il se réserve la disposition (3).

La question des terres publiques passionne depuis longtemps les esprits en Amérique. La presse l'a soulevée et l'agite encore. Des compagnies de chemins de fer ont reçu d'énormes subventions et en jouissent sans avoir rempli leurs engagements. Un homme habile pouvait, grâce aux lois fédérales, s'approprier jusqu'à 1,120 acres (4). Des sociétés de spéculateurs en profitèrent, payèrent des hommes de paille qui occupaient ainsi toute une contrée, posant des barrières en fil de fer et faisant paître pour la montre quelques animaux. Ces « lands schwindlers », écumeurs de terre, chassaient le

---

1) Dans ces chiffres ne sont comprises que les terres agricoles ; avec les terrains urbains, le total est de 247,478 contrats et la valeur de 119 millions de dollars. La plus forte part appartient au Texas, qui seul parmi les États, a conservé, ai-je dit, la libre disposition de toutes ses terres. (Voir *Extra census Bulletin*, n° 28.)

(2) Depuis 1882 les chemins de fer ont reçu par an de 0,4 (en 1882) à 8,3 (en 1884) millions d'acres.

(3) Les compagnies donnent souvent de grandes facilités de paiement et prêtent aux acheteurs de l'argent pour cultiver. Voici quelques chiffres qui donnent une idée de l'importance de ces concessions ; le « Northern Pacific » a reçu 46 millions d'acres, le « Southern Pacific » 13 millions, le « Central Pacific » 12 millions, l' « Union Pacific » 12 millions, le « Kansas Pacific » 6 millions.

(4) 160 par préemption, 160 par « Homestead », 160 en vertu du « Timber culture act », 640 en vertu du « Desert land act ».

plus souvent par intimidation les vrais colons quand il s'en trouvait, brisaient même leur clôture et la société restait maîtresse du terrain, s'appropriant ainsi quelquefois plus de 100,000 acres qu'elle laissait à peu près incultes en attendant la plus-value. En Californie, des banquiers firent ainsi main basse sur les forêts du comte de Humboldt, et, pendant qu'ils plantaient pour satisfaire à la loi quelques jeunes arbres, ils abattaient les autres et réalisaient un gain de 11 millions de dollars. D'autres dans le New Mexico accaparaient, dit-on, 7,200,000 acres à l'aide de plusieurs bandes d'individus qui, habitant dans des maisons roulantes, faisaient paître leurs troupeaux de pâturage en pâturage, obtenant sous des noms empruntés une concession dans chacun d'eux ; les tribunaux ont fait rendre gorge à ces brigands. M. Grove Cleveland, pendant sa première présidence, combattit et abus. « J'ordonne, écrivait-il en 1885, que toute clôture illégalement établie sur des terres publiques par des individus isolés, des associations ou des corporations soient immédiatement enlevées, défense est faite aux particuliers ou corporations d'établir de pareilles clôtures ou d'empêcher par ce moyen ou par des menaces les colons déjà établis sur le domaine public, conformément aux lois, de poursuivre leur œuvre et de vaquer à leurs travaux. » Le 3 mars 1887 a été promulguée une loi, « A nact to restain the ownership of the real estate in Territories », qui interdit à tout étranger et à toute corporation (excepté les chemins de fer et les canaux), dont plus du cinquième du capital appartiendrait à des étrangers, d'acquérir désormais, de tenir ou posséder aucune propriété foncière dans un territoire. Mais cette loi, dont des lois particulières d'État ont aggravé les dispositions, ne peut être appliquée complètement à cause du droit de réciprocité dont jouissent plusieurs États européens.

A l'époque de l'élection présidentielle, en 1892, les républicains demandaient que le gouvernement cédât les « terres arides » aux États ou Territoires où elles se trouvent situées pour qu'ils pussent en faire le meilleur emploi possible; les démocrates accusaient les républicains d'avoir aliéné l'héritage du peuple américain en donnant de très grandes étendues à des associations puissantes, à des chemins de fer, à des étrangers et se vantaient d'avoir, durant la première présidence de M. Cleveland, fait rendre près d'un million d'acres indûment concédées. Quant au « People's party » qui, radicalement socialiste, admet comme principe que le sol, héritage du peuple, ne peut être monopolisé, il voulait que toute terre occupée par des étrangers ou possédée par des Compagnies de chemins de fer ou autres sociétés qui ne l'auraient pas utilisée directement leur fût reprise.

Les aliénations faites par le gouvernement national, par les États ou les corporations, créent aux États-Unis un énorme marché de terre à bas prix. Elles ne sont d'ailleurs pas les seules à l'alimenter. Les ventes des particuliers, dont on ne connaît pas le chiffre, y ajoutent peut-être autant et même plus; car les mutations sont très fréquentes. L'Américain en général n'est pas aussi attaché que l'Européen au sol qu'il cultive; on ne voit guère, surtout dans le centre et l'ouest, des générations de paysans se succéder sur la même ferme. La terre est pour le cultivateur un instrument de production qu'il abandonne volontiers quand il en trouve un meilleur. Beaucoup de propriétaires de « Homestead » ou d'acquéreurs de terres, publiques ou privées, vendent parce qu'ils n'ont pas réussi, parce qu'ils ont tiré de leur domaine ce qu'ils en attendaient, — ce qui arrive surtout pour les forêts, — parce qu'après avoir amélioré la ferme, ils trouvent avantage à la céder à un prix avantageux pour aller en défricher une autre. Cette mobilité se produit surtout dans les régions neuves sous l'influence de l'esprit de spéculation. Sur sa ferme, le cultivateur n'est pas plus stable que l'ouvrier dans sa fabrique ou le domestique chez son maître.

Outre les cultivateurs, il y a les spéculateurs qui achètent beaucoup de terres et qui attendent pour les revendre que le peuplement leur ait assuré une plus-value suffisante. Il y a aussi les marchands de terre et les courtiers qui tiennent boutique ouverte, revendant en détail les terres qu'ils ont achetées de diverse provenance ou qu'ils sont chargés de vendre par les propriétaires.

Division de la propriété. — Les divers modes d'aliénation des terres publiques ont été inspirés principalement par la double pensée de peupler et féconder le sol en lui donnant un propriétaire et de constituer une société démocratique sur la base de la petite propriété. Cette politique nationale que les États et Territoires ont fortement encouragée pour augmenter leur importance particulière dans l'Union, a pleinement réussi. L'Amérique s'est peuplée et la petite propriété y domine; car les 160 acres du « Homestead », ainsi que je l'ai déjà dit, peuvent être regardées, dans un pays neuf et de culture extensive, comme étant encore dans la catégorie des petites propriétés. Or, la plupart des ventes de terre faites par des marchands de Chicago « Real estate brokers » ou « Real estate agents », ne dépassent guère les 160 acres (¹). D'une enquête faite par le Bureau de la statistique du travail, il résulte que l'étendue moyenne des terres vendues dans le Minnesota a été de 110 acres (44 hectares) en 1881 et de 113 (45 hectares) en 1894 (²).

La moyenne des exploitations du Minnesota est de 160 à 200 acres; on en trouve même beaucoup de 40 acres dans le sud. Sur une propriété de ce genre qu'il cultive avec sa famille et qui le nourrit, le petit fermier est, en Amérique comme en Europe, plus que le grand à l'abri des crises causées par les prix (³).

Il existe, il est vrai, de grandes et même de très grandes propriétés, les unes antérieures à l'annexion aux États-Unis, mais reconnues par le gouvernement, comme dans le Texas, la Californie, la Floride, et qui pour la plupart sont des « cattle ranches »; les autres achetées dans les territoires nouveaux par des compagnies de spéculateurs et désignées souvent sous le nom de « bonanza farms ». Ainsi on cite des domaines au Texas provenant d'anciennes propriétés mexicaines ou acquis par des spéculateurs anglais ou autres dont un mesurait, dit-on, plus de 2 millions d'acres (810,000 hectares); on cite un marchand de scies de Philadelphie qui

(1) C'est du moins ce que j'ai constaté à Chicago en prenant des informations auprès de « Loan and real estate offices ». Dans l'un d'eux, par exemple, les achats portaient en général sur 130 à 160 acres, quelques-uns seulement sur 200; le plus fort était de 633. Le prix moyen des terres vendues par cette agence était de 14 dollars l'acre (180 fr. l'hectare); la clientèle était principalement américaine, allemande ou scandicave; les Allemands étaient ceux qui achetaient les meilleurs lots.

(2) Cette enquête faite avec précision dans les bureaux de l'enregistrement a porté sur 13,584 ventes en 1881 et 20,031 en 1891. Le prix moyen a été de 9,96 dollars en 1881 et de 13,13 en 1891.

(3) La plus forte vente faite par une compagnie de chemin de fer dans le Minnesota a été de 30,091 acres dans le comté de Polk, en 1881, au prix de 2 dollars l'acre, dans le comté de Cass en 1891 au prix de 4,96 dollars.

aurait acquis 4 millions d'acres ; on connaît quelques exploitations gigantesques dans le Minnesota et le Dakota, telles que la ferme de Darlymple, la plus grande des États-Unis, une terre de 400,000 acres (162,000 hectares) dans la Floride, acquise par une compagnie de banquiers pour faire des plantations de tabac et de canne à sucre, etc.

La ferme exploitée par M. Darlymple est située à Casselton, à l'ouest de Fargo. Elle a une superficie de 75,000 acres (31,000 hectares), divisée en sections de 5,000 acres dont chacune est administrée par un intendant ; les pièces sont en général de 100 acres (40 hectares) et sont entourées de clôtures. Le travail est entièrement fait par des machines : charrues doubles à disque tranchant labourant un hectare par jour, semoirs (un par 200 acres), herses, moissonneuses-lieuses, batteuses (au nombre de 21 en 1875). Il ne faut pas moins de 115 moissonneuses travaillant pendant douze jours pour la récolte du blé ; tout le reste est dans les mêmes proportions.

Dans la même région il y a plusieurs fermes ayant une étendue de 12,500 acres (5,060 hectares), comme la ferme Donalson dans le comté de Kennedy, à 5,000 acres (2,025 hectares), comme la ferme W. Stephen dans le comté de Marshall.

Quoique les chemins de fer vendent souvent des terres à des sociétés de colonisation, les exploitations de ce genre sont loin d'être la règle générale ; on se trompe quand on affirme que l'Amérique tend à se transformer en aristocratie agraire. Elle est encore bien loin d'un tel résultat. La loi du 3 mars 1887 y a même mis obstacle. Au contraire, à mesure que la population devient plus dense et que les terres prennent plus de valeur, ce sont les très vastes domaines qui tendent à se morceler, parce que les spéculateurs trouvent plus d'avantage à vendre la terre en détail qu'à en continuer l'exploitation en bloc : c'est du moins ce qu'on constate dans le nord-ouest. Aux environs de Chicago où la terre vaut de 125 à 200 dollars l'acre, l'étendue moyenne des fermes est de 80 acres (32 hectares) et il n'est pas rare d'en voir de 40 acres (16 hectares).

Entre les petites et les très grandes propriétés, il y a des domaines d'une certaine étendue qui se sont formés par les agrandissements successifs de cultivateurs intelligents et économes. Je puis citer en ce genre le domaine du gouverneur actuel du Minnesota, norvégien de naissance, venu en Amérique il y a une quarantaine d'années, qui exploite à Alexandria 14 quarts de section, soit 2,240 acres (907 hectares).

Dans certaines contrées la plus-value s'est produite rapidement. Au Minnesota, les terres à vendre, qui valaient communément il y a dix ans 3 dollars l'acre (38 fr. 60), en valent aujourd'hui 15 (193 francs l'hectare) (¹); les chemins de fer ont vendu en général les leurs à 5 dollars environ.

Ces prix varient considérablement suivant les cas. Ainsi, dans la cité de Saint-Paul en 1891, une acre a été payée 10,000 dollars (51,500 francs), c'était, il est vrai, un terrain urbain; mais un terrain non urbain à Minneapolis a été payé 5,423 dollars (27,928 francs). A l'autre extrémité de l'échelle, une terre de 160 acres dans le

---

(1) Ces prix ne s'appliquent pas à la partie méridionale où la valeur était de 9 dollars l'acre (116 fr. l'hectare) et est maintenant de 30 environ (386 fr. l'hectare).

comté de Marshall, au nord-ouest du Minnesota, a été payée la même année 25 cents l'acre (3 fr. 20 l'hectare); c'était une terre plus que médiocre. Une enquête du bureau de statistique du travail établit le prix moyen à 9,96 dollars (128 francs l'hectare) en 1881 et 13,13 (169 fr. 05 l'hectare) en 1891 : augmentation d'environ 32 p. 100 (¹). Les ventes privées donnent la plus forte moyenne (13,40 dollars, 172 fr. 50 l'hectare); les terres expropriées pour non paiement de dette hypothécaire 7,18 dollars (92 fr. 35) et les terres de chemins de fer 4,83 dollars (62 fr. 10 l'hectare) restent bien au-dessous (²).

Les assesseurs chargés de l'établissement des taxes ont adopté comme valeur moyenne de l'acre 7,68 dollars (99 fr. l'hectare) en 1881 et 7,28 (93 fr.) en 1891. Il n'est pas étonnant que leurs évaluations soient au-dessous de la réalité, puisque les estimations de la valeur imposable le sont d'ordinaire, mais il est étonnant qu'ils donnent une valeur inférieure en 1891, quoique le prix moyen des ventes ait augmenté. Ils ont probablement subi l'influence des agriculteurs qui se plaignaient du bas prix des céréales. Cet exemple montre, comme je l'ai dit au début, avec quelle réserve il faut accepter les chiffres des parties intéressées.

Dans le Nebraska où les terres sont en général fertiles, les meilleures ne valaient que 2,25 dollars l'acre

(1) Voir *Third biennial report of the Bureau of Labor Statistics of the State of Minnesota*, 1891-1892, p. 426. Le travail de l'enquête a été conduit par le commissaire, M. L. G. Powers, et par les deux députés du bureau, MM. Fr. Valesh et E. B. Evans.

(2) Dans le South Dakota la terre non cultivée vaut en moyenne 10 à 15 dollars (129 à 193 francs l'hectare); la terre cultivée 20 à 30 (257 à 386 francs l'hectare). Dans le North Dakota la terre non cultivée vaut 5 à 10 dollars : cultivée, 10 à 20.

(29 fr. l'hectare) il y a dix ans ; on les vend aujourd'hui 20 dollars (257 fr. l'hectare). Dans la partie orientale des deux Dakota on vend l'acre 10 dollars et plus ; on la vend 3.50 seulement dans la partie occidentale. Le prix naturellement s'élève avec le chiffre de la population ; le marchand qui peut en offrir à 5 dollars dans le North Dakota, fait payer celles de l'Illinois 50 à 100 dollars l'acre (¹).

Le commerce des terres est un des plus florissants aux États-Unis. Dans toutes les villes, surtout dans les villes de l'ouest, on voit sur mainte boutique : « Loan and real estate agency ». Les prêteurs d'argent et vendeurs de terres tiennent assortiment de terres qu'ils ont acquises et plus souvent dont ils représentent les propriétaires, terres provenant presque toutes soit des concessions à des chemins de fer, « Railroad grants », soit de « Homesteads » aliénés par les propriétaires primitifs, soit du domaine des États assignés aux écoles, aux universités ou aux travaux publics.

J'ai sous les yeux la carte des terres qui composent l'assortiment d'une des agences de Chicago. Elles sont situées au sud-ouest de Minneapolis, disséminées par lots (²) d'une ou plusieurs sections dans divers comtés du Minnesota et à peu près disposées en échiquier ; la plupart sont sans doute des terres de chemin de fer, puisque dans les « townships » concédés aux chemins de fer il y a toujours, ainsi que je l'ai dit, alternance des sections qui leur sont attribuées avec des sections affectées à d'autres modes d'appropriation. L'acheteur peut faire son choix ; l'agence lui présente un plan de « township »

---

(1) Je n'ai pas converti partout la valeur de l'acre en valeur de l'hectare ; il suffit de se rappeler que le rapport est celui de 1 à 2 1/2.

(2) Lot dans le sens français ; en Amérique ce mot désigne ordinairement un terrain urbain.

portant la division en 36 sections numérotées et en quarts de section et quarts de quart. Celui-ci fait son choix, désignant les carrés ou les parcelles qu'il veut acheter et qu'il connaît probablement soit pour avoir visité les lieux, soit pour avoir été renseigné par des amis, et l'agence venderesse lui remet, avec le titre, le plan sur lequel elle marque l'emplacement de la terre achetée. Soit un acquéreur d'un quart de section (160 acres) à 18 dollars l'acre; cet homme paie comptant 1,000 dollars (5,150 francs); il s'engage à payer 315 dollars (1,622 fr.) la première année, 313 (1,612 francs) les cinq années suivantes et les intérèts à 7 p. 100 dont le total en six ans s'élèvera à 460 dollars (2,369 francs). Le vendeur prend hypothèque sur la terre et l'acheteur entre en possession.

L'acheteur s'acquittera-t-il? D'après les informations que j'ai prises à Chicago, il paraît que la plupart s'acquittent; il faut dire que je n'ai visité que de bonnes agences. Ce ne sont pas, sauf exception, des émigrants fraîchement débarqués qui font des contrats de ce genre. Beaucoup sont des ouvriers allemands ou scandinaves qui ont économisé sur leurs salaires de quoi faire les premiers paiements. Il y en a qui, après avoir acheté, restent ouvriers; mais le chômage ou la maladie supprime parfois le salaire et il n'est pas rare d'en rencontrer de cette catégorie qui, ayant été dans l'incapacité de continuer leurs paiements, ont été évincés. Ceux qui se font immédiatement cultivateurs ont plus de chance de réussir, surtout s'ils se sont réservé assez d'argent pour acheter leur cheptel et pour vivre pendant la première année; s'ils ont commencé sans capital, se fiant à leur bonne étoile, et que la première récolte manque, ce sont souvent des gens ruinés : leur terre passe en d'autres mains. On m'a dit à Chicago que les Scandinaves et les Allemands avaient la réputation d'être prudents à cet égard. Il se rencontre souvent aussi des fermiers de l'est ou du centre qui, découragés par les bas prix, sont venus dans l'ouest chercher une fortune meilleure ou qui y achètent des terres pour établir leurs enfants : ce sont aussi en général des acquéreurs intelligents.

En somme, quelle que soit son origine, le colon qui a de l'énergie, de la persévérance et qui n'a pas trop de mauvaises chances, peut réussir dans les nouveaux défrichements ; il le pouvait surtout quand les prix étaient moins bas. C'est grâce à ces qualités que s'est formée la population de l'ouest et que la terre s'y est couverte de moissons et de bétail. Un fermier du Kansas, français d'origine, disait à M. de Rousiers : « Vous voyez, Monsieur, tout ce que j'ai fait ici ; j'ai commencé avec mes deux bras du temps des Indiens, défendant mon bétail et mes récoltes contre eux, vendant parfois mes bœufs de travail pour obtenir quelques mesures de farine et ne pas mourir de faim ; eh bien, je n'avais jamais appris qu'un métier, dans mon pays de Bourgogne, celui d'ébéniste ». Comme M. de Rousiers lui demandait si, parmi ses voisins, beaucoup avaient ainsi fait leurs premiers débuts dans la culture sur leur « Homestead » : « Tenez, dit-il, dans la vallée que vous avez suivie pour venir me voir, il y a un colon qui a été garçon de café, un autre commis de magasin à Pygmalion à Paris, un troisième, ouvrier imprimeur à New York, un autre est un ancien matelot norvégien qui a déserté, enfin je vous citerai un avocat, d'anciens militaires, des marchands, etc. La grande affaire, c'est d'être énergique, de ne pas se décourager, d'avoir une bonne santé ; autrement, tout le monde peut se mettre à cultiver, comme nous le faisons, avec des machines qui font l'ouvrage toutes seules (¹). »

Sans cultiver directement lui-même, un capitaliste intelligent peut faire une bonne opération en achetant des terres pour les louer. En voici un exemple : M. Close, capitaliste anglais, exploitait par l'intermédiaire de métayers une quarantaine de fermes dans l'Iowa et le Minnesota. Une de ces fermes (160 acres), représentant à peu près la moyenne et achetée à 3 dollars et demi l'acre (45 fr. l'hectare), lui avait coûté, y compris le défrichement, la construction des bâtiments, les semences et les impôts 5,944 francs. La première année (c'était, il est

(1) Voir *La Vie américaine*, par M. L. de Rousiers, ouvrage qui donne une idée exacte des mœurs et de l'état social des États-Unis. Nous extrayons du même ouvrage le passage suivant qui confirme l'exemple précédent. « A notre arrivée, disait à M. de Rousiers Mᵐᵉ M..., j'ai passé quatre jours dans un baraquement préparé pour les émigrants à côté de la gare, avec 33 sous dans ma poche : c'était tout ce que nous possédions, et ces grands garçons que vous voyez là n'étaient pas encore en âge de gagner leur vie. Heureusement, mon mari trouva assez vite de l'ouvrage comme ouvrier jardinier ; il ne savait pas bien le métier, mais il avait l'habitude de la vigne et savait ce que c'était que de nettoyer une terre et de la bêcher ; d'ailleurs, dans ce pays-ci, il ne faut pas être trop difficile et son patron le garda pendant deux ans avec de bons gages qui nous permirent de vivre et d'épargner quelques petites choses. Au bout de deux ans, nous étions en mesure de nous établir à notre compte sur une terre louée et, comme c'était le moment où on bâtissait beaucoup à Kansas City, que la ville commençait à « boomer » et que tout le monde avait du travail, les affaires marchaient bien. Le samedi soir, quand les ouvriers venaient de recevoir leur paie, on vendait tout au prix qu'on voulait. Avec les nègres, on n'avait pas besoin de se gêner, ce sont les meilleures pratiques quand ils se sentent quelques dollars en poche.

« Grâce à cela, mon mari put bientôt acheter les 140 acres de terre que nous possédons ; c'était cher, cela nous coûta 3,000 dollars, mais au moins on sait ce qu'on fait, ce n'est pas comme ces *homesteads* qu'on vous donne sur la prairie pour aller y crever de faim tout seul. La preuve, c'est que cela ne nous a pas empêchés de bâtir notre maison et de payer encore 1,100 dollars à l'entrepreneur. Il est vrai que mon pauvre mari y est mort à la peine, il s'était trop privé dans le commencement. »

vrai, une année de haut prix, 1879), il a eu pour sa part
la moitié du blé récolté, valant 3,211 francs. Il a pu
payer et au delà sa propriété avec deux années de revenu. Avec les prix actuels les chances de bénéfices pareils
ne se rencontrent plus guère.

Cependant, à l'Exposition universelle de Paris, en
1889, un Américain, M. Powers, propriétaire dans le
Dakota de la ferme de Helendale, d'une contenance de
500 hectares, faisait connaître des résultats avantageux
pour l'année 1887 où le prix du blé était tombé très bas.
Il avait obtenu 13,5 hectolitres à l'hectare, quoique la
saison ne lui eût pas été très favorable, et il avait vendu
10 fr. 42 l'hectolitre, dont il aurait pu, disait-il, avoir
14 francs si le grain n'avait pas souffert des intempéries.
La valeur totale de sa récolte en blé, orge et avoine
avait été de 26,225 francs dont il y avait à déduire
12,970 francs pour les frais de culture, 5,400 francs
pour l'intérêt du capital et 1,075 francs pour l'impôt : il
lui était resté 6,750 francs de bénéfice net, soit 13 fr. 50
par hectare, comme moyenne générale de son domaine,
ou 28 fr. 70 comme moyenne des hectares (235 hectares)
cultivés en céréales (¹).

Les courants de migration et de colonisation ne sont
pas les mêmes dans toutes les parties des États-Unis.
Celui dont je viens de donner une esquisse se produit
depuis une quarantaine d'années dans les régions du
nord et du nord-ouest. Les exemples que j'ai cités suffisent pour donner une idée du mouvement général

Dettes des fermiers-propriétaires. — On se plaint beaucoup en Amérique du poids des dettes qui pèsent sur

_(1) Voir les détails relatifs à cette culture dans le rapport de M. Gran-
deau sur l'Exposition universelle de 1889. Groupe VIII, p. 219._

les fermiers. Une enquête a été faite à ce sujet par le surintendant du onzième Census (¹).

Le résultat provisoire qui en a été publié pour 22 États ou Territoires est que, sur 100 familles de fermiers, 32 sont locataires et 68 sont propriétaires de la ferme qu'ils cultivent ; que, sur les 68 familles de fermiers-propriétaires, 47 n'ont pas de dettes et 21 en ont, que ces dettes, dont le le montant est de 290 millions et demi de dollars (1,496 millions et demi de francs) et dont l'intérêt est payé au taux de 7 p. 100 environ, représentent 35 p. 100 de la valeur des propriétés, soit par propriété endettée valant 3,190 dollars (16,428 francs) en moyenne, 1,130 dollars (5,819 francs) de dette et 78 dollars (402 francs) d'intérêts annuels (²).

Dans la Nouvelle-Angleterre, le nombre des propriétaires obérés est le tiers environ du total des propriétaires, et beaucoup de fermiers ont été obligés de vendre leurs terres, parce qu'ils étaient dans l'impossibilité de payer leurs dettes (³). C'est pourtant la région riche, celle qui possède le plus de capital et qui en prête aux autres. Aussi l'intérêt moyen y est-il inférieur à 6 p. 100 (excepté dans le Maine), mais c'est aussi la région où

---

(1) D'après l'enquête, la proportion pour 100 des familles propriétaires de leur ferme qui avaient des dettes était de 21,34 dans le Maine, 25,30 dans le New Hampshire, 36,89 dans le Vermont, 37,56 dans le Rhode Island, 39,33 dans le Massachusetts, 46,07 dans le Connecticut.

(2) Le résultat qui m'est connu porte sur 1,255,745 familles de fermiers : dans 19 États et 3 Territoires ; c'est le tiers (34,64 p. 100) du nombre total des familles. La dette de 290 millions et demi de dollars s'applique à 256,970 fermes ayant une valeur de 819 millions et demi de dollars (4,218 millions de francs). L'intérêt s'élève dans certains cas jusqu'à 24 p. 100 et même plus ; la très grande majorité des emprunts a été contractée à des taux variant entre 6 et 10 p. 100. Les trois quarts (77,4 p. 100) des emprunts ont été contractés en vue d'achat de terre ou d'améliorations foncières.

(3) 4,440 en 1890 dans le Maine, le Vermont et le New Hampshire.

l'agriculture souffre le plus de la crise. D'ailleurs les propriétaires évincés avaient en général des fermes de médiocre valeur pour la région, : 1,830 dollars (9,424 francs) en moyenne pour le Maine à 3,926 dollars (20,218 francs) pour le Connecticut.

Dans le New York, les trois dixièmes de la propriété foncière sont hypothéqués et il y a un fermier sur vingt qui se trouve dans l'impuissance de s'acquitter; cependant l'intérêt en moyenne n'est que de 5,5 p. 100, et il est vraisemblable que les fermiers, dans l'ensemble, possèdent plus en valeurs mobilières qu'ils ne doivent. Dans la Pennsylvanie, l'hypothèque ne porte que sur un dixième de la propriété foncière : c'est l'État le plus favorisé.

Dans les régions du sud-est et du golfe, les lois qui limitent le taux de l'intérêt sont éludées par les surcharges de prix que les marchands imposent en avançant de l'argent ou des marchandises : ainsi ces marchands faisaient payer en 1885, 99 cents le maïs qui en valait 76. On estime que le quart de la récolte de coton et plus peut-être sert à payer ces intérêts usuraires. Dans l'Alabama, le commissaire enquêteur a constaté que, sur 100 cultivateurs, 65 au moins empruntaient pour vivre et que 45, blancs ou noirs, étaient dans l'impuissance de pouvoir jamais s'acquitter, que, lorsqu'ils empruntaient sur hypothèque, c'était, quelle que fût l'apparence, en réalité à un taux de 20 à 24 p. 100; que, lorsqu'ils achetaient des marchandises à crédit, ils les payaient 75 p. 100 au-dessus du prix courant; que, sur les 35 p. 100 de la récolte de coton qui constituent la part des métayers, les neuf dixièmes étaient mangés d'avance. Cependant, il est étonnant que l'intérêt moyen ne soit porté par l'enquête du Census qu'à 8,46 p. 100, et que le nombre des fermiers-propriétaires ayant des dettes ne figure que pour 6,43 dans la Caroline du sud, 2,78 dans la Géorgie, 2,88 dans le New Mexico, 4,42 dans l'Arizona.

Dans le Kentucky, où les propriétaires-cultivateurs sont attachés à leur ferme, un huitième à peine des terres est hypothéqué ; le taux de l'intérêt est d'environ 7 p. 100. Dans le Tennessee, le nombre des fermiers-propriétaires endettés serait seulement, d'après l'enquête du Census, de 5,48 sur 100 propriétaires.

La dette est plus lourde dans l'Ohio où un quart des terres est hypothéqué. Dans l'Illinois, c'est, dit-on, le dizième des fermiers qui est endetté ; dans le Missouri, le tiers. Les créanciers sont, soit des capitalistes de l'est, soit des banquiers ou marchands de la région même (¹). Dans le Kansas, comme dans presque tous les États nouveaux, les dettes sont considérables : 50 p. 100 des terres sont hypothéquées : c'est que là il a fallu acheter la terre et tout le matériel nécessaire pour la faire valoir ; aussi l'intérêt de l'argent est-il élevé : 6 à 10 p. 100 sur garantie immobilière, 10 à 18 sur garantie mobilière. D'autre part, les prêteurs affluent ; il n'est guère de bourgade qui n'ait quelque agence d'une banque de l'est.

Dans l'extrême ouest, il n'a trouvé en général qu'un petit nombre de fermiers-propriétaires endettés : 12,34 p. 100 dans le Montana, 8,51 dans l'Utah, 13,56 dans le Wyoming ; le taux de l'intérêt s'est élevé : 10,90 p. 100 environ dans ces trois États.

---

(1) Dans l'Indiana, on estimait que 35 p. 100 des créances appartenaient à des capitalistes de l'est ; 25 à des banquiers et fabricants de machines ; 18 provenaient d'obligations contractées pour acheter la terre, etc.

Dette hypothécaire. — L'hypothèque est une ombre qui se projette sur le tableau de la prospérité agricole des États-Unis. Il est nécessaire d'y insister. Dans l'assemblée générale des « Knights of Labor », tenue en novembre 1889, un comité a déclaré que, « quoiqu'on n'en connût pas exactement le chiffre, il était de notoriété qu'elle était effroyablement étendue et dangereusement onéreuse », que dans trente-trois États elle s'élevait au quart de la valeur de la propriété et qu'une grande partie du peuple était dans une situation financière dont il lui était impossible de sortir (¹).

Les partis politiques se sont emparés de la question. Les démocrates, qui comptent un grand nombre d'adhérents parmi les petits fermiers, n'ont pas manqué de dénoncer dans leur programme de 1892, à l'époque de la dernière élection présidentielle, la dette hypothécaire comme un fléau que le tarif douanier voté par le parti républicain avait aggravé. « Nous appelons l'attention des Américains intelligents sur ce fait, qu'après trente années de taxes qui ont restreint l'échange des marchandises étrangères contre l'excédent de notre production agricole, les maisons et les fermes de ce pays se sont trouvées chargées d'une dette hypothécaire de plus de 2,500,000,000 de dollars, sans compter les autres espèces de dettes ; que, dans un des principaux États agricoles de l'est, la dette hypothécaire s'élève en moyenne à 165 dollars par tête d'habitant, qu'il est certain que des conditions ou des tendances analogues existent dans d'autres États agricoles exportateurs. Nous dénonçons une politique qui n'encourage aucune industrie autant

---

(1) *Twelfth annual Report of the Bureau of Statistics of Labor and Industries of New Jersey*, p. 309.

que celle du shérif. » Dans ces assertions il y a une part de vérité et le chiffre de 2 milliards et demi est bien au-dessous de la réalité. Mais il y a aussi un sentiment pessimiste qui est exagéré et qu'une partie de la presse propage (1).

Nous avons vu que le colon qui a acheté une terre sans avoir l'argent en poche donnait hypothèque sur cette terre pour la portion de la valeur qu'il ne payait pas comptant. Ce même colon, entreprenant la culture de sa ferme, achète à crédit son bétail, ses machines, ses outils, les matériaux pour bâtir sa maison et donne encore hypothèque sur cette terre.

Le fermier américain, comme le manufacturier et l'ouvrier, est d'ordinaire plus entreprenant qu'économe. Il ne craint pas les nouveautés et, désireux de gagner beaucoup, il sait qu'un bon outillage est une condition de succès. Il se laisse donc facilement convaincre par les commis-voyageurs qui vantent leurs machines et leur bétail, et lui proposent de les lui vendre à crédit. Au besoin il emprunte à un des banquiers qui, de l'est où le capital est relativement abondant, sont venus dresser des comptoirs dans l'ouest où l'intérêt est élevé et où la plus-value croissante des terres donne ordinairement confiance dans le gage.

La facilité d'emprunter pousse non seulement aux dépenses réputées utiles, mais aussi aux dépenses de luxe. Plus d'un succombe à la tentation. Voici comment un Américain dépeint la crise morale d'un fermier

(1) M. Dodge, dans l'*American agriculturist* (January 1892 p. 4), fait à ce propos une réflexion judicieuse : « The mortgage records remains, even though ninetenths of the debt may have been already repaid, and yet demagogues quote the entire amount as the burden that is crushing the energy and life of the young farmer. »

du nord-ouest du Nebraska. « C'était un homme sobre, actif, qui avait une bonne ferme et un peu de bétail. Le malheur voulut qu'un agent à la langue emmiellée lui persuadât d'emprunter sur hypothèque 800 dollars pour bâtir une maison au lieu de la cabane dont sa famille s'était contentée. Ayant de l'argent en poche, il a acheté une montre et conduit sa femme voir ses parents dans l'Illinois. La maison construite, il a fallu la meubler et il se trouve qu'il a fini par dépenser 400 dollars de plus qu'il n'en avait d'abord emprunté. Il a dû recourir à un banquier de la localité qui lui a prêté au taux de 2 p. 100 par mois. L'année suivante, des intempéries font perdre la récolte : voilà un homme incapable de payer ; sa propriété est saisie et il est ruiné. » C'est la confirmation d'un état de choses que j'ai déjà signalé plus haut.

Il y a une dizaine d'années le secrétaire du bureau d'agriculture du Kansas n'était pas moins affirmatif. « Dans les premiers temps de la colonisation de l'État, quand l'immigration s'y précipitait, le sol rendait si abondamment que chaque fermier se flattait de se trouver dans peu d'années entouré de tout le bien-être que peut donner l'affluence. Ce mirage engendra une spéculation folle à laquelle se laissaient entraîner même les vieux routiers qui avaient passé la crise de 1836-1840 dans l'ouest. Des dépenses extravagantes furent faites en travaux publics... Les fermiers subirent plus que tous les autres la manie de la terre qu'ils achetèrent à des prix excessifs, payant une petite partie comptant, faisant des billets à ordre pour le reste, avec garantie hypothécaire sur les propriétés réelles. Cela alla bien tant que l'argent suffit aux payements, mais la désillusion arriva.

Les valeurs tombèrent, les améliorations cessèrent...
Tout diminua, excepté les hypothèques, lesquelles dévo-
rèrent bientôt non seulement les produits, mais les
fermes (¹). »

On ne sait pas encore exactement quel est le montant
total de la dette hypothécaire aux États-Unis. Le travail
qu'a entrepris sur l'ordre du Congrès le surintendant du
Census n'est pas achevé; quand cette enquête, la plus
importante (²) et la plus instructive peut-être qui ait
jamais été entreprise sur cette matière, sera entièrement
publiée, le total qu'elle donnera restera probablement
encore un peu au-dessous de la réalité (³). Le tableau
suivant fait connaître la situation de la dette hypothécaire dans 36 États ou Territoires (¹).

(1) Cité dans le *Rapport sur l'agriculture des États-Unis* de M. Breuil,
p. 12.

2 L'enquête sur la dette hypothécaire a été dirigée par MM. Georges
K. Holmes et John S. Lord,« Special Census experts ». « It is, dit le Surintendant du Census dans l'*Extra Census Bulletin* du 22 avril 1891, I
believe, the first time a government has ever attempted to invade for
statistical purpose the realm of private indebtesness. » 2,500 agents spéciaux ont été employés à recueillir comté par comté les documents et
ont rassemblé des renseignements sur 9 millions d'hypothèques. Le
Surintendant, dont l'enquête a soulevé de vives polémiques dans les
journaux, reconnaît que le résultat ne sera pas parfait : « That there are
imperfections in the work I readily admit»; mais il déclare qu'il n'y avait
pas de meilleur moyen pratique d'arriver au but. Dans certains comtés,
ajoute-t-il, les agents ont dû examiner jusqu'à 3,400 pages de registres
d'actes manuscrits, « records », pour trouver une cinquantaine d'hypothèques. Outre les bulletins (*Extra Census Bulletins*) relatifs à chaque
État, le surintendant a publié deux résumés dans les *Extra Census Bulletins* n° 54 et n° 64. Ce dernier, qui a paru le 19 décembre 1893, donne
les résultats pour 33 États ou Territoires.

(3) M. Carroll D. Wright estime que les résultats de l'enquête sont
exacts à 5 p. 100 près.

(4) Ce tableau a été dressé à l'aide des bulletins, *Extra Census Bulletins*, mentionnés dans la note précédente, et de l'article « Mortgage
Banking in America » publié par M. D. M. Frederiksen dans *The Journal
of Political Economy*, *University Press of Chicago*, de mars 1894.

La dette hypothécaire de la propriété rurale.

RÉGIONS.	NUMÉROS D'ORDRE.	ÉTATS ET TERRITOIRES.	MONTANT ACTUEL de la dette hypothécaire. (1) (millions de dollars).	VALEUR MOYENNE d'une dette hypothécaire. (2) (dollars.)	NOMBRE MOYEN D'ACRES garantissant une hypothèque. (3)	VALEUR MOYENNE de la dette hypothécaire par acre hypothéquée. (4) (dollars.)
I	1.	Maine	14.1	457	132	3.46
	2.	New Hampshire	9.4	648	79	8.19
	3.	Vermont	19.4	872	75	11.66
	4.	Massachusetts	42.4	1.271	28	46.12
	5.	Rhode Island	5.3	1.993	37	54.51
	6.	Connecticut	13.2	1.070	36	29.92
II	7.	New York	217.8	1.389	73	19.15
	8.	Pennsylvania	172,0	1.004	74	13.64
	9.	Delaware	5.6	2.041	105	19.51
	10.	District of Columbia	2.2	6.979	37	189.39
	11.	Maryland	»	1.636	»	»
III	12.	South Carolina	»	930	»	»
	13.	Georgia	17.0	489	224	2.18
IV	14.	Florida	10.6	754	165	4.56
	15.	Alabama	28.8	1.064	222	4.80
	16.	Arkansas	9.0	439	143	3.07
V	17.	Tennessee	24.0	955	176	5.44
VI	18.	Ohio (10 Counties)	»	1.402	»	»
	19.	Indiana	74.5	702	64	10.93
	20.	Illinois	165.3	1.281	83	15.50
	21.	Missouri	101.7	986	98	10.01
	22.	Iowa	149.5	872	95	9.17
	23.	Nebraska	90.5	844	131	6.43
	24.	Kansas	174.7	859	131	6.57
VII	25.	Wisconsin	81.5	730	91	7.98
	26.	Minnesota	75.3	776	105	7.38
VIII	27.	Colorado	30.2	1.435	171	8.39
	28.	Montana	5.1	2.136	237	9.03
	29.	Wyoming	3.0	2.125	580	3.67
	30.	Utah	2.4	1.178	167	7.05
	31.	Nevada	1.8	1.979	394	5.02
	32.	New Mexico	5.8	10.299	2.876	3.58
	33.	Idaho	2.8	1.122	143	7.82
	34.	Arizona	1.6	2.210	312	7.08
IX	35.	Oregon	16.0	984	156	6.32
	36.	California	120.9	2.677	245	10.91
		TOTAUX OU MOYENNES POUR LA PROPRIÉTÉ RURALE	1 693.6	1.002	108	9.30
		TOTAUX OU MOYENNES POUR LA PROPRIÉTÉ URBAINE	3 241.8	1.676	»	»
		TOTAUX OU MOYENNES GÉNÉRALES	4 935.4	»	»	»

La dette hypothécaire de la propriété rurale (*suite*).

NUMÉROS D'ORDRE.	INTÉRÊT MOYEN pour 100 payé pour les dettes hypothécaires.	NOMBRE D'ACRES hypothéquées sur 100 acres taxées.	RAPPORT POUR 100 de la valeur de la dette hypothécaire à la valeur totale de la propriété foncière.	RAPPORT POUR 100 de la dette hypothécaire à la valeur de la propriété hypothéquée.	MONTANT EN DOLLARS de la dette hypothécaire par tête d'habitant.	QUOTITÉ POUR 100 des remboursements effectués sur la dette hypothécaire inscrite.	DURÉE MOYENNE de la dette hypothécaire (par années.)
	(5) (dollars.)	(6) (acres.)	(7) (dollars.)	(8) (dollars.)	(9) (dollars.)	(10) (dollars.)	(11)
1.	6.22	»	13.95	36.68	49	13.98	6.51
2.	5.98	»	12.12	38.44	50	13.98	5.96
3.	5.97	»	22.05	41.76	84	12.90	5.35
4.	5.64	20.49	19.32	41.88	144	13.04	6.88
5.	5.77	»	11.92	42.59	106	12.90	5.61
6.	5.70	17.70	16.44	40.64	107	12.90	5.35
7.	»	40.43	30.62	»	268	13.95	8.40
8.	5.63	50.65	18.91	»	117	13.12	5.34
9.	5.76	»	15.92	»	96	9.33	6.52
10.	5.74	51.25	35.86	32.78	226	10.96	6.33
11.	5.79	»	»	38.49	»	»	»
12.	8.57	»	»	50.24	»	»	»
13.	8.33	21.02	7.15	41.21	15	13.18	3.73
14.	»	9.76	8.49	»	40	7.64	4.27
15.	8.13	21.63	15.44	53.52	26	10.68	2.98
16.	9.12	12.12	6.70	56.81	13	20.63	2.74
17.	6.00	11.65	8.80	50.02	23	23.81	2.92
18.	6.85	»	»	36.97	»	»	»
19.	6.90	30.38	9.79	30.56	51	18.77	4.95
20.	6.92	30.78	12.36	43.13	100	9.46	5.09
21.	8.15	25.41	15.82	58.31	80	6.49	3.74
22.	7.53	46.95	16.64	38.25	104	11.58	5.06
23.	8.37	58.13	20.03	44.47	126	3.20	3.79
24.	8.56	61.56	26.83	47.53	170	3.98	3.66
25.	6.86	32.56	11.91	40.07	72	13.93	5.67
26.	7.95	35.73	20.69	43.73	152	8.01	4.30
27.	»	30.90	13.08	33.13	206	5.31	2.55
28.	10.97	11.63	4.78	31.69	66	4.35	2.02
29.	10.92	14.01	18.82	34.63	82	5.06	4.69
30.	10.13	»	7.14	24.93	39	5.33	2.62
31.	9.63	»	4.59	33.13	48	5.33	2.78
32.	10.05	17.19	11.99	34.22	43	5.33	1.44
33.	10.55	35.64	4.33	34.63	38	4.79	2.33
34.	»	6.39	4.78	40.55	39	5.33	2.21
35.	9.39	31.69	7.52	32.58	73	6.17	3.32
36.	»	34.48	15.90	»	200	7.48	2.79
	7.27	32.09	18.57	35.44	»	10.48	4.64
	6.32	23.69	»	40.53	»	13.25	4.93
	6.73	»	»	»	»	12.32	4.81

Il ne comprend ni les emprunts faits par les chemins de fer et hypothéqués sur les terres qui leur ont été données à titre de subvention, emprunts qui, pour 56 compagnies dont la situation est connue, s'élèvent à la somme de 31 millions de dollars (159 millions de fr.), ni les certificats de terres d'État dont la valeur est, pour les 10 États où le relevé en a été fait, de 26 millions et demi de dollars (1), ni les emprunts hypothécaires des églises et autres propriétés publiques ; mais il comprend toutes les autres formes de la dette hypothécaire contractée par des particuliers ou des associations privées, voire même la forme d'acte de vente usitée dans le sud. Il se compose de 11 colonnes qui contiennent pour les États et Territoires énumérés :

1° Le montant total de la dette hypothécaire actuellement existante, c'est-à-dire le montant des dettes en vigueur en 1890 déduction faite des remboursements partiels qui avaient alors réduit la dette originelle. Ce montant actuel est de 4,935 millions de dollars (25,415 millions de francs) pour 33 États ou Territoires portés au tableau. Il se compose de 1,693.6 millions de dollars (8,721 millions de francs) dus par la propriété rurale « acres » et de 3,241.8 millions (16,695 millions de francs) dus par la propriété urbaine « lots ». La charge de la propriété urbaine est double de celle de la propriété rurale.

Le détail par État n'est donné dans cette colonne, comme dans les autres, que pour la propriété rurale, mais le total pour la propriété urbaine se trouve au bas de la colonne. Le Surintendant du Census estime que ces 4,935 millions de dollars représentent les 5/6 de la dette

(1) Voir pour ces deux dettes *Extra Census Bulletin*, n° 28.

totale qui approcherait ainsi, suivant lui, de 6 milliards de dollars (près de 31 milliards de francs) (¹) et de 7 milliards (36 milliards de francs) d'après M. Fredericksen.

2° La valeur moyenne d'une dette hypothécaire, laquelle est de 1,002 dollars (5,160 francs) pour la propriété rurale, et de 1676 (8,631 francs) pour la propriété urbaine.

3° Le nombre moyen d'acres garantissant une dette, lequel est de 108 (44 hectares).

4° La valeur moyenne de l'acre qui garantit les dettes, laquelle est de 9.30 dollars (47 fr. 90)

5° La moyenne des intérêts payés par les emprunteurs, laquelle est de 7.27 p. 100 pour la propriété rurale et de 6,32 pour la propriété urbaine, soit 6,73 comme moyenne générale ; cette moyenne varie entre 5 et demi pour l'est, 7 pour le centre, 8 pour le sud et l'ouest, 10 pour la région de la Cordillère, et doit être augmentée du taux de la commission qui est de 1/2 à 1 p. 100 dans le sud et dans l'ouest.

6° Le nombre d'acres hypothéquées par rapport au nombre d'acres taxées, c'est-à-dire portées au rôle des contributions ; ce nombre est de 32,09 par 100 acres taxées pour la propriété rurale et de 23,69 pour la propriété urbaine. Donc, sur 100 fermes, il y en a vraisemblement 32 qui sont hypothéquées et 68 qui ne le sont pas.

7° Le rapport du montant total de la dette hypothécaire à la valeur totale de la propriété foncière, rurale et

---

(1) Exactement 5,757 millions de dollars. M. Frederiksen, parlant de la supposition que la dette des États et Territoires non portés au tableau est dans la même proportion par rapport à la valeur de la propriété taxée, arrive à environ 7 milliards pour le montant total de la dette hypothécaire des États-Unis.

urbaine aux États-Unis, lequel est de 18,57 pour 100. Si
le chiffre de 30 à 36 milliards de francs paraît au premier
abord prodigieux, le rapprochement de la valeur de la
propriété qui porte cette charge tempère ce sentiment et
fait voir que cette dette s'élève à peine à 1/5 de la
valeur totale de la terre.

8° Le rapport de la dette hypothécaire à la valeur spéciale des terres hypothéquées. En effet, il n'y a guère que
le tiers des fermes qui soient hypothéquées et ce tiers
l'est seulement pour un peu plus du tiers de sa valeur:
35,44 p. 100 pour la propriété rurale. La charge est de
40,53 p. 100 pour la propriété urbaine.

9° Le montant de la dette hypothécaire par tête d'habitant. S'il était vrai que la dette totale fût de 7 milliards
de dollars (36 milliards de francs) en 1890, elle aurait
été de 112 dollars (576 francs) par tête d'habitant.

10° La quotité des remboursements effectués sur le
montant de la dette inscrite. Cette quotité est de 10,48
p. 100 pour la propriété rurale et de 13,25 pour la propriété urbaine ; soit en moyenne 12.32.

11° La durée moyenne de la dette hypothécaire, encore
en vigueur en 1890, laquelle est de 4,64 années pour la propriété rurale et de 4,93 pour la propriété urbaine, et
comme moyenne générale 4,81, soit 4 années et 295 jours.
Cette durée moyenne varie de 3 ans dans le sud à 4
dans l'ouest et à 6 dans l'est. La durée, comme le taux
de l'intérêt, se proportionne à l'abondance du capital et
au crédit dont jouit chaque région.

Quelques exemples pris dans chacune des régions
agricoles aideront à comprendre la nature et l'importance de cette dette.

Dans la Nouvelle-Angleterre il ne serait pas étonnant que la crise agricole eût influé sur la dette hypothécaire. Cette dette est lourde dans le Vermont et pèse sur la propriété rurale plus de deux fois autant que sur les terrains urbains ([1]); toutefois le montant des engagements annuels est à peu près stationnaire ([2]). Cependant, relativement à la valeur de la propriété foncière ou au nombre des habitants, cette dette n'est pas considérable dans les autres États de la région, quoique des écrivains parlent d'un grand nombre de fermiers évincés et qu'il y avait dans le Massachusetts seul, comme nous le savons, 1,461 fermes abandonnées en 1890 ([3]). Dans cet État le chiffre annuel des emprunts a plus que doublé de 1880 à 1889 ([4]), mais, sur le total des dettes hypothécaires relevées sur les registres en 1889 (323 millions de dollars, soit 1,663 millions de francs), 87 p. 100 portaient sur des terrains urbains ([5]), et parmi les cultivateurs-propriétaires il y en avait 30 sur 100 qui avaient des dettes hypothécaires. Dans le Rhode Island il n'y en avait que 19 p. 100 ([6]) et dans le New Hampshire et le Maine que 22; il y en avait 31 dans le Connecticut ([7]).

De l'ensemble de ces chiffres, les plus précis que la

(1) 19 millions et demi de dollars sur la propriété rurale et 8 et demi sur la propriété urbaine en janvier 1890.

(2) 5 millions et demi d'emprunts hypothécaires sur la propriété rurale et 4 et demi sur la propriété urbaine en 1889.

(3) Je rappelle que le Chef du bureau de statistique du travail du Massachusetts dit que le nombre des fermes abandonnées (1461) n'était probablement pas plus considérable en 1890 qu'il n'avait été en 1880.

(4) 28 millions de dollars en 1880 et 75 en 1889, dont 9 sur « acre tracts » et 66 sur « lots ». L'intérêt moyen des prêts a été de 6 p. 100.

(5) Dans le comté de Franklin, donné comme exemple par le Census, 81,74 p. 100 des emprunts avaient pour cause des achats de terre ou de cheptel.

(6) Voir les numéros des *Extra census Bulletins* correspondant.

(7) Dans le Connecticut, les emprunts hypothécaires ont beaucoup augmenté (9 millions en 1880 et 17,7 en 1889); mais cette augmentation n'a porté que sur les terrains urbains.

statistique ait recueillis jusqu'ici sur la matière, on ne saurait conclure que l'état général des propriétaires-cultivateurs de la Nouvelle-Angleterre soit aussi alarmant que certains journaux le prétendaient. L'intérêt ressort en moyenne à 5,80 p. 100 environ, la proportion des sommes remboursées est plus forte que dans les autres régions, les prêts sont de plus longue durée et, à en juger par quelques comtés sur lesquels on a fait une enquête spéciale, il se trouve encore des fermiers qui empruntent pour acheter de la terre.

Dans l'État de New York la dette hypothécaire par habitant (268 dollars, soit 1,380 fr.) est plus forte que dans aucun autre et plus forte aussi relativement à la valeur totale de la propriété foncière (30,62 p. 100). Elle s'élève à 1,608 millions de dollars (8,281 millions de francs); mais la part de la propriété rurale n'est que de 218 millions, soit 13,5 p. 100, tandis que celle de la propriété urbaine est de 13,90. Cette dernière pèse surtout sur la ville de New York dont la dette figure pour plus de la moitié dans la dette totale de l'État ([1]).

Dans la Pennsylvanie, la dette est lourde, quoique moindre que dans le New York. Le montant des engagements annuels a doublé en dix ans ([2]), tandis que la population n'augmentait que de 23 p. 100, la dette totale était de 613 millions (3,156 millions de francs) en 1889 ([3]). Dans le New Jersey il paraît que 65 p. 100 des fermes sont hypothéquées; le chef du bureau de statis-

(1) Le montant des emprunts annuels n'a pas beaucoup varié pour les terres de ferme (27 millions en 1880 et 30 en 1889); mais pour les terrains urbains il a passé de 105 en 1880 à 301 en 1889.

(2) *Twelfth annual Report of the Bureau of Statistics of Labor and industry of New Jersey*, 1889, p. 319.

(3) 92 millions en 1880, 186 millions et demi en 1889. Les emprunts ont même atteint 194 millions en 1888.

tique du travail a constaté que, dans les temps de prospérité, les hypothèques augmentent et les expropriations diminuent et que le contraire se produit dans les temps de crise (¹).

Dans les États du sud en général (région du Sud-Atlantique, région du golfe et région appalachienne), la dette hypothécaire inscrite sur les registres est faible. Ce n'est pas, comme je l'ai dit, que le propriétaire s'abstienne de recourir au crédit; mais la terre a peu de valeur, le propriétaire a peu de crédit et ses engagements se font sous une autre forme. Une des plus usitées est celle-ci : l'emprunteur remet à son prêteur un acte de vente de sa propriété et le prêteur donne en échange à l'emprunteur un contre-acte par lequel il s'engage à lui restituer cette propriété après paiement intégral de la dette ; cette forme, qui permet au créancier non payé d'entrer plus immédiatement et sans frais en possession de l'immeuble, semble avoir été employée surtout pour tourner l'obsacle que le « Homestead exemption » mettait à la saisie. Les avances sur récolte, sont aussi un mode d'emprunt très fréquent dans le sud; elles ne lient pas la terre, à moins de stipulation expresse, et ne sont par conséquent pas classées parmi les emprunts hypothécaires (²).

(1) Ce fait ne semble pourtant pas confirmé par les faits suivants concernant les terres de ferme de l'Illinois : en 1880, année prospère, 24,248 contrats d'hypothèque, pour une valeur de 30 millions et demi de dollars (154 millions de francs) d'une part, et, d'autre part, 810 ventes pour une valeur de 1,2 millions de dollars (6,180,000 francs) ; en 1887, année moins prospère, 25,334 contrats d'une valeur de 37 millions (190 millions de francs) et 1,223 ventes pour une valeur de 1,9 millions (9,785,000 francs). Dans le comté de Chester, pris comme exemple, 87 p. 100 de cette dette avaient pour cause l'achat de la terre ou les améliorations foncières. *Twelfth annual Report of the Bureau of statistics of Labor and industries of New Jersey*, p. 318-319.

(2) Voir *Extra Census Bulletin*, n° 3.

Dans le Sud-Atlantique, la Géorgie n'a que 7,12 p. 100 de ses terres hypothéquées, tandis que le New York et le Kansas en ont plus de 30 et de 27 ; en outre, il n'y avait pas beaucoup plus de la moitié des prêts [1] qui eussent pour gage la terre de ferme et les emprunts ayant pour cause des achats de terre ou de cheptel étaient proportionnellement en moindre nombre [2] que dans les régions précitées. Dans le Sud-Atlantique, comme dans la région du golfe, les propriétés engagées ont en moyenne une bien plus grande étendue que dans le nord-est, mais elles ont aussi une valeur bien moindre par acre.

Dans les États du golfe, l'Arkansas occupe un des derniers rangs sous le rapport des hypothèques (6,70 p. 100 de la valeur des propriétés taxées) et les emprunts sur terres de ferme ne forment que les 7 dixièmes du total [3]. L'intérêt dépasse en moyenne 9 p. 100. Dans les comtés de Lee et de Saint-Francis, les fermes, cultivées surtout en coton, sont généralement abandonnées aux gens de couleur qui empruntent sur la récolte future pour vivre. Le marchand qui fait les avances prend rarement hypothèque ; l'emprunteur n'en est pas moins grevé ; comme la plupart du temps il ne fait que des remboursements partiels, il est obligé chaque année à de nouveaux emprunts, et il se ruine. Une manière d'emprunt très usitée consiste, comme dans la région précédente, dans un acte de vente simulée.

L'Alabama, qui appartient à la même région, est dans une situation analogue ; peu de crédit, peu d'em-

(1) 56,5 p. 100.
(2) 71 p. 100 dans le comté de Bartow.
(3) 69, 89 p.100.

prunts hypothécaires, un taux d'intérêt élevé (8,30 p. 100).
Toutefois le montant annuel des emprunts hypothécaires
a plus que doublé de 1886 (16 millions de dollars, soit
82 millions de francs) à 1890 (39 millions de dollars, soit
201 millions de francs).

Le Tennessee est dans la même situation que les
autres anciens États à esclaves; il n'a qu'une faible
dette hypothécaire (8,80 p. 100 de la valeur de la propriété taxée), quoique les emprunts aient plus que
doublé depuis cinq ans ([1]) et la majeure partie des 40
millions de dollars qui constituaient sa dette en 1890
porte sur la propriété urbaine ([2]). Il semble que
presque tout le crédit y soit local, c'est-à-dire provienne
des marchands même de la localité : d'où l'on peut
conclure que la confiance dans la solvabilité des propriétaires n'est pas grande parmi les banquiers de
l'est ([3]).

L'exemple de deux États, le Michigan et l'Illinois, suf-
fira pour la région du centre.

Le Michigan (pour lequel les résultats de l'enquête du
Census ne sont pas encore connus) est le premier État
qui ait entrepris de dresser une statistique de ses hypothèques ([4]). Le Commissaire du travail de cet État, dans
son rapport, exprimait le regret de n'avoir pu obtenir
des renseignements aussi complets qu'il l'aurait désiré; ce

---

(1) 16 millions en 1886, 40 en 1890.

(2) 16 millions sur la propriété rurale et 24 sur la propriété urbaine.

(3) D'après l'enquête faite dans deux comtés, les prêteurs résidents
formeraient 93 ou 77 p. 100 du total des prêteurs, tandis que dans le
Kansas ils forment moins du tiers. Ces emprunts ont été faits en majeure partie, surtout dans le comté de Maury, pour des achats de propriété.

(4) Le chef du bureau de statistique du travail du Michigan le déclare
p. 390 du Rapport de 1888.

n'est que par des calculs d'estimation qu'il a déterminé à peu près la valeur totale de la propriété foncière. Elle était en 1887 de 686 millions 1/2 de dollars, (3,545,500,000 francs), le montant total des dettes hypothécaires s'élevait à 129 millions (664 millions de francs), dont l'intérêt annuel, à 7,2 p. 100 en moyenne, était de 7 millions 1/2 (¹). Ces calculs paraissaient au Commissaire donner un résultat inférieur à la réalité et il supposait que la moitié des fermiers avaient des dettes hypothécaires. Il pensait aussi que la somme des dettes hypothécaires avait augmenté: ce qui est très vraisemblable; mais il n'en fournissait pas la preuve.

Il disait qu'en outre il faudrait ajouter aux dettes hypothécaires les dettes non hypothécaires, lesquelles doubleraient probablement la somme et que les fermiers, anticipant sur le produit de leurs récoltes, se trouvaient dans l'impuissance de payer, quand celles-ci faisaient défaut (²). « Cette masse d'intérêts à payer explique en partie la stagnation du commerce et par suite la production surabondante des fabriques... Le cultivateur espère chaque année que les récoltes et les prix seront meilleurs, et chaque année il est déçu... » Il est difficile, à la distance où nous sommes ici du Michigan, de juger si le tableau du Commissaire, M. A. H. Heath, n'a pas été poussé au noir, et s'il est vrai que

____

(1) Sur 90,803 fermiers qui avaient été consultés, beaucoup avaient refusé de répondre, déclarant que ce n'était pas l'affaire du Statisticien et ont été portés comme n'ayant pas d'hypothèques, quoiqu'ils en eussent peut-être. 43,079 ont déclaré en avoir, et c'est d'après leurs déclarations qu'on a calculé le taux de 7,2 p. 100. Le montant de leurs hypothèques est à la valeur de location de leurs propriétés comme 47 est à 100. *Fifth annual Report*, p. 74.

(2) *Fifth annual Report of the Bureau of Labor and industrial Statistics, Michigan*, p. 2 et p. 390.

la condition des fermiers aille en empirant (¹) ; mais j'ai lieu de penser que, malgré l'augmentation indubitable de la dette en Amérique il exagère en disant que, « dans presque tous les États on peut trouver une situation semblable ».

Dans l'Illinois, le Secrétaire du bureau de statistique du travail avait publié en 1888 une statistique des dettes hypothécaires, en distinguant les terres de ferme et les terrains urbains. La valeur totale des terres (moins celles du comté de Cook) était, d'après le Census de 1880, de 1,009 millions de dollars (5,196 millions de francs); la dette hypothécaire était, en 1887, de 123 millions (633 millions de francs), dont 103 pour emprunts, et 20 pour intérêts arriérés (²) : elle s'élevait donc à 12 1/2 p. 100 de la valeur de la propriété et aux 6/10 du produit d'une année (³). Il est à remarquer que les comtés les plus riches étaient ceux où il y avait le plus d'hypothèques, parce qu'ils ont plus de besoins et plus de crédit, et les plus pauvres ceux où il y en avait le moins (⁴).

(1) Dans un autre rapport (année 1892), le successeur de M. Heath, M. Henry A. Robinson, a donné une statistique des dettes hypothécaires dans la cité de Detroit, d'où il résulte qu'entre 1884, date d'une première statistique, et 1891, les hypothèques annuelles ont monté de 7 millions de dollars en 1884 à 7 millions et demi en 1891 et que le total des hypothèques dans les sept années de 1884 à 1890 a été de 41,8 millions de dollars, portant sur des propriétés dont la valeur totale (valeur de taxation) était de 729 millions de dollars. Voir *Ninth annual Report of the Bureau of Labor statistics. Michigan.* 1892. (Les chiffres que je donne ici proviennent d'une rectification de calcul placée à la page 189.)

(2) Le Statisticien a pris toutes les terres de l'Illinois, moins celles du comté de Cook où est située la ville de Chicago.

(3) Cependant, comme les dettes ne portaient que sur une partie des terres (8 millions d'acres sur un total de 26 millions) et que les terres rapportaient 61 millions de dollars, le produit annuel des terres hypothéquées représentait à peu près la moitié de la dette hypothécaire.

(4) 30 p. 100 des terres étaient hypothéquées dans les 21 comtés les plus riches, 11 p. 100 dans les 13 comtés les plus pauvres. *Fifth biennial Report of the Bureau of Labor Statistics of Illinois*, 1888, p. XLII.

Le Census (¹) présente, à la date du 1ᵉʳ janvier 1890, des chiffres qui concordent à peu près avec les précédents et les complètent : 384 millions garantis par hypothèque dans l'Illinois tout entier, dont 165 sur les terres de ferme et 219 sur les terrains urbains. Il y a une forte augmentation dans le chiffre annuel des engagements, qui ont presque triplé de 1880 à 1889 (²). Le taux d'intérêt varie de 6 à 8 p. 100 dans le plus grand nombre des cas.

C'est dans le Nebraska et le Kansas qu'il y a relativement le plus de terres hypothéquées : 58,13 p. 100 dans le premier et 61,56 p. 100 de la totalité des terres de ferme taxées dans le second et 20,03 p. 100 de la valeur totale de la propriété foncière rurale ou urbaine dans l'un et 26,83 dans l'autre. L'intérêt y est plus élevé (8,37 et 8,56 p. 100) que dans les autres États de la région centrale.

La région du nord se compose d'États nouvellement peuplés ; le Minnesota est le plus important. D'après les constatations du Census de 1890, il y aurait, sur 100 cultivateurs, 15,25 familles de fermiers-locataires, 45,44 familles de propriétaires dont les terres ne sont pas grevées de dettes et 39,31 familles de fermiers-propriétaires dont les terres sont grevées, proportion qui est plus forte que celle des propriétaires de maisons endettés (³). La dette rurale a été contractée principalement pour

---

(1) *Extra Census Bulletin* n⁰ 3.

(2) Cette augmentation s'est produite tant sur les lots urbains (23 millions et 97) que sur les terres de ferme (30 millions et 41).

(3) La moitié des familles du Minnesota (52,46 p. 100) habite une maison particulière « home ». La moitié à peu près (53 p. 100) de cette moitié loue la maison ; l'autre moitié (47 p. 100) en est propriétaire ; de cette dernière moitié, 30 n'ont pas de dettes grevant la maison, 17 en ont.

l'achat de terre et de cheptel ([1]). Elle est évaluée à 37 millions et demi de dollars (193,1 millions de francs) ([2]), équivalant au tiers de la valeur de la propriété ([3]) et l'intérêt moyen est de 8 p. 100. De 1880 à 1889, le montant annuel des emprunts hypothécaires au Minnesota a quadruplé ([4]), pendant que la population augmentait seulement de 66 p. 100. Le Minnesota est un des États les plus chargés. Les terrains urbains, « lots », le sont plus que les terres de ferme, « acre tracts » ([5]).

Le Commissaire du travail du Minnesota, M. L. G. Powers, a comparé, par une enquête très instructive, les expropriations par suite d'hypothèques non payées en 1881 et en 1891 ([6]). A la première date il y avait eu 1,166 saisies (portant sur 133,222 acres d'une valeur de 1,021,098 dollars, soit, 5,2 millions de francs); à la seconde 1,420 (106,350 acres valant 1,178,827 dollars, soit 6,7 millions de francs) ([7]). Le prix moyen de l'acre de terre agricole vendue par suite de ces saisies a diminué :

(1) 68 p. 100 du total de la dette sur les fermes avaient pour objet l'achat de terres ou de cheptel. D'une enquête particulière portant non sur la dette en général, mais sur la dette hypothécaire dans quatre comtés, il résulte que 69, 70, 83, 86 p. 100 des emprunts ont en effet pour objet l'achat de la terre ou du cheptel et que l'achat de la terre seul figure pour 44 à 70.

(2) Dette sur les fermes. La dette sur les maisons est de 28 millions.

(3) 31,61 p. 100 de la valeur des fermes. La dette sur ces maisons représente 34,36 p. 100 de leur valeur.

(4) 15 millions de dollars (77 millions de francs) empruntés en 1886 et 59,7 (307,5 millions de francs) en 1889. Le total des emprunts hypothécaires a même monté à 70,3 en 1887.

(5) Sur 398 millions de dollars qui ont été empruntés de 1880 à 1889 (et dont une partie a été remboursée par les annuités) 155 portent sur les « acre tracts » et 243 sur les « lots ».

(6) L'année 1881 était dans cette région une année agricole plus prospère que 1891, malgré la bonne récolte.

(7) Ces chiffres ne comprennent pas les saisies de terrains urbains et miniers, lesquelles ont beaucoup augmenté (de 3 à 80) de 1881 à 1891 et représentaient, en 1891, 651 millions de dollars (3,352 millions de fr.).

9,23 dollars en 1881 et 7,10 en 1891, parce que ce sont surtout les terres du nord qui ont été l'objet d'une exécution judiciaire à la seconde date ([1]). Le total des terres cultivées s'est accru plus rapidement que les saisies; car il y a eu 1 acre saisie sur 139 acres taxées en 1881 et 1 sur 149 en 1891 ([2]). L'amélioration s'est produite surtout dans les régions où les fermiers sont fixes, où les terres sont bonnes et où les cultures sont variées ([3]). C'est surtout dans les terrains nouvellement occupés, possédés par suite de l' « Homestead », par préemption ou en vue de la spéculation, que les dépossessions ont eu lieu ([4]). Les causes sont diverses; en voici quelques-unes.

L'agent imprudent d'une banque de l'est, banque dont le siège est éloigné, dit M. Powers, se trompe dans l'appréciation d'une terre et prête plus qu'elle ne vaut; l'emprunteur abandonne bientôt le gage et part avec l'argent. L'agent malhonnête prête sciemment plus qu'elle ne vaut, et pousse le fermier à des dépenses exagérées afin d'encaisser de fortes primes et trompe son banquier ([5]). Ces deux cas se présentent

[1] Pour les terrains boisés la différence est encore beaucoup plus grande : 11,05 dollars en 1881 et 4,09 en 1891.

[2] M. Powers disait à la session de l'Institut international de statistique, qui s'est tenue à Chicago en septembre 1893, que les expropriations qui représentaient 2 p. 100 des terres hypothéquées en 1891 ne représentaient que 1 p. 100 en 1893, que ce taux variait suivant les régions : 6 p. 100 dans la vallée de la rivière Rouge, 1/3 à 1/10 p. 100 dans le Minnesota méridional.

[3] The mortgage foreclosures in Minnesota on farm property have, on the past ten years, decrease relatively 35 per cent and the general condition of the farmers as a whole has, to that same extent, been improved since the year 1880. *Third biennial report...* p. 362.

[4] *Ibidem*, page 363 et tableau xiv.

[5] Il y a beaucoup d'agents et de fermiers qui ont une toute autre manière d'agir. M. L. G. Powers cite un agent qui, sur 1,500 prêts faits à des fermiers en 1891 dans la vallée de la rivière Rouge, n'avait pas demandé en 1891 une seule expropriation.

surtout pour des terres pauvres, enclavées dans des régions riches. Quelquefois, c'est le banquier même qui trompe le client et qui par un prêt excessif, trouve le moyen de s'emparer de la terre (¹).

Le spéculateur n'acquiert souvent une terre par « Homestead » ou préemption que dans le dessein de la revendre plus cher, et il a des chances de le faire quand les acheteurs sont très nombreux et que les prix montent. S'il ne trouve pas à vendre à sa convenance, il emprunte sur hypothèque le plus qu'il peut; c'est pour lui le seul moyen de réaliser, et il disparaît immédiatement après avoir touché l'argent (²).

Le cultivateur de bonne foi qui a acheté sa ferme à un marchand de terre, partie au comptant et partie en promesses d'annuités, et qui a acquis son cheptel par emprunt hypothécaire, n'obtient, par sa faute ou par la faute des saisons, que des récoltes insuffisantes; il est incapable de faire face à ses engagements et il est évincé.

M. Powers a inséré dans son rapport deux cartes qui éclairent bien ce côté de la question des hypothèques. Elles indiquent le nombre des expropriations judiciaires faites dans chacun des comtés du Minnesota, l'une pendant l'année 1880, l'autre pendant l'année 1890, par des

______

(1) M. Powers cite une agence qui a fait des prêts de ce genre et qui a été la cause d'un grand nombre d'expropriations dans la vallée de la rivière Rouge en 1891 et en 1892.

(2) Dans le comté de Polk, situé au nord-ouest, dans la région de la rivière Rouge, il y a eu, sur 119 expropriations de l'année 1891, 25 propriétaires qui ont abandonné leur terre la semaine même où ils avaient emprunté; 10 propriétaires qui n'avaient pas payé d'intérêts depuis deux ou quatre ans, 4 qui avaient spéculé avec l'argent emprunté, 25 qui ont été ruinés par leur intempérance ou leur incapacité, 20 par de mauvaises récoltes, etc. Le total des expropriations a été de 245 en 1891 dans le comté; sur ce nombre, 21 ont racheté leur terre.

hachures d'autant plus serrées que ce nombre est plus fort. Or, en 1880, les ombres sont épaisses dans les comtés du sud, tandis qu'il n'y en a presque pas dans ceux du nord ; en 1890, il y en a peu dans le sud et c'est le nord qui, à son tour, est couvert d'une teinte sombre.

Voici l'explication. C'est par le sud que s'est faite la colonisation du Minnesota. En 1880, la culture y était encore récente et concentrée dans la partie méridionale. Les villes étaient moins peuplées qu'aujourd'hui et les fermiers ne faisaient guère que du blé, parce que le blé est la marchandise agricole la plus facile à placer sur des marchés lointains.

Ces colons avaient beaucoup emprunté pour acheter leur terre et leur matériel d'exploitation ; ils n'avaient pas eu le temps de s'acquitter et beaucoup, pour une cause quelconque, se sont trouvés dans l'impossibilité de payer leurs annuités : ce sont ceux qui étaient expropriés. La contrée supportait alors péniblement le fardeau de sa dette hypothécaire.

Dix ans après, en 1890, à la suite de ce triage, les meilleurs, c'est-à-dire ceux qui avaient pu résister aux difficultés du début, restaient et les mauvais avaient été remplacés par d'autres colons. Un tassement s'était pour ainsi dire opéré et la propriété était plus fixée. En outre, la population urbaine ayant beaucoup augmenté à Minneapolis, à Saint-Paul, etc., les fermiers trouvaient un marché à proximité et avaient pu varier leurs cultures afin de l'approvisionner ; ils ne dépendaient plus d'une seule récolte et ne tombaient plus dans un dénûment absolu quand cette récolte venait à manquer. Les expropriations n'étaient plus que le dixième de ce qu'elles avaient été en 1880 et la contrée portait facilement sa dette (¹).

C'était maintenant dans la partie septentrionale de l'État qu'étaient les nouveaux défrichements, que la culture du blé était à peu près exclusive et que les fermiers se trouvaient dans la condition où avaient été dix ans auparavant ceux de la partie méridionale.

Dans le sud-est du North Dakota, le secrétaire de l'État déclarait qu'il n'y avait pas plus de 2 p. 100 de fermiers ayant emprunté qui eussent été expropriés, quoiqu'il n'y eut guère de ferme qui n'eût été hypothéquée, et que généralement tous ceux qui pratiquaient des cultures variées, faisant blé et maïs, élevant bœufs, porcs et moutons, se tiraient d'affaire (²).

Au Colorado, un des États de la région de la Cordillère, la dette hypothécaire par tête d'habitant est plus forte que dans toutes les autres parties des États-Unis, excepté le district de Columbia et le New York où la spéculation sur les terrains urbains est très active. La majeure partie de cette dette porte sur les terrains urbains; car le montant total des emprunts contractés de 1880 à 1889 a été de 168 millions

---

(1) Le « Registrar of deeds » du comté de Mosser (Minnesota) disait en 1893 à M. Bureau, professeur à l'École de droit catholique que, dans son comté qui avait 18,000 habitants, il n'y avait eu en 1891 et en 1892 que 9 saisies immobilières, dont 4 avaient été annulées dans l'année pour cause de remboursement, et que dans l'automne de 1892 il enregistrait par jour 8 à 9 radiations; l'agriculture était en somme prospère. Il n'en avait pas été de même en 1886, année de sécheresse, où il avait compté 98 saisies immobilières. Le « Registrar of deeds » du comté de Stelle (Minnesota) l'assurait que jamais dans son comté un fermier n'avait eu besoin d'emprunter pour se tenir à flot et que la confiance se fortifiant de plus en plus, l'intérêt en 25 ans était tombé de 24 à 7 p. 100.

La plupart des fermiers renoncent facilement au privilège du *Homestead exemption* pour emprunter en hypothéquant leur terre.

(2) Voir *The financeal outlook*, p. 11, par Atkinson.

de dollars (865 millions de francs) sur les propriétés urbaines et de 80 (412 millions de francs) sur les propriétés rurales; ces dernières restaient grevées de 30 millions en 1890 (1).

Le New Mexico présente quelques traits particuliers : nulle part la dette hypothécaire ne porte sur d'aussi grands domaines (7,876 acres) et n'a en moyenne une aussi grande valeur (10,299 dollars).

Dans l'Orégon, État de la région du Pacifique, la dette hypothécaire n'est pas forte (8,11 p. 100 de la valeur de la propriété), quoique depuis 1886 les emprunts aient beaucoup augmenté. La somme totale dont la propriété rurale restait grevée en 1890 n'était que de 16 millions de dollars; mais l'intérêt y est en moyenne de 10 p. 100 (2).

En Californie, il y avait au 1er janvier 1890, 112,674 hypothèques pour une somme totale de 241 millions de dollars (1,241 millions de francs), dont 121 millions sur la propriété rurale (45,164 hypothèques) et 120 millions sur la propriété urbaine (67,510 hypothèques) (3). La valeur moyenne des emprunts hypothécaires sur la propriété rurale a varié suivant les années (1880 à 1889) entre 2,000 et 2,850 dollars (4) (10,300 et 14,677 francs).

(1) D'après l'enquête spéciale faite dans les comtés d'El Paso et de Weld, 48 et 54 p. 100 des emprunts hypothécaires avaient pour cause des achats de terre; 82 p. 100 avaient pour cause des achats de terre et de cheptel.

(2) D'après l'enquête spéciale faite dans deux comtés (Union et Umalilla) 54 p. 100 des hypothèques avaient pour cause des achats de terre, 70 p. 100 des achats de terre et de cheptel.

(3) M. Forest, consul de France à San Francisco, estimait, il y a une douzaine d'années, à 10, 15 et 18 p. 100 l'intérêt des emprunts hypothécaires, et disait qu'on prêtait en général 60 à 75 p. 100 de la valeur de la propriété. *Rapport sur l'agriculture des États-Unis*, par M. Breuil, p. 116.

(4) L'étendue moyenne sur laquelle ont porté les hypothèques a été de 230 à 300 acres (93 à 121 hectares).

Après ces exemples, je dois revenir aux résultats d'ensemble. Les 33 États ou Territoires dont le Census avait publié les résultats en décembre 1893(¹) ont emprunté sur hypothèque en 1889 1,381 millions et demi de dollars (7,112 millions de francs), une fois et demie de plus (156 p. 100) qu'ils n'avaient emprunté en 1880 (²). Mais les deux tiers environ en moyenne 66 p. 100 des emprunts portent sur la propriété urbaine (lots). La proportion s'élève à 86 p. 100 dans le New York et à 88 dans le Massachusetts. La propriété rurale n'a emprunté que 419 millions hypothéqués sur 42,556,000 acres(³); mais cette somme, comparativement aux emprunts de 1880, constitue un accroissement de 65,4 pour 100. Donc la dette hypothécaire rurale augmente et, quand on considère la moyenne par emprunteur de la somme empruntée, on est porté à penser que les acquéreurs de terre, empruntant davantage, ont moins d'argent comptant en 1889 qu'en 1880.

Toutefois il convient de faire remarquer, avec le Surintendant du Census, qu'une partie notable des propriétés dites rurales qui sont hypothéquées se trouve dans la banlieue des villes et pourrait être justement classée dans les emprunts de nature urbaine (⁴). On prête

(1) Le tableau porte 36 États ou Territoires, mais il y en a trois, Maryland, South Carolina, Ohio, sur lesquels on n'a encore que des renseignements particls.

(2) 539 millions et demi en 1880, l'augmentation a été très forte en 1881, 1882, 1886 et surtout en 1887 et en 1889. Le Surintendant suppose qu'en 1880 le montant total de la dette hypothécaire s'élevait à 2,343 millions de dollars (12,066 millions de francs).

(3) En 1880, la propriété rurale dans les 33 États ou Territoires avait une dette hypothécaire de 253 millions de dollars (1,303 millions de fr.) portant sur 29,7 millions d'acres (12,3 millions d'hectares).

(4) « Mortgages on « acres », dit M. Atkinson (*The financial outlook...* p. 7) are not the same as mortgages on « farms », because large are as now taxed by the acre in the vicinity of towns and cities are held for

plus facilement sur les terrains urbains, à cause des chances de plus-value, que sur les fermes, et précisément les banlieues jouissent de cet avantage. C'est pourquoi les propriétés urbaines sont engagées en moyenne pour 40,5 p. 100 de leur valeur, tandis que les propriétés rurales le sont pour 35,4.

En résumé, le montant total de la dette hypothécaire (sans déduction des remboursements partiels) existant le 1er janvier 1890 dans ces 33 États ou Territoires, telle que j'ai défini plus haut cette dette, s'élevait à 4,935 millions de dollars (25,415 millions de fr.), soit 112 dollars (576 fr.) par habitant. La part de la propriété rurale, qui est l'objet spécial de cette étude, était de 1,693 millions de dollars, soit 37,7 p. 100 du total général (1). Le nombre des hypothèques sur la propriété

improvement as lots. The principal western indebtedness on mortgage is in and around Chicago... It will be remarked that the amount of the incumberance in eleven counties in and around New York exceeds the amount of mortgages on all the farms of the United States. »

(1) La totalité des emprunts hypothécaires faits de 1880 à 1889, s'élève pour les 33 États ou Territoires à 9,469 millions de dollars (48,764 millions de francs). Le Surintendant estime que les 4,935 millions représentent les 5/6 de la dette hypothécaire totale des États-Unis, qui serait ainsi de près de 6 milliards de dollars (soit 31 milliards de francs), somme énorme assurément.

En France, la dette hypothécaire inscrite était, d'après deux statistiques dressées par le ministère des Finances, de 12 milliards et demi de francs en 1840 et de 19,278 millions en 1876. Sur ces 19,278 millions on a constaté que 5,742 millions avaient été remboursés, mais n'avaient pas été rayés des registres; d'autre part, il y avait à ajouter 832 millions d'inscriptions prises à la requête du Crédit foncier. Le montant total de la dette actuelle dont une forte portion avait, comme aux États-Unis, pour objet la garantie de prix de vente d'immeubles non payés comptant, s'élevait à 14,369 millions de francs (Voir *Bulletin de statistique et de législation comparée*, avril 1878).

En Angleterre, on évalue la dette hypothécaire à peu près à 58 p. 100 de la valeur de la propriété foncière. En Autriche, un relevé fait à propos de la loi de 1888 sur le Höferecht évalue la valeur de la propriété foncière bâtie et non bâtie à 9,713 millions de florins, et celle de la dette hypothécaire à 3,580 millions de florins.

En Italie, la dette hypothécaire inscrite au 31 décembre 1892 s'élevait, d'après le calcul de la statistique générale du royaume, à 15,9 mil-

rurale étant de 1,683,000, le montant moyen d'une dette était d'environ 1,000 dollars. Comme les remboursements effectués sur la dette rurale s'élèvent à environ 10 p. 100, la moyenne de la dette actuelle en 1890 était de 900 dollars par emprunt et le montant total des sommes encore dues sur les propriétés dites rurales était de 1 milliard 1/2 de dollars (7,720 millions de fr.). Le taux moyen de l'intérêt des dettes rurales était de 7,3 p. 100 (¹).

Une étude spéciale de la dette dans 102 comtés répartis dans les 33 États ou Territoires a montré que 82,5 p. 100 de cette dette avaient exclusivement pour cause l'achat de la terre ou du matériel d'exploitation et que, dans 12 autres cas sur 100, ces deux causes existaient encore, mêlées à d'autres. Les années de dépression commerciale (1883, 1884, 1885, 1888) sont celles où il y a eu le moins d'emprunts sur hypothèque.

En général, comme je l'ai dit, les emprunts sur hypothèque sont beaucoup plus nombreux dans le nord que dans le sud et dans la région de la Cordillère : ainsi, on en compte 1 par 5 habitants dans le Kansas, 1 par 7 habitants dans le Minnesota et le Nebraska, tandis qu'il n'y en a que 1 par 43 habitants dans l'Alabama, 1 par 101 habitants dans le New Mexico. La dette hypothécaire dans les 33 États et Territoires s'élève à 18,5 p. 100 de la valeur des propriétés taxées. La proportion est, en conséquence de ce que je viens de dire, plus forte dans le nord

liards (dont 9,7 pour dettes portant intérêt et rentes capitalisées, et 6,2 pour dettes certaines ou éventuelles ne portant pas intérêt). Le tiers environ de cette dette porte soit sur des produits, soit à la fois sur la terre et les produits (Voir *Annuario statistico italiano*, 1892, p. 744 et 775).

(1) C'est la moyenne, non de 33 mais de 21 États. L'intérêt le plus fort (9,4 p. 100) se trouve dans l'Orégon, le plus faible (5,6 p. 100) en Pennsylvanie.

(Kansas, 26,8 p. 100) et l'est (New York 30,6 p. 100) que dans le sud et dans la région de la Cordillère.

Dans plusieurs comtés on a pu établir la résidence des prêteurs, dont un tiers, souvent la moitié, quelquefois même les trois quarts habitent la même localité que les emprunteurs; on sait d'ailleurs que les prêts hypothécaires sont un genre d'opérations que font très souvent les banquiers américains autres que les banques nationales auxquelles ce genre d'opérations n'est pas permis; ceux de New York et de Boston traitent beaucoup d'affaires de ce genre.

De cette enquête partielle, on peut conjecturer que le montant de la dette hypothécaire sur tout le territoire des États-Unis serait d'environ 6 milliards de dollars d'après les uns et 7 milliards d'après d'autres, la propriété rurale supporterait environ 2 milliards 1/4, mais la propriété véritablement exploitée en fermes n'en supporterait guère que la moitié (¹).

Les experts du Census pensent que les fermiers-propriétaires ne sont en réalité endettés que de 1,055 millions de dollars (environ 5,3 milliards de francs) et que la dette des fermiers-locataires ne saurait être très considérable. La dette ne s'élève donc guère qu'au dixième de la valeur de la propriété agricole. M. Frederiksen, qui admet l'hypothèse de 7 milliards, estime que, sur cette somme, près de 4 milliards ont été fournis par des ban-

______

(1) Les dettes hypothécaires des corporations semi-publiques, comme les chemins de fer, ne sont pas comprises dans ce total. Ces dettes étant d'environ 5 milliards de dollars, il en résulte que le total de toutes les dettes hypothéquées sur la propriété foncière s'élève à plus de 11 milliards de dollars (plus de 56 milliards de francs), c'est-à-dire à 1/6 de toute la richesse des États-Unis et à 3/10 de la propriété foncière taxée. (Voir *A décade of mortgages*, par M. G.-K. Holmes, dans *Annals of the American Academy of political and social Science*, May 1894.)

quiers et autres capitalistes de la localité, 1 milliard 3/4
par les caisses d'épargne, les associations de construction et de prêt (Building and loan associations), les
compagnies d'assurances, plus d'un milliard par des prêteurs étrangers à la localité, un peu plus de 100 millions par des établissements de prêt hypothécaire, lesquels sont peu nombreux en Amérique ([1]).

La première ou une des premières compagnies organisées en vue d'émettre des bons garantis par des prêts
hypothécaires est la « Iowa loan and trust company » de
Des Moines qui, fondée en 1872, en a émis seulement
depuis 1881. Quelques autres compagnies de la Nouvelle-Angleterre et du New York en ont émis aussi
depuis 1885 ; en 1893, on comptait 65 compagnies de
prêts hypothécaires dans les trois États du Massachusetts, du Connecticut et de New York qui avaient 72 millions de dollars de créances hypothécaires, placées surtout dans l'ouest et formant les 7/10 de leur actif. Une
centaine de banques moins importantes, établies dans
le Kansas, le Nebraska, l'Iowa, les Dakota, le Minnesota,
possédaient environ 23 millions de dollars de créances
hypothécaires. La très grande majorité des bons hypothécaires émis par les banques du Massachusetts ont une
durée de 5 ou de 10 ans ; l'intérêt payé aux obligataires
est quelquefois de 5, plus souvent de 6 p. 100, ce qui

____

(1) M. Frederiksen fait remarquer que les Américains sont peu disposés
jusqu'ici à négocier des titres hypothécaires et que c'est pour cette raison
que le taux de l'intérêt hypothécaire est de 6,73 p. 100, tandis qu'il est
de 4,36 p. 100 pour les obligations de chemins de fer. Les fraudes des
emprunteurs qui abandonnent leur terre après avoir reçu le montant de
leur emprunt et les pertes qu'ont éprouvées plusieurs banques mettent
en défiance celles qui sont établies loin de la localité.

Au Massachusetts, il est même défendu aux Caisses d'épargne de
faire des prêts hypothécaires hors du territoire de l'État.

laisse une marge de 1 1/2 à la banque qui prête à 7 1/2 dans l'ouest.

Ce qui ressort certainement de l'enquête du Census, c'est qu'une grande partie des fonds a été fournie par des capitalistes habitant la région et que, par conséquent, il y a déjà de fortes épargnes accumulées sur place dans la grande région centrale où se trouvent à la fois beaucoup d'emprunteurs et de prêteurs. Ces prêteurs sont pour la plupart des fermiers enrichis qui cultivent encore ou qui ont affermé leur terre pour venir vivre plus commodément dans les villes (¹).

On n'exagère pas en disant que la dette hypothécaire est très forte aux États-Unis et qu'elle pèse lourdement sur un grand nombre de propriétaires. Mais on doit, d'une part, reconnaître qu'en général elle porte proportionnellement plus sur la propriété urbaine que sur la propriété rurale, et que, dans la propriété dite rurale, une forte partie de la charge porte sur des terrains de spéculation voisins des villes, parce qu'il y a, ainsi que je l'ai fait remarquer, plus d'espérance de plus-value rapide et plus de spéculateurs dans les villes; par conséquent aussi il s'y rencontre plus de gens qui achètent témérairement à crédit, et qui, ne pouvant pas acquitter leurs annuités, sont dépossédés; les ventes

(1) Le secrétaire d'État du South Dakota écrivait récemment à M. Atkinson (voir *The Financial outlook*, p. 11) que la moitié des fermiers les plus anciennement établis dans le comté de Lincoln étaient en état de prêter de l'argent à leurs voisins. M. Bureau, qui a visité en 1893 le Minnesota, m'a communiqué ses notes sur la « First national bank de Pipestone », bourg fondé en 1883. Cette banque a un capital de 50,000 dollars qui paraissent appartenir aux deux propriétaires de l'établissement; elle donne 5 p. 100 des fonds qu'on lui dépose pour six mois ou un an et prête à 10 p. 100; dans les premières années elle a prêté à 2 p. 100 par mois. Les prêts sur hypothèque sont interdits à toutes les banques nationales, mais elle sert d'intermédiaire à des banquiers de l'est pour des prêts de ce genre.

qui résultent de ces expropriations facilitent la concentration des terrains entre les mains de gros capitalistes (¹). On doit reconnaître, d'autre part, qu'on exagère en Amérique, comme en Europe, quand on déclare que l'agriculture est écrasée sous le fardeau. En réalité elle ne l'est pas.

M. George K. Holmes fait observer avec raison que plus des neuf dixièmes des dettes résultent d'emprunts volontaires, c'est-à-dire qu'ils n'ont pas été contractés sous la contrainte de la misère pour solder un arriéré, mais librement pour acquérir de la terre et du matériel ou pour spéculer. « L'emprunteur, dit-il, peut s'être trompé, mais il n'est pas raisonnable de supposer que tous ou presque tous aient mal calculé les conséquences de leur emprunt (²). »

Parmi les emprunteurs ruraux il convient de distinguer deux catégories.

La première comprend ceux qui considèrent la terre comme une matière à spéculation et font de sa possession passagère un instrument de crédit. Empruntant d'abord pour acquérir, empruntant encore, s'ils trouvent prêteur, quand ils n'ont pas pu vendre avec bénéfice, ils ne payent pas leurs dettes hypothécaires et sont réduits à livrer le gage. Elle comprend aussi ceux qui, possédant

---

(1) Voir au sujet de cette tendance le Rapport du Commissaire du travail du Michigan sur la dette hypothécaire à Detroit. « The proportion of those buying lots on contract who persevere until the final payment is much smaller than is generally supposed... Eventually every vacant lot in the city will be on the market for a purchaser and then the natural tendency to concentrate realty on few hands, as seen in New York and all others growing cities, will be accentuated and the number of property owners will rapidly decrease. Capital is constantly seeking safe investments and nothing is safer than real estate in a progressive city. »

(2) *Annals of the American Academy of political and social Science,* May 1894, p. 55.

la terre et la cultivant, empruntent pour des besoins personnels étrangers à la culture ou même pour des améliorations culturales au delà de leurs moyens, et qui languissent dans l'impuissance de se libérer ou finissent par être évincés.

La seconde comprend ceux qui, ayant emprunté pour acquérir le fonds même et le cheptel, s'emploient avec intelligence et économie à faire valoir l'un et l'autre. Ceux-ci se tirent généralement d'affaire quand les circonstances ne leur sont pas trop défavorables; ils deviennent peu à peu des propriétaires libres d'engagements onéreux. Ceux qui, déjà possesseurs de la terre, empruntent pour augmenter ou améliorer leur matériel d'exploitation et le font avec mesure, sont dans la même catégorie; ils trouvent dans le rendement de leur ferme les moyens de s'acquitter peu à peu et ils prospèrent.

La première catégorie contribue à la mobilité de la propriété foncière, laquelle est beaucoup plus grande aux États-Unis que dans les pays européens; elle gaspille la richesse. Si elle augmentait, il y aurait péril pour la fortune des États-Unis; mais des publicistes autorisés pensent que les emprunts de cette catégorie ont une certaine tendance à diminuer, — ce qui ne ressort pourtant pas avec évidence de la statistique du Census — et qu'après tout l'agriculture enregistre beaucoup moins d'expropriations que l'industrie ne compte de faillites : ce qui nous paraît certain. Ce dernier argument, qui ne satisferait peut-être pas des agronomes européens, a sa valeur pour un économiste américain.

La seconde catégorie augmente par ses opérations la richesse nationale, et prouve que l'hypothèque n'est pas nécessairement redoutable. Le mal est d'en faire un mauvais usage. Par elle-même elle n'est qu'un instrument de crédit, qui, comme toutes les formes du crédit, aide à faire passer le capital des mains de celui qui cherche à le prêter dans les mains de celui qui désire l'employer. Dans un pays où la terre est en beaucoup plus grande abondance que le capital argent, il est avantageux, pour la nation comme pour les individus, de faciliter à l'homme laborieux le moyen d'acheter la terre et de la faire valoir. L'hypothèque étant la seule ou la meilleure garantie qu'il puisse fournir, il l'emploie à cette double fin. Par là il devient propriétaire ; sa condition personnelle s'améliore en même temps que la terre défrichée prend plus de valeur et fournit annuellement des produits qui augmentent la richesse nationale.

L'hypothèque a été et sera longtemps encore une des conditions indispensables du progrès de la colonisation et de la culture en Amérique (1), l'instrument de crédit par excellence, je dirais volontiers le pont par lequel le colon a passé du prolétariat à la propriété. M. G. K. Holmes dit avec raison qu'envisagée dans son ensemble elle est un signe de prospérité, mais que, lorsque surviennent des contre-temps, surtout des abaissements continus de prix, elle peut devenir un danger pour les fermiers trop engagés. Les États-Unis lui doivent, ainsi qu'à la loi du « Homestead », le rapide peuplement et le progrès de la culture du « Far west » ; sans elle il aurait fallu sans doute des siècles au lieu d'années pour le convertir en fermes. Je me permets, afin de caractériser son

____

(1) « The State, lit-on dans la Notice du Minnesota à l'exposition de Chicago (*Minnesota, A brief sketch of its history, resources and advantages*, p. 25), is full of prosperous farmers who began with nothing, mortgaging their credit for their home, and paying their debts with the products of a few years labor. »

action, d'employer encore une figure en disant qu'elle a été la fée dont la baguette a couvert le désert de moissons et de cités. Les abus, qui sont sans doute nombreux et les dangers, que la baisse actuelle des prix aggrave, ne doivent pas faire condamner l'usage qui est légitime et bienfaisant.

IX

LE COMMERCE INTÉRIEUR ET LES PRIX

Élévateurs et marchés. — Quand le fermier a terminé sa récolte, il bat sur place son blé ou il le conserve en meule; il rentre ses épis de maïs ou dispose en dizeau les tiges coupées; j'ai vu beaucoup de meules à la fin de septembre dans la plaine de la rivière Rouge, et en maint endroit de la région centrale des dizeaux de maïs. Dans le sud, les tiges restent sur pied, parce qu'on cueille les épis à la main.

Le fermier garde son grain et choisit le moment favorable pour le vendre s'il n'a pas besoin d'argent; il s'en défait immédiatement s'il en a besoin : ce qui est, en Amérique comme en Europe, le cas le plus fréquent (1). Aussi les voitures remplies de sacs arrivent-elles après le battage en grand nombre aux « Elevators » qui bordent dans toutes les régions agricoles les stations de chemin de fer. Le grain est pesé, classé en première, seconde, troisième, quatrième qualité et versé dans le réservoir. Puis le fermier s'en retourne soit avec un chèque, prix de sa vente, soit avec un warrant qui atteste son dépôt

(1) Ainsi l'« Elevator » de Fargo en 1880 a reçu 455,000 boisseaux durant les mois de septembre, octobre et novembre sur un total de 647,000 pour l'année entière.

et qui est un titre de propriété négociable qu'il peut vendre ou sur lequel il peut emprunter.

Dans le Dakota les élevateurs ont une capacité de 10,000 à 140,000 boisseaux. On en voit à chaque station au moins un, quelquefois deux ou trois appartenant à diverses compagnies. Le grain, qui a été enlevé automatiquement dans la partie supérieure du bâtiment, trié et distribué dans des réservoirs, peut couler directement, comme de l'eau, dans le wagon qu'il remplit en quelques instants. Une partie de cet approvisionnement est expédiée directement aux lieux de consommation ou aux ports d'exportation ; une partie est envoyée sur les grands marchés où elle est emmagasinée de nouveau dans des élévateurs plus grands.

Les marchés de premier ordre pour les céréales, et en général aussi pour la viande, sont : Chicago, Minneapolis et Saint-Paul ; Duluth, Kansas City, Omaha, Saint-Louis, Milwaukee dans l'ouest ; Indianapolis, Cincinnati, Louisville, Cleveland au centre ; Buffalo, New York et Boston à l'est ([1]).

Une description de Chicago et de Minneapolis fera comprendre l'organisation et les ressources de ce double commerce.

Chicago et son commerce. — Chicago est le plus grand marché agricole du monde. Cette ville n'était en 1830 qu'un hameau de 70 habitants que protégeait insuffisamment contre les Indiens le fort Dearborn construit en 1804 au sud de la rivière. Elle n'avait encore que

(1) En 1892, Minneapolis a reçu 72,7 millions de boisseaux de blé, New York 63,6, Chicago 56,2, Duluth et West Superior 46,6. Durant l'hiver 1891-92, Chicago a transformé en conserves 2,757,000 porcs, Kansas City 863,000, Omaha 634,000, Saint-Louis 350,000, Milwaukee 326,000, Indianapolis 317,000, Cincinnati 288,000, Louisville 101,000.

4,170 habitants en 1837 lorsqu'elle fut érigée en cité.
En 1860, elle atteignit les 100,000. Lorsque je l'ai visi-
tée pour la première fois en 1876, elle s'était déjà en
grande partie relevée des cendres du terrible incendie de
1871 (¹) et comptait plus de 500,000 habitants.

C'est en 1823 que le commandant du fort Dearborn
écrivait au Secrétaire de la guerre à Washington : « Je
vous fais respectueusement remarquer que ce poste doit
être abandonné parce que la nature de la contrée envi-
ronnante est telle qu'il est impossible qu'elle puisse
jamais faire vivre une population suffisante pour justifier
les dépenses d'entretien d'un fort en ce lieu. » Soixante-
dix ans après, en 1893, elle accusait 1 million 1/2 d'habitants et on enregistrait 27 millions d'entrées aux
guichets de la gigantesque exposition à laquelle Chicago
avait convié le monde.

La cité a dû sa fortune en partie à sa position géogra-
phique et en plus grande partie au génie entreprenant
de ses habitants. Située à la pointe sud-ouest des Grands
lacs, à proximité du Mississipi, en face des immenses
plaines qu'arrosent le fleuve et ses affluents, elle est,
avec Duluth, le port le mieux placé à une des extrémités occidentales de la mer intérieure d'eau douce qui
débouche à l'est dans l'Atlantique par le Saint-Laurent
et le canal Érié ; elle communique avec le Mississipi
par une légère dépression du sol où coule la rivière des
Illinois et où un canal relie le lac Michigan au fleuve ;
c'est pourquoi elle a pu devenir l'entrepositaire et le com-
missionnaire du commerce du « Far west » avec la côte
orientale. Elle s'est agrandie à mesure qu'elle se peu-

____

(1) Cet incendie a détruit 17,500 maisons d'une valeur d'environ 1 milliard de francs.

plait et elle possède aujourd'hui un territoire d'environ 480 kilomètres carrés ([1]), c'est-à-dire qu'elle est un peu plus grande que le département de la Seine ([2]).

Son commerce, dont la valeur était estimée à 1 milliard et demi de dollars, ne le cède qu'à celui de New York.

L' « Illinois and Michigan canal », qui est ouvert à la navigation pendant huit mois ([3]), sert au transport de 700,000 à 1 million de tonnes ([4]), consistant surtout en maïs, en pierres et en lattes. Ce canal, de peu de profondeur (6 pieds de profondeur et 60 de largeur), est reconnu insuffisant. Chicago a entrepris de le remplacer par un canal qui aura 22 pieds de tirant d'eau, 160 pieds au moins de largeur et qui, prenant au lac Michigan une masse d'eau de 600,000 pieds cubes par minute, la

([1]) Cette superficie était de 452 kil. carrés en 1892; elle a été agrandie en 1893.

([2]) Le revenu de la ville provenant des impositions était de 25,280 dollars en 1850, de 4,138,798 en 1870, de 9,558,334 en 1890, de 12,142,448 en 1892. La propriété, d'après l'évaluation pour l'impôt, valait 10,4 millions de dollars (53,5 millions de fr.) en 1852 et 243,7 (1,255 millions de fr.) en 1892. Le taux de l'impôt variait en 1892 de 4,98 à 2,10 p. 100 de la valeur de la propriété. Voici pour les dernières années (années 1888 et 1893, commencement et fin de la période et année 1891 où la valeur de la propriété foncière a été le plus élevée), des chiffres qui font connaître l'état de richesse de la cité de Chicago. Ils sont extraits du *Commercial and financial chronique*, State and City supplement, 24 avril 1894, p. 93.

Années.	Valeur de la propriété taxée en millions de dollars.			Taux de la taxation par 1,000 dollars.	Recette de la ville provenant des taxes en millions de dollars.	Dette fondée (en millions de dollars).
	propriété foncière.	propriété personnelle.	Total.			
1888	123	37	160	35	8	?
1891	203	53	256	48	10.4	13,5
1893	189	56	245	46	11.8	18.4

([3]) La navigation est interrompue par les glaces ordinairement du commencement de décembre à la fin de mars. (Voir *The Thirty fifth annual Report of the Board of Trade*, p. 145.)

([4]) 783,000 en 1892. Depuis 20 ans le minimum a été de 598,000 en 1878 et le maximum de 1,011,000 en 1882... *Board of Trade*, p. 148. Le nombre des bateaux qui naviguent sur le canal est de 140 à 100.

portera par la rivière des Illinois avec une vitesse de
3 milles à l'heure jusque dans le Mississipi. Ce fleuve
artificiel, dit « Drainage canal », dont la construction
a été commencée en 1892, est destiné d'abord à charrier
toutes les immondices de la ville; mais, quoiqu'il ait
pour objet immédiat la vidange et l'assainissement, les
entrepreneurs disent bien haut qu'il est l'amorce de la
grande voie de navigation par laquelle Chicago espère
devenir le point central de la navigation intérieure de
l'Amérique entre le bassin du Mississipi et le bassin des
Grands lacs, la « Byzance moderne sur un nouveau
Bosphore » disent ses panégyristes. La percée du seuil
une fois faite, le reste se fera. L'entreprise, conçue
depuis plus de vingt ans, n'a abouti que grâce à la
volonté énergique de la cité. « I will », telle est la devise
qu'elle s'est donnée ; elle apporte cette volonté dans la
gestion des affaires publiques, comme ses citoyens le
font dans leurs affaires privées.

La navigation par les lacs est quatre fois plus considérable que par le canal. Le nombre des navires qui
entrent dans le port de Chicago n'a pas sensiblement
changé depuis vingt ans, mais le tonnage, qui était d'environ 6 millions de tonneaux en 1872 (entrée et sortie
réunies), s'est élevé à 11,9 millions en 1892 ([1]). C'est
au mois de septembre, après la moisson, que le mouvement est le plus actif; il est presque nul pendant les
mois d'hiver. Le blé, le maïs et l'avoine sont les trois
marchandises que Chicago exporte le plus par les lacs.

(1) Entrée 10,556 bâtiments jaugeant 5,966,626 tonneaux. Sortie
10,567 bâtiments jaugeant 5,968,837 tonneaux. Ces bâtiments appartiennent presque tous à la navigation lacustre; cependant en 1892, il
est sorti 241 bâtiments américains et 63 bâtiments étrangers à destination d'outre-mer... (*Board of trade*, p. 134.)

Les lignes de chemins de fer appartenant à vingt-cinq compagnies, qui convergent de toutes les directions dans la ville, font de Chicago le centre d'un gigantesque rayonnement commercial. Parmi les compagnies les plus importantes (pour le commerce des grains tout au moins) sont « Chicago, Burlington and Quincy railroad », « Chicago Milwaukee and Saint-Paul railway », « Chicago and Great Western railway », « Chicago and Alton railroad », « Chicago, Rock Island and Pacific railway », « Illinois central railroad », « Atchison, Topeka and Santa Fe railroad ». En 1892, les inspecteurs ont visité à l'arrivée par ces diverses lignes 301,895 wagons chargés de grains.

Les principaux chemins de fer qui conduisent de Chicago à la mer sont « New York central and Hudson river railroad », « West shore railroad », « New York, Ontario and western railroad », « Chicago and Erie railroad », « Pennsylvania railroad », « Baltimore and Ohio company », « Grand trunk railway » et, à partir de Detroit, le « Canadian Pacific ». La concurrence est grande. De Chicago à New York la voie la plus courte par les chemins de fer américains est de 912 milles (1,467 kil.); par le « Canadian Pacific » elle est de 1,152 milles (1,853 kil.)

Par eau ou par terre Chicago reçoit et expédie une énorme quantité de produits agricoles. Les arrivages de céréales, qui étaient de 37 millions de boisseaux (13 millions d'hectol.) en 1860, se sont élevés, en 1892, à 256 millions (92 millions d'hectolitres) (¹), et les expéditions

---

(1) 5,9 millions de barils de farine équivalant à 25 millions de boisseaux de froment, 50,2 millions de boisseaux de froment, 78,5 millions de boisseaux de maïs, 79,8 millions de boisseaux d'avoine, 3,6 millions

ont atteint un chiffre presque égal, défalcation faite de la consommation locale. Le nombre des porcs amenés à Chicago par chemin de fer en 1892 a été de 7,719,707, c'est-à-dire plus que la France n'en possède ([1]); celui des bœufs de 3,571,000 ([2]); celui des moutons de 2,145,000. En ajoutant les chevaux, etc., on trouve pour l'année 1892 un total de 13,715,000 animaux ayant une valeur de 254 millions de dollars (1,308 millions de fr.) ([3]).

Chicago est aussi un grand marché pour le bois; en 1892, elle possédait dans ses chantiers environ 700 millions de pieds de bois ([4]), et elle avait reçu dans l'année 2,203 millions de pieds de planches et 395 millions de bardeaux. Elle l'est pour les peaux ([5]), pour la laine ([6]), pour les graines de lin et de plantes fourragères ([7]). Grains et animaux sont emmaganisés et travaillés, les premiers dans les « Elevators », les seconds dans les « Packing houses ».

Élévateurs de Chicago. — Les vingt-sept « Elevators »

de boisseaux de seigle, 16,9 d'orge. Le chiffre de 256 millions est le plus fort qui ait été atteint jusqu'ici. La progression a été presque constante : 37 millions en 1860; 60 en 1870; 165 en 1880; 223 en 1890.

(1) Les arrivages étaient de 849,000 porcs en 1865, 1,953,000 en 1870, 7,148,000 en 1880, 7,678,000 en 1890 dont 5272 tués (dressed). C'est en janvier que les arrivages sont le plus nombreux.

(2) C'est en septembre et octobre qu'il en arrive le plus.

(3) La viande de bœuf et le lard entrés à Chicago ajoutent 218 millions de livres à cette importation.

(4)	Bois et planches	410.5 millions de pieds.	
	Bardeaux	221.9	—	—
	Lattes	62.6	—	—
	Piquets	0.9	—	—
	Poteaux de chêne	0.7	—	—
	Total	696.6	—	—

(5) Chicago a reçu, en 1892, 110 millions de livres de peaux.

(6) Chicago a reçu, en 1892, 28 millions de livres de laine.

(7) Chicago a reçu, en 1892, 9,4 millions de graines de lin, 40,6 de graines de vulpin, 9,4 de graines de luzerne, 6,8 d'autres graines de prairie.

qui fonctionnent sont cotés par la Chambre de commerce comme ayant une capacité totale de 30 millions de boisseaux (11 millions d'hectol.) (¹). Ils sont situés dans la partie septentrionale de la ville, près de la rivière. En novembre 1892, ils contenaient plus de 20 millions de boisseaux (7,260,000 hectol.) J'ai visité le plus grand, celui de la Compagnie « Armour Elevator ». Il se compose de deux magasins réunis par un pont couvert. Le principal, qui contient 3 millions de boisseaux est un bâtiment en bois, haut de 160 pieds, soutenu par une forêt de charpentes. Au rez-de-chaussée, une avenue munie de deux voies ferrées donne accès aux wagons. Faut-il décharger? Deux hommes, maniant avec des cordes de grandes pelles, vident en six à huit minutes le wagon contenant 25 mètres cubes de grain. Le grain, maïs ou blé, tombe dans une des deux fosses qui bordent chaque côté de l'avenue; de là des chaînes sans fin, munies de godets et animées d'un mouvement rapide, le montent aux étages supérieurs. Là, le grain, nettoyé, trié, aéré, est enfermé dans de grands coffres de bois alignés en file et, suivant les soupapes que l'on ouvre, il se distribue à volonté sans que les ouvriers aient, pour ainsi dire, à faire le moindre effort musculaire.

Le rez-de-chaussée est disposé de manière à remplir 500 wagons par jour et les 14 rigoles de bois qui plongent sur la rivière permettent de remplir plusieurs bateaux à la fois.

Faut-il charger? Une vanne s'ouvre et le grain, cou-

<hr>

(1) 30,325,000 boisseaux... (*Board of trade*, 1892, p. 36.) Ce sont les chiffres officiels. Certains chiffres, non officiels, paraissent parfois entachés d'exagération; ainsi un élévateur était donné comme ayant 450 chevaux de force; des ingénieurs, en le visitant, ont estimé qu'il ne devait pas en dépenser plus de 140.

lant en large nappe, remplit un wagon en une minute et demie ou un bateau contenant 100,000 boisseaux en moins de deux heures. Aussi, un personnel de 75 à 150 ouvriers suffit-il à ce gigantesque établissement. En toute chose, le génie inventif des Américains s'applique à obtenir une économie de temps et d'argent en substituant la mécanique à la main de l'homme.

Il est à remarquer que cette industrie est secondée par la nature. La pluie étant très peu abondante dans la saison de la récolte, le grain est généralement sec et se conserve facilement. Les élévateurs réussiraient moins sous un climat humide.

Stockyards et Packing houses. — C'est vers le sud de la ville (¹) que sont les parcs à bestiaux, « Union Stockyards », qui occupent 400 acres (162 hectares) et où sont amenés les 4/5 des animaux entrant à Chicago (²). Ils se composent non seulement d'une longue suite de parcs séparés par des barrières en bois et d'étables en planches, où chaque propriétaire classe par groupe et garde ses animaux, mais d'abattoirs et de fabriques de conserves qu'on désigne sous le nom de « Packing houses », établissements d'empaquetage. Vingt-cinq mille hommes sont employés au travail des Stockyards et des Packing houses : immense boucherie dont l'aspect est peu séduisant et dont la situation au milieu d'une population devenue dense alentour, soulève aujourd'hui des

---

(1) La première fois que j'ai vu Chicago, les Stockyards étaient alors à l'extrémité méridionale de la ville, presque dans la campagne; aujourd'hui les maisons les enveloppent et s'étendent bien plus loin au sud.

(2) En 1865, les Stockyards ne recevaient guère que le tiers du bétail entrant à Chicago. Un certain nombre d'animaux, surtout de bœufs qui arrivent sur le marché de Chicago, ne sont pas tués, mais sont achetés par des cultivateurs.

plaintes. Mais les Packing houses ont précédé la population et sont une des grandes sources de la fortune de Chicago.

J'ai visité le plus important de ces établissements. « l'Armour packing house », qui est une des curiosités de Chicago. Il se compose d'une douzaine de corps de bâtiments, peut-être plus, entourés de voies ferrées qui pénètrent dans les rues intérieures et qui servent au dégagement des produits. Du dernier parc dans lequel ils sont enfermés (¹), les bœufs passent dans le « Fairbanks » où toute une bande se trouve pesée en bloc ; puis ils sortent à la file en passant par un étroit couloir en planches qui forme pont au-dessus de la rue et qui est surnommé le « Pont des soupirs ». Au-dessus de ce couloir est placé un homme, « The grim executioner », armé d'un lourd marteau avec lequel il frappe chaque animal au passage. Le corps glisse sur un plan incliné, trébuche et tombe par une trappe dans un vaste soussol. Il y est saisi par deux crocs, enlevé automatiquement, égorgé par le boucher et il reste suspendu à une chaîne qui peut glisser au moyen d'un galet sur un rail fixé dans la partie supérieure de la pièce. Les écorcheurs l'attaquent avec le couteau, vident l'intérieur, dépècent la chair. Les corps étant ainsi préparés pour la boucherie, les uns passent de rail en rail et de main en main jusque dans des caves « chill rooms », dont l'atmosphère est toujours maintenue à une basse température. Les autres sont immédiatement débités en roatsbeefs, épaules, cuisses, etc., pour la vente au détail. Les issues et les abats sont jetés par des trappes ou portés sur des chariots

____

(1) Un bœuf « Billy » est dressé à prendre la tête du troupeau et à l'entraîner d'un parc à l'autre.

dans d'autres ateliers où chaque morceau est utilisé. Une partie de la viande est cuite dans de grandes bassines et empaquetée en boîte, « packed » [1].

Les porcs sont traités un peu différemment. Du parc extérieur ils entrent à la file dans le Packing house et remplissent, au nombre d'une centaine et plus, un petit parc d'attente ; ce sont presque tous des porcs noirs. Un garçon applique une pince à une patte de derrière et aussitôt la bête est soulevée mécaniquement. La chaîne qui la tient suspendue la tête en bas, glissant d'elle-même sur un rail incliné et fixé au plafond, passe dans le compartiment voisin où l'égorgeur, botté jusqu'aux genoux, les pieds dans un bain de sang, frappe incessamment de son coutelas les animaux à mesure que chacun défile devant lui en grognant lamentablement [2]. Le corps pantelant verse par la gorge ouverte un ruisseau de sang. La procession de ces corps suspendus et ruisselants continue sans interruption ; l'égorgeur n'a pas de temps à perdre : il doit en frapper en moyenne 5 800 dans sa journée [3].

De la salle de tuerie, le porc passe dans la salle d'échaudage où il est plongé, encore frémissant, dans l'eau bouillante, retourné, roulé par des hommes armés de crocs, jeté sur un système rotatif de brosses cylindriques qui enlèvent en quelques secondes les poils et l'épiderme ; de là, il passe dans un second bain d'eau chaude où la peau est grattée. Puis il est ressaisi par

---

(1) Dans le *Thirty third annual Report of the Board of Trade*, 1890, il y a (p. **XXVIII**) une énumération de tous les emplois des abats, os, etc.

(2) Dans une brochure intitulée : « *Souvenir* », M. Armour fait remarquer que le bruit de l'atelier des mécaniciens, situé à côté, étouffe les cris des porcs.

(3) 1,750,000 porcs tués en 300 jours environ de travail.

des crochets qui, toujours au moyen du rail, font passer
rapidement le corps, qui n'est plus qu'une masse inerte
et blanche, au-dessus d'une longue table devant une
équipe de découpeurs armés de couperets, de yatagans
ou de couteaux. Chacun donne son coup, un seul coup
pour ainsi dire. La tête d'abord et la langue, puis les
épaules, les jambons, les quartiers, les morceaux divers,
les tripes se trouvent en quelques instants détachés et
distribués par des trappes ou des glissières, les uns dans
un magasin, les autres dans un atelier. Rien ne se perd ;
les graisses deviennent margarine ; les déchets les plus
impurs alimentent la fabrique de colle, « Armour Glue
Works », ou sont transformés en engrais. Un quart
d'heure suffit pour que l'animal entré vivant soit ainsi
débité et classé par morceaux dans les celliers frigorifiques ou dans les ateliers de cuisson. L'ouvrier est très
expéditif ; il ne saurait d'ailleurs s'attarder, pressé comme
il l'est entre celui qui le précède et celui qui le suit ; il
peut apprêter ainsi une quinzaine de porcs par minute.

Dans les sombres celliers, « cellars », où règne constamment une température très basse et où a lieu la sa-
laison, sont empilés des millions de bandes de lard ou
suspendus des milliers de quartiers de porcs (¹). Dans
les ateliers se font les opérations diverses de conserves ;
on fume, on cuit la viande, on fond la graisse, on fait des
hachis, des saucisses. Ce n'est pas un des spectacles les
moins singuliers de l'usine que de voir, sous la pression
d'un piston, la chair, hachée menue, emplir un boyau
disposé à l'extrémité du récipient et le boudin se former
et se dérouler instantanément comme un serpent sur une

----

(1) Ces magasins peuvent contenir 25 millions de livres de porc.

table de marbre : ce seul atelier fournit environ 100,000 livres de saucisses par jour. Aucun luxe dans cette manutention ; parfois même le spectacle est répugnant pour des yeux inaccoutumés à voir brasser tant de viande ; cependant, quand on regarde de près, on constate une propreté scrupuleuse. La fabrication toute mécanique des boîtes de fer-blanc, l'empaquetage, l'étiquetage attestent, comme toutes les autres opérations, une grande entente de la division du travail. Il faut qu'il en soit ainsi pour que 11,000 personnes suffisent à opérer ainsi sur 1,750,000 porcs, 1,080,000 bœufs, 625,000 moutons dans l'année (1). Ces chiffres, qui sont ceux que la compagnie a publiés pour l'exercice août 1892-août 1893, forment un total presque double de celui qu'accuse la statistique municipale pour les quatre abattoirs de Paris en 1890 (2).

La maison Armour tient un comptoir de détail où la foule se presse, surtout le samedi. Elle envoie chaque jour dans ses voitures peintes en jaune et traînées par de beaux chevaux — c'est une réclame de la maison — sa viande aux marchés, aux bouchers et restaurants de la ville et des environs. Par les chemins de fer, elle rayonne beaucoup plus loin.

Pendant que, dans un sens, elle reçoit des animaux de toutes les parties des États-Unis et même du lard provenant de Packing houses moins grandement installés, dans l'autre sens elle expédie pour toutes les parties des États-Unis ses conserves emballées dans des

(1) Ce qui fait une moyenne de 314 animaux par personne (3,455,000 animaux).

(2) En 1890, il a été abattu dans les quatre abattoirs de Paris 265,115 bœufs, taureaux ou vaches, 239,896 veaux, 1,031,792 moutons et 297,561 porcs (1,834,000 animaux).

caisses et sa viande fraîche suspendue dans des wagons frigorifiques. L'invention et le perfectionnement de ces wagons ont depuis quelques années beaucoup diminué les envois d'animaux vivants que l'ouest faisait dans l'est et commence à opérer une révolution dans le commerce de la viande. Aujourd'hui les Packing houses font une redoutable concurrence aux boucheries des États mêmes qui leur fournissent le bétail et plus encore à ceux des États de l'est; les bouchers s'en plaignent amèrement. La maison Armour a installé dans plusieurs grandes villes des succursales, « Branch offices », munies de magasins frigorifiques; elle en a même un à Londres et elle songe à en créer à Paris.

Dans les solitudes des États-Unis et du Canada, il n'est pas rare de voir, à côté de cabanes de bûcherons isolées au milieu d'une forêt, des amoncellements de vieilles boîtes de conserves à demi-cachées sous l'herbe et les broussailles : singulier mélange de vie primitive et de raffinement industriel qui montre jusqu'où s'étend la clientèle des Packing houses. Elle s'étend dans toutes les parties du monde par l'exportation. La maison Armour ([1]), qui exporte une valeur, dit-elle, de plus de 7 millions de dollars (36 millions de francs), se vante d'avoir des consommateurs sur les rivages de la baie d'Hudson comme sur les bords du Haut Nil, du Gange et de l'Amazone.

La ville de Chicago consomme beaucoup ([2]); elle vend

---

[1] La société Armour a deux grandes fabriques, l'une à Chicago, l'autre à Kansas City.

[2] Voici quelques-unes de ces consommations en 1892 par millions d'unités :

Froment (boisseaux). . . .	2.2	Avoine (boisseaux).	10.3	Porcs (têtes).	4.8
Farine de froment (barils).	0.7	Seigle —	1.0	Bœufs — .	2.4
Maïs (boisseaux)	8.1	Orge —	6.6	Moutons — .	1.6

y compris les animaux consommés par les Packing houses.

beaucoup plus encore au dehors. Voici un aperçu de ses principales exportations en 1892 :

	Par millions d'unités.		Par millions d'unités.
Froment (boisseaux). . .	43.4	Viande de bœuf (livres).	1.2
Maïs — . .	66.1	Lard — .	398.9
Avoine — . .	67.3	Autres produits du porc	
Orge — . .	10.4	(livres).	750.0
Seigle — . .	2.7	Graines de semences (liv.)	69.0
Farine de froment (barils)	5.7	Foin (tonnes).	0.03
Porcs vivants (têtes). . .	2.9	Planches (pieds).	1060.0
Porcs tués — . . .	0.05	Beurre (livres)..	140.5
Bœufs — . . .	1.1	Fromage —	47.6
Moutons — . . .	0.5	Laine —	44.4

Un tel commerce agricole implique un énorme mouvement d'affaires. On peut en juger d'abord par le chiffre approximatif des exportations que je viens de citer, ensuite par le chiffre des apurements de comptes du Clearing house des banques associées de Chicago, lequel a augmenté d'année en année jusqu'à 5,135 millions de dollars (26,445 millions de francs) en 1892.

L'année 1893 a donné sous quelques rapports des résultats supérieurs à cause de l'exposition; mais déjà les faillites se multipliaient et j'ai été témoin d'une émeute d'ouvriers au Lake front. De graves désordres ont attristé aujourd'hui cette cité que j'ai vue en fête et je m'en afflige. Ils sont moins graves qu'on ne l'a généralement cru en Europe et je suis assuré que l'Amérique saura réagir contre le danger, mais je ne sais quelle perte de capitaux aura causée cette révolte et quels ferments de discorde elle laissera dans les esprits.

« Board of trade » de Chicago. — C'est de la Chambre de commerce, « Board of trade », que part et c'est à elle qu'aboutit la plus grande partie du mouvement commercial. Elle fait l'office d'une pompe; les lacs, le canal et les chemins de fer sont en quelque sorte les tuyaux à

l'aide desquels elle aspire par ses achats et refoule par ses ventes les produits agricoles (¹). Elle opère non seulement sur les quantités réelles que je viens d'énumérer, mais beaucoup plus encore sur des quantités fictives; il n'y a pas de place en Amérique où la spéculation des ventes à terme ait pris d'aussi amples proportions.

La bourse du « Board of trade » se tient dans une grande salle dont la décoration rappelle la salle des Cinq-Cents à Florence, et contraste quelque peu avec l'allure de la foule qui s'y agite. Les membres seuls du « Board » y sont admis. Au milieu s'élève un cirque à gradins qui sert au même usage que la corbeille à la Bourse de Paris; sur les bas-côtés sont des bureaux, de sorte que chacun a à sa disposition la poste, le télégraphe, le téléphone, le chemin de fer, la banque. La muraille est couverte de grands tableaux noirs sur lesquels, de cinq en cinq minutes ou même plus fréquemment, un employé, monté sur une échelle et reproduisant les dépêches qui se succèdent, inscrit à la craie dans des colonnes préparées d'avance les quantités disponibles ou vendues, les qualités, les prix, les arrivages de wagons ou de bateaux, les expéditions sur tous les grands marchés de l'Amérique et même sur des marchés étrangers (²). Ainsi, acheteurs et vendeurs ont continuellement

---

(1) « This system, disait le président, M. George F. Stone en 1890, with all its safeguards, by which a ready market is secured, regardless of the volume offered and without depreciacion of values, must certainly call for nothing less than admiration. This system which has created a constant demand from the great grain markets of the world, prevented congested markets... It permits the agriculturist to sell whenever prompted to do so... Without it the great West would not have been developped. » *Thirty third annual report...*, p. XXXI.

(2) Le « Board of trade » publie chaque année un volume, *Annual Report of the trade and commerce of Chicago*, qui contient toutes les statistiques commerciales propres à renseigner ses membres.

devant les yeux tous les moyens d'information et sous la main les moyens d'action. Il est impossible d'être mieux outillé. « The function of the distribution is as essential to the social organism as is that of the productor », dit avec raison le président du « Board of trade », et l'esprit pratique des Américains ne recule pas devant la dépense [1] pour donner à cette fonction l'outillage nécessaire.

J'ai vu les « Boards of trade » de Chicago, de New York et de Minneapolis et je les ai trouvés tous trois installés avec la même entente des affaires. Ce sont des modèles sur lesquels d'autres pays pourraient prendre exemple. Cependant, en Amérique comme ailleurs, il y a parfois soit des intérêts opposés soit un défaut d'entente entre les intéressés. Les fermiers, mécontents des bas prix et cherchant une victime expiatoire, s'en prennent à la spéculation et aux bourses et demandent la réglementation du commerce. Il se rencontre, comme partout, des politiques pour épouser leurs rancunes : un projet de loi a été présenté au Congrès sur cette matière [2].

Les spéculateurs de leur côté sont âpres au gain.

[1] Cette dépense en réalité n'est pas considérable relativement au service rendu. « It may be safely averred, dit le même président, M. Charles P. Hamill, that in no other trade or industry is so large a volume of business conducted at so small relative expense. Buyer and seller have brought to their knowledge daily every item of information relating to or affecting market value, present or prospective... » Il défend non sans de bonnes raisons le marché à terme contre les critiques qui prétendent qu'il élargit trop le marché et pousse ainsi à la baisse.

[2] Un projet de loi a été présenté sous le nom de « Butterworth bill » ; un second, en 1892, a été présenté au Sénat par M Washburne et au Congrès par M. Hatch ; il consistait à faire payer une taxe de 1,000 dollars à tout spéculateur vendant à « option » ou à terme plus de 20 cents par boisseau, etc. La vente à option consiste dans une vente à terme pour un mois déterminé; quand le mois est arrivé, l'acheteur peut arrêter l'affaire et se faire livrer le jour qu'il veut, c'est-à-dire réclamer ou payer la différence entre le prix de ce jour et le prix auquel il avait acheté.

Y a-t-il, sous l'exagération de la forme, quelque fond de vérité dans l'accusation qu'ont portée les fermiers contre le syndicat de quatre gros spéculateurs, les « Big four », qui auraient, il y a quelques années, fait tomber à 2 dollars et demi ce qui en valait 7 auparavant et contre la domination desquels se sont coalisés les cultivateurs de huit États?

Un article de l'*American agriculturist* accuse la spéculation de pousser à la baisse, parce que les vendeurs ont intérêt à ce que le blé soit à l'époque de la livraison au-dessous du prix auquel ils se sont engagés à livrer. « Il est plus aisé de faire baisser que hausser les prix et, comme le seul capital exposé dans les opérations ne dépasse par 5 cents par boisseau, il y a des milliers d'hommes qui spéculent sans posséder eux-mêmes un boisseau de grain et dont les efforts tendent constamment à abaisser les prix. » Sans doute ; mais le journal n'ajoute pas que les acheteurs de leur côté ayant l'intérêt opposé, poussent à la hausse et qu'il y a autant d'acheteurs que de vendeurs ; il faut donc, sans nier ni l'action considérable que la bourse exerce sur les prix, ni les manœuvres, parfois déloyales, de la spéculation, reconnaître que le niveau des prix d'une marchandise que son énorme production par une multitude de producteurs préserve d'un accaparement général est déterminé, en définitive, non par la volonté d'un groupe de personnes, mais par les lois supérieures de l'offre et de la demande.

Minneapolis. — Minneapolis est la sœur cadette de Saint-Paul, capitale du Minnesota. Les chutes de Saint-Antoine, par lesquelles le Mississipi descend brusquement d'une hauteur de 50 pieds et qui peuvent fournir une force de plus de 50,000 chevaux, lui ont donné naissance. La culture des terres du nord-ouest et l'exploitation des bois lui ont procuré une rapide fortune. Elle avait reçu 22 millions de boisseaux de blés en 1883; elle en a reçu 72,7 en 1893 (¹) et elle en a expédié 21,1. Elle recevait, en outre, la même année 2,6 millions de maïs et 5,1 d'avoine. Ses 27 élévateurs peuvent contenir (²) 19 millions de boisseaux de grains. La différence considérable qui existe entre l'entrée et la sortie du blé provient de la fabrication de la farine par ses 22 moulins équipés pour produire 46,800 barils de farine par jour (³); cette production, pour laquelle Minneapolis se vante d'être la première ville du monde, a été en 1893 de 9,286,000 barils (⁴).

La société « Pillsbury Washburn Mills Cᵒ » est en ce genre le plus important établissement de la cité. Elle possède cinq moulins produisant plus de 4 millions et demi de barils de farine par an, et n'emploie, paraît-il, que du blé dur de printemps (⁵). J'ai visité le plus grand, « Pillsbury A » (⁶), qui est situé sur le bord du Mississipi, à proximité des chutes. C'est un grand bâtiment à six étages tout rempli de machines, cylindres broyeurs du système hongrois, cylindres finisseurs, blutoirs, qui sont enfermées dans des coffres en bois. L'approvisionnement

----

(1) Dans ces chiffres n'est pas compris le transit des blés qui ne font que passer en chemin de fer par Minneapolis.

(2) Ces élévateurs sont les uns soumis à la surveillance de la Chambre du commerce (contenance de 10 millions), les autres surveillés par les « state supervisors », les autres privés.

(3) En 1892.

(4) En 1879, elle n'avait été que de 978,000 barils: en 1890 de 6,693,000. Voir *Tenth annual Report of the commerce and trade of Minneapolis compiled for the Chamber of commerce.*

(5) M. Pillsbury annonce que sa farine fait par baril 40 à 60 livres de pain de plus que le froment d'hiver.

(6) » The most perfect and costly mill on the globe », dit le prospectus de la maison.

se fait par l'étage supérieur, et le grain descend d'étage
en étage et de machine en machine, broyé et trituré à
plusieurs reprises par les cylindres ; la matière circule
dans des tuyaux de bois presque sans répandre de poussière et la farine épurée, séparée du son, classée par qualités, tombe jusque dans le sous-sol où elle se met automatiquement en baril ou en sac (¹). Ce moulin consomme à
lui seul 32,000 boisseaux de blé de printemps par jour.
Il a beaucoup contribué à assurer au blé de printemps,
celui qu'on cultive dans le nord, la faveur dont il jouit
aujourd'hui et la hausse relative qui en a été la conséquence ; le prix du blé de printemps a augmenté de 20 à
40 p. 100 depuis la création de la nouvelle meunerie (²).

C'est aussi sur les bords du Mississipi que sont installées les scieries. La rapidité avec laquelle les troncs,
enlevés du fleuve par les crocs d'une chaîne sans fin, sont
sciés, débités en planches, rangés en pile, et les déchets
sont utilisés et classés, est un spectacle qui étonne.
Faire très vite est une condition de succès dans une
industrie qui, en 1892, a coupé, à Minneapolis 488 millions de pieds de madriers, plané 206 millions de pieds
de planches et tranché 127 millions de pieds de lattes.
Pour cela il faut un puissant outillage que le génie américain ne cesse de perfectionner. Je passais devant une
fabrique presque en ruines : « C'est une vieille scierie,
me dit le Commissaire du travail, elle a été construite
il y a sept ans, mais elle est abandonnée parce que son
outillage n'est plus à la hauteur des procédés actuels. »
Par ordre d'importance dans la statistique de Min-

---

(1) Le *Third biennial Report of the Bureau of Labor Statistics of the
State of Minnesota* (1891-92) contient (p. 156 et suiv.) une histoire de la
meunerie et une description de ce procédé.
(2) *Third biennial Report....* p. 188.

neapolis, après la meunerie et la scierie, viennent la fabrication des machines agricoles et le bâtiment ([1]); ce qui est logique dans une ville qui est un centre agricole et qui se développe si rapidement.

A Minneapolis comme à Chicago, le « Board of trade » est surtout un grand marché de grains. Installé dans une salle d'une architecture moins luxueuse, la bourse est outillée ([2]) de la même manière et présente les mêmes commodités d'information et de correspondance. Le cercle de gradins qui forme la corbeille est moins garni de spéculateurs, parce que Minneapolis fait moins d'opérations à terme et joue moins que Chicago ; mais la disposition des tables sur lesquelles on verse les petits sacs d'échantillon tirés de chaque wagon par les inspecteurs, montre que l'on s'occupe sérieusement de la vente ; en effet le marché de Minneapolis est le premier pour le comptant ([3]).

Comme Chicago, Minneapolis, quoique beaucoup plus jeune, est riche en voies de communications. Outre le Mississipi qui sert surtout au transport des bois, elle possède douze lignes de chemins de fer, rayonnant dans toutes les directions, qui alimentent son marché et lui fournissent des débouchés, soit sur Chicago, soit sur le lac Supérieur. Sault-Sainte-Marie et le lac Michigan. En 1892, le « Great northern railroad » lui a apporté 36 p. 100 de son approvisionnement en blé, le « Chi-

(1) En 1892, on évaluait à 121 millions de dollars (623 millions de fr.) la production industrielle à Minneapolis, sur lesquels 42 1/2 pour la menuiserie, 7 1/2 pour la scierie, 10 pour le bâtiment, 7 pour les machines et outils agricoles.

(2) Grands tableaux noirs pour l'inscription des prix, téléphone, télégraphe, etc. Il y a une carte murale des États-Unis sur laquelle on marque tous les jours avec des crayons de couleur les renseignements météorologiques du Weather Bureau.

(3) En 1892 il a reçu 72 millions de boisseaux, Chicago en a reçu 50.

cago, Milwaukee and Saint-Paul railroad » 20 p. 100, le
« Chicago-Saint-Paul, Minneapolis and Omaha » 16 p. 100,
le « Minneapolis and Saint-Louis » 12 p. 100, le « Northern
Pacific », 10 p. 100, etc.; mais c'est le « Chicago, Milwaukee and Saint-Paul railroad » qui a emporté vers
l'est le plus (43 p. 100) de blé vendu sur son marché : la
plus grande partie devait être à destination de Chicago (¹).

Navigation par les Grands lacs. — Situé à l'extrémité
orientale du lac Érié et à l'entrée du canal Érié, Buffalo
a dû sa fortune à ce canal. C'est un des entrepôts du
commerce des Grands Lacs, la principale étape de la voie
d'eau aux extrémités de laquelle sont Duluth et Chicago
à l'ouest, New York à l'est (². Aux deux étranglements
de cette voie, à Sault-Sainte-Marie et à Detroit, se trouvent deux étapes considérables.

A Sault-Sainte-Marie, l'État de Michigan avait, en 1888,
construit un canal pour éviter le rapide. Le gouvernement fédéral y a substitué un canal plus large, profond
de 38 pieds, où la manœuvre des écluses se fait très
rapidement, et par lequel il passe plus de navires que
par le canal de Suez (³). On travaillait à l'approfondir
quand je l'ai visité et une drague très puissante retirait
du fond de l'eau d'énormes blocs de roc que la dynamite
avait fait éclater. Ce canal ne sert qu'au transit du lac
Supérieur.

(1) *Sixth annual report of the interstate commerce Commission*, p. 284
et 286.

(2) Une partie seulement des grains de l'ouest s'arrête aux étapes ; le
trajet direct « Through rate » étant en général plus économique. Ainsi
le « Through rate », Chicago-New York coûte en général moins que la
somme des prix de Chicago-Buffalo et Buffalo-New York et le « Trough
rate ». Chicago-Liverpool, moins que la somme de Chicago-New York
et New York-Liverpool.

(3) En 1890, le tonnage du canal de Sault-Sainte-Marie a été de
8,454,000 tonneaux ; celui du canal de Suez, de 6,890,000

Detroit, qui sert de débouché aux trois Grands Lacs de l'ouest, a un mouvement bien supérieur dont le chiffre étonne : 36 millions de tonneaux en 1890.

Buffalo a des élévateurs qui peuvent contenir 13 millions de boisseaux ; il est desservi par 14 compagnies de chemins de fer : il a reçu, en 1882, par les lacs ou le « Michigan southern railroad », 30 millions de boisseaux de grains ou d'équivalent en farine (1), des quantités considérables de beurre, de jambon, de lard et plus de 4 millions d'animaux (2).

Plus à l'est, est l'entrepôt d'Oswego, sur le lac Ontario ; mais, cette ville qui réclame l'approfondissement du canal Welland, n'est pas de force à lutter contre Buffalo et grandit lentement. C'est par le canal Érié que passe surtout le commerce : le mouvement de la navigation y a été de 6 millions de tonneaux en 1890.

New York. — New York reçoit de toute provenance, par les lacs, le canal Érié et l'Hudson, par les chemins de fer, par le Mississipi et la mer, par le petit cabotage, plus de 100 millions de boisseaux de blé (36,000,000 d'hectolitres), qui sont, comme sur les autres grands marchés, l'objet de transactions très actives à la Bourse des produits, « Produce exchange » (3), et dont la plus grande partie est expédiée en Europe. En 1892, année qui a donné jusqu'ici le maximum, New York a reçu 170 millions de boisseaux (62 millions d'hectol.) dont 141 par chemins de fer, 27 par canal, 2 par mer. Les

(1) Dont 9 millions 1/2 de boisseaux de blé, 690,000 barils de farine équivalent à 3 millions 1/2 de boisseaux, 13 millions de boisseaux de maïs.

(2) Dont 1,965,000 porcs et 1,460,000 moutons. Ses « Stockyards » avaient en 1882, une superficie de 30 acres. On tue peu à Buffalo.

(3) Ce commerce depuis douze ans a varié de 140 millions de boisseaux en 1881 à 106 en 1888, et s'est relevé à 170 en 1892.

arrivages n'ont été que de 145 millions et demi en 1893.

Les autres ports de l'Atlantique, Baltimore, Boston, la Nouvelle-Orléans, Philadelphie viennent bien loin derrière New York (1).

Marchés de Philadelphie. — Les États-Unis avaient, en 1890, 16 villes de plus de 200,000 habitants. Chacune est un centre important de consommation vers lequel convergent les produits agricoles soit directement de la contrée avoisinante par les fermiers, soit de loin par l'intermédiaire du commerce en gros. New York et Philadelphie sont, avec Chicago, les trois villes de plus d'un million d'habitants.

La première possède douze grands marchés permanents.

Dans la seconde se tenaient au siècle dernier deux marchés par semaine, le mercredi et le vendredi. A mesure que la population augmenta, les étalages des marchands forains envahirent toutes les parties de la ville; en 1851 on comptait 49 marchés qui se tenaient dans les rues et les boutiquiers se plaignaient de la concurrence et de l'encombrement. Des marchés couverts ont été construits depuis ce temps; peu à peu, lentement, le public s'est habitué à aller dans ces marchés qui sont au nombre de 35 (avec 1,184 étaux), à peu près un par quartier; il ne reste plus que quatre marchés en plein air et deux jours par semaine, le mercredi et le vendredi, les fermiers continuent à venir en foule vendre leurs denrées à la ville. Le marché de

(1) En 1883, le marché de Baltimore a reçu 46 millions de boisseaux, celui de Philadelphie 93, celui de Boston 39, celui de la Nouvelle-Orléans 27. Il faut compter aussi Montréal à qui Chicago fait des expéditions.

« Dock street », que doit bientôt remplacer un marché construit au coin de la 32ᵉ rue et de « Market street », est le grand centre du commerce des denrées. C'est là que la « Philadelphia market company » reçoit les oranges, les fruits et les légumes frais de la Floride arrivant de Jacksonville par trains express en trois jours, les fraises et les légumes du comté de Norfolk (Virginie) qui arrivent le lendemain de l'expédition, les pêches et les melons d'eau du Maryland, du Delaware et du New Jersey, les pommes du New York occidental et du Michigan, la viande de Chicago et de Kansas City conservée fraîche dans des wagons frigorifiques, les animaux vivants de presque tous les États depuis la Pennsylvanie jusqu'à l'Orégon, les raisins et autres fruits de la Californie. Le comté de Philadelphie et les comtés voisins de Bucks, Montgomery, Chester, Delaware où dominent les cultures maraîchères approvisionnent en grande partie ces marchés. Les chemins de fer, « Pennsylvania railway » et « Philadelphia and Reading railway », donnent de grandes facilités pour le transport des paniers des habitants des environs qui viennent s'approvisionner au marché de Philadelphie (1).

Autres voies de communication et transports. — Les chemins de fer et les lacs (ces derniers pour quelques marchés seulement, comme Chicago et Duluth) distribuent la richesse agricole; ils ont été dans bien des contrées la cause première de la production. Il y a peu de colons qui aillent à l'aventure acheter une terre ou même l'occuper en « Homestead » sans se trouver à proximité d'une voie ferrée ou, s'ils le font, c'est qu'ils

----

(1) Voir *The city of Philadelphia as it appears in the year 1893.*

ont l'espérance d'en voir bientôt construire une et qu'ils veulent devancer leurs compétiteurs, comme on l'a vu récemment dans l'Oklahoma. On ne saurait, en effet, transporter les denrées agricoles, excepté le bétail, à de grandes distances sans chemin de fer; les frais seraient trop considérables.

Il y a des routes appartenant à l'État ou au comté, des chemins communaux entretenus au moyen de taxes en argent ou de prestations en nature, des chemins à péage exploités par des compagnies, des chemins privés. Routes et chemins sont généralement en bon état près des grandes villes et dans les contrées où la population est assez dense pour fournir les fonds nécessaires; ils sont à l'état de nature dans presque toutes les campagnes écartées et dans les États de l'ouest.

Les compagnies de chemins de fer se sont faites elles-mêmes agents de colonisation dans les États et Territoires de l'ouest. Ayant reçu des subventions en terres, elles cherchent à vendre ces terres, immédiatement ou peu à peu, suivant leurs intérêts; or, leur intérêt est que les contrées que traversent leurs lignes se peuplent. Il y en a qui s'ingénient à y développer l'industrie agricole et manufacturière. Ainsi la « Chicago, Milwaukee and Saint-Paul railway company », sur les lignes de laquelle j'ai fait plus de 1,000 milles et qui peu à peu, par des constructions de lignes ou par des fusions avec d'autres compagnies, est parvenue à former un réseau de 6,150 milles (9,835 kil.) rayonnant de Chicago vers l'ouest dans le Wisconsin, le Minnesota, les Dakota, l'Iowa et le Missouri et s'enchevêtrant avec d'autres réseaux, possède une agence spéciale pour le développement industriel de son réseau. Le chef de cette agence,

« Industrial commissioner », qui réside à Chicago au siège de l'administration, a pour mission d'étudier, de provoquer et d'encourager la création d'entreprises sur le territoire que la Compagnie dessert. Dans chacune des 1,063 stations du réseau se trouve un agent local avec lequel il est en relation. Il publie des circulaires pour faire connaître les terres à vendre, les ressources agricoles, forestières, minérales à exploiter ; il fournit des renseignements sur les prix.

Les autres Compagnies agissent de la même manière, calculant que plus la population, la culture et l'industrie augmentent, plus leur trafic se développe.

La nation américaine a compris de bonne heure que l'immense étendue de son territoire ne pouvait être avantageusement exploitée qu'à l'aide de moyens de communication rapides et économiques. La grande route nationale de Washington à Cumberland et de Cumberland à Vandalia, dont le Congrès avait ordonné la construction en 1806, était un moyen insuffisant et n'a jamais été achevée. Les canaux ont donné de meilleurs résultats. Dès 1784 et 1792 on en avait construit deux petits, l'un pour améliorer la navigation du Potomac, l'autre pour remplacer un portage indien entre la rivière Mohawk et le lac Oneida. En 1808, Gallatin dressa un plan général de canalisation aux États-Unis, et le canal Érié, dont la construction avait été entreprise trois ans après la fin de la guerre avec l'Angleterre, fut ouvert à la navigation en 1825. Le succès, dont on avait douté avant l'expérience (1), fit des imitateurs et, en 1842, les États-Unis possédaient 6,974 kilomètres de ca-

(1) Jefferson avait déclaré que l'entreprise du canal Érié était une œuvre de visionnaires, prématurée de cent ans.

naux. Mais déjà la cause des chemins de fer était gagnée et, depuis ce temps, il y a eu aux États-Unis plus de canaux abandonnés que de canaux ouverts.

Il existait en 1820 un petit chemin de fer traîné par des chevaux qui amenait à Boston le granit d'une carrière. Quelques années après, les habitants de Baltimore, voulant relier leur ville à l'Ohio, adoptèrent le chemin de fer de préférence au canal et en ouvrirent la première section en 1829 (¹). Le succès au début fut très médiocre. Mais d'autres lignes construites le long du canal Érié ou sur le chemin de Philadelphie à Pittsburgh eurent une meilleure fortune et, à la fin de l'année 1842, les États-Unis possédaient déjà 6,500 kilomètres de voies ferrées.

En 1842, c'était encore sur le versant de l'Atlantique qu'elles étaient situées. Depuis le développement de la culture dans le centre et la découverte de l'or en Californie, le réseau s'est formé dans le bassin du Mississipi (²) et les lignes se sont allongées vers le Pacifique (³). En 1860, avant la guerre, les États-Unis avaient 30,626 milles (49,000 kilomètres) de chemins de fer. Ils ont fait, après la guerre, un effort considérable pour resserrer les mailles trop espacées de leur réseau ferré et unir commercialement et politiquement les différentes parties de leur immense territoire. Le gouvernement

(1) La construction avait été commencée en 1828. Ce n'est qu'en 1831 qu'a commencé la traction par des locomotives.

(2) En 1842, la longueur des chemins de fer était insignifiante dans le bassin du Mississipi (petit chemin de fer à Saint-Louis, etc.). En 1860, les États de la région du centre (9 États) possédaient 11,035 milles de chemins de fer; en 1888, ils en possédaient 63,359. Leur population s'était élevée dans le même temps de 8,919,000 (en 1860) à 20,548,700 habitants en 1890.

(3) Les États du Pacifique et de la Cordillère (11 États) avaient, en 1860 2,3 milles de chemins de fer; en 1888 ils en avaient 18,976.

national, qui jusqu'en 1850 était resté entièrement étranger à la création des chemins de fer, accéléra le mouvement en faisant des concessions de terres aux grandes lignes qui traversaient le continent et en couvrant de sa garantie le service des obligations. La fièvre des constructions a été ardente surtout dans les périodes 1880-1883 et 1886-1888 dont chaque année a ajouté 14,000 kilomètres en moyenne au réseau [1] et qui ont l'une et l'autre abouti à une crise. A la fin de l'année 1892, 171,805 milles (274,887 kilomètres) étaient en exploitation sur ce territoire [2] et le matériel se composait de 35,281 locomotives, 24,881 voitures pour voyageurs, 7,900 pour bagages et poste et 1,168,849 wagons pour marchandises.

Dans l'annexe du Palais des transports à l'exposition universelle de Chicago, on voyait une intéressante collection historique de locomotives et de wagons, qui permettait de suivre d'un coup d'œil les progrès accomplis, depuis la locomotive de Howard de Baltimore, qui a été la première brevetée en Amérique (1829), mais qui n'a jamais été construite, le « Stourbridge », qui a été la première importée d'Angleterre, et les premières machines de construction américaine qui aient fonctionné, le « Best Friend » en 1830, le » John Bull » en 1831, jusqu'aux « Palace trains » de M. Pullmann qui sont des hôtels roulants, véritables merveilles de confort et de luxe, aux locomotives rapides qui font un mille en vingt-deux secondes et aux locomotives puissantes à dix roues qui remorquent quinze cents tonnes.

---

(1) Dans l'année 1887, 12,983 milles (20,772 kil.), ont été construits.

(2) Il parait y avoir eu diminution en 1893; il n'y avait plus que 170,607 milles en exploitation à la fin de l'année.

Les Américains ont dépensé pour construire ce réseau 10,6 milliards de dollars (environ 54 milliards et demi de francs) (¹). Cette somme énorme ne rend qu'un faible revenu ; car s'il y a des compagnies qui font de bonnes affaires, il y en a beaucoup qui en font de médiocres ou de mauvaises. Comme moyenne générale, les compagnies payent 4 à 4 1/2 d'intérêt à leurs obligataires et créanciers, et n'ont donné à leurs actionnaires depuis huit ans que 2,5 à 1,7 p. 100 de dividende (²), quoique la construction du mille ne coûte en moyenne que 62,000 dollars (319,000 francs par kilomètre). Mais, si le dividende est maigre à cause de la concurrence, le résultat social et commercial n'est pas disproportionné à l'effort ; car les États-Unis possèdent plus de chemins de fer que l'Europe entière et en 1892, le nombre des passagers kilométriques a été d'environ 22 milliards, celui des tonnes kilométriques de 135 milliards (³).

Les compagnies de chemins de fer, dont le nombre en 1891 était de 1785 et qui ne jouissent d'aucun mono-

(1) Ces chiffres se rapportent à l'année 1892 et à 171,805 milles de chemins de fer (274,887 kilomètres).

(2) L'intérêt des obligations a varié, depuis une dizaine d'années, de 4,65 à 4,13 p. 100 ; le dividende des actions de 2,48 à 1,68 p. 100 ; intérêt et dividende ont été en diminuant dans cette période. Mais il y a des compagnies qui donnent beaucoup plus ; par exemple « New York New Haven and Hartford » donne régulièrement 10 p. 100 ; « Old Colony railroad » 9 et plus ; « Boston and Albany » 8 ; « Chicago, Milwaukee and S. Paul », 6 à 7 en général pour les actions de préférence et 2 à 7 pour les actions ordinaires. D'autre part, une importante compagnie, le « Central Pacific », n'a donné que 2 p. 100. La moyenne des frais d'exploitation est beaucoup plus élevée qu'en France, où elle a varié depuis une dizaine d'années entre 55 et 50,4 p. 100 ; aux États-Unis, elle a varié entre 63,8 et 70,4 p. 100.

(3) Le nombre effectif des passagers en 1892 a été de 575 millions ayant payé 293 millions 1/2 de dollars et celui des tonnes de marchandises de 749 millions ayant payé 817 millions de dollars. (Voir *Statistical Abstract*, 1893, p. 274.)

pole, étant instituées, comme toute autre corporation, par une charte délivrée par la législature de l'État que leurs lignes traversent, se font concurrence entre elles. Les plus fortes ou les plus habiles ont l'ambition de former de vastes réseaux en s'agrandissant aux dépens de leurs voisines; leurs luttes et leurs réunions donnent lieu souvent à des jeux de bourse effrénés. En 1891, treize compagnies étaient parvenues à constituer des réseaux de plus de 5,000 kilomètres (¹). Mais, dans plusieurs États, il est interdit de réunir, en une même Compagnie, des lignes parallèles, par conséquent concurrentes; il est vrai que les spéculateurs tournent la défense en prenant ces lignes à bail ou en accaparant leurs actions. Les Compagnies ont à compter aussi avec les voies navigables. Les canaux, rélégués à l'arrière plan des préoccupations économiques des Américains pendant un demi-siècle, ont repris faveur. L'État de New York a supprimé en 1882 les droits de péage sur ses canaux. Trois conventions se sont réunies récemment pour étudier la question qui intéresse tout particulièrement le nord-ouest : à Fork (N. Dakota) en 1892, à Washington (D. C.) et à Saint-Paul (Min.) en 1893. On a fait remarquer que, si les chemins de fer avaient transporté, en 1891, 700 millions de tonnes (transport à toute distance), le Mississipi et ses affluents en avaient transporté 34, l'Hudson 15, les Grands Lacs 76. On a insisté sur l'utilité de la concurrence des voies d'eau (²).

(1) Il y a même des concentrations plus fortes entre les mains de puissants capitalistes; ainsi, en 1891, les sept compagnies qui étaient désignées sous le nom de lignes Vanderbilt avaient une longueur de 26,800 kilomètres.

(2) D'ailleurs, les voies d'eau avaient précédé les voies ferrées. Ce

A une époque où la tendance à la concentration
des chemins de fer est une menace de monopole,
on a essayé de démontrer que les deux modes de
transport pouvaient se développer l'un et l'autre sans se
nuire. Il existe deux commissions, l'une de la Chambre
des représentants, l'autre du Sénat, pour l'amélioration
du Mississipi et de ses affluents qui ont obtenu de larges
subventions, fait construire des réservoirs, des digues,
des barrages; il existe aussi une commission pour
le Missouri.

Trois millions et demi de dollars environ ont été
votés par le Congrès pour assurer 25 pieds de profondeur au moins aux chenaux qui réunissent les Grands
Lacs. Sur ces lacs navigue aujourd'hui une flotte en
partie composée de steamers en acier qui transportent
jusqu'à 3,700 tonnes, et de bateaux à dos de baleine,
« Whaleback », qui jaugent de 2,000 à 3,000 tonnes et
font à la fois le double office de transporteur et de
remorqueur : invention nouvelle qui fera peut-être une
révolution dans le frèt. J'ai vu passer dans le canal
de Sault-Sainte-Marie quelques-uns de ces gros
bâtiments tout remplis de grains ou surmontés d'énormes piles de planches. Parmi les grandes voies d'eau à
encourager on n'oublie pas le nouveau canal de Chicago,
« Drainage canal » qui, du lac Michigan et de la rivière
de Chicago, débouchera dans la rivière Desplaines,
une des branches de la rivière des Illinois; de la
rivière des Illinois améliorée les bateaux passeront
directement dans le Mississipi d'une part, non loin de

n'est qu'à partir de 1870 que le transport des grains de Chicago à
New York a commencé à être organisé régulièrement pour assurer le
bon marché des transports.

Saint-Louis, et, d'autre part, beaucoup en amont dans le Mississipi supérieur par le canal Hennequin (long de 97 milles, large de 80 pieds, profond de 7 pieds), dont la construction avance lentement (1).

Dans la lutte des compagnies de transport, il se produit des manœuvres déloyales, des spéculations éhontées, des hausses factices provoquées par des dividendes fictifs, des dédoublements d'actions sans apport de capital; il y a des victimes, des compagnies en faillite (2), des producteurs étranglés par des tarifs différentiels. Le mode d'exploitation amène des surprises qui déroutent parfois le commerce agricole (3); tout à coup une com-

(1) Voir dans *Annals of the American academy and political and social sciences*, sept. 1893, l'article intitulé « Inland waterways », by E. R. Johnson.

(2) Tous les ans, une trentaine de Compagnies sont mises en faillite. Il y en a eu depuis dix ans 309 exploitant 76,380 milles et représentant un capital de 3,706 millions de dollars (nombres dans lesquels il y a des doubles emplois, quelques Compagnies ayant été mises plusieurs fois en faillite. Voici les chiffres des trois dernières années qui montrent l'intensité de la crise actuelle.

Années.	Compagnies en faillite.	Longueur en milles.	Capital en actions et obligations (millions de dollars).
1891	25	2159	84
1892	36	10505	357
1893	74	32413	164

Aussi les constructions se sont-elles ralenties beaucoup, 2,500 milles seulement ont été livrés à la circulation en 1893. La crise intense dont souffre l'industrie et le commerce en Amérique et qui s'est manifestée avec éclat par les nombreuses faillites de juillet 1893 et des mois suivants pèse sur les chemins de fer, comme sur les manufacturiers et les fermiers; les actions de presque toutes les Compagnies ont beaucoup baissé, beaucoup de moitié de janvier à décembre 1893.

Parmi les Compagnies qui ont suspendu leurs payements en 1893, trois (*Atkinson, Topeka and Santa Fé, Northern Pacific, Union Pacific*) avaient un très grand réseau. La faillite d'Atkinson Topeka and Santa Fé railroad n'est pas sans relation avec la mauvaise situation où est aujourd'hui l'agriculture du Kansas.

(3) Il y a eu et il y a encore des compagnies qui, pour attirer le trafic et ruiner une compagnie concurrente, transportent presque pour rien voyageurs et marchandises. Il y a eu un jeu effréné sur les actions de certains chemins de fer, les spéculateurs qui voulaient les ruiner ou les acheter produisaient tout à coup des mouvements énormes de hausse ou

pagnie abaisse ses prix au-dessous de ses frais de transport pour ruiner une concurrence ; puis elle les relève avec la même soudaineté, quand la guerre a cessé ou quand le frêt abonde. Les fermiers s'indignent ; il y a quelques années, ils accusaient violemment ces compagnies d'avoir fait tomber le boisseau de blé de 138 cents (19 fr. 59 l'hectolitre) en 1867 à 87 (12 fr. 32) en 1888, sans remarquer qu'en 1867 les États-Unis étaient sous le régime du papier-monnaie. Dans un rapport publié en 1890 sur le mouvement et la consommation du maïs et du blé on lit que, si le bétail sur pied est payé au fermier un quart en moins qu'il l'était auparavant, quoique le prix de la viande au détail n'ait pas diminué, si le fermier vend 3 cents le lait que la consommation achète 8 cents, la cause en est à la coalition des intermédiaires et des entrepreneurs de transport organisés en « Trusts ». Le public américain a, en général, horreur des « Trusts (¹) », comme on avait horreur des « accapareurs » en France au XVIIIᵉ siècle. Il se récrie contre les faveurs faites à certains industriels ou à certaines industries et contre l'omnipo-

---

de baisse. Le chemin de fer de l'Erié, entre les mains de M. Gould, est un des exemples les plus fameux du genre. L'opération qui consiste à faire monter très haut les actions par un trafic factice et à diviser ensuite les actions ou à en émettre de nouvelles sans versement de capital, ce qui revient au même et ce que les Américains nomment « watered stock » est une des plus pratiquées.

(1) M. E. Bemis, dans un article intitulé « Discontent of the Farmer » (*The Journal of Political Economy; University of Chicago*), dit qu'en général les coalitions de capitalistes ont parfois fait monter artificiellement le prix des engrais, des machines, des sacs de jute, des liens, etc. ; que les fermiers se sont à leur tour coalisés contre les monopoles, quelquefois avec succès, mais que d'autres fois il leur avait été impossible de s'organiser pour la résistance. A propos des tarifs de faveur, un président de compagnie de chemins de fer déclarait : « It is a matter of time only when the small dealer who is compelled to pay the regular tarif will go to the wall. »

tence des compagnies sur les débouchés. Les compagnies, de leur côté, sont à la merci des récoltes, surtout dans l'ouest. Si elles manquent, leur trafic cesse, les dividendes s'évanouissent et parfois la compagnie sombre (1).

Prix des transports et des denrées. — Néanmoins la concurrence a des avantages qui sont manifestes. Le prix de transport en fournit une preuve. Ce prix était peu élevé pour les céréales (2) et il a beaucoup diminué (3). Ainsi de Chicago à New York par chemin de fer,

(1) Dans certains cas ces faveurs sont la condition nécessaire du trafic. Exemple : les Compagnies ont organisé des trains spéciaux qui transportent les fruits frais de la Floride et des autres États du sud ou ceux de la Californie à très bas prix et très rapidement ; sans ces deux conditions le commerce de ces fruits ne serait pas possible ; les compagnies ont compris qu'il valait mieux se contenter d'un très minime bénéfice que de n'avoir pas le trafic. Autre exemple des effets du monopole : une grande manufacture de Long Island avait, avec grand profit, substitué le pétrole à la houille pour le chauffage de ses chaudières ; la compagnie du chemin de fer qui dessert la localité a relevé son tarif sur le pétrole, de manière à ne laisser qu'un très faible profit à la manufacture et à conserver pour elle-même presque tout le bénéfice de la différence.

La loi du 4 février 1887 a eu pour objet de mettre un frein aux abus des compagnies de chemins de fer résultant de l'association, d'élévation de tarifs et de faveurs particulières. Sans rien préciser, elle a indiqué que les prix devaient être « justes et raisonnables » ; elle a créé une commission « Interstate commerce commission », qui est chargée de signaler et de poursuivre les contraventions, tout en respectant la liberté des compagnies, et qui, comme conseil ou arbitre, a rendu des services. La loi a interdit, sans réussir à les faire disparaître, les « Pools », c'est-à-dire les coalitions de compagnies pour élever les tarifs ; interdictions que la loi du 2 juillet 1890 contre les « Truts » a corroborée.

(2) Le prix de transport est tout particulièrement bas pour les céréales. Ainsi le tarif des principales compagnies (transport par chemin de fer de New-York à Saint-Paul) était, suivant les classes de marchandises, de 130, 111, 87, 58, 49 et 42 cents par 100 livres, en 1891-92 ; il était de 40 à 35 cents pour la farine et le blé. (Voir *Sixth annual report of the Interstate commerce commission*, p. 275 et 282.) M. Breuil, dans son *Rapport sur l'agriculture des États-Unis* (p. 80), explique comment, en 1879-80 « où un mouvement sans précédent dans l'exportation des grains a livré les opérations de transport pour ces denrées à tous les caprices de l'actualité », les chemins de fer faisaient aux expéditeurs des conditions très diverses suivant les quantités, les distances, les lieux et même les personnes.

(3) Le prix de transport par chemin de fer a diminué en général sur

distance de 912 milles (1,467 kilomètres) par la plus courte voie, il était de 38 cents par boisseau de blé (5 fr. 39 par hectolitre) en 1858, puis de 30 en 1870, et, par un abaissement presque continu, rapide surtout de 1872 à 1876, il est descendu à 14 1/4 cents (2 fr. 13 par hectolitre) en 1892 ([1]) : ce qui équivaut à moins de 0 fr. 00161 par tonne kilométrique.

Le prix par eau, de Chicago à New York, est moitié moindre, et il s'est abaissé aussi considérablement depuis une vingtaine d'années : 25,12 cents par boisseau en 1869 et 17,10 en 1870, 5,61 en 1892 et 6,33 en 1893, c'est-à-dire (en 1893) un peu moins de 1 franc par hectolitre pour un parcours de plus de 1,500 kilomètres ([2]).

En 1892, le prix de transport de Minneapolis à Boston, pour 100 livres de farine, a été de 40 cents par le chemin de fer via Chicago, au commencement de l'année, comme il l'avait été pendant presque toute l'année 1891, et il est tombé à 34,5 dans le dernier trimestre ; par les chemins de fer et les lacs via Chicago, il a varié entre 32,5 et 27 pour les envois destinés au commerce extérieur des États-Unis et entre 21,78 et 27,5 pour les quantités destinées à l'exportation ; par

toutes les lignes et pour toutes les marchandises. D'après le *Statistical Abstract* (1893, p. 280), le prix moyen de la tonne par mille était de 1,985 cents en 1873 et de 0,799 en 1892.

([1]) *Dep. of Agriculture. Report of the Statistician*, 1892, p. 469. Voir aussi la fig. n° 15 en appendice. Le *Board of trade of Chicago*, 1892, donne (fig. 115) 13,8 pour le frêt en 1892, de Chicago à New York. Les chiffres donnés par le *Statistical Abstract* (1893, p. 281) ne sont pas absolument les mêmes que ceux du Statisticien du Département de l'Agriculture.

([2]) Ce prix (de Chicago à New York) a varié en 1892 de 4 cents en mai à 8 cents 1/4 en octobre pour le boisseau de blé. Il était de 25,59 cents en 1857, de 5,61 en 1892 et de 6,33 en 1893, d'après le Statisticien du « Produce exchange » de New York. *Statistical Abstract*, 1892, p. 279, et 1893, p. 281. La suppression du péage sur les canaux de l'État de New York, en 1882, a contribué à la diminution du prix.

chemin de fer jusqu'à Sault-Sainte-Marie et par les lacs ensuite, il a varié de 27 à 30 cents et de 22,5 à 27,5 pour l'exportation ; par le « Canadian Pacific », ces prix sont à très peu près les mêmes que par Chicago (1). Ces prix se sont légèrement relevés en 1893.

Dans un discours prononcé au commencement de l'année 1894 devant la Chambre de commerce de l'État de New York, M. Atkinson rappelait que, dans son enfance, le boisseau de blé doublait de prix par un trajet de 150 milles, tandis qu'aujourd'hui le pain de quatre livres que mange l'ouvrier anglais n'est grevé que de deux liards pour le transport du blé du Minnesota à Liverpool et que l'ensemble des marchandises transportées par chemins de fer, de 1883 à 1892, auraient coûté 11 milliards de dollars de plus qu'elles n'ont coûté si les tarifs étaient restés ce qu'ils étaient de 1865 à 1869.

L'abondance de la production et la réduction des frais de transport ont doublement influé sur les prix de la marchandise (2).

En général le prix sur la plupart des petits marchés locaux s'est élevé dans les premiers temps et il s'est rapproché du prix des grands marchés. Aujourd'hui il baisse, mais la différence entre le grand et le petit marché tend encore à diminuer.

(1) Je trouve une différence que je ne m'explique pas entre les prix de transport de Chicago à New York donnés dans le *Statistical Abstract of the United States* (Sixteenth number, p. 281) et ceux de Minneapolis à New York donnés par *Sixth annual report of the Interstate commerce commission* (p. 282), d'où sont tirés ces prix. En effet, le *Statistical Abstract* donne pour 1892 7,55 cents par boisseau pour transport par lacs et rails et 14,23 pour transport tout rails ; le boisseau étant compté à 46 livres, on trouve 16,4 et 30,9 cents pour 100 livres.

(2) Voir en appendice les deux figures 13 et 14.

Avant la guerre de la rébellion, le prix du blé aux États-Unis était déterminé presque entièrement par des causes locales. Depuis 1873, il est déterminé en grande partie par les besoins généraux de l'Amérique et par l'offre et la demande sur l'ensemble des grands marchés du monde; comme il occupe une large place sur ces marchés, son offre pèse fortement sur la détermination du prix en Europe.

Sur le marché de Chicago, le prix du boisseau de blé avait varié (1) en 1860 entre 66 et 113 cents (9 fr. 37 à 16 fr. 04 l'hectolitre). Pendant la guerre et sous le régime d'un papier-monnaie déprécié, il a varié entre 65 et 285 cents (9 fr. 23 à 40 fr. 47 l'hectolitre) (2), et il a été en moyenne de plus d'un dollar; cependant, en 1863 et en 1864, les récoltes ayant été très abondantes, les prix ont été très bas. Les très mauvaises récoltes de 1866 et 1867 l'ont au contraire fait monter très haut (3). L'année 1869 a été une époque de langueur commerciale et de bas

(1) Les prix donnés ici sont des prix moyens annuels. Je ne parle pas des variations mensuelles. En général, à Chicago, les prix sont bas de décembre à mars, époque des arrivages. Ils s'élèvent d'avril en juin et baissent à l'approche de la récolte suivante quand elle est satisfaisante.

(2) Minimum de 1862 et maximum de 1867. Pendant les années 1866 et 1867, le prix du blé, à cause de l'état général du pays et de la dépréciation du papier monnaie, a atteint son prix le plus élevé. En 1866, d'après la statistique du Département de l'agriculture, le prix moyen du boisseau de blé à la ferme dans l'Illinois a été de 2,10 dollars (29 fr. 82 l'hectolitre), prix inférieur, comme il arrive toujours, au prix commercial du marché de Chicago. En 1866, le prix de ferme a été dans l'est (Maine, Massachusetts, Connecticut, New Jersey, Maryland) de 2,96 dollars (42 fr. 03 l'hectolitre) et dans la Caroline du Sud, par suite de l'état politique du pays, il s'est élevé à 3,32 dollars (soit 47 fr. 14 l'hectolitre). Dans le même temps le nord-ouest, qui n'avait pas souffert de la guerre et qui n'écoulait pas son blé, avait des prix très bas 1,46 dans le Minnesota et 1.30 (soit 19 fr. 88 l'hectolitre) dans le Nebraska.

(3) Il faut ajouter que les récoltes étaient mauvaises aussi en Europe. « The harvest of 1867 was universaly bad or indifferent. Over the whole north of Europe and a considerable part of Germany the grain crops were alarming by deficience. » *London Economist.* Commercial history and review, 1867.

prix. Sous l'influence régulatrice de la paix, le prix, malgré le papier-monnaie, n'a pas dépassé le maximum de 1,61 cents (22 fr. 86 l'hectolitre) pendant la période 1867-1876.

La récolte de 1876 ayant été mauvaise, 1877 a été une année de cherté : le boisseau a valu 122 cents (17 fr. 32 l'hectolitre), en moyenne. En 1878 il valait 96 cents (13 fr. 63 l'hectolitre). Puis sont venues les grandes exportations, conséquence de plusieurs mauvaises récoltes en Europe et, de 1879 à 1883 inclusivement, le prix a oscillé entre le minimum 78 et le maximum 142 cents (11 fr. 07 à 20 fr. 16 l'hectolitre), avec des moyennes annuelles de 118 à 100 cents (16 fr. 75 à 14 fr. 20 l'hectolitre) (¹). Depuis que les débouchés se sont resserrés, les prix sont en baisse; ils n'ont jamais été aussi bas qu'en 1893 où ils ont oscillé entre 88 cents (12 fr. 49) en avril et 55 (7 fr. 81 l'hectolitre) en juillet. Ils étaient à 62 cents à la fin de 1893.

Les prix de New York concordent avec ceux de Chicago, mais en se maintenant toujours plus haut (²), la différence correspondant à peu près au prix du transport d'une ville à l'autre (³). Le boisseau (Wheat n° 2, red winter) valait, en 1877, année de cherté, 144 cents (20 fr. 44 l'hectolitre); en 1884, 97 (13 fr. 77); en 1889, année de bas prix, 88 (12 fr. 49); en 1891,

(1) Prix de 1,01 à 1,76 dollar; prix nécessairement inférieur au prix commercial, c'est-à-dire le prix que reçoit le fermier vendant dans sa ferme sans frais de transport, etc.

(2) Voir *The World*, 1894, *Almanac and Encyclopædia*, p. 191.

(3) On trouve des détails très précis sur les prix des céréales et de la farine dans les rapports du « Board of trade » de Chicago, du « Board of trade » de Minneapolis, de la Chambre de commerce de New York et dans quelques rapports des bureaux de travail, notamment dans *Third biennial report of the Bureau of Labor Statistics of the State of Minnesota*, p. 179 et suiv.

109 cents (15 fr. 47) (¹); en 1893, par suite d'une baisse très rapide, 74 cents (10 fr. 50).

Les prix adoptés par la douane américaine pour le calcul de la valeur de l'exportation se rapprochent beaucoup de ceux de New York; mais ils sont tantôt au-dessus (surtout en 1860 et en 1874), tantôt au-dessous (notamment en 1867 et en 1881) : 190 cents le boisseau (26 fr. 98 l'hectolitre) en 1868; 134 cents en 1878; 103 (14 fr. 62) en 1892; 80 (11 fr. 36) en 1893 (année fiscale 1ᵉʳ juillet 1892 — 30 juin 1893) (²).

Le Département de l'Agriculture publie chaque année le prix moyen à la ferme pour chaque État et pour l'ensemble des États-Unis. Ces prix sont en général élevés dans les États où la production est inférieure à la consommation, comme le Massachusetts (102 cents en 1892; 14 fr. 48 l'hectolitre), qui est très peuplé, comme le Maine qui produit peu (62 cents en 1893; 8 fr. 80 l'hectolitre), ou dans les États du sud (Géorgie, 103 cents; 14 fr. 62 l'hectolitre). Ils sont généralement bas dans les États de l'ouest qui produisent beaucoup plus qu'ils ne consomment et qui sont très éloignés de leurs marchés de con-

(1) Voir en appendice la figure n° 13, 1877 à 1892.
(2) Voici, d'après la douane américaine, le prix du blé à l'exportation (calculé d'après la *Statistical abstract*, 1893, p. 346).

BLÉ.

Prix à l'exportation donné par la douane américaine.

Années.	Prix de l'hectolitre de blé (en francs).	Années.	Prix de l'hectolitre de blé (en francs).	Années.	Prix de l'hectolitre de blé (en francs).	Années.	Prix de l'hectolitre de blé (en francs).
1867. . .	18.03	1874. . .	20.30	1881. . .	15.76	1888. . .	12.07
1868. . .	26.98	1875. . .	15.90	1882. . .	16.89	1889. . .	12.78
1869. . .	19.73	1876. . .	17.60	1883. . .	16.04	1890. . .	11.78
1870. . .	18.31	1877. . .	16.61	1884. . .	15.19	1891. . .	13.20
1871. . .	18.74	1878. . .	19.02	1885. . .	12.21	1892. . .	13.62
1872. . .	20.87	1879. . .	15.14	1886. . .	12.35	1893. . .	11.36
1873. . .	18.60	1880. . .	17.75	1887. . .	12.63		

sommation, comme l'Iowa (49 cents ; 6 fr. 95), le North
Dakota (43 cents ; 6 fr. 10), le Nebraska (40 cents ;
5 fr. 68) et le Kansas (42 cents ; 5 fr. 96) [1].

Les prix moyens à la ferme pour l'ensemble des États-
Unis, tels que les donne le Statisticien du Département
de l'agriculture, diffèrent peu des prix de Chicago ; ils
leur sont généralement inférieurs ; quelquefois cependant
ils sont supérieurs. Voici ces prix par année de 1870 à
1893 : [2]

	Prix du boisseau en cents.	Prix de l'hectolitre en francs.		Prix du boisseau en cents.	Prix de l'hectolitre en francs.
1870 . .	104.2	14 76	1882 . .	88.4	12 49
1871 . .	125.8	17 89	1883 . .	91.0	12 90
1872 . .	124.0	17 61	1884 . .	65.0	9 23
1873 . .	115.0	16 33	1885 . .	77.0	10 93
1874 . .	94.1	13 35	1886 . .	68.7	9 74
1875 . .	100.0	14 20	1887 . .	68.1	9 65
1876 . .	103.1	14 62	1888 . .	87.3	12 39
1877 . .	108.2	15 33	1889 . .	69.8	9 90
1878 . .	77.7	11 02	1890 . .	83.8	11 89
1879 . .	110.8	15 73	1891 . .	83.9	11 90
1880 . .	95.1	13 49	1892 . .	62.4	8 85
1881 . .	119.3	17 02	1893 . .	53.9	7 64

J'ai tracé les courbes des prix moyens annuels sur le
marché de Chicago (prix du blé de printemps n° 2) avec
l'indication du prix maximum et du prix minimum de
l'année, sur le marché de New York (prix du blé rouge
d'hiver n° 2) et à la ferme, pour les deux premiers de-

(1) La moyenne décennale pour la période 1882-1892 a été de
112 cents pour le Maine, de 102 pour le Massachusetts, de 103 pour la
Géorgie, de 69 pour l'Iowa, de 65 pour les Dakota, de 62 pour le Nebraska, de 67 pour le Kansas, etc. (Voir *American Agriculturist*, janvier 1892, p. 80.)

(2) Il y a relativement à ces prix quelques légères différences entre
les publications directes du Département de l'agriculture et le « Statistical abstract ». Le tableau ci-inclus est extrait du *Statistical abstract.*,
1893, p. 316.

puis 1862, et pour le troisième depuis 1867 (₁). Les trois courbes ont une allure à peu près parallèle. On y remarque :

1° Que sous l'influence de deux récoltes très mauvaises, le blé s'est élevé à un prix extraordinaire en 1866-1868 ;

2° Que les prix moyens les plus hauts sont ceux de 1866-1868 et que les plus bas sont ceux de la période 1869-1893, que la tendance à la baisse est à peu près régulière et qu'elle a été rapide depuis 1882 ;

3° Que le prix de Chicago est toujours inférieur à celui de New York, que l'écart entre le maximum et le minimum de l'année à Chicago est ordinairement très prononcé, qu'il a même été de 125 cents en 1886 sous le régime du papier-monnaie et de 92 cents en 1888, sous le régime de la monnaie métallique ;

4° Que, dans les années antérieures à 1878, le prix moyen n'est pas en correspondance avec le prix maximum et le prix minimum, parce que ceux-ci sont exprimés en monnaie métallique, tandis que celui-là l'est en papier-monnaie ;

5° Que le prix moyen de Chicago se trouve parfois inférieur au prix moyen à la ferme, parce que celui-ci, calculé d'après tous les États, comprend ceux de l'est où le prix est plus fort que sur le marché de Chicago, situé au centre de la région qui produit en surabondance et qui exporte ;

6° Que la différence entre le prix de Chicago et celui de New York, qui était d'environ 25 à 35 cents dans la période 1862-1867 et de 14 à 8 cents dans la période

-----

(1) Voir en appendice la figure n° 14 *bis*.

1882-1892, a été en diminuant, parce que le frêt a diminué grâce à la concurrence des chemins de fer entre eux et des chemins de fer avec la voie d'eau et que cette diminution a été forte surtout à l'époque des grandes exportations (1882-1884);

7° Que le prix moyen du marché de New York, qui était de 144 cents en 1877, de 132 en 1881 (ce sont les prix les plus élevés qu'on ait atteint depuis vingt ans, mais ils avaient été encore plus élevés de 1866 à 1868), est descendu à 88 en 1889, qu'il était de 91 cents en 1892 et est tombé en 1893, d'une chute brusque, à 74 [1]. Le prix de New York est celui qui intéresse surtout le commerce européen; il équivaut pour l'année 1892 à 12 fr. 92 l'hectolitre et à 18 fr. 45 le quintal et pour l'année 1893 à 10 fr. 50 l'hectolitre et à 15 francs le quintal.

La chute rapide de 1892-1893 paraît en partie accidentelle et sera peut-être suivie d'un certain relèvement; cependant le prix restera bas et on ne saurait dire s'il ne descendra pas encore au-dessous du niveau actuel.

Cette baisse n'est pas un fait isolé en Amérique : le Statisticien de l'Agriculture faisait remarquer dans son rapport de 1891 que la tendance à la baisse a été depuis vingt ans plus prononcée encore pour les produits de la métallurgie que pour ceux de l'agriculture [2].

Si les prix de l'avoine et du maïs sont restés plus fermes, c'est que la concurrence des pays étrangers et les conditions de l'exportation agissent moins sur ces

(1) Le prix exact d'après le *Statistical abstract*, 1893, p. 338, était :

1890. . . $ 0.983　1891. . . $ 1.094　1892. . . $ 0.908　1893. . . $ 0 739

(2) Ainsi l'acier en barre valait 166 dollars (855 francs) la tonne en 1867 et 30 (154 francs) en 1892; la fonte de fer 42 dollars en 1867 et 14,52 en 1893. Les rails d'acier valaient 166 dollars la tonne en 1867 et 28,12 en 1893; les clous 5,95 en 1867 et 1,83 en 1893.

céréales (¹). Le prix du coton a baissé, beaucoup et rapidement après la guerre, d'une manière lente et continue depuis la guerre et il est tombé depuis 1891 bien au-dessous du niveau où il était, il y a trente-cinq ans (²). Il en est de même de la laine (³).

Le prix du baril de viande de porc (mess pork) a été, sur le marché de New York, de 14 à 23 dollars dans la période 1834-1840. Il a baissé de 1836 (23,13 dollars) à 1842 (9,27 dollars) et est resté de 1843 à 1850 à peu près stationnaire à 11 dollars environ durant la période de renchérissement de 1850 à 1860 ; il a atteint 22,10 dollars en 1857. Pendant la guerre de la rébellion, il est monté jusqu'à 33,19 en 1864 et on l'a vu encore à 31,64 en 1869. Depuis ce temps, la tendance est à la baisse, avec des variations annuelles dans l'un et l'autre sens : ainsi, il a été de 19,79, en 1882 ; il est descendu jusqu'à 11,38 en 1891 et il est remonté brusquement de 11,52 en 1892, à 18,35 en 1893 (⁴). Le prix sur le marché de Chicago a subi à peu près les mêmes variations (⁵) ; le baril valait 12 dollars en 1892.

Le prix du mouton a diminué depuis 1876 et est même

(1) Le boisseau d'avoine valait à New York 42 cents en 1877, et 35,9 en 1893, ayant atteint son maximum en 1882 (51,9 cents) et son minimum en 1889 (28,8) ; le boisseau de maïs valait 59,8 cents en 1877 et 49,9 en 1893, avec un maximum de 80,1 en 1882 et un minimum de 43 en 1889.

(2) La livre de coton a valu à New York jusqu'à 101,50 cents en 1862 ; elle valait 11,82 en 1877 et 7,71 en 1892, ayant atteint dans cet 1intervalle son maximum (12,03) en 1881 et son minimum (7,71) en 892.

(3) La livre de laine de moyenne qualité valait à New York en janvier 43 cents en 1877 et 33 en 1893, avec un maximum de 49 en 1881 et un minimum de 29 en 1885 et en 1893. Pour ces divers prix voir le *Statistical abstract* de 1893.

(4) *Statistical Abstract*, 1893, p. 337.

(5) Le dixième de baril valait à Chicago 92 cents en 1842, et 3,31 dollars en 1864 pendant la guerre.

remonté un peu depuis 1886. Celui du bœuf, au contraire, a diminué beaucoup depuis 1882 (¹); le baril de bœuf de première qualité valait à New York 13,45 dollars en 1882, 6,86 en 1892 et 8,17 en 1893 (42 fr. 05 les 100 kilogrammes).

Les prix à l'exportation suivent le mouvement général, mais avec des différences marquées suivant les espèces. Nous l'avons vu pour le blé. La farine et le maïs, le coton, le cuir ont baissé aussi (²). Sur le tabac, le fromage, le bœuf et le jambon il n'y a qu'une très légère diminution (³).

L'abondance des denrées et l'économie des transports sont deux avantages précieux que les hommes en tout pays s'efforcent d'obtenir par le travail de la terre et par le perfectionnement de l'outillage social. Les cultivateurs se plaignent du bas prix des céréales et se réjouissent, ceux du moins qui habitent les pays d'exportation, du bas prix des transports; les actionnaires des chemins de fer, d'autre part, ne se consolent pas par le bas prix des céréales du très faible dividende qu'ils reçoivent. Mais l'intérêt général des États-Unis, qui ne peut pas se modeler sur la diversité des intérêts privés, consiste surtout dans le défrichement et le peuplement de ses terres, dans l'accroissement des denrées qu'elles fournissent, dans la multiplication de ses moyens de communication : résultats qu'au prix de grands efforts et malgré d'innombrables mécomptes individuels et une crise des prix qui se prolongera, les États-Unis ne doivent pas regretter d'avoir obtenus.

(1) Voir en appendice la figure n° 13.

(2) Le maïs 1,17 dollar le boisseau en 1868, 53 cents en 1893; la farine 1 dollar le dixième de baril en 1868 et 45 cents en 1893.

(3) Voir en appendice la fig. n° 14.

La baisse des prix de gros n'est pas un fait particulier aux États-Unis, non plus qu'à une espèce de marchandises. C'est une conséquence, d'une part, de l'abondance de la production générale, agricole et manufacturière, dans le monde, laquelle, grâce à l'extension des cultures, à la puissance des engins et des procédés mécaniques et chimiques, au perfectionnement des moyens de transport, s'accroît plus vite que la population; d'autre part, de la rareté relative de l'or qui est devenu le seul grand instrument des échanges internationaux et le régulateur des valeurs. Des publicistes américains pensent que la concurrence de l'Inde est un facteur important de la baisse du prix du blé et accusent l'Angleterre, qui est le grand marché régulateur, de peser intentionnellement par ce moyen sur les cours; il est certain que le prix de l'Inde a une influence, mais une influence limitée par la quantité qu'elle fournit et le prix de l'Inde subit peut-être plus la loi du marché qu'il ne la fait lui-même. Je reviendrai plus loin sur cette question. M. E. Atkinson a soutenu récemment contre M. Andrews et le général Walker que la rareté des métaux n'était pour rien dans la baisse des prix et que la réduction des frais de transport comptait à elle seule pour les trois quarts dans cette baisse. M. Atkinson, calculant que la consommation moyenne par tête d'Américain en aliments, matières diverses, valait, à quantité égale, 78 dollars en 1850, 88 en 1860, 103 en 1870, 82 en 1890, conclut que la baisse avait ramené le taux de 1890 à un niveau intermédiaire entre 1850 et 1860. Attribuer à la rareté du métal la moindre part est, à mon avis, judicieux; ne lui en attribuer aucune serait une exagération.

Si les phénomènes de ce genre ne sont pas toujours

clairement aperçus par la génération présente, c'est
parce que les prix de détail n'ont pas baissé dans la même
proportion que les prix de gros et que beaucoup n'ont
pas baissé du tout ; c'est aussi parce que la vie devient
plus dispendieuse à mesure qu'augmentent les exi-
gences du bien-être. Des statisticiens ont montré cependant l'évidence du fait et ont essayé de le mesurer. Aucune de ces mesures n'est absolument exacte, chaque
marchandise étant soumise à certaines lois particulières
en même temps qu'à la loi générale ; toutefois cette dernière l'emporte et se dégage suffisamment du tableau suivant calculé par M. Sauerbeck d'après les prix de 45 marchandises, en Angleterre, le prix moyen de la période
1868-77 servant d'étalon et étant représenté par 100 [1] :

[1] Voir pour la manière dont ont été établis ces prix dits « Index
numbers », *The Journal of the Royal Statistical Society*, march 1894. En
Angleterre, le prix des céréales a beaucoup baissé de 1884 à 1887 et l'« index number » a été de 78 pour le dernier trimestre de 1887 ; cet « index
number » est remonté à 86 en 1889, puis a baissé en 1890-91, est remonté
quelque peu en 1892 (voir *Journal of the Royal Statistical Society*, juin
1893), et est retombé en 1893 plus bas qu'il n'avait jamais été.

On voit, à travers les fluctuations accidentelles du marché, que c'est
le « stock » qui pèse de plus en plus sur la valeur. Il en est de même en
France où le prix moyen de l'hectolitre de froment baisse depuis 1871-73,
époque où il était en moyenne de 25 francs ; il est tombé au-dessous de
17 francs en 1885-86 ; il est remonté jusqu'à 20,58 en 1891 pour retomber
à 17 fr. 87 en 1892. (Voir la courbe du prix du blé qui se trouve à la fin
du mémoire de M. Levasseur intitulé : *Les Prix. Aperçu de l'histoire
économique de la valeur et du revenu de la terre en France au* XIII⁰ *siècle...*
Extrait des *mémoires de la Société nationale d'Agriculture de France,*
tome CXXXV.)

Je n'ai pas l'intention de traiter incidemment ici l'importante question
des prix. Je me contenterai de reproduire quelques données des statisticiens à ce sujet.

En premier lieu, les « index numbers » que M. Sauerbeck a calculés
pour les périodes antérieures à 1868-77.

Années.	Index Numbers de M. Sauerbeck.	Années.	Index Numbers de M. Sauerbeck.
1818-27.	111	1848-57	89
1828-37.	93	1858-67	99
1838-47.	93	1868-77	100

Dans ces « index numbers » l'influence de l'abondance des métaux précieux résultant des mines de Californie et d'Australie n'apparaît qu'après

	ALIMENTS du règne végétal (céréales, etc.).	ALIMENTS du règne animal (viande, etc.).	SUCRE, café, thé.	MOYENNE générale des aliments.	MOYENNE générale des 45 marchandises.
1868-77....	100	100	100	100	100
1879......	87	94	87	90	83
1880......	89	101	88	94	88
1881......	84	101	84	91	85
1882......	84	104	76	89	84
1883......	82	103	77	89	82
1884......	71	97	63	79	76
1885......	68	88	63	74	72
1886......	65	87	60	72	69
1887......	64	79	67	70	68
1888......	67	82	65	72	70
1889......	65	86	75	75	72
1890......	65	82	70	73	72
1891......	75	81	71	77	72
1892......	65	84	69	73	68
1893......	59	85	75	72	68

Prix de revient. — M. Ronna, dans son ouvrage sur le *Blé aux États-Unis d'Amérique*, a reproduit quelques évaluations de prix de revient. Pour la Nouvelle-Angle-

1858. Dans un ouvrage intitulé : *La question de l'or*, publié en 1859, j'ai établi (p. 192) que les prix du commerce extérieur de la France, l'année 1827 étant prise pour étalon et représentée par 100, accusaient beaucoup plus tôt cette influence ; ainsi l'« index number » que j'ai calculé pour 1847 est de 91,8, celui de 1854 est de 119 et celui de 1856, qui marque le point culminant de la spéculation et de la hausse, dans cette période, est de 130.

Plus tard, M. Sœtbeer, calculant d'après les prix de Hambourg (100 articles) et de l'exportation anglaise (14 articles), est arrivé à des proportions à peu près semblables. La période 1847-1851 étant prise pour étalon et représentée par 100, il a trouvé 120,9 pour la période 1856-1860, 133,5 pour la période 1871-75 où le maximum a été atteint, 117,7 pour la période 1881-85 et 103 1/2 en 1886-87. Le prix moyen des marchandises est donc, d'après M. Sœtbeer, comme d'après les autres statisticiens qui ont étudié la question, moindre aujourd'hui qu'en 1873 et la baisse s'est produite sur les produits manufacturés dans une plus forte proportion que sur les produits agricoles.

L' « Economist », calculant d'après le prix de gros de 22 marchandises anglaises, part de 100 en 1845-1850 pour arriver à un maximum de 172 en 1864, retomber jusqu'à 100 en 1879 et osciller entre 115 (1880) et 94 (1887) depuis cette époque. M. Palgrave, prenant les mêmes marchandises,

terre, l'exemple est celui de la férme de Mark Cockrill, dont les deux parties, l'une de 11,33 hectares, l'autre de 26,30 ont rendu en 1875, la première 230 hectolitres de froment, la seconde 330 et où 10 francs pour l'une et 9 fr. 80 pour l'autre sont considérés comme le prix de revient (¹). Pour le Tennessee, il a cité une petite ferme de 3,84 hectares qui, à la même époque, accusait 8 fr. 53 par hectolitre; pour l'Iowa, un comité de fermiers qui indiquait un prix de revient à 2 fr. 82 seulement par

mais leur donnant un coefficient proportionnel aux quantités vendues, trouve, avec un index-number initial de 100 en 1866-69, 111 en 1866 et 108 en 1874 comme maximum et, par une baisse presque régulière, 73 en 1887.

M. Giffen, calculant sur les importations et les exportations de l'Angleterre avec 100 comme point de départ en 1854, atteint un maximum en 1865 de 137 à l'exportation et de 118 à l'importation pour aboutir en 1886 à 82 pour l'exportation et à 74 pour l'importation.

Pour la France, M. Palgrave, partant de 100, index number, pour 1868-69, arrivait à un maximum de 111 en 1872, d'où il descendait à 76 en 1884 (un index number de l' « Economist » pour l'Angleterre partant aussi de 1865-69 donne 75 en 1884). Chaque année les valeurs du commerce de la France sont établies d'abord avec les valeurs de douane de l'année précédente, puis définitivement quand la commission des valeurs de douanes a fixé les prix, si bien qu'on peut par comparaison savoir de combien la moyenne générale des prix a augmenté ou diminué d'une année à l'autre.

Voici ces rapports depuis l'année 1880 :

Années.	Importations.	Exportations.	Années.	Importations.	Exportations.
1880. .	+ 2.6 p.100	+ 2.0 p.100	1887. .	— 5.7 p.100	— 2.2 p.100
1881. .	— 3.7 —	— 3.7 —	1888. .	+ 1.3 —	+ 1.1 —
1882. .	— 3.1 —	— 0.6 —	1889. .	+ 3.4 —	+ 2.6 —
1883. .	— 3.8 —	— 2.1 —	1890. .	+ 0.6 —	+ 0.9 —
1884. .	— 4.3 —	— 3.5 —	1891. .	— 2.1 —	— 1.6 —
1885. .	— 3.0 —	— 3.0 —	1892. .	— 5.1 —	— 2.9 —
1886. .	— 0.6 —	— 1.5 —			

Ces différentes échelles des prix de gros ne concordent pas absolument dans les détails; mais elles indiquent toutes les mêmes tendances à la hausse et à la baisse aux mêmes époques, et particulièrement une baisse très accentuée de 1873 à 1893.

(1) Le total des dépenses, comprenant labours, semences, hersages, battage, transport au marché, rente de la ferme a été de 2,358 francs pour l'une, de 3,396 pour l'autre. Le bénéfice du cultivateur (avec un prix de vente de 20 fr. l'hectolitre) était à peu près égal à la totalité des dépenses. (Voir le détail dans l'ouvrage de M. Ronna, p. 88 et suiv.)

hectolitre, mais dont le compte des frais était incomplet.

Un statisticien américain, M. Atkinson, parlant d'une enquête faite par des commissaires anglais il y a une douzaine d'années ([1]), et affirmant que la possibilité de produire le blé à 50 cents le boisseau (7 fr. 10 l'hectolitre) n'existait que sur les terres vierges de l'ouest, dit que, si ces commissaires avaient étudié plus attentivement, ils auraient trouvé environ 24 schellings par quarter (9 fr. 60 l'hectolitre). •

M. Power, qui a produit à l'Exposition universelle de Paris, en 1889, un compte rendu de son exploitation à Helendale (Dakota) ([2]) estimait ses frais de production à 55 fr. 25 par hectare, soit, avec un rendement de 135 hectolitres, 4 fr. 09 par hectolitre. Mais, dans ce calcul, il ne comptait ni l'intérêt de son capital et l'impôt qui augmentaient de 50 p. 100 le prix de revient, ni la fumure parce qu'il ne fumait pas. En ajoutant les 50 p. 100, il calculait qu'ayant vendu 10 fr. 32, il avait fait un bénéfice d'environ 4 fr. 13 par hectolitre ([3]).

[1] *The railroads of the U. S., their effects on farming and protection* Boston, 1882.

[2] Les frais étaient sur 235 hectares, cultivés en céréales (101 en blé, 97 en avoine, 37 en orge) :

Pour labours d'automne.	1,165	francs.
— semences.	2,600	—
— semailles	285	—
— moisson.	1,040	—
— battage.	1,340	—
— liens	725	—
— nourriture des chevaux.	3,375	—
— nourriture des hommes	1,130	—
— réparation des machines et frais généraux..	1,310	—
	12,970	—

[3] Le bénéfice n'est estimé qu'à 2 fr. 56 par hectolitre d'avoine et à 2 fr. 63 par hectolitre d'orge. M. Grandeau, dans son rapport sur l'agriculture à l'Exposition universelle de 1889 à Paris, rassure les agriculteurs français en disant que le prix de 10 fr. 32 ne constitue pas une concurrence effrayante par le bas prix. Je ne veux pas effrayer les agriculteurs : je ferai seulement remarquer que le phénomène économique

On dit souvent en France que le fermier des États-Unis a l'avantage de ne pas être surchargé d'impôt. Ce n'est pas ce que pensent tous les Américains. Un agriculteur du Wisconsin a pu dire dans une réunion agricole, sans être contredit, que « les fermiers de cette région des États-Unis payent plus d'impôts qu'aucune classe d'hommes sous le soleil ([1]) » : il est vrai que les fermiers sont rarement contredits par leurs collègues quand ils leurs disent que les impôts sont trop lourds. Si le gouvernement national ne lève aucune taxe sur la terre, ce sont au contraire principalement les taxes directes sur la propriété foncière et mobilière qui alimentent le budget des États, des comtés, des « townships ». Ces taxes sont votées par le peuple, souvent sans limite déterminée par des lois générales de l'État ; or, comme les dépenses de la communauté, pour les chemins, les écoles, les services publics, l'intérêt des dettes ([2]) sont considérables, et que l'économie ne préside pas partout à l'emploi des fonds publics, la charge, qui est variable suivant les lieux, est généralement lourde.

Il est vrai que M. Atkinson est d'un avis différent affirmant que la nation américaine est la moins taxée du monde, mais il songe particulièrement au service mili-

doit être ainsi analysé : M. Power a vendu 10 fr. 32 parce que tel était le prix du marché. Il n'a pas fait ce prix, il en a profité. Si ce prix avait été de 7 ou 8 francs, il aurait encore vendu au prix du marché et son bénéfice aurait été moindre. Si ce prix avait été au-dessous de 6 francs, il se serait ingénié à réduire son prix de revient et, comme tous les cultivateurs sont dans le même cas, il ne serait pas vraisemblable que le prix de vente restât longtemps inférieur au coût de production.

(1) En 1890, la dette des États, comtés, townships, écoles, était de 5 milliards 1/2 de francs.

(2) M. Breuil, dans son *Rapport sur l'agriculture des États-Unis* (p. 89), estime, d'après des statistiques officielles, qu'une ferme de 150 acres paye par an de 112 à 150 dollars, soit 10 p. 100 du revenu ou près de 1 p. 100 de la valeur du sol.

taire([1])et il explique que, si les impôts nationaux ne représentent,d'après le Census, que 4,69 dollars (24 fr. 15), par habitant, les impôts locaux (États, comtés, townships, écoles) en représentent 7,50 (38 fr. 62) ([2]) et que les impôts locaux varient considérablement d'un lieu à un autre.

Je n'ai pas recueilli moi-même de prix de revient auprès des fermiers américains. Ce genre de renseignements est sans doute intéressant et c'est un des premiers vers lesquels se porte la curiosité d'un observateur; mais il me semble être en général peu probant.Le fermier le donne souvent en vue de prouver une thèse et, dans ce cas, le renseignement, manquant de sincérité, manque d'exactitude. Parfois aussi il le donne sans avoir songé à faire entrer en ligne de compte tous les éléments du calcul et le renseignement manque de précision. Ces éléments sont très divers; il est difficile de les réunir tous. Quand la récolte est abondante, le prix de revient par hectolitre n'est pas le même que lorsqu'elle est faible; quand le blé est versé, la moisson coûte plus que lorsqu'il ne l'est pas; quand il y a des intempéries, les façons augmentent; la quantité récoltée n'est pas la même dans deux pièces de terre dont la composition est différente, quoiqu'on y ait dépensé le même travail. Si ces conditions accidentelles font varier le prix dans une même ferme, elles agissent à plus forte raison dans deux fermes éloignées qui n'ont ni le même sol, ni le même climat, dont les fermiers n'ont ni le même capital, ni la même intelligence,

---

(1) *The financial outlook*, p. 14.
(2) En 1890, le budget national était de 297 millions de dollars ; les budgets locaux étaient de 470 millions. Les proportions du Census sont supérieures à celles que donne le Dictionnaire de statistique de Mulhall (v° taxes) qui est de 40 schellings par tête.

et entre lesquelles, par conséquent, il existe des différences fondamentales et permanentes.

Un agronome très compétent, professeur à l'Université de Chicago, M. Veblen, déclare dans un article sur la production et le prix du blé, qu'il ne saurait établir de prix de revient aux États-Unis et, après avoir comparé les conditions de la vie en Amérique et en Angleterre, la fertilité naturelle du sol généralement plus grande dans l'ouest américain, le bon marché du bois et des machines agricoles et la cherté relative des autres marchandises que le fermier américain achète, il conclut qu'il doit y avoir à peu près compensation et qu'il n'est pas possible de dire de quel côté est en définitive l'avantage. Il pense toutefois qu'il sera plus facile à l'Amérique d'augmenter son rendement de 12 boisseaux 1/2 qu'à l'Angleterre celui de 29 boisseaux (¹).

Dans l'agriculture, comme dans l'industrie, le succès dépend beaucoup de l'homme. Cependant les parties intéressées n'en n'ont guère tenu compte dans les prix de revient qu'elles ont publiés à maintes reprises, surtout à propos de projets de lois de douanes, en déclarant qu'au-dessous d'un certain prix de vente le producteur était dans l'impossibilité de produire. On a vu en effet des industries ruinées soit par des abaissements de tarifs facilitant l'importation du produit, soit par des élévations gênant l'importation de la matière première. Mais on a vu plus souvent les industries subsister quand les changements n'étaient pas considérables. C'est que, dans toute industrie manufacturière ou agricole, il y a la foule des producteurs qui végètent, vivant de leur travail, rétrécis-

(1) *The Journal of political Economy, University of Chicago,* June 1893, p. 370, 377.

sant ou élargissant, suivant leurs profits, le cadre de leur existence; devant cette foule un petit groupe d'hommes qui, grâce aux circonstances ou à leur habileté, font fortune; derrière, un groupe plus nombreux qui se débat dans l'impuissance de s'élever jusqu'au niveau moyen ou qui se ruine en tombant au-dessous.

Dans l'agriculture particulièrement, la masse qui végète est énorme. Les États-Unis ne font pas exception à cet égard, quoique le niveau moyen de l'existence rurale y soit placé plus haut qu'en France. Les agriculteurs américains gémissent des bas prix; assurément, dans certaines années, beaucoup perdent, c'est-à-dire dépensent plus d'argent pour produire et vivre qu'ils n'en recouvrent; mais en somme, et à part les exceptions de temps, de lieu ou de personne, l'agriculture a jusqu'ici fait vivre les agriculteurs, sans quoi elle serait abandonnée. Les fermiers qui cultivent les prairies riches en humus du nord-ouest ont un grand avantage, ayant peu d'effort à faire pour défricher et pour utiliser, durant les premières années de leur exploitation, la fertilité du sol. Leur prix de revient peut descendre très bas, quoiqu'il soit certainement supérieur de beaucoup à 2 fr. 82, parce qu'il faut calculer non d'après une récolte exceptionnelle, mais d'après une moyenne en tenant compte des mauvaises récoltes dont diverses causes, particulièrement la rareté de la pluie, augmente la fréquence dans l'ouest. Mais ce prix ne fait pas la loi sur le marché américain; il y exerce seulement sa part d'influence.

Il est certain que le bas prix de presque toutes les denrées, dont on se plaint sur la côte du Pacifique comme sur la côte de l'Atlantique ou dans les plaines du centre, met dans l'embarras les fermiers, surtout ceux qui sont endettés ; qu'il est désagréable aux marchands de terre qui trouvent moins d'acheteurs et à toute l'industrie manufacturière ou voiturière qui vit de la clientèle de l'agriculture.

Si la consommation américaine était précisément égale à la production totale du pays, ce serait aux environs du prix de revient dans la contrée où ce prix est le plus élevé que se fixerait le prix moyen de vente ; les autres contrées des États-Unis, produisant à meilleur marché, auraient un profit d'autant plus fort que leur coût de production s'écarterait davantage de la moyenne : c'est là une des applications de la théorie de Ricardo qui, si elle est incorrecte sur certains points, est exacte sur celui-ci.

Mais, comme la consommation intérieure n'absorbe pas la totalité de cette production, les besoins des grands marchés du monde concourent à déterminer le prix moyen en Amérique. C'est ce prix, beaucoup plus que le prix de revient, qu'il est possible et qu'il est instructif de connaître. Il est lui-même très variable. Un surcroît de production dans le monde est présumé le faire baisser, à moins que ce surcroît ne coïncide avec un surplus de consommation ; car, ainsi que toute marchandise, le blé obéit à la loi de l'offre et de la demande. Or, malgré le ralentissement actuel de la progression agricole aux États-Unis, l'offre a encore des raisons et des chances d'augmenter avant la fin du siècle ; par conséquent, il est vraisemblable que le prix moyen n'augmentera pas, tout au moins d'une manière permanente ; il est même possible qu'il diminue.

Consommation des États-Unis. — L'Américain consomme en général beaucoup de nourriture et même il en gaspille : le pays produit trop de denrées pour que des mœurs sévères d'économie se soient enracinées dans les familles. Cependant, ainsi que je viens de le dire, la consommation ne monte pas à la hauteur de la production.

Le Statisticien du Département de l'Agriculture estimait que 11 à 29 p. 100 de la récolte du maïs n'entraient pas dans le commerce, parce qu'ils étaient directement consommés par les fermiers, que sur 1,628 millions de boisseaux de maïs récoltés en 1892, 61 p. 100 environ avaient été déjà consommés ou vendus en mars 1893 et qu'il en restait encore 627 millions de boisseaux, soit 39 p. 100 disponibles, que plus de la moitié de ce disponible (380 millions) se trouvait dans sept États de la région centrale (Ohio, Indiana, Illinois, Iowa, Missouri, Kansas et Nebraska).

Ce savant évaluait de la manière suivante l'emploi de la récolte du blé d'après la moyenne des douze années 1881-1892 :

	Millions de boisseaux.	Proportion p. 100.
Étant donné une récolte moyenne de.	460	100
Il a été consommé pour la nourriture aux États-Unis. .	274	59,9
Il a été employé pour les semailles.	54	11,8
Il a été exporté.	133	28,3

Le nombre moyen des habitants pendant la même période étant d'environ 56 millions, la consommation alimentaire a été d'environ 5 boisseaux par tête (1), soit 1,81 hectolitre. La consommation moyenne en

(1) Depuis 1869, cette consommation a varié entre 6,09 boisseaux (2,21 hectol.) (en 1880) et 4,46 (1,61 hectol.) (en 1873). La production par tête

France est aujourd'hui de 3 hectolitres. L'Américain, mangeant plus de viande, de maïs (hominy, etc.) et même d'avoine (oatmill, etc.) que le Français, mange moins de pain.

Au mois de mars 1893, il restait encore 135 millions de boisseaux de blé (49 millions d'hectolitres) disponibles sur la récolte de l'année 1892, récolte très forte (611 millions de boisseaux). La Nouvelle-Angleterre n'avait produit que juste sa suffisance et les fermiers avaient encore en main plus du tiers de leur récolte. Deux autres régions, qui consomment beaucoup moins qu'elles ne produisent (la région centrale consomme 40 p. 100 de sa récolte et la région de l'ouest 27 p. 100), en avaient déjà vendu les trois quarts; ce sont des pays exportateurs où beaucoup de fermiers sont pressés de faire de l'argent avec leur blé. La région centrale à elle seule avait 227 millions de boisseaux à vendre dans l'année sur une récolte totale de 381 millions. Quoique ces chiffres ne soient que des évaluations approximatives de la statistique, ils donnent une idée de l'emploi de la récolte.

X

LE COMMERCE EXTÉRIEUR

Exportation agricole des États-Unis. — Les 133 millions de boisseaux que le Statisticien porte comme exportés (¹) ne sont qu'une partie de l'exportation

a beaucoup plus augmenté que la consommation. Cette production, d'après le Census, était de 4,3 boisseaux de blé (1,55 hectol.) par tête en 1849, de 5,5 (1,99 hectol.) en 1859, de 7,5 (2,7 hectol.) en 1869, de 9,2 (3,33 hectol.) en 1879.

(1) La proportion exportée a varié de 40 p. 100 en 1879-1880, année

agricole des États-Unis. Leur territoire est la plus grande fabrique de substances alimentaires qui existe au monde ; elle produit pour l'étranger comme pour sa propre consommation.

En effet, si l'on distingue dans le total des exportations américaines la part de l'agriculture, on voit qu'elle figurait à raison de 81 p. 100, avec une valeur de 109 millions de dollars (560 millions de francs) en 1850 ; de 78 p. 100, avec 361 millions (1,859 millions de francs) en 1870 ; de 74 p. 100, avec 627 millions (3,228 millions de francs) en 1890 ; de 74 p. 100 aussi, mais avec 799 millions de dollars en 1892 et avec 615 seulement en 1893 (1er juillet 1892-30 juin 1893) (¹). Cette exportation agricole, dont la croissance avait été très rapide de 1865 à 1881, a fléchi depuis cette époque ; elle se relève à peine aujourd'hui et en somme elle a presque sextuplé en un demi-siècle. Si le rapport a baissé de 81 à 74, c'est que l'Amérique, devenant de plus en plus manufacturière, a plus de bouches à nourrir et exporte plus de produits fabriqués.

Les produits agricoles de l'étranger ont, à l'importation aux États-Unis, une importance moitié moindre, quoique considérable : en 1890, ils figuraient à raison de 47 p. 100 dans le total avec une somme de 374 millions de dollars.

Les chiffres suivants font connaître les principaux articles de ce commerce à l'exportation et les clients de l'Amérique.

de forte demande en Europe, à 21 p. 100 en 1888-1889. L'exportation de maïs ne représente que 3 à 6 p. 100 de la récolte.

(1) La proportion a été de 83 p. 100 avec 689 millions en 1880, année de grande exportation de blé. (Voir le détail par année sur la figure de statistique n° 16 en appendice.)

L'exportation du blé avait atteint, en 1880, 153 millions de boisseaux (55 millions d'hectolitres) ; elle a fléchi jusqu'à 85 en 1889, puis elle est remontée à 157 en 1892 et descendue à 117 (40 millions d'hectolitres) en 1893 ([1]). La farine a eu une marche plus régulière, presque constamment ascendante : de 3,4 millions de barils en 1870, elle s'est élevée à 15,2 en 1892 et à 16,6 en 1893, parce que les États-Unis ont multiplié et perfectionné leurs moulins et qu'ils aspirent à retenir pour eux-mêmes le bénéfice de la fabrication. Si l'on réunit blé et farine (évalués en boisseaux de blé), on trouve qu'aucune année n'a égalé 1892 : 186 millions de boisseaux (65 millions d'hectolitres) avaient été exportés en 1881, avant la crise agricole; 225 (81 millions d'hectolitres) l'ont été en 1892, en pleine crise ([2]). Mais la baisse des prix a fait fléchir la valeur de cette exportation, qui était montée jusqu'à 288 millions de dollars en 1880; elle n'atteignait pas 160 en 1890 ([3]) et elle était de 169 en 1893. Elle figure pour plus du quart dans la valeur totale de l'exportation agricole. L'exportation qui est donnée dans le chapitre précédent comme représentant en moyenne 28 p. 100 de la récolte a varié suivant les récoltes et les débouchés. En 1860 elle ne représentait encore que 2,4 p. 100 de la récolte; en 1869-70 elle

(1) L'exportation par mer des États du Pacifique n'a commencé à avoir quelque importance qu'en 1860 où elle était de 1,220,000 boisseaux ; en 1890, elle était de 9,590,000 boisseaux ; elle a atteint son maximum en 1882 avec 49,183,000 boisseaux.

(2) Voir en appendice la figure de statistique n° 18. Les États-Unis exportent aussi du pain et des biscuits (14 millions et demi de livres en 1893), ainsi que de l'oatmill (5 millions et demi de livres). Les quantités en boisseaux sont données d'après le *Statistical abstract of the United States*, 1893, tableau 165. Converties en hectolitres elles ne présentent que de légères différences de calcul avec le *Bulletin du ministère de l'Agriculture*, nov. 1893, p. 756.

(3) Voir en appendice la figure de statistique n° 17.

représentait déjà 20,8 ; elle s'est élevée jusqu'à 40,3 en 1879-80 à cause de la demande considérable de l'Europe : c'est la proportion la plus forte. L'année 1891-92 (37 p. 100) l'a presque égalée à cause de l'énorme excédent de la récolte ; mais la récolte médiocre de 1888-89 n'avait laissé que 21,3 p. 100 à l'exportation.

Le maïs, moins important, a atteint un premier maximum (99 millions de boisseaux) en 1886 et un second en 1890 (103 millions) ; mais son marché n'est ni aussi large ni aussi constant que celui du froment, et il a été restreint en Europe par des mesures douanières ([1]).

L'exportation du tabac, dont l'augmentation est très médiocre, a produit 22 millions 1/2 de dollars en 1893 ([2]). Celle des graines de lin et de chanvre a été de près de 2 millions de boisseaux en 1893 ; celle du houblon, de 11 millions de livres ; celle des tourteaux, de 802 millions de livres.

Celle du coton n'a pour ainsi dire pas cessé de s'accroître depuis la guerre ; de 1,000 millions environ de livres en 1870, elle a passé à 2,935 millions en 1892 et est tombée à 2,216 en 1893. La production, la consommation des États-Unis et l'exportation ont toutes les trois triplé en vingt-deux ans. Il n'en est pas de même de la valeur ; par suite de la baisse des prix, cette valeur est restée, à travers les oscillations annuelles, à peu près stationnaire, et, en somme, elle était moindre en 1890

----

(1) Voir en appendice la fig. n° 18. L'exportation du maïs n'a été que de 46 millions de boisseaux valant 24 millions et demi de dollars en 1893.
L'exportation des autres céréales est peu importante, mais elle tend à augmenter : en 1888-89, elle a été de 1,440,000 boisseaux d'orge, 624,000 d'avoine, 287,000 de seigle ; en 1893, de 3,000,000 de boisseaux d'orge, de 2,280,000 d'avoine, de 1,477,000 de seigle.
(2) Voir en appendice la figure de statistique n° 17. L'exportation du tabac est en effet à peu près stationnaire : 214 millions de livres en 1873 et 248 en 1893 avec un maximum de 322 en 1879.

(251 millions de dollars, 1,292 millions de francs) et surtout en 1893 (188 millions 1/2 de dollars, 974 millions de francs) qu'en 1866 (281 millions de dollars, 1,447 millions de francs) (¹).

Quant à la laine, l'exportation en est à peu près nulle (²). La production n'a guère que doublé de 1870 à 1892 (303 millions de livres en 1893). Mais, comme la consommation (471 millions) la dépasse de beaucoup, la différence doit être comblée par l'importation (172 millions) (³).

En 1893, l'exportation a été de 406 millions de livres de bœuf, valant 31 millions de dollars (⁴), de 53 millions de porc valant 4,1 millions de dollars, de 474 millions de livres de jambon et de lard valant 45 millions (⁵), de 365 millions de livres de saindoux valant 34 millions, de 81 millions de livres de fromage valant 7,6 millions, de 19 millions de livres de beurre valant 1,6 millions (⁶);

(1) Voir en appendice la figure de statistique n° 19.

(2) 92,000 livres en 1893.

(3) Une partie de l'importation est réexportée. Voir en appendice la figure de statistique n° 20.

(4) L'exportation de viande de bœuf salé a beaucoup augmenté : 39 millions de livres en 1877, 97 en 1890, année du maximum, et 58 seulement en 1893. Celle de la viande fraîche a augmenté beaucoup plus encore : 49 millions de livres en 1877 et 206 en 1893 (220 en 1892).

C'est en 1875 que les premiers envois de viande fraîche ont été faits par M. Timothy Eastman de New York, qui appliqua le procédé Bate pour la conservation dans de grands compartiments constamment rafraîchis par un courant d'air à une température un peu au-dessus de 0°. Depuis ce temps le nombre des négociants qui font ce commerce a augmenté et on exportait déjà de New York, de Jersey City, de Philadelphie, de Portland en 1880.

(5) L'exportation du lard (bacon) a varié suivant les circonstances depuis vingt ans sans augmentation réelle : 395 millions de livres en 1873 et 391 en 1893 avec un maximum de 759 en 1880 et un minimum de 250 en 1875. Il en est à peu près de même du jambon (73 millions en 1881 et 82 en 1893), du porc (pickled) (64 millions en 1873 et 52 en 1893). Le saindoux (lard) a augmenté, quoique irrégulièrement (230 millions en 1873 et 365 en 1893 avec un maximum de 498 en 1891).

(6) L'exportation du beurre, qui avait tout à coup quadruplé de 1876 à

la valeur totale de l'exportation d'animaux et produits animaux s'est élevée à 171 millions de dollars (880 millions de francs). Les États-Unis ont expédié, en outre, 358,000 animaux vivants, dont 287,000 bœufs.

Principaux clients de l'Amérique — L'Angleterre est pour tous ces articles le meilleur client des États-Unis. Elle a acheté jusqu'à 120 millions de dollars (618 millions de francs) de froment ou de farine de froment (année 1880). Il est vrai que depuis 1880 la valeur de son importation a décliné et qu'elle n'était plus que de 68 millions (350 millions de francs) en 1890 [1]. Néanmoins, cette somme, malgré la diminution du prix de la marchandise, était supérieure à la moyenne des années 1871-1877. La France n'a reçu de très grandes quantités de blé américain qu'en 1879 et en 1880, années où la valeur vendue par les États-Unis s'est élevée à 55 millions de dollars (283 millions de francs) [2]. Depuis ce temps, grâce à de meilleures récoltes et sous l'influence restrictive du tarif protecteur, l'importation en France a beaucoup diminué; elle n'est pas aujourd'hui plus forte que celle de la Belgique, qui a une population bien moindre [3]. Les Pays-Bas et le Portugal sont aussi

1877 et s'était élevée à 39 millions de livres en 1880, a décliné depuis ce temps et est même tombée de 15 millions en 1892 à 8 en 1893. Le fromage a eu les mêmes vicissitudes, avec un maximum de 147 millions de livres en 1881 et un chiffre de 81 millions de livres en 1893.

(1) En 1890 l'exportation des États-Unis pour l'Angleterre a été de 38 millions de boisseaux de blé et de 7 millions 1/2 de barils de farine; en 1893, de 72 millions 1/2 de boisseaux et de 10,3 millions de barils.

(2) D'après le tableau dressé par le *Board of trade of Chicago* (1892, p. 156), l'ensemble des produits alimentaires exportés (Breadstuffs, meat and dairy, and vegetables) avait une valeur de 26 millions de dollars en 850, de 45 en 1860, de 98 en 1870, de 415 en 1880, de 292 en 1890, de 428 en 1892. Dans la fig. 17 (en appendice) je n'ai compris sous l'expression « matières alimentaires » que le Breadstuff (blé, farine, maïs, seigle, etc.)

(3) Voir en appendice la fig. de statistique n° 21. Voici d'après le *Sta-*

des clients des États-Unis pour le froment et la farine (¹).

Le maïs est expédié en grande quantité en Angleterre (66 millions de boisseaux valant 37,7 millions de dollars en 1878, l'année de la plus forte exportation ; 54 millions de boisseaux valant 23 millions en 1890 ; 17 millions de boisseaux seulement en 1893). Il l'est aussi en Allemagne, en France, en Danemark, en Belgique, etc. ; mais la valeur des envois faits dans ces pays a très rarement dépassé 4 millions de dollars (²).

La valeur des envois de coton en Angleterre a varié depuis vingt ans entre 166 et 97 millions de dollars ; elle était de 148 en 1890. Cependant la quantité est en augmentation ; toutefois elle est tombée de 2,872 millions de livres, maximum atteint jusqu'ici, à 2,159 en 1893. Au second rang, mais bien loin derrière l'Angleterre, viennent l'Empire allemand, pour lequel la valeur de l'exportation a passé de 15 (en 1871) à 43 mil-

listical abstract les exportations des États-Unis pour les deux pays

	FRANCE MILLIONS DE		BELGIQUE MILLIONS DE	
	boisseaux de blé.	barils de farine.	boisseaux de blé.	barils de farine.
1880	43,6	0,010	13,4	0,05
1885	8,5	0,002	8,3	0,14
1890	3,8	»	3,7	0.17
1891	13,8	0,070	4,0	0,11
1892	42,1	0,210	19,4	0,23
1893	7,5	0,002	8,8	0,19

(1) L'exportation des États-Unis se distribuait ainsi :

	ILES BRITANNIQUES.		AUTRES PAYS D'EUROPE.	
	1870	1892	1870	1892
Barils de farine	1 188 000	9 603 000	57 000	128 500
Boisseaux de blé	27 787 000	67 293 000	20 690 000	84 416 000
Boisseaux de maïs	40 900	36 503 000	42 800	33 087 000
Boisseaux d'autres céréales	»	438 000	»	9 111 000

(2) Voir en appendice la fig. de statistique n° 22.

lions de dollars (en 1892), et la France, où cette valeur est à peu près stationnaire (24 millions de dollars en 1890) (¹). La Russie, l'Espagne, l'Italie, la Belgique se placent au troisième rang (²).

C'est aussi à l'Angleterre que l'Amérique vend le plus de bois : 4,6 millions de dollars en 1890. A l'Allemagne, aux Pays-Bas et à la France elle en envoyait la même année pour une somme de 800,000 à 450,000 dollars.

L'Angleterre achète beaucoup de viande américaine. Sa consommation a considérablement augmenté depuis vingt ans ; elle consiste aujourd'hui en conserves, viande fraîche et bétail sur pied. L'exportation était, pour le bœuf, de 4,4 millions de dollars en 1871 et de 18,7 en 1890 ; pour le porc, de 11,3 en 1871 et de 52 en 1890. A côté d'elle, l'Empire allemand, la Belgique, les Pays-Bas, la France qui n'ont dépassé qu'une fois 10 millions de dollars pour le porc et n'ont jamais atteint 2 millions pour le bœuf, sont de médiocres clients (³).

(1) L'exportation pour la France était de 228 millions de livres en 1884 ; elle était tombée à 180 en 1885 ; elle s'est relevée à 346 en 1892 ; elle a été de 284 en 1893.

(2) Voir en appendice la fig. de statistique n° 23.

(3) Voir en appendice les fig. de statistique n° 25 et 26.

Voici, d'après la douane américaine, les quantités de viande exportée des États-Unis pour les principaux pays de destination en 1892 (par millions de livres).

	Bœuf.	Porc.	Jambon et lard.	Saindoux.	Fromage.	Beurre.
Iles Britanniques. . .	312,5	15,7	458,3	124,9	70,2	5,9
Empire allemand. . .	14,4	5.0	16,6	110,9	»	0,7
France.	12,9	0,3	1,8	45,9	»	»
Belgique.	2,0	0,4	51,6	31,2	»	»
Pays-Bas.	4,3	2,1	13,2	42,5	»	»
Autres pays d'Europe.	2,5	0,4	14,4	17,2	0,2	1,1
Cuba.	0,7	0,7	11,4	42,9	0,2	0,1
Haïti.	1,5	15,2	1,5	2,5	0,1	0,7
Indes Occidentales. .	6,4	16,2	0,6	8,9	1,0	2,4
Canada.	12,4	17,7	14,9	6,1	9,5	2,0
Guyane britannique .	1,9	2,9	0,2	0,4	0,2	»

L'exportation de porc pour la France a, d'après la douane américaine, varié de 1876 à 1892 entre 13,7 millions de livres valant 1,782,000 dollars

EXPORTATION DES ÉTATS-UNIS
D'APRÈS LA DOUANE AMÉRICAINE

Numéros d'ordre	DÉSIGNATION des MARCHANDISES	ANNÉE 1889-1890 (du 1er juillet au 30 juin)		ANNÉE 1891-1892 (du 1er juillet au 30 juin)		
		Quantités	Valeur en dollars	Quantités	Valeur en dollars	Valeur en millions de francs
1	Machines agricoles	»	276,805	»	430.369	2.23
2	Bœufs.	369	33,200	845	74,763	0.38
3	Chevaux.	5	45,250	28	34,000	0.18
4	Maïs. . . . . boisseaux.	3,481,129	3,576,529	2,634,257	1,055,779	5.43
5	Avoine . . . . . —	2,922,508	973,378	»	»	»
6	Froment. . . . . —	3,846,505	3,233,618	42,130,488	43,778,633	225.46
7	Farine de froment . . . . . barils.	283	1,664	210,402	1,178,475	6.07
8	Autres matières servant à faire le pain	»	2,180	»	8,054	0.04
9	Enveloppes de saucisses.	»	8,148	»	8,047	0.04
10	Coton. . . . . livres.	242 379,218	24,354,656	346 392,302	31,746,890	163.49
11	Pommes sèches . . . . . . —	8,729,553	333,226	5,402,040	224,410	1.15
12	Pommes fraîches . . . . . . —	1,320	6,924	331	723	0.004
13	Fruits conservés en boîtes ou autrement.	»	2,345	»	9,900	0.05
14	Autres fruits frais ou secs.	»	71,970	»	15,374	0.08
15	Foin	»	»	»	350	0.001
16	Cuirs et peaux	»	180,635	»	151,101	0.77
17	Houblon. . . . . livres.	54,035	5,461	»	»	»
18	Bœuf en boîtes . . . . —	7,316,581	601,803	12,183,246	1,022,833	5.27
19	Bœuf salé ou préparé. . . . —	352,400	16,400	8,396,158	505,219	2.69
20	Suif. . . . . —	4,568,790	221,290	8,881,041	443,854	2.26
21	Lard . . . . —	66,800	4,229	15,717,016	1,001,877	5.62
22	Jambon . . . . —	51,840	7,096	935,393	98,791	0.51
23	Porc conservé. . . . . —	215,950	13,122	316,780	20,310	0.10
24	Saindoux . . . . —	44,348,149	3,074,728	45,021,376	3,296,907	16.96
25	Oléo-margarine . . . . —	1,142,474	110,141	30,296	3,030	0.01
26	Autres viandes	»	12,441	»	91,160	0.47
27	Beurre . . . . livres.	17,265	3,455	»	»	»
28	Fromage . . . . —	»	»	2,414	211	»
29	Semences.	»	150,387	»	221,158	1.11
30	Sucre.	»	77	»	172,765	0.88
31	Tabac non manufacturé . . . livres.	22,804,565	1,477,074	39,773,013	2,684,931	13.83
32	Autres végétaux.	»	2,546	»	13,209	0.07
33	Vins.	830	990	»	36,006	0.18
34	Bois (planches, etc.).	»	161,186	»	283,942	1.16
35	Bois (scié, coupé ou brut)	»	149,693	»	250,351	1.29

IMPORTATION EN FRANCE
D'APRÈS LA DOUANE FRANÇAISE, ANNÉE 1892

Numéros correspondant à la statistique américaine.	DÉSIGNATION des MARCHANDISES	COMMERCE GÉNÉRAL		COMMERCE SPÉCIAL	
		Quantités	Valeur approximative en millions de francs	Quantités	Valeur approximative en millions de francs
1	Machines pour l'agriculture . livres.	2,304,463	2.3	2,119,432	2.2
4	Maïs . . . . quintaux.	526,086	7.6	504.186	7.5
6	Froment épeautre et méteil. —	8,431,271	196.0	10,062,882	230.0
7	Farine de froment épeautre et méteil . . . . —	110,010	3.3	165,413	5.0
8	Biscuit de mer et pain. . . . kilogr.	5,208	0.002	2,575	0.002
9	Boyaux frais, secs ou salés. . —	268,167	0.3	59,573	0.07
10	Coton ou laine. . . . . . . —	155,871,917	165.2	154,188,805	163.4
11	Pommes et poires sèches à cidre ou à poiré . . . . . —	1,349,741	0.3	1,255,475	0.3
12	Pommes et poires fraîches à cidre ou à poiré . . . . . — (Les fruits de table sont portés dans le résumé des États-Unis, p. 52, pour 517,000 fr. au commerce spécial).	1,249,218	0.1	1,249,218	0.1
14	Écorces de citron, d'oranges et de leurs variétés. . . . . kilogr.	25,904	0.02	25,839	0.02
16	Peaux brutes, fraîches ou sèches, grandes. . . . . . — (Les peaux et pelleteries brutes sont portées dans le résumé des États-Unis, p. 52, pour 1,075,000 francs au commerce spécial).	891,574	1.0	726,810	0.8
18	Conserves de viandes en boîtes. kilogr.	5,075,642	7.6	4,903,254	7.4
19, 26	Viandes salées de bœuf et autres. . . . . —	248,479	0.3	5,987	0.007
		4,878,497	2.5	4,821,408	2.1
21 22	Viandes salées de porc, jambon et lard. . . . . —	924,530	1.3	527,598	0.7
23	Charcuterie fabriquée . . . . —	19,825	0.05	14,571	0.03
20,24,25	Graisses animales autres que de poisson (saindoux). . . —	19,972,713	19.0	18,764,706	18.5
	Poils bruts de porc et de sanglier en masse. . . . . —	148,057	0.2	148,057	0.2
32, 29	Graines de lin. . . . . . . — (Les graines à ensemencer sont portées dans le résumé des États-Unis, p. 52, pour 797,000 francs au commerce spécial).	440,000	0.1	440,000	0.1
31	Tabac en feuilles ou en côtes. kilogr.	16,875,937	20.2	16,598,930	20.0
33	Boissons distillées. . . . . hectolit. (d'après le résumé des États-Unis, p. 52).	8,019	0.03	165	0.001
	Vins. . . . . —	61,660	6.4	50,493	4.3
34 à 35	Bois communs. . . . . . . tonnes. (D'après le résumé des États-Unis, p. 52, le détail donné dans le tableau des importations est le suivant :				
	Bois à construire, sciés. 1,000 kil.	34,621	3.3	24,123	2.3
	Merrains.	4,314,201	0.8	2,483,255	0.4
	Autres bois communs. .	545,100	0.1	»	»
	Bois exotiques . . . . (d'après le résumé des États-Unis, p. 52).	1,227,460	0.4	1,268,831	0.4
32	Racines. . . . . kilogr.	110,201	0.4	93,592	0.3

Il en est de même pour le cuir (^{1}) et pour la plupart des matières premières et des substances alimentaires.

D'une part, l'augmentation de la population dans les pays les plus denses de l'Europe et celui de la consommation par tête dans plusieurs de ces pays, ont déterminé l'accroissement de la demande. D'autre part, la production croissante aux États-Unis, les bas prix des denrées et des transports dans ce pays ont rendu l'offre plus abondante.

Baisse des prix de transport par mer. — La baisse des prix de transport que j'ai signalée à l'intérieur des États-Unis s'est produite aussi, mais dans une moindre proportion et avec moins de régularité, pour la traversée de l'Atlantique (^{2}). Ainsi, 100 livres de grains

(9,177,000 fr.) à 131.9 valant 10,554,000 dollars (54.352,000 fr.) en 1881 ; elle a été de 48,0 valant 3,467,000 dollars en 1892 (dont 3,296,000 pour le saindoux). Pour faciliter l'intelligence du commerce agricole des États-Unis avec la France je donne dans le tableau ci-joint : 1° les exportations de produits agricoles des États-Unis pour la France, année 1889-90 et année 1891-92, afin de mettre sous les yeux des lecteurs deux années récentes comme termes de comparaison ; 2° les importations de provenance des États-Unis en France (commerce général et commerce spécial) en 1892, cette année étant celle qui correspond le mieux à l'exercice 1891-92 des États-Unis. La colonne dans laquelle les exportations des États-Unis sont exprimées en millions de francs facilite la comparaison avec les importations constatées par la douane française.

Entre les chiffres de la statistique américaine et ceux de la statistique française il y a des ressemblances et des différences, plus de ressemblance que de différence. La comparaison entre les données de l'exportation des États-Unis et celles de l'importation en France, ne saurait être rigoureuse, non plus qu'avec aucun autre État, parce que : 1° le catalogue des articles d'enregistrement n'est pas le même ; 2° les quantités et les valeurs ne sont pas déclarées par les intéressés et calculées ou évaluées par l'administration d'après les mêmes méthodes ; 3° parce que les marchandises n'arrivent pas toujours à leur destination ou parce que l'indication de la provenance et de la destination n'est pas toujours exactement donnée par les négociants ; 4° parce que, si toutes ces difficultés n'existaient pas, il n'y aurait pas encore identité de valeur puisqu'à l'arrivée le prix de la marchandise se trouve augmenté des frais de route.

(1) Voir en appendice la fig. de statistique n° 27.
(2) Les prix varient beaucoup non seulement d'une année à l'autre,

payaient, pour aller de Chicago à Liverpool (par chemin
de fer jusqu'à New York) 36 cents en 1883, 44,3 en 1884
et 32,9 en 1892, 34,1 en 1893 ([1]); de Chicago à Londres,
28 en 1883, 27,8 en 1884 et 34,6 en 1892, 37,6 en 1893;
les conserves de viande payaient, de Chicago à Londres,
49 cents en 1883, et 47 en 1892; de Chicago à Hambourg,
63 et 50; de Chicago à Bordeaux, 64 en 1883, 56 en 1884
et 62 en 1892, 60 en 1893 ([2]). De San Francisco à Liverpool ou au Havre, le fret a diminué beaucoup plus,
de 78 fr. 10 la tonne en 1880 à 46 fr. 85 en 1890 ([3]).

*Balance de l'importation du blé et de la viande dans
le monde.* — Les États-Unis ne sont pas le seul marchand d pain et de viande qui fasse l'exportation. L'Inde,
l'Australasie, la Plata, la Russie, l'Europe orientale et
d'autres contrées leur font concurrence. Sans entrer ici
dans des détails qui m'écarteraient de mon sujet, je
donne deux tableaux ([4]) qui font connaître le mouvement
par État du commerce du blé et de la viande, et j'indique

mais d'un mois à l'autre, suivant l'abondance du fret. Ainsi 100 livres
de grains de Chicago à Londres coûtaient 28 cents en 1883, 42 en 1891 et
34 en 1893. (*Statist. Abstract.*, 1892, p. 280). En 1892, le fret par boisseau
de blé de New York à Londres par vapeur a varié de 5 deniers en janvier
à 1 7/8 en avril.

M. Breuil, dans son *Rapport sur l'agriculture des États-Unis* (p. 80), dit
qu'en 1879 les armateurs étaient à la merci des gros spéculateurs qui
détenaient dans leurs magasins des millions de boisseaux de blé, attendant la hausse et se trouvaient souvent obligés, au moment du départ de
leur navire, d'accepter le fret complémentaire à des prix variables du
jour au lendemain, quelquefois d'une heure à l'autre, au point que les
cotes officielles étaient purement nominales.

(1) De Chicago à New York, le prix de transport des 100 livres de
grains était de 25 cents en janvier 1893; voir pour les prix de fret *Statistical Abstract*, 1892, p. 280.

(2) En 1891, le fret de Chicago à Bordeaux était de 75 cents.

(3) *Report of to the board of trade on the relation of wages in certain
industries to the cost of production*, cité dans un article de M. Zolla, le
Monde économique, 19 mai 1894.

(4) Les tableaux sont extraits de *Uebersichten der Weltwirtschaft
Jahrgang*, 1885-1889, Dr Frank von Juraschek.

brièvement l'état de la production dans les principaux
États.

Commerce du froment et de la farine (Année 1888).

PAYS EXPORTATEURS.	QUANTITÉS (Millions de kilos)		VALEURS (Millions de fr.) (1).
	IMPORTAT.	EXPORTAT.	EXPORTATION.
Russie.	19	8,621	991,7
États-Unis	369	3,915	608,7
Inde.	17	2,170	385,0
Autriche-Hongrie. . . .	94	1,222	323,7
Roumanie..	7	1,640	207,5
République Argentine. .	2	349	72,5
Uruguay	1	45	55,0
Australasie.	230	572	53,7
Canada..	251	569	51,2
Bulgarie	1	429	47,5
Chili.	»	123	27,5
Algérie..	56	157	23,7
Égypte.	42	187	20,0
Serbie	2	92	10,8

PAYS IMPORTATEURS.	IMPORTAT.	EXPORTAT.	IMPORTATION.
Grande-Bretagne	7,476	64	1,291,2
France.	3,127	132	360,0
Allemagne	1,871	195	221,2
Belgique.	1,591	502	205,0
Pays-Bas.	1,673	932	186,2
Italie	734	65	147,5
Suisse.	459	6	101,2
Espagne	353	31	53,7
Norvège	307	7	42,5
Grèce	148	1	33,7
Danemark	297	117	31,2
Portugal.	145	4	28,7
Suède	226	196	12,5
Finlande.	111	50	10,0

(1) La valeur donnée ici est celle de l'excédent de l'exportation sur
l'importation ou de l'importation sur l'exportation. Les quantités importées et exportées varient naturellement chaque année comme les quantités produites.

Commerce du bétail et de la viande (année 1888).

PAYS EXPORTATEURS.	IMPORTATION. (Millions de francs.)			EXPORTATION. (Millions de francs.)		
	Animaux vivants.	Viande fraîche ou salée.	Total.	Animaux vivants.	Viande fraîche ou salée.	Total.
États-Unis	7,8	2,2	10,0	170,1	403,3	573,1
Australasie. . . .	65,6	5,9	71,5	60,6	31,0	91,6
Autriche-Hongrie .	24,5	0,3	24,8	76,2	7,6	83,8
Danemark	4,1	4,6	8,7	35,6	41,9	77,5
Algérie.	6,1	1,6	7,7	57,3	»	57,3
Rép. Argentine. .	0,4	1,2	1,6	16,2	39,1	55,3
Canada.	1,3	8,8	10,1	36,8	2,8	39,6
Pays-Bas.	»	9,2	9,2	22,2	12,3	34,5
Espagne.	6,5	8,3	14,8	19,1	10,3	29,4
Uruguay.	6,0	»	6,0	1,8	27,3	29,1
Italie.	12,3	0,8	13,1	14,5	3,2	17,7
Serbie	0,1	»	0,1	16,0	»	16,0
Russie	1,9	»	1,9	9,6	5,2	14,8
Portugal	4,8	0,2	5,0	6,4	0,6	7,0
Bulgarie	0,4	»	0,4	4,7	0,2	4,9
Finlande	0,1	0,7	0,8	1,9	0,4	2,3
PAYS IMPORTATEURS.						
Grande-Bretagne .	264,5	466,2	730,7	4,0	9,4	13,4
Allemagne	114,3	21,7	136,0	27,2	25,9	53,1
France.	86,7	41,3	128,0	48,4	9,6	58,0
Belgique.	38,3	19,5	57,8	5,6	27,1	32,7
Suisse	42,7	2,6	45,3	14,9	3,7	18,6
Norvège	1,7	8,7	10,4	1,3	0,3	1,6
Terre-Neuve . . .	0,6	3,6	4,2	»	»	»
Cap	0,2	0,7	0,9	»	»	»
Ceylan.	0,7	0,2	0,9	»	»	»

Pays exportateurs. — Quoique les États-Unis soient le sujet de ce travail, je crois utile de donner une idée sommaire de l'exportation des céréales dans les principaux pays, Inde, Australasie et Russie, qui lui font concurrence sur les marchés d'Europe, en insistant un peu plus sur l'Inde que sur les autres.

I. — L'Inde doit en grande partie à ses chemins de fer

d'avoir pu se présenter sur les marchés européens en concurrence avec l'Amérique : elle en avait 7,700 kilomètres en 1870 et 28,430 en 1892 ; c'est à mesure que le réseau s'est développé que ses récoltes ont pu arriver dans les ports. Elle le doit aussi aux irrigations par canaux, aux réservoirs et puits qui ont fécondé plus de 27 millions 1/2 (¹) d'acres (11,137,000 hectares) et qui ont été créés la plupart ou améliorés depuis une quinzaine d'années. Il n'y a guère que les deux tiers du territoire de l'Inde qui soient à peu près en culture (²) ; il n'y a peut-être pas un vingtième de ces deux tiers qui soit cultivé en blé ; cette portion semble même avoir un peu diminué depuis quelques années.

Le Pundjab est la région où la culture du blé occupe le plus de terrain (6,768,000 acres en 1892) ; les provinces centrales (3,975,000 acres) et les provinces du nord-ouest (3,292,000 acres) avec l'Aoudh (1,365,000 acres) viennent au second rang ; la présidence de Bombay (2,157,000 acres) au troisième. On cultive peu le blé dans la présidence de Madras, dans l'Assam et les autres provinces de l'est où les habitants vivent presque exclusivement de riz. Le rendement, très variable, suivant les régions et les saisons, est évalué en moyenne, d'une manière vague, à 11 hectolitres et demi par hectare.

(1) Sur ces 27 millions 1/2 d'acres, 10 millions sont irriguées par des canaux, 10 par des puits, le reste de diverses manières ; 6 millions 1/2 de ces acres étaient cultivées en blé en 1891-92.

(2) En 1891-92, d'après une énumération vague, ainsi que le déclare le document (statistics not available), 603,518,000 acres étaient en culture sur une superficie totale de 998,400,000 acres. En retranchant les pays feudataires et tributaires et ceux dont la statistique n'a pas pu être établie, il reste 433 millions d'acres, dont 219 non cultivées, 48 en forêts, 31 en jachères, 135 en culture. Sur les 135 millions en culture, il y avait 18 millions et demi d'acres en blé, 27 en riz, 76 et demi en autres céréales et grains alimentaires, près de 9 en coton, etc. (*Statistical abstract relating to British India from* 1882-83 *to* 1891-92.)

Le canal de Suez, en ouvrant un débouché, a amené, non moins que les chemins de fer, l'extension de la culture du blé dans l'Inde; les mauvaises récoltes de l'Europe, qui se sont suivies pendant plusieurs années depuis 1879, ont aussi contribué fortement à cette extension. L'exportation, qui commençait à peine en 1871 et qui n'était encore que de 2,2 millions de quintaux anglais (1,100,000 quintaux métriques) en 1880 (après avoir dépassé 6 millions de quintaux anglais en 1878), s'est élevée tout à coup à 19,9 (10 millions de quintaux métriques) en 1881-82, à 22,2 (11,1 millions de quintaux métriques) en 1886-87 et n'est jamais descendue au-dessous de 13 millions depuis 1881. En 1891-92, elle est, à cause des mauvaises récoltes en Europe, montée tout à coup au maximum de 30,3 millions (15,1 millions de quintaux métriques) pour retomber l'année suivante à 14,9 (7,5 millions de quintaux métriques) (1) :

Blé exporté de l'Inde britannique.

	Quantités (en millions de quintaux anglais).	Prix (en dizaines de millions de roupies).	Prix du change de la roupie à Londres (en schellings).	Valeur de l'hectolitre en francs (valeur en or).
1874—1875. . .	1.0	0.49	1.10 1/10	16.60(2)
1875—1876. . .	2.5	0.90	1.9 6/10	11.92
1876—1877. . .	5.6	1.95	1.8 5/10	10.96
1877—1878. . .	6.3	2.87	1.8 8/10	14.55
1878—1879. . .	1.0	0.52	1.7 8/10	15.70
1879—1880. . .	2.2	1.12	1.7 9/10	15.57
1880—1881. . .	7.4	3.28	1.7 9/10	13.56
1881—1882. . .	19.9	8.87	1.7 9/10	13.63
1882—1883. . .	14.2	6.01	1.7 5/10	12.60
1883—1884. . .	21.0	8.89	1.7 5/10	12.70
1884—1885. . .	15.8	6.31	1.7 3/10	11.88

(1) D'après le *Statistical abstract relating to the British India*, 1883-84, p. 120 à 123; 1882-83 à 1891-92, p. 216 à 219.

(2) D'après le rapport de M. Conor. *Review of the trade of India*, 1892-93, p. 20.

Blé exporté de l'Inde britannique (*suite*).

	Quantités (en millions de quintaux anglais).	Prix (en dizaines de millions de roupies).	Prix du change de la roupie à Londres (en schellings).	Valeur de l'hectolitre en francs (valeur en or).
1885—1886. . .	21.0	8.00	1.6 2/10	10.60
1886—1887. . .	22.2	8.62	1.5 4/10	10.42
1887—1888. . .	13.5	5.52	1.4 9/10	10.66
1888—1889. . .	17.6	7.52	1.4 4/10	10.83
1889—1890. . .	13.8	5.79	1.4 6/10	10.75
1890—1891. . .	14.3	6.04	1.6 1/10	11.70
1891—1892. . .	30.3	14.38 (1)	1.4 7/10	12.10
1892—1893. . .	14.9	7.44	1.3 5/10	11.94

La question du prix du blé et des prix en général dans l'Inde a été agitée depuis quelques années et n'est pas encore bien nettement tranchée. L'argent est dans ce pays la seule monnaie légale; la roupie, unité de compte, valait au pair 2 schellings. Mais on n'a plus vu ce cours depuis que 15 kilogrammes et demi d'argent n'achètent plus 1 kilogramme d'or (autrement dit, 60 pence 14/16 pour une once d'argent), c'est-à-dire depuis une vingtaine d'années; dans le tableau placé ici en note on trouve d'abord, pour 1874-1875, le taux de 1 schelling et 10 pence 1/10; on donnait alors 16 kilogrammes d'argent pour 1 d'or; par une baisse presque continue (excepté vers la fin de 1890), le prix de la roupie est descendu à 1 schelling 4 pence 7/10 en 1892 (2).

La vie économique n'a pas subi dans l'Inde tout d'abord et est loin de subir encore aujourd'hui toutes les conséquences qu'implique cette diminution du pouvoir de l'ar-

(1) L'hectolitre est compté comme équivalent à 3 seers, et le prix est calculé d'après le prix moyen annuel de la roupie à Londres.

(2) L'once d'argent valait alors (moyenne de 1892) 37 pence 7/8; elle est tombée à 27 pence dans le premier trimestre de 1894.

gent relativement à l'or. En 1885-1887, des témoins décla-
raient devant une Commission anglaise d'enquête que,
depuis une vingtaine d'années, les salaires n'avaient pas
varié sinon pour les ouvriers habiles ; que la rente de la
terre était demeurée la même, ainsi que les dépenses ordinaires de la vie ; quelques-uns, il est vrai, disaient qu'il
y avait eu augmentation des salaires, mais d'autres affir-
maient au contraire qu'il y avait eu diminution dans certains cas (¹). Les économistes savent que nulle part les
prix du détail ne se modèlent avec précision sur ceux du
gros et nous l'éprouvons en France. A plus forte raison
dans l'Inde. « L'échange en nature, écrivait un habitant
de l'Inde à M. Soetbeer, prédomine dans les usages de
la population rurale. Dans les villages on paie généralement avec du riz. Dans les villes et villages importants les paiements se font généralement en espèces,
mais on ne trouve guère que des monnaies de cuivre
dans la circulation commune ; les roupies et ses subdivi-
sions en argent s'y rencontrent, mais en fort petite
quantité (²). »

Cependant j'incline à croire que, dans le grand commerce, particulièrement dans le commerce des blés, il
s'est produit des effets déjà sensibles. Une opinion

(1) In India the cost of labour, the land revenue and others similar
charges are remained the same (page 32). It is not easy to arrive at an
accurate estimate of Indian prices. They have of course varied much as
regards particular commodities. The price of wheat, for exemple, has,
to the failure of crops and other influences, risen greatly at times and
it has, from local causes, varied in different parts of the country. But
there seems reason to believe that on the whole the silver prices in
India are, at the present time, a little, though not greatly, lower than
they were (p. 80). *Final report of the royal commission appointed to in-
quire in to the recent changes in the relative values of the precious
metal*, 1888.

(2) Cité par M. Arnauné. *La monnaie, le crédit et le change*, p. 43.

qui a été émise maintes fois et qui se trouve dans l'enquête anglaise est que la dépréciation de la roupie a été un stimulant pour la culture du blé dans l'Inde et pour l'exportation. Je crois cette opinion en partie fondée, à condition toutefois qu'on n'en exagère pas les conséquences. On les exagère assurément et on est dans l'erreur quand on prétend que, puisque les prix n'ont pas varié dans l'Inde, l'acheteur européen qui se procurait en 1892 pour 1 schelling 5 pence une roupie ayant valu 2 schellings vingt ans auparavant et qui payait le blé avec des roupies achetées à ce prix, bénéficiait de toute la différence, c'est-à-dire de 31 p. 100. S'il en avait été ainsi, il n'est pas un négociant qui ne se fût empressé et ne s'empressât encore de suivre une si lucrative opération et l'Europe viderait tous les ans tous les greniers de l'Inde. Or, il n'en est pas ainsi; l'exportation du blé indien se proportionne aux récoltes de l'Inde et aux besoins de l'Europe; la quantité exportée a diminué depuis 1887, quoique la roupie ait continué à baisser ([1]). Sans doute le négociant anglais, qui lisait sur la cote que l'on se procurait 15 kilogrammes de blé pour une roupie, pouvait acheter d'abord 1,000 roupies pour 1,447 schellings à Londres et ensuite, par dépêche télégraphique, 150 quintaux métriques de blé à Calcutta; mais le vendeur indien, qui connaissait aussi les cours, offrait 15 kilogrammes par roupie, parce qu'il savait pouvoir ob-

---

([1]) Cette influence se serait fait sentir sur le commerce entier par une augmentation considérable de toutes les exportations de l'Inde et une diminution des importations dans l'Inde. Or, depuis 1875, les importations ont augmenté à peu près comme les exportations; les unes et les autres ont doublé; normalement la moyenne de 1869-1875 a été de 46,5 millions de dizaines de roupies pour les importations et de 55,2 pour les exportations; en 1892-93, il y a eu 83,2 millions pour les importations et de 113,5 pour les exportations.

tenir ce prix ; si les cours avaient été plus bas en Europe, il aurait peut-être consenti à offrir 17 ou 18 kilogrammes. Le bénéfice, quand il y en a eu, s'est donc réparti entre la série des producteurs et des vendeurs. L'Inde en a retenu peut-être une part plus forte que l'Europe, et l'a fait par petites portions, de marché en marché, à mesure que la baisse s'accentuait ; c'est ce qu'on peut induire de la statistique des douanes de l'Inde, laquelle accuse une valeur à l'exportation très rapprochée de celle des États-Unis : 11 fr. 94 l'hectolitre en 1892-93 et des variations de prix depuis vingt ans entre 10 fr. 42 l'hectolitre en 1886-87 et 15 fr. 70 en 1878-79 ([1]).

Dans un volume intitulé *Prices and wages in India-Tenth issues* publié en 1893, le gouvernement de l'Inde a rassemblé un grand nombre de données relatives au problème des prix, qui complètent celles de l'enquête de 1885-1887 et du *Statistical abstract* ([2]). L'importance de ce problème, qui intéresse l'étude scientifique du rôle de la monnaie, non moins que la connaissance spéciale de l'influence du blé de l'Inde sur les marchés européens, m'autorise à tenter une comparaison sommaire, quoiqu'elle puisse paraître ici un hors-d'œuvre, entre les variations de prix du lingot d'argent, de la roupie, du blé, de certains autres produits dans l'Inde et des marchandises d'exportation et d'importation.

1° Le prix moyen annuel de l'argent en barres, qui est monté jusqu'à 62 pences 1/16 l'once sur le marché de Londres et qui s'est maintenu, de 1854 à 1867, au-dessus de 60 13/16, prix équivalant au rapport de 1

(1) Le blé a valu en moyenne en France 16 fr. 80 l'hectolitre en 1885 et 22 francs en 1879.
(2) *Statistical abstract relating to the British India.*

à 15 1/2, a commencé à baisser à partir de 1867. La baisse n'a été forte que depuis 1873, année où l'once valait en moyenne 59 1/4 pence. Elle a valu en moyenne 59 pence dans la période 1871-1875. En 1892, elle valait 40 3/4 pence, et, en 1893, 33 1/8 ; elle ne valait plus que 27 durant le premier trimestre de 1894. Donc, de 1871-1875 à 1892, le rapport de la valeur du lingot d'argent au lingot d'or a diminué dans la proportion de 100 à 68 2/5. Première constatation.

2° Le cours moyen annuel de la roupie, d'après les documents officiels, a varié de 23 5/10 pence à 22 1/10 durant l'année fiscale 1871-75. Il était de 16 en moyenne en 1892. Donc, de 1871-1875 à 1892, le rapport de la valeur de la roupie à la monnaie d'or a diminué dans la proportion de 100 à 69 1/2. La roupie a baissé à peu près autant que le lingot, avec une très légère différence en moins. Seconde constatation.

3° Le tableau n° 3 du volume : *Prices and wages in India* contient le prix moyen au détail (1) du blé par périodes quinquennales dans 179 localités groupées en 45 régions ; la moyenne générale de ces régions accuse une augmentation qui est dans le rapport de 100 (prix moyen de 1871-75 adopté comme étalon) à 144,5 (prix de 1892). D'où l'on pourrait induire que le pouvoir qu'avait l'argent d'acheter du blé dans l'Inde a baissé en moyenne dans le rapport de 100 à 69 1/2 : ce qui est précisément la diminution de valeur de la roupie à Londres (2).

---

(1) Ces prix au détail sont publiés tous les quinze jours dans la *Gazette de l'Inde*. Quand on les amène de près, on voit qu'ils ont varié d'une manière différente dans chaque région et beaucoup plus sous l'influence des récoltes que sous l'influence continue et générale de la valeur de la monnaie. C'est ainsi qu'il y a eu, à la suite de récoltes médiocres, des périodes de cherté en 1867-70 et en 1876-80.

(2) Le prix moyen de 1871-1875, d'après lequel j'ai calculé, est un peu

Il est vrai que 1892 est considérée comme une année de cherté, la récolte de 1891 ayant été mauvaise dans la partie septentrionale de l'Inde, et que les prix sont retombés et se trouvent beaucoup plus bas en 1894

inférieur à celui de l'année 1893; car, si l'on prend 1893 pour nombre premier représenté par 100 (*Prices and wages in India*, tab. 5), la moyenne de cette période serait 84 à Calcutta, 93 à Delhi, 113 à Karachi, 102 à Bombay, 96 à Raypur, 93 à Madras, soit 97 comme moyenne générale des six marchés. C'est pourquoi l'augmentation relative des prix est un peu moins forte en 1892 avec le prix de 1873 pris comme terme de comparaison. J'ai pris, pour la comparaison avec les autres données du problème, la moyenne quinquennale 1871-1875 de préférence au prix de 1873.

Les prix de la table n° 6 (et n° 7) étant ceux qui sont fournis pour renseigner l'armée dans la présidence de Bombay présentent une augmentation de prix qui est généralement un peu moindre, mais de peu, à celle des prix de détail du n° 3.

Les prix des tableaux n° 1 et n° 4 (*Prices and wages in India*) sont les mêmes que ceux du tableau n° 3, et sont, à part quelques légères différences, les mêmes que ceux qui se trouvent dans le *Statistical abstract relating to the British India*.

Le blé est une marchandise d'exportation; son prix est, en partie au moins, déterminé par le prix général des grands marchés du monde. Ce prix, d'ailleurs, varie suivant la source du renseignement et du terme de comparaison : en 1892, à Calcutta, relativement à la moyenne de 1871-75, 125 (tableau 3, prix de détail); relativement à l'année à 1873, 103 (tableau 5, prix de détail); relativement à la moyenne de 1875-76, 110 (tableau 18, prix de gros pour les troupes); relativement à l'année 1873, 95 (tableau 13, prix du Calcutta Club).

Deux prix, toutefois, me surprennent dans les tableaux de *Prices and wages India* : ceux de l'exportation à Calcutta, à Bombay et à Karachi qui, le prix de 1893 étant 100, sont, en janvier 1893, représentés par 97 et 95.

Ce n'est pas le résultat d'une baisse subite; depuis juillet 1879, époque où le prix a atteint 111 à Calcutta, et janvier 1880, époque où il a atteint 115 à Bombay, il est toujours resté (excepté en janvier 1892, où je le trouve à 103 sur les deux marchés) au-dessous de 100, c'est-à-dire au-dessous du prix de l'année 1873. Il est vrai qu'il a une tendance à monter depuis 1885, où il était tombé à 72 et 74. Mais comment se fait-il que le prix baisse à l'exportation, pendant que le prix de détail monte dans les ports d'exportation? Je ne dois pas dissimuler qu'à l' « India office », dont le secrétaire d'État a eu la complaisance de me fournir les documents à l'aide desquels j'ai fait cette étude, le statisticien est d'avis que, le prix élevé de 1892 résultait d'un accident de récolte, et qu'il n'y a pas en réalité augmentation du prix du blé dans l'Inde; il me faisait remarquer qu'en mai 1894, le prix du blé était de 38 à 52 p. 100 plus bas au Pundjab qu'il n'avait été en mai 1893. Il faut dire, d'autre part, que le prix du blé est très bas cette année en Europe.

qu'ils n'étaient en 1892 dans cette même partie. Un statisticien anglais très autorisé pense qu'en conséquence il vaut mieux comparer les moyennes quinquennales de 1871-1875 et de 1886-1890. Or, en faisant cette comparaison pour les 179 localités, on ne trouve une augmentation de prix que de 100 à 112 : d'où on pourrait induire que le pouvoir de l'argent à l'égard du blé avait alors baissé de 100 à 98 seulement, c'est-à-dire beaucoup moins que la roupie à Londres. Toutefois, il ne paraît pas douteux que le nombre de mesures de blé achetées par une roupie ait diminué d'une manière continue d'année en année de 1885 à 1892, et que, par conséquent, la moyenne de 1886-1890 n'accuse qu'imparfaitement la baisse de valeur de la roupie survenue durant les huit dernières années [1]. Quatrième constatation.

Il y a dans l'Inde une cause qui a eu assurément plus d'influence que la baisse de l'argent sur la hausse du prix du blé : ce sont les chemins de fer. Sur presque tous les marchés, les prix ont, depuis une vingtaine d'années, une tendance à se rapprocher, tendance qui s'est manifestée surtout par l'élévation du prix sur les marchés de l'intérieur, à mesure que les commodités du transport leur donnaient plus facilement accès dans les ports. C'est ainsi que la roupie achetait, en 1861, 48 seers (1 seer = 1 kilo) de blé à Raipur, tandis qu'elle n'en achetait que 12 à Bombay, et que, par suite de l'ouverture en 1888 du chemin de fer de Raypur à Nagpur, elle

____

[1] Cette diminution continue de la puissance d'achat de la roupie apparaît assez tardivement et très clairement sur un graphique dont les courbes (de 1885 à 1892) représentent année par année le nombre de seers (le seer vaut à peu à près un kilogramme) achetées par une roupie sur les principaux marchés de l'Inde.

en achetait 14 à Raipur et 8 1/2 à Bombay en 1892 (1). Mais, quelque soit la cause de la hausse sur les marchés éloignés des ports, cette hausse ne prouve pas moins que l'argent a aujourd'hui moins de puissance d'acheter du blé. Or, si l'on constate d'une part, en Europe et en Amérique, à travers les variations annuelles, une tendance générale à la baisse, et d'autre part, dans l'Inde, une tendance à la hausse ou tout au moins un état stationnaire, ne peut-on pas en induire de la diversité de ces tendances que la valeur de la monnaie a exercé une influence sur le prix dans l'Inde ?

4° Les prix de certaines marchandises de consommation indigène qui s'exportent moins que le blé paraissent avoir moins augmenté que le prix du blé (prix de détail). Ainsi, le sel a baissé dans 25 régions, et augmenté dans 22.

D'une comparaison entre les prix de Calcutta et ceux

(1) Le *Statistical abstract relating to the British India* donne les prix moyens annuels de 53 marchés. En choisissant six des plus caractéristiques, 3 ports d'exportation (Bombay, Karachi, Calcutta), 3 villes de l'intérieur dans des régions très productives de blé (Mooltan, Lucknow, Raipur) et un marché du sud (Tanjore) où le blé est cher parce qu'on en produit très peu, on trouve (en ne prenant que les années caractéristiques) les résultats suivants :

	Période de hausse.	Période de baisse.	Période de hausse.	Période de baisse.	Période de hausse.
	1861	1866	1876	1879	1885	1892
Raipur	48.0	20.0	53.74	19.88	34.32	13.50
Lucknow	20.50	13.25	27.61	14.04	22.0	13.47
Karachi.	19.68	11.75	13.06	8.71	14.27	9.92
Calcutta.	16.76	11.66	17.13	10.95	15.45	11.18
Mooltan.	15.62	15.86	19.76	11.22	18.08	11.87
Bombay.	12.60	6.50	11.64	6.93	11.38	8.43
Tanjore.	7.50	5.50	8.97	5.75	9.60	6.25

En 1891-92, année de la plus forte exportation, 82 millions de quintaux ont été exportés de Bombay, 3,5 du Sindh et 3,3 du Bengale, Voir *Review of the trade of India* in 1892-93, by J. E. Conor. Voir aussi l'*Avenir de l'Agriculture française* par M. Fr. Bernard (Extrait des *Annales agronomiques*).

de Londres (tableau 13), il résulte que certaines marchandises en gros valent plus qu'en 1873 (graine de lin
113, riz 160, jute 133), et que d'autres valent moins
(coton 86, soie 76, thé 71), mais que toutes ont beaucoup moins diminué que sur le marché de Londres. En
effet, les prix de Londres étant 100 en 1873, sont en
1892: graine de lin 65, riz 92, jute 96, coton 46, soie 51,
thé 44.

5° La statistique des salaires présente un résultat différent. D'une part, on peut dire que la paye par mois du
journalier agricole (*Prices and wages in India*, tab. 19,
20 et 21) n'a pas varié ou n'a varié jusqu'ici que d'une
manière accidentelle; celui qu'on payait 100 en 1873 est
encore payé 100, parfois même un peu moins (80 environ), plus souvent un peu plus (120 environ). D'autre
part, on peut dire qu'il y a eu une certaine augmentation
pour les ouvriers habiles. Si on prend la moyenne des
23 localités comprises dans le tableau n° 21, on trouve
que le rapport de 1873 à 1892 est, pour les maçons, char-
pentiers et forgerons, comme 100 est à 123,6, tandis que
pour les journaliers agricoles il est :: 100 : 114,1. Les
tableaux complémentaires qui se trouvent à la fin du
volume confirment cette distinction. Cinquième constatation.

Les ouvriers agricoles engagés au mois ou à l'année
sont souvent payés en nature; mais les autres ouvriers
ne sont pas nourris. Il n'est pas d'usage de nourrir les
ouvriers dans l'Inde et il est presque impossible à un
chef de grande manufacture de le faire, à cause de la
diversité du régime alimentaire des castes.

Ne peut-on pas induire de cette statistique que les
ouvriers habiles, qui ont une certaine idée de la valeur

des choses, ont obtenu une certaine augmentation, mais que la masse de la population n'a pas éprouvé de changement ; son travail est payé comme il l'était il y a vingt ans et il est vraisemblable que les habitudes de son existence n'ont pas changé non plus. C'est pourquoi la plupart des Européens qui ont vécu dans le pays répondent qu'ils ne se sont pas aperçus que la baisse de la valeur de l'argent en Europe eût amené des modifications dans les relations ordinaires de la vie dans l'Inde.

6° Les principales marchandises qui sont importées de Grande-Bretagne dans l'Inde ont diminué de prix depuis vingt ans et, par conséquent, on ne peut pas dire que la roupie ait perdu de sa valeur à leur égard ; quelques-unes ont même diminué beaucoup, comme le charbon, le fer, le sucre, le calicot. Les treize marchandises (or non compris) portées au tableau n° 11 (*Prices and wages in India*, p. 233) accusent, de 1873 à 1893 (janvier) une diminution moyenne de 100 à 92,1. Cette baisse n'est que la conséquence nécessaire de celle qui s'est produite sur les grands marchés du monde.

L'or, au contraire, est une marchandise d'importation qui a nécessairement augmenté : 100 à 156,46.

7° Parmi les articles d'exportation, les uns ont baissé de prix, comme l'indigo, le thé, les fils de coton ; d'autres ont augmenté, comme le jute, le blé, le riz, la graine de lin. Des causes diverses, autres en général que le pouvoir de l'argent, ont produit ces changements en hausse et en baisse. La comparaison de la moyenne des trente et un prix portés au tableau du volume (*Prices and wages in India*, p. 240) donne le rapport de 100 à 108,7, pour les années 1873 et 1893.

De ces sept constatations on doit conclure tout d'abord

que la question des prix dans l'Inde est en somme très complexe. Il est impossible de ramener tous les phénomènes à l'action d'une même loi; il est très difficile de discerner approximativement l'action des causes multiples qui ont agi dans des sens divers et avec une intensité inégale sur ces phénomènes. Il n'est pourtant pas sans intérêt de le tenter, quelque imparfaite que reste l'explication. Si l'on voulait exprimer ce mouvement par une comparaison, il ne faudrait pas prendre celle d'un train de bateaux remorqués par un vapeur et obéissant également à une force unique. Il faudrait prendre plutôt celle d'un système de moufles, dans lequel la corde motrice se déroule de toute sa longueur en tirant, mais les autres parties s'allongent, s'écartent ou même se rapprochent diversement et toujours dans des proportions moindres suivant la commande des poulies.

La baisse du lingot agit comme la corde motrice; les prix suivent le mouvement diversement. C'est ainsi que l'action est décroissante depuis la roupie qui perd un peu moins que le lingot jusqu'aux salaires inférieurs qui sont restés jusqu'ici presque immobiles. Ils ne le resteront pas indéfiniment. Mais il n'est pas étonnant que les ouvriers habiles aient devancé les manœuvres et surtout qu'ils aient été devancés eux-mêmes par les marchands qui sont en relation directe avec l'Europe.

Comme chacun dans la partie du système où il est ne subit qu'un changement insensible, il s'imagine volontiers qu'il n'y a pas de changement. Nous ne sentons pas la terre tourner. En France au xvie siècle, il s'est rencontré beaucoup de gens qui niaient que l'argent eût perdu de sa valeur, et d'autres qui dénonçaient la cupidité des marchands comme la vraie cause du renchérissement.

Le renchérissement paraît se produire peu à peu, insensiblement, dans l'Inde et il produit lui-même des effets qui, quoique en partie latents, sont réels. Il est un stimulant pour le commerce d'exportation, comme l'est en général toute tendance continue à la hausse; mais ceux qui croient que la différence entière entre le pair et le taux actuel de la roupie est le bénéfice du négociant exportateur se trompent; ils ne voient pas la suite des changements qui tendent sans cesse à rapprocher et qui confondent presque ces prix sur le marché de provenance et sur le marché de destination et ils ne comprennent pas que, si le profit qu'ils supposent existait, il attirerait une telle concurrence qu'il se trouverait bientôt rabattu jusqu'au niveau moyen des profits. D'une manière générale cependant — mais non sans de nombreux cas d'exception — on peut dire que, dans le commerce entre deux pays dont l'un a une monnaie qui se déprécie continuellement et l'autre une monnaie qui ne se déprécie pas, l'exportation du premier dans le second est favorable et l'importation du second dans le premier défavorable.

Le renchérissement est préjudiciable à la condition de l'ouvrier. Son salaire monte lentement derrière le prix des choses et bien loin souvent derrière lui. L'ouvrier paie plus cher les marchandises qui ont pris les devants sur ce salaire, il ne profite pas autant qu'il l'aurait pu de celles que les perfectionnements de l'industrie font rétrograder.

J'ai montré ce phénomène au xvie siècle dans l'*Histoire des classes ouvrières en France* et durant la période des premières exploitations d'or de la Californie et de l'Australie dans *La question de l'or*. Ceux qui demandent la libre frappe de l'argent en Europe pour faire hausser le prix des denrées ne paraissent pas se souvenir de l'histoire.

Des phénomènes du même genre semblent pouvoir être observés, quoique d'une manière moins distincte, en Indo-chine (¹).

Je ne parle pas des difficultés d'un genre spécial résultant des paiements en or qu'ont à faire en Europe les gouvernements indiens ou indo-chinois et les particuliers vivant en Asie (²). Elles aggravent la situation, mais elles ne changent pas les données du problème économique dont que je n'ai pas la prétention de résoudre, mais dont j'ai essayé de poser méthodiquement les termes.

En réalité, la hausse du blé — qui est surtout la marchandise dont on se préoccupe — est peu sensible encore ; elle se fait pas à pas, masquée ou même contrariée par les accidents des récoltes et par le jeu de la demande et de la

. (1) Voir entre autres ouvrages sur la matière *L'Indo-chine française*, par M. de Lanessan et la *Monnaie, le Crédit et le Change* par M. Arnauné.

(2) Si la vie économique des particuliers s'est peu ressentie de la baisse de l'argent, le gouvernement en a été très incommodé. Le gouvernement indien a chaque année des remises considérables à faire pour le paiement de ses services en Angleterre ; or, en 1890-91 chaque baisse de 12 penny sur la roupie lui coûtait pour ces remises un supplément de dépense de 127,000 livres sterlings ; en 1890, l'Inde a dû remettre 225 millions de roupies en Angleterre ; elle n'aurait eu à en remettre que 150 millions si la remise avait été au pair. (Voir Arnauné, *La Monnaie, le Crédit et le Change*, p. 123 à 245.) Les particuliers perdent aussi beaucoup quand ils doivent envoyer à Londres une partie de leur revenu payé dans l'Inde. D'autre part, les fabricants de Manchester, attribuant à la baisse de l'argent les salaires bas de l'Inde et à la hausse de l'or les salaires hauts de l'Angleterre, se plaignent que cette différence favorise la manufacture indienne et entrave leurs exportations de cotonnades pour l'Inde. C'est pourquoi les uns et les autres désiraient ardemment, comme les États-Unis, que l'Union latine rétablit la libre frappe de l'argent. L'Union latine n'ayant pas répondu à l'invitation, l'Inde a suspendu, par décision du 25 juin 1893, la frappe de la monnaie d'argent.

spéculation ; elle se partage comme par échelons entre les parties prenantes, depuis le cultivateur, jusqu'au vendeur à Londres, chacune ayant pu avoir chaque fois une parcelle du bénéfice.

II° L'Australasie britannique, qui comprend les cinq colonies de l'Australie, la Tasmanie et la Nouvelle-Zélande, n'a paru, comme l'Inde, que depuis une vingtaine d'années sur les marchés européens. Elle y occupait depuis plus longtemps une position importante pour la laine. En 1890, la récolte du froment a été de 36 millions de boisseaux (¹), quantité relativement forte, la population étant de moins de 4 millions d'habitants (²). L'exportation, qui était d'une vingtaine de millions de boisseaux vers 1875, a atteint son maximum en 1883-84 avec 45,5 millions (16,5 millions d'hectolitres) ; en moyenne, de 1885 à 1888, elle n'a été que de 34,6 ; elle s'est relevée depuis 1889.

III° En Russie, la Pologne et la région centrale qui comprend la plus grande partie de la Terre Noire sont par excellence les régions de céréales, surtout du blé et du seigle (³). La production moyenne de la Russie (y compris la Pologne) est de 97 millions d'hectolitres de blé et de 249 millions d'hectolitres de seigle (moyenne de 1883-1887). Elle ne paraît pas avoir suivi depuis une vingtaine d'années une progression régulière (⁴) ; mais elle a eu des variations annuelles d'une amplitude con-

---

(1) Les colonies de Victoria, de la Nouvelle-Zélande et de l'Australie méridionale sont celles qui produisent le plus.

(2) 3,899,000 en 1860 (estimation).

(3) Voir dans les *Mémoires de la Société nationale d'agriculture de France*, « la Récolte en Russie », par E. Levasseur, 1891.

(4) Une enquête de 1873 évaluait la production à 95 millions d'hectolitres de blé et à 231 millions d'hectolitres de seigle.

sidérable : pour le blé, 109 millions en 1888 et 66 millions en 1891 (dans la Russie sans la Pologne) (¹). Cependant l'exportation augmente ; elle avait été en moyenne de 6,6 millions d'hectolitres en 1851-55 et de 19,3 en 1871-75 ; elle a été de 32 en 1885-89 ; elle s'est élevée à 44,4 millions d'hectolitres dans l'année 1888.

En Russie, comme dans l'Inde, la monnaie courante, le rouble-papier, est dépréciée, mais les prix du marché russe se sont mis en harmonie avec celui des marchés sur lesquels on stipule en or : de 1885 à 1889 le quintal à Odessa a valu environ 16 francs et il y a depuis dix ans une tendance très marquée à la baisse (²).

Avenir de la culture et de l'exportation aux États-Unis. — L'exportation est incontestablement avantageuse aux pays qui la fournissent. Les 615 millions de dollars (3,167 millions de francs) vendus aux pays étrangers par les États-Unis en 1893 procurent du travail à leur population, des salaires à leurs ouvriers, des profits à leurs

(1) La Pologne a fourni en outre 5 millions d'hectolitres de blé et 16,8 de seigle en 1888.

(2) Voici depuis 1875 le prix du blé à Odessa (Voir le *Marché financier* en 1893-1894, par M. Raffalovich, p. 163).

	Prix du tchetvert en roubles.	Prix de l'hectolitre en francs.	Valeur du rouble à Berlin en francs.
1875	12.50	20.35	3.45
1876	12.00	18.63	3.27
1877	9.60	12.69	2.76
1878	14.50	17.73	2.57
1879	16.00	19.45	2.56
1880	13.25	15.87	2.52
1881	16.00	20.10	2.66
1882	12.00	14.53	2.55
1883	13.50	16.00	2.50
1884	13.00	15.93	2.57
1885	11.00	13.15	2.53
1886	12.50	14.51	2.46
1887	12.09	12.82	2.25
1888	10.92	12.37	2.38
1889	9.51	12.06	2.68
1890	9.41	12.98	2.95

fermiers, agents de transports, fabricants de substances alimentaires et négociants. Elle a été et elle est encore un stimulant très efficace du défrichement et du peuplement de l'ouest. Elle a fait des progrès très rapides depuis la fin de la guerre de la rébellion jusqu'en 1882; mais ce progrès est en grande partie enrayé depuis 1883 par la suite des récoltes meilleures et des restrictions douanières de l'Europe, ainsi que par la concurrence d'autres pays exportateurs. Elle tend à se modifier sous l'influence de l'industrie : c'est ainsi que les États-Unis expédient plus de farine et moins de blé, plus de bétail vivant, tout en n'expédiant pas moins de viandes préparées.

La production américaine a deux débouchés : la consommation en Amérique et le placement à l'étranger.

Le perfectionnement de l'agriculture en Europe, l'extension de la culture du blé et de l'élevage dans les autres pays d'exportation et l'obstacle des tarifs dans les pays d'importation peuvent gêner le commerce des États-Unis, mais ne l'expulseront pas des marchés étrangers. L'Amérique continuera à exporter. Dans quelle proportion relativement à la quantité qu'elle produira? L'avenir le dira. Ce qui est certain, c'est qu'il lui faudra plus d'efforts pour conserver ses positions ou pour en conquérir de nouvelles, parce qu'il y aura plus de contrées offrant des denrées agricoles, plus de facilités pour les transporter, partant une concurrence plus vive. Mais, d'autre part, il n'est pas douteux que son industrie, en transformant de diverses manières la matière agricole, ne l'aide à ouvrir des débouchés à ses produits.

La consommation en Amérique augmentera. Elle

absorbe aujourd'hui les 3/5 de la récolte du blé, environ les 9/10 des autres récoltes et la plus grande partie de la production de la viande. Depuis 1790, la population des États-Unis a doublé et au delà tous les trente ans, toutefois dans une progression ralentie à chaque période (¹). Quoique je pense que ce ralentissement sera plus prononcé encore dans la période trentenaire actuelle qu'il n'a été dans la précédente (²), j'estime néanmoins que l'augmentation du nombre des consommateurs sera encore considérable. Il y a des auteurs qui s'imaginent entrevoir de loin le jour où l'Amérique renfermera une population assez dense pour absorber toute sa production agricole. Ce jour, s'il doit arriver, est trop éloigné pour qu'on s'en préoccupe aujourd'hui : l'arithmétique politique ne doit pas hasarder ses conjectures à trop grande distance. Pour la génération présente, il n'est pas à supposer que la consommation intérieure puisse absorber la totalité de la production et enlever ainsi à l'exportation sa raison d'être.

Quel que soit le nombre des habitants des États-Unis dans vingt ans, il est probable que le rapport entre la population agricole et le reste de la population aura changé quelque peu et que, par suite du progrès de l'industrie et des villes, le nombre des consommateurs aura augmenté plus que celui des producteurs de denrées.

---

(1) L'accroissement de la population des États-Unis a été dans le rapport de 1 à 2,7 dans la période 1790-1820, de 1 à 2,4 dans la période 1820-1850, de 1 à 2,1 dans la période 1850-1880. (Voir *La population française*, par E. Levasseur, t. III, p. 199.)

(2) M. Veblen, professeur à l'Université de Chicago, pense (voir *The Journal of political Economy, University of Chicago*, June 1893) que la population des États-Unis n'augmentera pas de plus de 10 p. 100 de 1890 à 1900. Cette opinion me paraît un peu pessimiste, quoique je croie aussi à un ralentissement très marqué durant la présente décade.

Cette probabilité est d'autant plus grande que les Américains sont très ingénieux à inventer des moyens propres à économiser la main-d'œuvre.

Ce ne sont donc pas les débouchés à l'intérieur ou à l'extérieur qui feront prochainement défaut; s'ils ne s'élargissent pas comme on l'a vu après la guerre de la rébellion, ils se maintiendront et au delà, toute compensation faite.

La question des prix est plus difficile à trancher. Les prix resteront bas. Les difficultés d'importation en Europe ont sans doute exercé une influence sur la baisse, mais bien moindre que l'abondance de la production (1). Si cette abondance doit être désormais, comme je le crois, l'état régulier du marché, il est permis d'admettre qu'ils baisseront encore au-dessous du niveau actuel, jusqu'à un certain point qu'il serait téméraire de prétendre fixer. J'ajoute que, s'ils baissent en Amérique, la diminution probable du fret, résultant de perfectionnements dans la navigation, est une raison de plus pour qu'ils baissent en Europe. Ce sont ces bas prix qui ont ralenti depuis 1882 l'essor de la production américaine; ils pèseront encore sur lui dans la présente décade. « Il n'est pas douteux, dit M. Veblen, que le prix du blé dépend de la quantité produite, mais il n'est pas moins certain que, toutes choses égales d'ailleurs, la production moyenne du blé dépend du prix. L'influence de la production sur le prix est directe et momentanée; celle du prix

(1) M. Veblen dit dans son article : « To what extent increase of heavy import duties by France, Germany, Italy and Spain has influenced the prices obtained by the American producer, it is impossible to say, even approximately. Yet there is no question, but the effect has been to limit the demand and lower the price, although probably in a very slight degree ». (Veblen, *The Journal of political Economy-University of Chicago*, déc. 1892, p. 99.)

sur la production est lente, mais permanente (¹). »

Une des conséquences des bas prix sera très vraisemblablement la diminution de la valeur des fermes qui produiront exclusivement ou principalement des denrées avilies (²) : diminution définitive pour les unes, temporaire pour les autres, jusqu'à ce qu'elles aient adopté une culture plus intensive ou plus variée ; nous savons que le Massachusetts avait constaté en 1890 une certaine augmentation de la valeur totale de ses terres, quoiqu'un grand nombre de fermes y fussent abandonnées. Ce sont surtout les régions de la Nouvelle-Angleterre, du Centre-Atlantique et de la plaine centrale, où le territoire agricole a en moyenne plus de valeur qu'ailleurs, qui sont menacés de cette diminution.

Dans les régions du nord-ouest et du Pacifique où la terre vaut beaucoup moins, le danger est moindre aussi. Toutefois les cultivateurs de l'ouest, comme ceux de l'est, devront, tout en continuant à regretter la cherté, accommoder le ménage de leur ferme à la situation, de manière à se contenter du bon marché. Il est probable que cette situation, pénible pour ceux qui ont contracté des habitudes de vie trop large, les rendra plus ré-

(1) *The journal of Political Economy, University of Chicago*, june 1893.

(2) Le Commissaire du travail du Missouri se plaignait de la surabondance de la production et de l'influence que les marchés étrangers exerçaient dans le sens de la baisse. « Notre pays, disait-il, étant un très grand exportateur, les prix se sont réglés sur le moyen du coût de la vie dans le monde, et ce coût est trop bas pour donner un profit à nos fermiers, quelques avantages d'ailleurs qu'ils aient pour se l'assurer. Les prix auxquels on paie l'excédent sur les marchés du monde déterminent le prix général de toute la production. Le prix de la terre est à son tour déterminé par la différence entre ce prix et le coût de production. Une diminution dans la différence diminue le prix de vente de la terre. Pour l'augmenter, il faudrait une réduction permanente dans la production étrangère ou un accroissement de la consommation nationale capable d'absorber l'excédent. » (*Fifteenth annual report of the bureau of Labor Statistics*, 1893.)

servés dans leurs emprunts hypothécaires, et il faut espérer que le sens pratique des Américains les préservera des projets « d'inflation » et de garantie par l'État qui ont séduit une partie de la démocratie agricole.

Quand on sait, comme je l'ai montré, qu'il n'y a que le tiers du territoire des États-Unis qui soit approprié en fermes et que la moitié des fermes, par conséquent 22 p. 100 du territoire des États-Unis qui soit en culture, on ne doute pas qu'il y ait encore place pour une longue suite de défrichements non seulement dans le Far west mais aussi dans les autres régions. Quelque obstacle que l'aridité de la terre ou l'absence de pluie mette à la colonisation de vastes contrées, on pourra encore créer par « Homestead » ou autrement beaucoup de fermes nouvelles; on pourra défoncer beaucoup de vaines pâtures dans les fermes actuelles avant d'être obligé d'introduire d'une manière générale la culture intensive sur les labours.

Le sud (régions du Sud-Atlantique et du golfe) restera sans doute longtemps obéré; la situation présente, malgré certains faits de bon augure, et les mœurs générales des deux populations ne permettent pas d'augurer un complet relèvement dans un prochain avenir.

Les Américains étant en général alertes, les fermiers de toutes les régions ne tarderont peut-être pas, à l'exemple de quelques-uns de leurs confrères de l'est, à larguer leurs voiles et à virer de bord devant la tourmente, je veux dire à abandonner en partie les cultures peu rémunératives, surtout celle du blé, pour en tenter d'autres plus lucratives. En tout cas, pour les raisons que j'ai données, s'il y avait une réduction dans la production de cette céréale, elle ne serait que momentanée; le niveau remonterait avec le nombre des habitants. Les autres cultures à développer ne manquent pas : fourrages, légumes frais et secs, betteraves à sucre, fruits. Le temps viendra bientôt où l'Amérique cherchera à exporter ses fruits, conservés ou frais, et même ses légumes secs. Le développement du « Truck forming » a déjà montré une des directions dans lesquelles pourra se faire cette transformation.

Elle n'est pas entièrement rassurante pour les agriculteurs. S'ils renoncent au blé parce qu'il y en a trop à leur gré, il y aura bientôt aussi trop de légumes et de fruits et le prix de ces denrées baissera : la Californie le sait. Qu'y faire ? S'appliquer à produire avec économie en même temps qu'en abondance : voilà un conseil pratique. Se persuader que l'abondance ne doit pas être en définitive un mal pour l'humanité, qu'il n'est pas raisonnable de penser que des millions d'hommes continueraient à produire pendant une longue suite d'années en perdant sur chaque produit : voilà ce qu'enseigne la vue générale des phénomènes à ceux qui sont capables de l'envisager.

Dans l'ensemble, l'agriculture des États-Unis, qui a fait, en étendue et en puissance, de si remarquables progrès dans le cours du xixe siècle, en fera encore avant la fin de ce siècle et au commencement du siècle prochain; ce serait une erreur de croire qu'elle ait atteint aujourd'hui des bornes immuables que la nature lui aurait fixées. Mais elle n'a pas donné au sol une fertilité illimitée. Les fermiers n'ont pas cessé de demander à la terre tout ce qu'elle pouvait produire sans lui rendre ce qu'ils lui prenaient. Dans plusieurs contrées, cette terre est fatiguée par une production monotone ; non pas qu'il ne puisse en sortir indéfiniment des récoltes ; mais elles ne sortiront dans l'avenir que grâce à un assolement varié dans lequel figureront la fumure et les légumineuses. Les Américains s'en préoccupent déjà, soucieux d'obtenir promptement le plus de produits avec le moindre travail possible.

L'agriculture est dans une période de difficultés dont on n'aperçoit pas encore le terme. Mais il s'en faut que tous les agronomes et économistes des États-Unis désespèrent de son avenir. M. Bemis terminait récemment une étude sur les causes du mécontentement des fermiers en disant : « En résumé, je conclus que la plus grande partie de la diminution relative de la richesse agricole est une conséquence incontestable du progrès, de l'industrie et du bien-être social ([1]). » « L'agriculture, dit de son côté M. Veblen, prend promptement le caractère d'une industrie dans l'acception moderne du mot, et son développement dans les décades prochaines nous montrera probablement, dans la culture comme dans les autres genres de travaux, un perfectionnement continuel des méthodes et une rapide diminution du coût de production, même en face d'une demande considérablement accrue ([2]). » — « Aussi longtemps que la terre vierge s'est ouverte devant la colonisation, écrivait tout récemment M. Atkinson, nous avons fait, en grande partie, nos récoltes en traitant le sol comme une mine et en lui enlevant ses éléments de fertilité. Une telle pratique ne

(1) *The journal of Political Economy — University of Chicago*, march 1893.

(2) *The Journal of political Economy — University of Chicago*, June 1898, p. 379.

profite pas aux vraies méthodes de culture. L'intelligence doit maintenant prendre la place de l'énergie purement mécanique et le sol doit être traité comme un instrument de production qui rapportera abondamment dans la mesure de l'habileté avec laquelle il sera manié (1). »

Je partage l'opinion de ces auteurs, et, malgré la stagnation présente du blé, je suis convaincu qu'il faudra en produire un jour ou l'autre plus qu'aujourd'hui; qu'il faudra aussi pour la consommation intérieure et pour le commerce extérieur plus de viande, de légumes, de fruits, de denrées diverses au xxᵉ siècle que dans la dernière décade du xixᵉ.

Sur quelles terres ce supplément sera-t-il produit? Peut-être de moins en moins, jusqu'à une certaine limite toutefois, sur celles de l'est et, dans ce cas, de plus en plus sur celles de l'ouest ; ce serait un déplacement de richesse au préjudice des uns et au bénéfice des autres, comme il arrive dans la plupart des révolutions économiques; mais ce ne serait pas une déchéance pour les États-Unis qui jouissent d'une variété de richesses agricoles en rapport avec l'étendue d'une contrée grande comme les quatre cinquièmes de l'Europe et dont les parties ne peuvent s'isoler les unes des autres par des barrières de douanes.

Outre ce changement de place, il y aura un changement sur place. A mesure que l'agriculture pourra moins gagner en étendue, elle gagnera plus en profondeur et aura plus de tendance à devenir intensive ; elle y sera poussée par l'accroissement du nombre des con-

(1) *The financial outlook — An address made before the Chamber of Commerce of the State of New York*, par M. Atkinson, 1894, p. 6.

sommateurs. Les États-Unis ont beaucoup à faire dans cette direction. Des agriculteurs ont commencé à s'y engager, et plusieurs cantons ont réussi à tirer plus de produits de leurs terres en diversifiant leurs cultures. L'esprit d'entreprise ne manquera pas aux Américains du xxᵉ siècle, et la génération de ce temps, formée par l'enseignement des écoles d'agriculture et de la presse scientifique, sera plus instruite. « Chaque année, dit un agronome américain, nous nous approchons du mode de culture qui domine depuis longtemps en Europe.»—«Que sera l'agriculture américaine dans la première moitié du xxᵉ siècle? demande de son côté M. Dodge, qui est d'accord sur ce point avec MM. Veblen et Atkinson. Elle ne saurait conserver plus longtemps le caractère de culture superficielle et de rendement faible. Il est stupide de se contenter d'un rendement de douze boisseaux. Il y a déjà quelques hommes intelligents qui savent obtenir le double. Que sera-ce dans cinquante ans ? »

Toutefois la transformation ne s'accomplira qu'avec le temps et à travers des mécontentements individuels et des difficultés sociales. On avance plus vite en filant vent arrière qu'en louvoyant par une brise variable. L'agriculture américaine a eu pendant quinze ans le vent et la fortune pour elle; il lui faut maintenant plus d'efforts pour moins de résultats peut-être; mais elle est capable de les faire. Elle est en ce moment, ainsi que l'industrie, au milieu d'une tourmente, en pleine crise, et on ne saurait dire exactement quand l'une et l'autre en sortiront, parce que cela dépend de causes diverses, particulièrement de réformes dans le régime douanier et monétaire; mais on peut affirmer que le pays possède assez de ressources et la nation assez d'énergie pour en sortir.

Pays importateurs. — Quoique je me sois proposé pour objet l'agriculture des États-Unis et non le commerce des denrées agricoles dans le monde, il n'est pas sans intérêt d'indiquer l'influence que l'importation de ces denrées, à laquelle les États-Unis prennent une si large part, exerce sur l'agriculture des pays qui y ont le plus recours.

L'Angleterre, étant celui qui importe le plus, est aussi celui sur lequel les effets ont été le plus sensibles. La Grande-Bretagne a réduit de 42 (et même en 1892-93 de 50 p. 100) depuis vingt-deux ans ses emblavements : 3,981,000 d'acres (1,613,000 hectares) en 1869, 2,307,000 (934,000 hect.) en 1891 et même 1,987,000 (804,800 hect.) en 1892-93, mauvaise récolte. Comme le rendement par acre n'a pas beaucoup augmenté (¹), la production s'est trouvée réduite à peu près dans la même proportion : 112,2 millions de boisseaux (38,5 millions d'hectolitres) de blé, en 1869 et 72 en 1891 (²) ; les années 1892 et 1893, où le rendement par acre a été très faible, n'ont donné que 58,5 millions de boisseaux (21,2 millions d'hectol.) et 49,2 (17,9 millions d'hectol.)

Pour compléter l'approvisionnement nécessaire à sa population, le Royaume-Uni (Grande-Bretagne et Irlande) a importé (grains et farine) 16,1 millions de quarters de

---

(1) Ce rendement a été de 27 boisseaux en 1869 et de 31 en 1891 ; cette différence est accidentelle.

Voir *Board of trade* de Chicago, 1892 p. 240; *Statistical Abstract for the United Kingdom*, 1878-1892, p. 177, et *States man's Yearbook*, 1894, p. 68.

(2) Je ne prends pas comme terme de comparaison la récolte de 1892-93 qui a été accidentellement très faible (7,3 millions de quarters).

blé, 128,8 millions de boisseaux (46 millions d'hectol.) [1] :
c est le double de son importation en 1868. Toutefois,
comme il payait en moyenne le quarter 50 schellings en
1868-73 et 32 en 1888-92, il ne dépense pas beaucoup
plus pour cet article de son alimentation [2].

C'est surtout sur le blé qu'ont porté les réductions de
la culture dans la Grande-Bretagne [3] ; car, depuis 1874,
l'avoine a augmenté, l'orge et les pommes de terre sont
restées stationnaires ; le lin a beaucoup perdu, mais les
prairies ont gagné. Le nombre des animaux de ferme
n'a pas beaucoup changé : il y a cependant une légère
augmentation sur les chevaux et les bœufs et une dimi-

[1] D'après le *Bulletin du ministère de l'Agriculture*, nov. 1893, l'importation en 1892 aurait été de 32,9 millions de quintaux en blé et l'équivalent de 11,2 millions de quintaux en farine. L'Angleterre a importé en outre la même année 17,6 millions de quintaux de maïs, 7,9 d'avoine, 7,5 d'orge, 3,2 de riz, etc.

[2] En 1893, les principaux pays d'où le Royaume-Uni a tiré du blé sont : États-Unis (6,4 millions de quarters), Russie (2,0), Inde (1,2), République Argentine (1,5) Canada (0,6), Australasie (0,5), Chili (0,5).

[3] Voici pour les années 1874 et 1892 les importations dans le Royaume-Uni, des principales substances végétales alimentaires, avec le prix de l'unité (quintal, boisseau, gallon) en livres sterling :

	1874			1892		
	QUANTITÉS en milliers d'unités.	VALEURS en milliers de liv. sterl.	PRIX de l'unité en liv. sterl.	QUANTITÉS en milliers d'unités.	VALEURS en milliers de liv. sterl.	PRIX de l'unité en liv. sterl.
Blé (quintaux) . . .	41.5	25.2	0.60	62.9	24.8	0.39
Orge (quintaux) . .	11.3	5.3	0.46	14.2	4.3	0.30
Avoine (quintaux). .	11.4	5.1	0.44	15.6	5.0	0.32
Maïs (quintaux). . .	17.7	7.5	0.42	35.4	9.4	0.26
Autres grains (quintaux).	4.7	2.2	0.46	7.6	2.4	0.31
Farine de froment (quintaux).	6.2	5.7	0.92	22.1	12.2	0.55
Autres farines (quintaux).	0.09	0.07	0.77	0.9	0.4	0.44
Pommes (boisseaux).	»	»	»	4.5	1.3	0.28
Cerises (quintaux). .	0.9	1.3	1.41	1.1	1.3	1.18
Raisins (quintaux). .	0.5	0.9	1.80	0.6	1.0	1.66
Oranges (boisseaux).	2.4	1.1	0.45	6.7	2.0	0.29
Vin (gallons). . . .	18.2	6.8	0.36	17.3	6.0	0.34
Esprits (gallons) . .	13.8	2.7	0.19	6.8	2.3	0.33
		63.87			72.4	

nution sur les moutons et les porcs (¹). En Irlande, il n'y a eu qu'une légère diminution dans les emblavements (²); l'état des autres cultures (excepté le lin qui est en diminution) et du bétail est resté à peu près stationnaire depuis 1874.

Quoique le bétail n'ait pas diminué dans le Royaume-Uni (³), l'importation d'animaux vivants et de produits

(1) Voici la comparaison par millions d'acres cultivées pour les végétaux, par millions de têtes pour les animaux :

		1874.	1893.
	Céréales	9,4	7,6
Dont :	Blé	3,6	1.9
	Avoine	2,6	3,1
	Récoltes en vert	3,6	3,3
Dont :	Haricots	0,5	0,2
	Pommes de terre	0,5	0,5
	Navets	2,1	1,9
	Lin	0,006	0.001
	Trèfle, etc.	4,3	4,5
	Prairies permanentes	13,1	16,5
Animaux :	Chevaux	1,3	1,5
	Bœufs	6,1	6,7
	Moutons	30,3	27,3
	Porcs	2,4	2,1

(2) 1,9 millions d'acres en 1874 et 1,5 en 1893.

(3) Voici pour les années 1874 et 1892 les importations dans le Royaume-Uni d'animaux vivants et de produits animaux destinés à l'alimentation, avec le prix de l'unité (tête, quintal anglais ou millier):

	1874.			1892.		
	QUANTITÉS en milliers d'unités.	VALEURS en milliers de liv. sterl.	PRIX de l'unité en liv. sterl.	QUANTITÉS en milliers d'unités.	VALEURS en milliers de liv. sterl.	PRIX de l'unité en liv. sterl.
Bœufs (têtes)	194	3,296	16,9	502	9,024	17,9
Moutons (têtes)	789	1,610	2,0	79 *	125	1,6
Jambon (quintaux)	2,639	5,902	2,2	5,134	10.894	2,1
Bœuf (quintaux)	215	523	2,4	2,335	4,801	2,0
Beurre et margarine (quintaux)	1,619	9,050	5,5	3,488	14,678	4,2
Fromage (quintaux)	1,356	4,483	3,3	2,232	5,416	2,4
Lait condensé (quintaux)	»	»	»	481	930	2,1
Œufs (milliers)	680	2,433	3,5	1,336	3,794	2,8
Lard (quintaux)	374	884	2,3	1,239	2,223	1,8
Autres viandes salées ou fraiches (quintaux)	119	335	2,8	1,850	3,792	2,0
Porc (quintaux)	322	644	2,0	360	616	1,7
		29,160			56,293	

* Diminution accidentelle. Maximum en 1882 : 1,124.

animaux destinés à l'alimentation est énorme et a considérablement augmenté depuis une vingtaine d'années :
en 1874, elle avait une valeur d'environ 750 millions de
francs ; en 1892, une valeur de 1,400 millions ; mais le prix
de la plupart de ces articles ayant diminué la quantité a
beaucoup plus que doublé.

En additionnant les articles du règne végétal et ceux
du règne animal, on constate que le Royaume-Uni a
acheté à l'étranger pour environ 1,410 millions de francs
d'aliments en 1892. Les fermiers anglais ont subi par la
concurrence de cette importation une diminution de
prix très forte sur les céréales et sensible sur la viande.
Ils touchent moins d'argent qu'autrefois : de là, la crise
agricole, les plaintes, la diminution des emblavements,
la baisse des fermages (¹). Si le Parlement était exclusivement composé d'agriculteurs, le Royaume-Uni se
serait déjà depuis plusieurs années placé sous le régime
de la protection douanière. Mais l'industrie et le commerce ont des intérêts différents de ceux de l'agriculture,
et c'est à la prépondérance de ces intérêts que le peuple
anglais doit de ne payer sa nourriture que ce qu'elle vaut.
Ce n'est pas la considération de théories spéculatives,
c'est le poids des intérêts qui détermine la politique des
nations en cette matière ; mais, quand les intérêts poussent ou maintiennent une nation dans la voie de la justice et de la liberté, sa situation économique est meilleure. L'Angleterre, qui a exporté en 1893 plus de 5 milliards 1/2 de francs, dont près de 4 milliards 1/2 de produits nationaux, peut payer un milliard 1/2 pour compléter son alimentation et a l'avantage de jouir du bon

(1) La baisse des fermages depuis une quinzaine d'années paraît être
de 25 à 40 p. 100.

marché ; mais il faut qu'elle maintienne sa clientèle étrangère, et elle s'inquiète depuis plusieurs années de la diminution de ses exportations (¹).

La Belgique avait augmenté ses emblavements de 1846 (233,000 hectares) à 1866 (283,000 hectares) ; elle les a ramenés à 275,000 hectares en 1880 (²) ; néanmoins la récolte n'a pas sensiblement varié (³) et le salaire des ouvriers de l'agriculture a augmenté (⁴), quoique la population agricole soit plus nombreuse (⁵) et que le prix du blé ait baissé (⁶). L'importation des grains de toute espèce s'est élevée de 236,000 tonnes en 1860 à 2,029,000 en 1891 ; celle des bœufs, de 56,000 à 105,000 têtes ; celle des moutons de 86,000 à 204,000.

Dans l'Empire allemand, la superficie cultivée en blé accuse une légère augmentation, qui compense à peu près la diminution de la culture du seigle. L'importation du blé a varié depuis quinze ans entre 10,7 millions de quintaux métriques (en 1878) et 3,4 (en 1888), sans qu'il y ait augmentation ni diminution régulières.

La baisse des prix a lésé des intérêts agricoles dans les pays exportateurs comme dans les pays importateurs. Ainsi, d'un côté, en Italie, pays importateur, beaucoup de petits propriétaires ont été obligés de vendre leur

(1) Les exportations de produits britanniques étaient de 233 millions de livres sterling en 1884 ; elles ont baissé jusqu'à 212 en 1886, puis remonté à 263 en 1890, et elles ont baissé de nouveau à 218 en 1893.

(2) Le dernier *Annuaire statistique de la Belgique* (1892) ne contient pas encore les chiffres de 1890.

(3) 5,7 millions d'hectolitres, moyenne de 1873-77 ; 6 millions en 1884-88.

(4) En 1856, le salaire moyen agricole sans nourriture était 1 fr. 36 ; en 1880, il était de 2 fr. 40.

(5) La population agricole était de 1,083,601 en 1856 et de 1,199,349 en 1880.

(6) 31 fr. 15 l'hectolitre de blé en 1860 (année de cherté, il est vrai) et 22,90 en 1891. La viande de bœuf n'a pas diminué depuis 1870 ; à Anvers 1 fr. 24 le kil. en 1860, 1 fr. 62 en 1880 et 1 fr. 55 en 1891.

terre ou n'ont pas pu en empêcher la saisie (¹) ; leur nombre a diminué et la valeur de la terre s'amoindrit. De l'autre, en Autriche, pays exportateur, la dette hypothécaire a augmenté d'un tiers en vingt-cinq ans et les ventes sur saisie sont devenues plus nombreuses (²) : c'est surtout dans la région alpestre, où le cultivateur est pauvre, que la crise sévit.

En France, la superficie emblavée a subi quelques variations, mais en somme elle n'a pas diminué ; elle atteint son maximum (depuis 1870) en 1890 : 7,061,000 hectares. La récolte a été la même année de 116,9 millions d'hectolitres ; c'est une des plus fortes que la statistique ait enregistrées (³). En 1892, elle a été de 109,5 millions d'hectolitres sur 6,989,000 hectares et en 1893 d'environ 98 millions sur 6,973,000 hectares. La mauvaise récolte de 1861 est la première qui ait eu pour conséquence une importation de blé dépassant 15 millions d'hectolitres (y compris la farine) (⁴). Depuis 1867 cette importation n'a été que deux fois (⁵) au-dessous de 12 millions ; elle a atteint son maximum, après cinq années de récoltes médiocres ou mauvaises, en 1879 où elle s'est élevée à 43,9 millions d'hectolitres. De meilleures récoltes l'ont fait descendre jusqu'à 19,5 en 1885. Malgré l'établissement du droit de 3, puis de 5 francs par quintal, l'importation s'est maintenue à un taux élevé : elle était de 30 millions d'hectolitres en 1891. L'exportation, surtout celle de la farine, paraît avoir

(1) De 1873 à 1888, 64,826 propriétés, presque toutes de peu valeur, ont été dévolues au fisc.

(2) La dette hypothécaire était de 1,122 millions de florins en 1858 et de 3,580 millions en 1889.

(3) Il n'y a eu que trois récoltes plus fortes.

(4) 15,7 millions.

(5) En 1875 et en 1892 après de très bonnes récoltes.

subi davantage l'influence du rétrécissement des débouchés : elle dépassait 10 millions d'hectolitres en 1878 et elle n'a jamais atteint 4 millions depuis 1885.

L'importation des animaux vivants, qui avait augmenté à la suite des traités de commerce, a, en somme, diminué depuis l'application du nouveau tarif [1]. Celle des viandes fraîches et salées avait beaucoup augmenté de 1860 à 1885 ; elle est aujourd'hui fortement réduite [2].

Le bas prix du blé et le prix décroissant de la viande de 1873 à 1887, trop bas au gré des intéressés malgré le relèvement qui a eu lieu de 1887 à 1890, ont rendu difficile la situation des cultivateurs. Quoiqu'on ne puisse fonder un calcul scientifique sur les prix de revient qu'ils présentent à l'appui de leurs doléances, il n'est pas douteux que cette situation ne soit pénible pour la grande majorité d'entre eux et n'en mette beaucoup dans l'impossibilité de continuer certaines cultures aux mêmes conditions d'outillage, de main-d'œuvre et de fermage qu'auparavant.

Ainsi la révolution qui s'opère sur le marché agricole et qui est due en grande partie au progrès des moyens de transport et à la culture de terres nouvellement conquises à la civilisation, révolution dans laquelle les États-Unis ont un des premiers rôles, produit dans l'Europe occidentale et même dans une partie de l'Europe centrale deux effets très différents : d'une part,

---

(1) Le nombre moyen des bœufs et vaches importés a été de 109,000 pour 1857-66, de 146,000 pour 1877-86; 26,000 en 1892. Le nombre moyen des moutons a été de 583,000 pour 1857-66, de 1,991,000 pour 1877-86, de 1,429,000 en 1892.

(2) En 1886 l'importation de viande fraîche de boucherie était de 9,4 millions de kilos; porc salé de 6,2; autres viandes salées de 1,3. En 1892, elle était de 7,2, de 3,4 et de 0,1. Les conserves de viande en boîte étaient de 10 millions de kilos en 1886 et de 7,8 en 1892.

l'abondance et le bon marché des vivres; d'autre part, l'amoindrissement du revenu et, par suite, de la valeur vénale de certaines terres. C'est le second qui inquiète la politique européenne; mais tous les deux auront, comme la baisse de l'intérêt de l'argent, une influence notable sur la démocratie.

Cette révolution n'est-elle même qu'une partie de la grande révolution économique que l'intervention de la science dans la production manufacturière et agricole, l'application de la vapeur à la locomotion, l'abondance des métaux précieux, l'augmentation du capital et la généralisation du crédit ont produite dans la seconde moitié du dix-neuvième siècle et continuent à produire, bouleversant l'équilibre des fortunes, abaissant les uns et élevant les autres, soulevant de nombreuses difficultés et de redoutables problèmes sociaux, mais ayant pour conséquence générale un accroissement de richesse dans le monde et un progrès du bien être — qui ne signifie pas accroissement de contentement — qu'aucun siècle, pas même le XVIe, n'avait vu jusqu'ici se manifester dans de si amples proportions.

Politique douanière. — Les pays importateurs ne sont pas placés au même point de vue que les pays exportateurs pour juger le grand mouvement de la production agricole et du commerce des denrées dans le monde. Les Américains, lorsqu'ils constatent que la production totale de leur pays ne diminue pas, peuvent se consoler de l'amoindrissement dans une région par l'accroissement dans une autre, et ils n'ont à se préoccuper que du placement de leur excédent à l'étranger. Les Européens, ou du moins les peuples de l'occident de l'Europe, se préoccupent de l'arrivée de cet excédent qui menace de faire reculer leur production nationale.

Il y a des pays importateurs qui acceptent la liberté du commerce et ses conséquences : l'Angleterre, par exemple. Elle a maintenu jusqu'ici cette liberté, quoique les réclamations des agriculteurs, appuyées par les propriétaires fonciers, soient plus pressantes et prennent plus d'autorité à mesure que la crise agricole devient plus intense.

D'autres, comme la France, l'Empire allemand, l'Autriche-Hongrie, l'Italie, ont élevé et même surélevé à plusieurs reprises la barrière des douanes en vue de protéger leurs agriculteurs contre cette concurrence.

Quel a été le résultat du droit de 5 francs sur le prix du blé en France (1)? A la date du 26 mai 1894, le quintal de froment valait 19 fr. 75 à Paris et en moyenne 20 fr. environ en France. A Londres, il valait environ 15 fr. : différence 4 fr. 75 ; à Bruxelles 13 fr. 40 : différence avec Paris 6 fr. 35 ; à Amsterdam 13 francs : différence 6,75 ; à New York 11,25 : différence 8,50. A Berlin même il était de 3,75 au-dessous du prix français, parce que le droit de douane de 5 marks est en réalité réduit à 4,15 marks par le traité de l'Allemagne avec l'Autriche (et aujourd'hui avec la Russie). Étant donnés, en premier lieu, les besoins réguliers d'un pays dont la production ne suffit pas à sa consommation, en second lieu, l'abon-

---

(1) Prix du quintal de blé en France et à l'étranger à la date du 26 mai 1894 :

	fr. c.		fr. c.
Paris	19.75	Berlin	16.00
Lyon	20.25	Vienne	14.95
Rouen	19.05	Londres	15.00
Toulouse	18.90	Bruxelles	13.40
Nancy	20.00	Amsterdam	11.70
Dijon	21.25	Odessa	15.70
Chartres,	19.20	New-York	11.25
Bergues	18.55	Chicago	11.10

(Publ. du Ministère de l'Agr., *J. des Écon.*, juin 1894.)

dance de la production générale dans le monde et les facilités du commerce, il arrive le plus souvent que le droit, suivant l'expression vulgaire, « bat son plein », c'est-à-dire que le prix de la denrée sur le marché muré est égal au prix général des marchés ouverts augmenté de la totalité du droit, quelquefois même d'un peu plus (comme on le voit par la comparaison de Londres et de Paris), parce que les courants commerciaux se forment plus économiquement sur les grands marchés ouverts. La France n'a pas toujours eu cette infériorité ; car, avant 1870, elle payait ordinairement le blé moins cher que l'Angleterre. Ce n'est que depuis la disette de 1878-79 et surtout depuis l'établissement du droit de 5 francs que le consommateur anglais se l'est procuré pour moins d'argent que le français.

Il y a des agronomes qui mettent en doute l'enchérissement en faisant remarquer que le prix du pain n'a pas augmenté en France. Sans doute, puisque le prix du blé n'a fait à peu près que se maintenir ; mais il aurait descendu s'il n'y avait pas eu de droit. C'est le consommateur qui paie la différence. Il en est de même pour la viande. Le prix du kilogramme de bœuf a varié à Londres depuis l'année 1840 entre 0 fr. 70 en 1851 et 1 fr. 10 en 1873, et depuis 1873, il s'est légèrement abaissé au prix moyen de 1 franc environ. A Paris, il a varié de 0 fr. 80 en 1851 à 1 fr. 76 en 1873 ; il a baissé aussi, surtout depuis 1883, jusqu'à 1 fr. 39, mais il reste notamment au-dessus du cours anglais, quoique les courbes des prix subissent à peu près les mêmes oscillations dans les deux pays sous l'influence de causes générales (1).

(1) Voir *Études sur les variations du prix du bétail et de la viande*, par M. Zolla.

La situation présente est grave, sans doute. Le législateur peut être embarrassé devant le problème économique que l'afflux de richesse exotique pose aux pays importateurs.

Les agriculteurs lui crient : « Au secours ! » et déclarent qu'ils sont ruinés si l'on ne relève artificiellement les prix, qu'ils seront obligés de réduire le salaire de leurs ouvriers et finalement de laisser la terre en friche. Ils demandent ce que deviendrait la France si l'agriculture tout entière, le pâturage après le labourage, était réduite à chômer, si la nation, s'étant placée pour sa nourriture sous la dépendance de l'étranger, pouvait être prise par la famine en temps de guerre et devenait incapable en temps de paix de payer ses subsistances avec les produits d'une industrie appauvrie par la misère des paysans. Comme il faut songer à vivre avant qu'à bien vivre, ils concluent que le patriotisme commande d'assurer à ceux-ci un revenu convenable.

Sans doute les agriculteurs exagèrent leur détresse. Cependant il est certain que, dans les régions à blé, la rente du propriétaire a diminué, et il pourrait arriver, comme en Angleterre et dans certaines régions des États-Unis, que l'on fût amené à réduire beaucoup les emblavements.

Le législateur entend d'un autre côté des voix qui lui tiennent un langage tout différent. Mais il est moins enclin à écouter des raisonnements qu'il considère comme des abstractions de théoricien, que des doléances auxquelles il s'associe personnellement s'il est fermier ou propriétaire, et qui s'imposent à lui comme des injonctions si elles viennent de ses électeurs. Aussi a-t-il voté des droits de douanes dans la plupart des pays importateurs du continent. Le Parlement français l'a fait par un droit d'abord de 3 francs en 1885, puis de 5 francs en 1887, puis de 7 en 1894 : étapes successives dans un défilé sans issue d'où il est difficile de revenir sur ses pas.

Si la baisse du prix des denrées agricoles était un accident passager, des mesures temporaires de salut public seraient justifiables à condition que leur nécessité pour le salut d'une grande industrie fût bien démontrée. Tel n'est pas le cas. La baisse est un fait définitif — autant du moins que peuvent l'être les relations économiques et sans tenir compte des oscillations accidentelles ; — elle est la conséquence de changements permanents que la civilisation a produits dans le peuplement du monde et dans l'économie des transports. Il faut s'y accommoder si l'on veut se maintenir au niveau commun dans le concert commercial des nations. Comme elle ne peut être tournée en hausse générale par les mesures législatives d'une nation ou de quelques-unes, celles qui prennent de telles mesures se condamnent à rester au-dessous de ce niveau et elles en subiront les conséquences.

Par une bizarre contradiction dont l'histoire économique fournit plus d'un exemple, l'abondance des denrées qui devrait être une bénédiction ne fait que des mécontents. Les consommateurs qui achètent à bas prix sentent à peine l'avantage et se plaignent même du renchérissement continu de la vie : question complexe que je n'ai pas à traiter ici (1). Les vendeurs s'affligent, aussi bien dans le fond de l'Amérique sur le marché de Minneapolis, qu'en France sur le marché de Meaux, aussi bien en Algérie qu'en Australie ou dans la fertile

(1) Voir *La population française*, par E. Levasseur, t. III, p. 110.

Terre Noire de Russie et dans les plaines maigres de la
Lithuanie où le cultivateur ne récolte guère que du
seigle et des pommes de terre. Les efforts et les perfectionnements de l'industrie humaine tendent, directement
ou indirectement, à produire l'abondance et le bon
marché. Comment se fait-il pourtant que « le commerce
aille », comme on dit, et que producteurs et marchands
réalisent des bénéfices quand le mouvement des prix
est à la hausse et qu'il soit languissant quand le mouvement est à la baisse? Encore une question que je n'ai pas
à traiter ici (¹).

Je dois cependant dire quelques mots au sujet du
prix du blé.

Le blé, comme toutes les marchandises, peut avoir
sur un marché son *prix normal* ou un *prix factice*. J'appelle prix normal celui qui résulte de l'offre et de la demande quand la concurrence est libre entre vendeurs et
acheteurs. J'appelle prix factice celui qui résulte d'une
offre ou d'une demande gênée par des obstacles légaux,
tels que tarifs de douane, octrois, monopoles. Que le prix
normal soit haut ou bas, fixe ou variable, on ne peut
en accuser que la nature des choses et on subit la nécessité. Mais, en établissant un prix factice, on se place
dans l'exception, et ceux qui ont à s'en plaindre peuvent
dire : « Pourquoi a-t-on fait la loi ? » Or, il est presque
impossible qu'un prix factice, à quelque marchandise
qu'il s'applique, ne lèse pas certains intérêts.

Le prix du blé est surélevé d'une manière factice en
France, comme dans plusieurs autres pays, en vue de

---

(1) J'ai traité en 1858 ce sujet, bien élucidé aujourd'hui par de nombreuses études des économistes, dans *La question de l'or*, principalement
dans les chapitres IV, V et VI du livre troisième.

protéger la culture du blé. Mais, quelque important que soit le blé, il n'est qu'une des cultures de la France et il ne figure (paille non comprise) que pour 2 milliards environ dans les 13 milliards de sa production agricole ([1]), de même qu'il occupe moins du quart des terres cultivées en labour ou en prairies naturelles ([2]). On peut hésiter à croire qu'une diminution de revenu sur une partie entraîne nécessairement la perte de la totalité.

On dit que l'agriculture occupe ou fait vivre par ses commandes plus de la moitié de la population française. En réalité, l'industrie fait vivre l'agriculture comme l'agriculture fait vivre l'industrie ; tous les groupes de producteurs sont liés par une étroite solidarité. Toutefois, si l'on veut examiner de près les chiffres, on trouvera qu'il y avait en France, d'après l'enquête décennale de 1882, 5,672,000 exploitations agricoles, que les petites (4,802,000) ne font pas ou font à peine assez de blé pour la subsistance de leur personnel et que la moyenne (127,000 exploitations) et la grande culture (142,000 exploitations) tirent seules un profit notable d'une augmentation de prix du blé. Il est juste d'ajouter que ces deux dernières catégories exploitent les trois quarts du sol agricole de la France ([3]) ; on doit donc supposer que ce sont les trois quarts de la récolte qui font l'objet réel du commerce,

---

(1) Voir la *Note sur la valeur de la production agricole de la France*, par E. Levasseur (1891), dans les *Publications de la Société nationale d'agriculture*.

(2) Sur 26 millions d'hectares de terres de labour, il y en a environ 7 consacrés au blé chaque année. Il y a, en outre, 5 millions d'hectares de prairies naturelles.

(3) 29,9 p. 100 pour les exploitations de 10 à 40 hectares ; 45 p. 100 pour les exploitations de plus de 40 hectares. Voir plus haut (page 80), en note, la répartition des cultures en France.

les autres cultivateurs ayant à racheter en pain à peu près ce qu'ils vendent en grain.

Les cultivateurs de ces deux dernières catégories sont les véritables vendeurs de blé. Si donc le prix normal du quintal est aujourd'hui, en moyenne, de 16 francs, et que le droit de 5 francs l'ait élevé à 21 francs, ils ont reçu annuellement une somme d'environ 300 millions que le législateur avait cru nécessaire de leur octroyer comme indemnité de culture. Quand, après l'écoulement des provisions amassées au commencement de l'année 1894 dans les magasins, le blé aura pris le niveau résultant du droit actuel de 7 francs, cette indemnité approchera d'un demi-milliard (¹).

On dit qu'il ne faut pas moins qu'une telle subvention pour soutenir le salaire des ouvriers agricoles, argument topique dans un Parlement issu du suffrage universel. Le parti protectionniste aux États-Unis a déclaré aussi maintes fois, dans ses manifestes électoraux, que le tarif Mac Kinley était nécessaire pour maintenir à son niveau le salaire des ouvriers américains qui est supérieur à celui des ouvriers européens. Cependant, on ne voit, ni d'un côté ni de l'autre de l'Atlantique, que les industries protégées, manufacturières ou agricoles, soient précisément celles qui paient le plus leurs ouvriers. Bien que le prix de vente d'un produit ait une influence incontestable sur le taux des salaires, ce taux est déterminé par des lois supérieures à celles d'une

---

(1) La production moyenne annuelle des dix dernières années (1882-91) est d'environ 84 millions de quintaux (109 millions d'hectolitres), dont les 3/4 font 63. Or, 63 multipliés par 5 font 315 et par 7 font 441. Cette estimation est au-dessous de la réalité, parce que les grandes fermes ayant un rendement supérieur en blé donnent plus des 3/4 de la récolte. Il y a en outre 50 à 70 millions qui sont perçus non par les fermiers ou propriétaires, mais au profit de l'État par la douane.

industrie particulière, quelque importante qu'elle soit :
les agriculteurs, qui se plaignent de la cherté de la
main-d'œuvre et de l'émigration des campagnes vers
les villes, ne sauraient le méconnaître.

Transporter par autorité de la loi un demi-milliard
d'un groupe de Français à un autre groupe est une opération qui par elle-même n'ajoute pas un franc à la fortune de la France. On peut, il est vrai, en dire autant
de toutes les formes du système protecteur; mais la
généralité de l'observation n'en détruit pas la valeur.
La question subsidiaire consiste à savoir si, comme les
uns le pensent, ce transfert est nécessaire pour continuer la production agricole qui est la portion la plus
considérable de la fortune de la France, ou si, comme
je le pense avec d'autres, il sert à masquer la diminution de la rente foncière; si, d'une part, il dispense les
cultivateurs de faire autant d'efforts qu'ils devraient pour
rendre leur culture plus intensive, ce qui augmenterait
ainsi, en quantité sinon en valeur, la fortune de la France,
et si, d'autre part, il ne prive pas les acheteurs de sommes qu'ils emploieraient légitimement à se procurer
d'autres jouissances ou à former des épargnes qui, utilisées comme capitaux, contribueraient aussi à accroître
la fortune de la France.

Qui paie les millions de cette subvention ? **Les
consommateurs**. Sou par sou, il est vrai; mais le total
n'en est pas moins ce qu'il est et, quand on sait que vers
la fin de 1893 le prix moyen du kilogramme de pain était
de 26 centimes à Bruxelles et de 33 à Paris, on n'admet
pas que ce surcroît de dépense soit indifférent dans le
budget de l'ouvrier.

Puisqu'une grande partie des efforts des hommes

tend à produire la richesse avec économie, il faut bien reconnaître que le bon marché constitue une supériorité, et que l'établissement d'un droit de douane protecteur est une déclaration d'infériorité.

Le gouvernement français a fait une première déclaration de ce genre pour le blé, puis une seconde plus humble, la première paraissant insuffisante, puis une troisième. Est-ce la dernière ? Nul ne le sait ; car, s'il était vrai que le cultivateur national ne pût pas produire à moins de 25 francs le quintal (¹), on ne pourrait maintenir ce taux de vente qu'en élevant le droit à chaque baisse qui se produirait sur le marché libre du monde.

Et après ? Il deviendra d'autant plus difficile à la France de sortir de l'enceinte au fond de laquelle elle aura abrité son infériorité et de se replacer de plain-pied sur le terrain du commerce international que les murailles de cette enceinte seront plus hautes, c'est-à-dire qu'il y aura une différence plus grande entre le prix général des marchés régulateurs et le prix particulier auquel elle aura conformé ses habitudes de production et d'existence.

Il me semble légitime que les marchandises importées supportent leur part d'impôt dans un pays qui a des charges aussi considérables que la France, et que le blé,

---

(1) Le chiffre de 25 francs le quintal a été donné dans la discussion relative au droit de douane de 7 francs. Dans cette discussion un membre du parlement a indiqué le chiffre de 9 fr. 57 comme prix de revient de l'hectolitre de blé dans sa ferme. M. Zolla, dans un article du *Monde économique* (28 avril 1894), a calculé, d'après les comptes du fermier, le prix de revient dans une grande ferme de Seine-et-Oise à 8 fr. 26 l'hectolitre. Ce sont, il est vrai, des fermes bien entretenues rendant 20 hectolitres l'une et 33 l'autre à l'hectare ; mais ce sont justement celles qui vendent le plus sur les marchés. Je ne donne pas d'ailleurs ces chiffres pour fixer un prix moyen, mais pour montrer qu'il est impossible de l'établir avec des cas aussi différents et des témoignages aussi discordants.

quoique indispensable à l'alimentation, soit compris dans
le tarif, pourvu que ce soit à un taux très faible ; aussi
un droit purement fiscal de 1 à 2 francs ne m'effraierait
pas. Mais on sait qu'un tarif fiscal ayant pour objet
unique le prélèvement de cette part diffère essentiellement d'un tarif protecteur qui a pour objet principal de
gêner le commerce.

Si la question du renforcement à trois reprises de la
protection du blé national a soulevé des controverses
aussi vives, c'est qu'elle est réellement grave. Il est
très grave, en effet, d'un côté, d'obliger une fraction
de la nation à payer un demi-milliard de subvention
à une autre fraction ; d'un autre côté, il serait très
grave de laisser disparaître la culture du blé en France
si tel devait être le résultat du libre commerce ou
même de l'amoindrir dans la proportion où elle l'a été
en Angleterre et dans la partie orientale des États-Unis ;
il es très grave de restreindre le commerce extérieur et
de s'exposer à des représailles ; très grave enfin de mettre
l'agriculture et l'industrie d'un pays dans un état d'infériorité à l'égard des autres pays en dressant une digue
permanente contre l'égalisation des prix. De quelque
côté qu'on se tourne, on se heurte à des difficultés
d'ordre politique et économique.

On dit que, pour trancher la difficulté, les gouvernements n'ont à se préoccuper que d'une chose quand
ils établissent leur tarif douanier : l'intérêt national. Je
suis convaincu qu'ils ne doivent pas en avoir d'autre ;
mais, pour servir réellement cet intérêt, il faut le connaître et on ne s'entend pas sur ce point, puisque les
uns le font consister dans un privilège octroyé à cer-
-taines catégories de producteurs, et les autres dans le

traitement aussi égal que possible de tous les producteurs et consommateurs.

Il n'y a pas à demander à un propriétaire ou à un cultivateur son avis sur cette matière : où l'intérêt commande la conviction suit. Il n'est pas étonnant qu'un homme politique pense qu'il faille, quoi qu'il en coûte, soutenir l'agriculture, parce qu'elle est indispensable à la vie nationale et parce qu'il y a beaucoup d'électeurs ruraux. Il est plus rare de voir un savant, cherchant à éclairer les intérêts généraux par la connaissance des faits, qui se résigne à l'inégalité de traitement résultant d'un droit d'environ 50 p. 100 sur un aliment de première nécessité.

On ne peut pas déterminer avec plus de précision en France qu'en Amérique le prix de revient de l'hectolitre de blé. Mais on sait qu'un des éléments de ce prix est le fermage, qui comprend la rente foncière, c'est-à-dire le revenu résultant de la productivité naturelle du sol et l'intérêt des capitaux qui l'ont accrue. Il convient d'en parler parce que cette rente est plus réductible que le salaire des ouvriers, dont on parle cependant davantage. Sans doute il serait regrettable à certain point de vue pour la fortune publique qu'ayant déjà diminué notablement dans certaines régions cette rente diminuât encore. Il ne faut pourtant pas s'abuser sur sa raison d'être. Nous savons que la valeur de la propriété foncière agricole et du matériel d'exploitation en France figure pour 93 milliards dans l'enquête décennale de 1882 : est-ce bien sa valeur réelle aujourd'hui? Non, répondront la plupart des agriculteurs, car le revenu et le prix de vente ont baissé depuis 1882.

Je partage leur opinion; mais je crois qu'il faut analyser plus attentivement qu'ils ne font ce prix pour bien comprendre la question. La valeur vénale de la propriété foncière n'est pas autre chose, je l'ai dit, que la capitalisation du revenu de cette propriété. Or, puisqu'il est nécessaire que la loi fasse payer aux acheteurs plusieurs centaines de millions de francs pour parfaire le revenu actuel, il faut en conclure que le revenu véritable est au-dessous de ce qu'il paraît être. Dans l'état présent, la valeur vénale de la terre, quoiqu'elle ait diminué, est encore trop forte puisqu'elle représente le prix d'achat de deux choses, l'une intrinsèque et légitime qui est la rente proprement dite de la terre et l'intérêt des capitaux employés en améliorations foncières, l'autre extrinsèque et artificielle qui provient de la subvention imposée par la loi.

Si cette seconde chose n'existait pas, le fermage descendrait à son niveau normal, le fermier n'aurait précisément à payer à son propriétaire que l'excédent ou plus exactement une portion (l'autre portion constituant son profit) de l'excédent de l'argent qu'il recevrait par la vente de ses produits sur l'argent qu'il aurait dépensé pour les produire; l'équilibre se trouverait rétabli et la grave question serait résolue, en grande partie du moins. La réduction porterait sur la rémunération du sol; cette solution serait assurément plus équitable que celle qu'on obtiendrait en réduisant la rémunération de l'ouvrier, puisque celui-ci ne fournit pas moins de travail que par le passé, tandis que la terre produit moins de revenu-argent pour un même rendement en céréales; le fermier paierait l'instrument de production ce qu'il vaut réellement. Or, la rente foncière doit être la conséquence et non la cause du prix;

elle est légitimement un revenu, il n'est pas bon d'en faire un impôt.

Les capitaux mobiliers sont dans un cas analogue sous certains rapports; l'intérêt de l'argent a baissé, et le gouvernement français n'a pas craint de réduire le taux des rentes sur l'État lorsqu'il a trouvé à emprunter à meilleur marché. Est-il plus logique de faire payer à la population française le maintien de la rente foncière que celui de la rente sur l'État?

L'histoire écomique nous apprend que la valeur des biens, quels qu'ils soient, a varié suivant les temps. Celle des biens fonciers avait beaucoup augmenté en France pendant un demi-siècle, de 1830 à 1880; durant cette période, la plupart des propriétaires ont vu leur revenu s'accroître de bail en bail et les cultivateurs ont élargi leur bien-être en changeant leur manière de vivre. Un publiciste américain, M. Henry George, dont la théorie est connue dans le vieux monde aussi bien que dans le nouveau, a cherché à démontrer que cette plus-value de la terre, résultant de l'ensemble des conditions sociales, n'était pas légitimement la propriété person-nelle du propriétaire et il a sommé celui-ci de la resti-tuer par l'impôt à la société qui en était la cause efficiente. Il n'est pas difficile à la science économique de prouver que cette doctrine est erronée, cependant elle serait beau-coup plus embarrassée de le faire avec succès si on lui opposait l'exemple d'une société qui se chargerait de payer aux propriétaires une indemnité annuelle pour compenser une moins-value résultant aussi de certaines conditions sociales.

Voici une proposition de règlement que l'on pourrait soumettre aux propriétaires et aux fermiers : puisque le produit de la terre diminue en argent et non en quantité, ne serait-il pas possible de stipuler dans les baux, comme on le faisait souvent autrefois, le paiement en nature? Ce changement n'a-t-il pas, même depuis quelques années, contribué à une certaine extension du métayage?

Voici une proposition d'un autre genre : puisque le gouvernement croit de son devoir de garantir l'intégralité de la rente foncière, pourquoi faire payer la garantie aux consommateurs de pain, qui sont en majorité de pauvres gens, et ne pas l'inscrire franchement au budget afin que tous les contribuables la paient en proportion de leur fortune? Certainement aucun ministre des finances n'appuiera celle-ci ; elle n'est pourtant pas aussi dénuée de logique qu'elle le paraît.

L'évolution — je pourrais dire la révolution — qui s'opère aujourd'hui dans le commerce du monde reporte ma pensée vers la révolution monétaire qui s'est accomplie au xvie siècle, dont les rois de France se sont plaints maintes fois et qu'ils ont prétendu en vain arrêter par leurs ordonnances, que Bodin a clairement expliquée, mais dont presque tous ses contemporains ont subi les effets, les uns profitant, les autres souffrant du changement, sans en comprendre les véritables causes.

Le changement qui s'est opéré peu à peu durant le dernier quart du xixe siècle et qui se continuera au commencement du xxe par la réduction du prix de gros des marchandises, du taux de la rente foncière, de l'intérêt de l'argent et des profits et qui n'a pas eu jusqu'ici comme corollaire une réduction des salaires, est plus important que celui du xvie siècle et il modifie profondément les relations sociales dans le sens de la démocratie.

En obligeant un plus grand nombre de personnes à vivre de leur travail actuel et personnel et en rapprochant le prix du produit du prix de la main-d'œuvre, il fait plus pour l'égalité des jouissances que les prédications socialistes qui inquiètent et paralysent l'activité industrielle. Le rôle d'un gouvernement républicain est-il d'enrayer ce mouvement?

Un philosophe qui regarderait de haut, sans préoccupation d'intérêt particulier, l'ensemble des phénomènes économiques relatifs à l'agriculture, partagerait assurément la compassion du législateur à la vue d'une gêne incontestable, en présence d'une révolution économique comparable à celles qui ont remplacé les diligences et les auberges par les chemins de fer et les buffets, la filature et le tissage à la main, avec le travail en famille, par la manufacture mécanique et l'embrigadement des ouvriers des deux sexes. Il se demanderait s'il eût été conforme à l'intérêt général de proscrire ou de limiter en nombre et en puissance les locomotives et les métiers renvideurs, et il en conclurait que la politique la plus prévoyante — je ne dis pas la plus populaire et la plus facile à faire accepter — consiste non à accumuler les obstacles devant le passage du progrès, mais à faciliter doucement une transition, douloureuse pour les uns, avantageuse aux autres, et, en fin de compte, inévitable pour tous.

Il s'étonnerait de l'étrange contradiction de nations qui peinent à créer l'abondance par leur travail et qui gémissent de la voir venir à elles par le commerce, qui ne produisent pas assez de blé pour leur nourriture et qui redoutent l'étranger disposé à leur en fournir. L'Amérique, qui nous a entraîné dans cette digression sur les tarifs de douane, est dénoncée plus que tout au-

tre pays comme un ennemi dangereux. Qu'apporte-t-elle
donc? demanderait le philosophe. — « La guerre? —
Non : du pain et de la viande. »

Il s'étonnerait que les Américains de leur côté ne
prêchâssent pas mieux d'exemple. Car il semble qu'il
n'y ait pas d'agriculture qui se défende mieux par elle-
même que la leur puisqu'on l'accuse d'attaquer les
autres. Cependant, n'osant pas se fier pour la conservation de leur marché intérieur à leur énorme production
qui déborde hors de leurs frontières, ils ont cru politique
de concéder une protection agricole à leurs fermiers
afin de les gagner au système de la protection industrielle et, en ce moment même où le pilote de l'État
tente de virer dans une direction plus libérale, la
Chambre des députés hésite et le Sénat, soutenu par des
intérêts considérables et par une opinion très puissante,
l'arrête.

Le philosophe douterait qu'une organisation économique qui donne lieu à de telles singularités fût la
plus rationnelle et la plus désirable. Mais le philosophe
qui médite solitairement dans son cabinet, n'est pas le
politique qui est, dans la mêlée, aux prises avec les opinions et les intérêts du moment.

En politique, qu'on agite des questions économiques
ou autres, l'essentiel n'est pas la valeur des raisons;
ce sont souvent des intérêts ou des passions qu'on sert
et on cherche des arguments pour les justifier. Ce qui
ne veut pas dire qu'on manque pour cela de sincérité
et qu'on ne soit pas convaincu d'agir pour le bien. En
matière de douanes, comme en beaucoup de matières, les
opinions des hommes diffèrent suivant le point de vue auquel
quel ils se trouvent. Les [producteurs sont en général

placés à celui de la protection. C'est de là qu'en France, en particulier, les industriels n'ont cessé d'envisager la question du commerce extérieur depuis le commencement du xvii⁰ siècle et même auparavant, c'est-à-dire depuis que l'industrie et le commerce ont pris de l'importance, et ils ont obtenu de presque tous les gouvernements des faveurs que depuis la Restauration ils ont partagées avec les agriculteurs. Aujourd'hui l'opinion protectionniste s'est généralisée chez la plupart des peuples de l'Europe et s'est enracinée dans les esprits par des causes politiques non moins peut-être qu'économiques. Elle est très forte et elle sera probablement longtemps encore assez dominante dans notre pays pour maintenir le régime légal qu'elle a inspiré. L'histoire sait qu'il passe dans la vie des nations des courants d'idées et d'institutions qui ne se perdent qu'à la longue lorsqu'ils ont épuisé leurs effets ou que d'autres courants, déterminés par des causes plus puissantes, les ont absorbés.

XI

RÉSUMÉ

Je m'étais proposé de donner un aperçu de l'agriculture aux États-Unis. Le sujet est si vaste et si complexe que je ne puis me flatter d'en avoir abordé toutes les parties. J'ai essayé du moins de n'omettre aucune de celles qui sont essentielles pour comprendre l'état actuel de la production. Cette étude, telle qu'elle est, est longue; pour en faciliter l'intelligence, je résume, en terminant, les principaux faits qu'elle contient et les conclusions relatives aux États-Unis qui en sont tirées :

1° La statistique agricole des États-Unis, qui est encore imparfaite, mais qui ne paraît pas l'être plus que celle de la plupart des États d'Europe, est plus variée et fournit d'abondants matériaux pour la connaissance de la culture et des intérêts agricoles.

2° Depuis cinquante ans et surtout depuis la guerre de la rébellion, un progrès considérable s'est accompli dans la mécanique et l'outillage agricoles, qui ont été perfectionnés, et l'emploi des machines s'est généralisé.

3° Un changement considérable s'est fait dans la manière de vivre des fermiers, et leur bien-être s'est accru.

4° Le salaire des ouvriers de l'agriculture, qui est plus élevé que celui des ouvriers européens, est resté à peu près stationnaire depuis le retour au paiement en numéraire; c'est dans le sud qu'il est le plus faible et dans le nord et la Californie qu'il est le plus fort.

5° Plus de la moitié des terres cultivées appartient à des fermes d'une étendue de moins de 40 hectares; les fermes de plus de 400 hectares sont une très rare excepion; l'étendue moyenne pour tous les États-Unis était de 55 hectares en 1890.

6° Les fermes sont exploitées en très grande majorité par le propriétaire du sol, excepté dans le sud; cependant le nombre des fermes louées a augmenté depuis une douzaine d'années.

7° On parvient dans l'ouest à fertiliser par l'irrigation des terres que le défaut de pluie semblait vouer à la stérilité.

8° Les terres de labour sont très rarement fumées; cependant l'emploi d'engrais, surtout d'engrais chimiques, devient plus fréquent, principalement dans l'est pour les cultures maraîchères.

9° La production des céréales est très abondante relativement à la population : elle était de 1,003 millions d'hectolitres en 1893, ce qui équivaut à 16 hectolitres par habitant, tandis qu'elle était en France de 5,6 hectolitres par habitant.

10° La production des céréales a énormément augmenté : pendant que la population s'accroissait dans le rapport de 100 à 125 (50 millions en 1870 et 62 millions 1/2 en 1890), la récolte de maïs s'élevait de 100 à 275 ; celle du blé à 241 et celle de l'avoine à 270. Ce progrès a été accompli principalement dans la période 1867-1885 ; il a cessé presque complètement pour le maïs depuis 1885, pour le blé depuis 1880, il a continué pour l'avoine jusqu'en 1889.

11° La récolte du blé était de 212 millions de boisseaux en 1867, de 512 en 1884 ; elle a atteint son maximum (611 millions) en 1891. La dernière récolte (1893) n'a été que de 396 millions.

12° Le rendement des céréales ayant été à peu près stationnaire depuis quinze ans, les proportions relatives aux récoltes s'appliquent également aux superficies cultivées.

13° Les prix du marché ayant en général baissé, la valeur des trois récoltes n'est guère plus élevée (avoine) ou est moins élevée (maïs et blé) en 1892 qu'elle n'était en 1880.

14° Les régions centrales cultivent surtout le blé d'hiver ; les régions du nord-ouest cultivent le blé de printemps : ce dernier, étant aujourd'hui recherché par la meunerie, augmente en quantité.

15° L'orge a beaucoup augmenté. Les autres récoltes secondaires, seigle, sarrasin, pommes de terre, tabac, ont légèrement augmenté depuis vingt-cinq ans en quantité et en valeur.

16° La production du coton a augmenté d'une manière continue, presque sans interruption, depuis 1867 ; mais les prix ayant baissé, la valeur de la récolte est restée à peu près stationnaire de 1882 à 1892.

17° La culture des légumes a pris depuis une vingtaine d'années un très grand développement, surtout dans les États du nord-est et du Centre-Atlantique, où il y a beaucoup de consommateurs, dans le sud-est et en Californie, où le climat est favorable.

18° La production des fourrages a presque triplé depuis 1867 ; la quantité a augmenté beaucoup plus que la valeur qui était, en 1893, à peine supérieure de 50 p. 100 à la valeur de 1867.

19° La production des fruits, qui est considérable, a pris un très grand développement depuis vingt-cinq ans dans la plupart des États, surtout en Californie et, pour certaines espèces, en Floride.

20° La culture de la vigne a fait aussi de notables progrès, surtout en Californie ; mais, quoique la production des vins soit encore peu considérable (environ 2 millions d'hectolitres), le placement en est difficile.

21° Outre les bois attenant aux fermes et qui constituent le tiers des terres de leur superficie, les États-Unis possèdent d'immenses étendues de forêts ; il y avait en tout en 1870, 450 millions d'acres boisées dont les 2/5 font partie des fermes et 3/5 n'en font pas partie. La consommation est énorme : elle est évaluée à plus de 22 milliards de pieds cubes par an. Les Américains s'inquiètent du déboisement et surtout de la rapide diminution des espèces les plus importantes.

22° L'emploi du lait pour la fabrication du beurre et du fromage a beaucoup augmenté ; cette fabrication a été perfectionnée et en partie concentrée dans de grandes usines.

23° La production de la laine, quoiqu'elle ait doublé depuis vingt-cinq ans, ne suffit pas à la consommation des États-Unis.

24° Le nombre des animaux de ferme est très considérable relativement à la population. En 1893 on en comptait 25 par 10 habitants aux États-Unis, tandis qu'il n'y en avait que 12 en France. Mais, relativement au territoire agricole, on n'en comptait que 65 par kilomètre carré aux États-Unis, tandis qu'il y en a 92 en France.

25° Le nombre des animaux de ferme a augmenté. De 1867 à 1893, celui des chevaux a presque triplé ; celui des vaches laitières a triplé et celui des autres animaux de race bovine a plus que triplé ; celui des porcs a doublé ; celui des moutons n'a augmenté que dans une faible proportion. Depuis 1882, le progrès est presque enrayé pour les porcs, et depuis 1884 il y a diminution pour l'espèce ovine. Les races chevaline, bovine, porcine ont été améliorées.

26° Les États-Unis peuvent, au point de vue agricole, être partagés en neuf régions : trois à l'est, Nouvelle-Angleterre, Centre-Atlantique, Sud-Atlantique ; quatre au centre, région du Golfe, région Appalachienne, région Centrale, région des Plaines du nord ; deux à l'ouest, région de la Cordillère, région du Pacifique. Ces régions diffèrent par le climat, le sol, les cultures, les mœurs de la population.

27° Les parties des États-Unis qui produisent le plus

de céréales sont la région Centrale (moins le Missouri) avec la Pennsylvanie. Tous les États de la région Centrale sans exception produisent beaucoup de maïs; l'Iowa et l'Illinois étaient en première ligne en 1893. Pour le blé, le Dakota et le Minnesota partagent le premier rang avec les États de la région Centrale (Kansas, Ohio, Indiana, Illinois). La culture de l'avoine est importante dans la région Centrale, la région du Nord et le Centre-Atlantique.

28° La culture du coton est concentrée dans les régions Sud-Atlantique et du Golfe et, en outre, dans le Tennessee.

29° La culture des céréales, principalement celle du blé ou du maïs, celle de la pomme de terre et celle du foin ont augmenté, surtout dans les États nouveaux, comme au Nebraska, au Kansas, au Dakota, et ont diminué sur les terres les plus anciennement cultivées, comme celles de l'Illinois, du Connecticut, du Massachusetts, du New York, de la Pennsylvanie.

30° Les parties des États-Unis qui possèdent le plus d'animaux de ferme sont : la région Centrale (huit États), le Centre-Atlantique, le Kentucky et le Texas. L'Iowa tenait en 1893 le premier rang par le nombre de ses chevaux, de ses bœufs et de ses porcs. Les mulets ne sont nombreux que dans les trois régions du sud.

31° Les conditions économiques diffèrent beaucoup suivant les régions. Dans la Nouvelle-Angleterre, la culture du froment n'est pas avantageuse sur un sol granitique et accidenté : les fermiers l'abandonnent et s'appliquent à produire du lait et des légumes pour l'approvisionnement d'une nombreuse population urbaine; mais la transformation est pénible et la majorité souffre de la diminution du prix des denrées. Le Centre-Atlantique est aux prises avec les mêmes difficultés de prix, mais le cultivateur y exploite des terrains généralement meilleurs.

Le Sud-Atlantique ressent encore les conséquences de l'esclavage : la population en général manque d'énergie et de capitaux; elle est endettée; elle n'obtient qu'un rendement très faible en céréales et fait peu de vivres; elle fait beaucoup de coton, mais le prix de sa récolte est en partie engagé d'avance à ses créanciers. La région du Golfe, qui avait aussi des esclaves, est dans une situation à peu près semblable. Cependant il y a des progrès accomplis; le Texas particulièrement, grand pays d'élevage, s'est tout à fait transformé depuis la guerre et est aujourd'hui un des États les plus riches en bétail. La région Appalachienne avait échappé plus que les deux précédentes à l'influence démoralisatrice de l'esclavage; elle se distingue par la qualité de ses chevaux et de ses autres animaux de ferme.

La région Centrale, immense plaine qui s'étend sur tout le bassin moyen du Mississipi entre les Appalaches et les Rocheuses, est le grand grenier de l'Amérique; elle fournit près des deux tiers de la récolte du maïs et de la moitié du blé et de l'avoine; elle possède beaucoup plus d'animaux de ferme qu'aucune autre région et exporte beaucoup plus de denrées, céréales et viande, qu'aucune autre; néanmoins elle se trouve très gênée aujourd'hui par la crise des bas prix, et ses fermiers, qui ont de grosses dettes à payer, se plaignent.

La région des plaines du nord est de défrichement récent; elle se compose, à l'est surtout, de forêts et, à l'ouest, d'une immense prairie dans laquelle se trouvent

des terrains arides et des terrains fertiles, comme la
plaine qu'arrose la rivière Rouge. Elle est caractérisée
par deux industries : la scierie qui débite ses planches et
la meunerie qui moud son blé de printemps; elle a
beaucoup contribué à l'abaissement du prix du blé.
Cependant ses fermiers s'affligent, comme ceux de tous
les pays, de ne plus gagner assez d'argent.

La région de la Cordillère est, dans l'histoire de l'agriculture, de date encore plus récente; elle n'attirait pas la
colonisation parce que la pluie y est insuffisante pour
la maturation du blé; mais, depuis qu'on a découvert
que certains terrains de ses vallées étaient riches en
humus, on y a fait des dépenses d'irrigation qui, sur
certains points, les ont rendus très productifs.

La région du Pacifique reçoit, au contraire, en abondance la pluie que l'Océan lui envoie avec une température douce et bien équilibrée; elle jouit d'un climat
privilégié; aussi y voit-on dans le nord de grandes
forêts, çà et là des arbres gigantesques, de vastes pâturages. La Californie, le plus grand État de la région du
Pacifique, pratique les cultures les plus variées : céréales, vignes, arbres fruitiers; elle est devenue aujour-
d'hui le grand verger de l'Amérique et, dans sa partie
méridionale, elle est un jardin d'orangers.

32° Les deux tiers des 1,815 millions d'acres que le
gouvernement fédéral a possédées à l'ouest des Appalaches ont été vendues ou données par lui sous diverses
formes : vente aux enchères, occupation en « Homestead », subvention aux écoles, aux chemins de fer, etc.
Les terres publiques sont arpentées, divisées en « townships» et en sections, et l'aliénation de 13 millions d'acres
par an en moyenne depuis vingt-deux ans constitue un

gigantesque marché de terres. C'est ainsi que l'ouest a été peuplé et cultivé.

33° La loi du 30 mars 1862 sur le « Homestead » est un des grands événements économiques et politiques de l'histoire des États-Unis ; elle a hâté la mise en valeur des terres du « Far west ».

34° Comme la plus grande partie de ces terres a été occupée en « Homestead » de 160 acres ou achetée par des colons peu fortunés, c'est la petite propriété qui domine de beaucoup dans le nord, et ce sont, dans les nouveaux États, presque exclusivement les propriétaires qui cultivent.

35° Le quart environ des fermiers ou propriétaires américains est endetté ; les uns le sont parce qu'ils ont fait des dépenses plus grandes que leur fortune ne le permettait ; la très grande majorité, parce qu'ils ont emprunté pour acheter leur ferme et leur matériel d'exploitation. Cependant, dans le sud, beaucoup de propriétaires et métayers sont obligés de contracter des emprunts à gros intérêts pour vivre.

36° La dette hypothécaire est très considérable ; elle atteint ou dépasse probablement 6 milliards de dollars (31 milliards de francs). Mais la propriété urbaine en porte une part plus forte que la propriété rurale. On estime que celle-ci, quand elle est engagée, l'est pour un peu plus du tiers de sa valeur, déduction non faite, il est vrai, des annuités déjà payées sur des emprunts encore existant en 1890. L'hypothèque est souvent l'unique instrument de crédit du colon ; malgré les abus auxquels elle donne lieu, elle doit être considérée comme la condition nécessaire et bienfaisante de la colonisation agricole dans les pays nouveaux. C'est pourquoi la dette hypothécaire est généralement lourde dans les États où l'outillage agricole s'est récemment amélioré et dans ceux où l'occupation des terres est de date récente.

37° La production très abondante et la nécessité d'écouler par le commerce l'excédent de cette production ont donné naissance à de grands marchés : Minneapolis, Duluth, Kansas city, Omaha, Saint-Louis, Chicago, Indianapolis, Cincinnati, Buffalo, New York, Boston sont parmi les plus importants. Presque tous ces marchés sont outillés avec une remarquable entente de l'économie du temps et de la commodité des transactions : chemins de fer, télégraphe, téléphone, banque sous la main des négociants, élévateurs pour emmagasiner le grain, « Stockyards » et « Packing houses » pour recevoir le bétail et débiter la viande, « Boards of trade » pour faire les affaires. On peut citer comme exemple de l'importance de ces affaires une maison de Chicago qui, d'après le compte qu'elle publie, tue presque deux fois autant d'animaux dans l'année que les quatre abattoirs de Paris, et un moulin de Minneapolis qui produit autant de farine que Paris en consomme.

38° Les chemins de fer, dont la longueur aux États-Unis dépasse de beaucoup celle de tous les chemins de fer européens, et la navigation par les fleuves, lacs et canaux, facilitant le commerce, ont été au nombre des causes principales de la mise en culture des terres. La concurrence en cette matière, qui a ses inconvénients, a aussi d'incontestables avantages.

39° Le prix des transports de Chicago à New York a diminué, grâce à cette concurrence, dans la proportion de 2 à 1.

40° Le prix de presque tous les produits agricoles est

en baisse depuis une dizaine d'années. Celui du blé (prix moyen à la ferme) est tombé par saccades de 125 cents en 1871 à 54 cents en 1893.

41° On demande en Europe quel est le prix de revient du blé en Amérique. Les Américains ne le savent pas et il est impossible de calculer pour un pays qui s'étend de l'un à l'autre Océan la moyenne d'un coût de production qui varie infiniment suivant les terres, les temps et les hommes.

42° Durant la dernière décade, la récolte du blé a été employée : 12 p. 100 pour les semences, 60 pour la nourriture des habitants, 28 (c'est-à-dire 133 millions de boisseaux) pour l'exportation.

43° Les États-Unis sont la plus grande fabrique de substances alimentaires qui existe dans le monde. Ils ont exporté en 1870 pour 361 millions de dollars de denrées agricoles, et en 1893 pour 615 millions (dont 169 pour le blé et 171 pour les produits animaux).

44° L'Angleterre et, bien loin derrière elle, l'Empire allemand, la Belgique, les Pays-Bas, la France sont les principaux clients de l'agriculture des États-Unis.

45° La production des céréales, gênée depuis une dizaine d'années par les circonstances, augmentera encore quand les circonstances lui deviendront plus favorables ; mais ce sera probablement avec plus de lenteur et de difficulté que par le passé, au milieu d'une concurrence plus forte. Dans l'ensemble, l'agriculture des États-Unis, qui a fait de si remarquables progrès durant la seconde moitié du XIX° siècle, en a encore beaucoup à faire et en fera dans la première partie du XX°, à condition d'adapter ses procédés et ses cultures aux besoins du temps.

APPENDICE

QUESTION DU HOMESTEAD

RAPPORT SUR LE CONCOURS DE 1894 POUR LE PRIX DU COMTE ROSSI, FAIT A L'ACADÉMIE DES SCIENCES MORALES ET POLITIQUES, PAR M. E. LEVASSEUR, AU NOM DE LA SECTION D'ÉCONOMIE POLITIQUE, STATISTIQUE ET FINANCES [1].

I

Le mot de « Homestead » était rarement prononcé en France il y a une douzaine d'années; il est presque populaire aujourd'hui. Il a dû sa fortune en Europe à l'espérance qu'il a fait concevoir de donner à la petite propriété rurale une assiette stable en garantissant le propriétaire contre l'éviction et de mettre un obstacle à la dépopulation des campagnes en fixant la famille sur un domaine inaliénable. Le « Homestead » a-t-il cette vertu en Amérique; s'il l'avait en Europe, l'effet produit serait-il sans inconvénient?

Un publiciste allemand l'a le premier ou un des premiers désigné à l'attention en 1883 dans un travail intitulé *Heïmstattenrecht und audere Wirthschaft gesctze.* En France il a été proposé en exemple, en 1886, dans un Congrès de la paix sociale [2] et la même année un sénateur [3] demanda l'addition à l'article 593 du Code de procédure

---

(1) Nous insérons ici ce rapport, parce qu'il éclaire et complète une institution relative à la propriété agricole dont il a été parlé dans ce travail (chapitre VIII).

(2) M. J. Michel, *Sur le droit d'expropriation.*

(3) M. Fourdinier.

civile d'un paragraphe ainsi conçu : « Sont déclarés insaisissables par la loi et dans aucun cas ne pourront être saisis pour aucune créance tout domaine rural d'une contenance de 20 hectares, y compris la maison d'habitation et dépendances, les immeubles par destination, à condition que le propriétaire y réside et l'exploite. »

La Société d'économie sociale accueillit favorablement une idée qui paraissait être en conformité avec ses propres idées sur la stabilité familiale et le patronage. Un des membres de cette société, M. Urbain Guérin, disait : « Pourquoi n'admirons-nous pas l'intelligence sociale avec laquelle l'agriculture américaine a su mettre par le Homestead le domaine rural à l'abri de l'expropriation », et un autre membre, économiste très distingué qui a visité l'Amérique, M. Cl. Jannet, a déclaré de son côté que la « législation du Homestead était considérée aujourd'hui comme une des institutions fondamentales de la république, parce qu'elle assurait à la fois la stabilité de la famille et le maintien de la petite propriété ».

Aussi, la Société entreprit-t-elle de donner à la proposition faite au Congrès de la paix sociale la forme régulièrement juridique d'un projet de loi. Voici les principales dispositions de ce projet : Tout propriétaire peut constituer un « bien de famille » — traduction libre de l'expression Homestead — en faisant une déclaration et rendre par là ce bien insaisissable. Ce bien ne peut excéder en valeur 10,000 francs. S'il est constitué par contrat de mariage, il ne peut être aliéné qu'à condition de remploi. Si le propriétaire en mourant laisse des enfants, le bien ne peut être vendu tant que ceux-ci sont mineurs. D'autre part les successions au-dessus de 10,000 francs ne sont plus soumises aux articles 826 et 832 du Code civil, afin de prévenir le morcellement; le père peut dans tous les cas disposer par testament de la moitié de sa fortune; enfin tout héritier peut retenir le « bien de famille », même si la valeur excède 10,000 francs, en payant aux autres héritiers une soulte dont l'intérêt serait fixé à 3 p. 100. Ce projet impliquait des changements à l'esprit comme à la lettre du Code civil assez considérables pour qu'on ne l'adoptât qu'après examen contradictoire.

En 1887, la Société des agriculteurs de France entrait dans le courant et émettait un vœu recommandant à son conseil l'étude des moyens proposés pour assurer la protection de la petite propriété rurale. D'autres sociétés ont à leur tour agité la question qui reste ouverte devant la science.

La Chambre des députés en a été saisie à son tour par un projet qu'a présenté M. le comte de Mun et qui confère l'insaisissabilité, sauf quelques cas réservés, aux petites propriétés rurales jusqu'à concurrence de 5,000 francs, ainsi qu'aux animaux de trait nécessaires pour l'exploitation. Plus récemment (1892), dans un projet de loi sur les habitations ouvrières, un article a été inséré qui permet, après le décès du propriétaire, de surseoir à la vente et de rester dans l'indivision tant qu'il y a des enfants mineurs. Tout récemment même, dans un nouveau projet déposé, un député qui a l'autorité d'un jurisconsulte déclarait que « l'expérience du Homestead a été brillamment faite aux État-Unis ».

II

Les partisans de la réforme montraient à la France l'exemple de plusieurs peuples européens. Nous croyons utile de rappeler sommairement quelques-uns de ces exemples sans entrer dans les détails de la politique proprement dite.

Nous n'insisterons pas sur celui-ci qui est animé du même esprit de conservation de la famille et de la propriété que les précédents, parce que nous pensons qu'il convient à l'Académie des Sciences morales et politiques de se tenir sur le terrain de la science, qui est le sien, et dont les lumières peuvent éclairer la politique, sans se laisser entraîner dans la mêlée des opinions et des débats journaliers que la politique suscite.

L'Allemagne a passé à cet égard par des vicissitudes diverses. Sous le régime féodal, la terre roturière était en général indivisible et incessible en Prusse et la ferme « Hof » passait à un héritier désigné, dit « anerbe », qui était ordinairement l'aîné. Mais le servage ayant été aboli de 1807 à 1816, le morcellement qui parut se produire à la suite de cette suppression inquiéta les gouvernements allemands. En 1825, défense fut faite en Bavière de morceler la terre au-dessous de 1 florin d'impôt; en 1830, la transmission intégrale du « hof » put être faite en Westphalie à un héritier unique choisi par le propriétaire ou, à défaut de choix, à l'aîné des enfants; en 1836 les biens donnant accès à la diète en Hanovre furent déclarés indivisibles, etc.

Après les événements de 1871, sous l'influence d'un courant d'idées plus libérales, la loi hypothécaire du 5 mars 1872 supprima tout obstacle à la disposition des fonds de terre. Mais le Hanovre, habitué au régime des anerben (excepté dans la partie septentrionale où existait le partage égal et où la terre était morcelée), réclama et, comme « il est peu sage de faire le bonheur des gens malgré eux », disait le rapporteur, le Hofrecht fut rétabli en 1874 dans le Hanovre ou du moins le propriétaire fut autorisé à choisir entre le « anerbenrecht » et la libre disposition de tout ou partie de son bien, soit par testament, soit par donation entre-vifs; il fut décidé en outre que sous le régime de « l'anerbenrecht », le « Hof » passerait au fils ou à la fille aînée, l' « anerbe » recevrait un tiers de la valeur de ce domaine à titre de préciput légal et verserait les deux autres tiers dans la masse, laquelle serait partagée également non en nature, mais en valeur entre les héritiers. De 1874 à 1880, époque où une loi a autorisé les possesseurs de biens nobles à adopter ce régime, sur 100,128 tenures, 60,691 s'étaient déjà placées sous le « anerbenrecht » : l'institution est donc populaire en Hanovre.

Ce régime, recommandé surtout par le parti catholique et combattu par le parti libéral, a été introduit de 1881 à 1886 dans le Lauenbourg, la Westphalie et plusieurs autres provinces de Prusse. Il existe depuis longtemps dans le Grand-duché de Bade; il date de 1873 dans le Grand-duché d'Oldenbourg, de 1876 à Brême, etc.

Des propositions relatives à cette matière sont en discussion; en décembre 1893, le Reichstag a été saisi de nouveau d'un projet de loi sur ce Heimstätte, « bien de famille ».

Un des buts qu'a visés la politique allemande en cette matière a été de restreindre l'émigration. C'est dans cette pensée surtout que dès 1886, le gouvernement a acquis dans les provinces de l'est de vastes domaines en partie incultes et les divisa par petits lots payables en arrérages perpétuels, ces domaines provenant le plus souvent de propriétaires polonais et les lots, « rentengüter » étant concédés à des colons allemands, lesquels ne peuvent pas les aliéner sans autorisation, c'est dans la même pensée qu'il a engagé les grands propriétaires à créer aussi des retengüter sur leurs domaines.

L'Autriche, qui a aboli le régime féodal en 1811, avait néanmoins toléré l'usage de la transmission de l'héritage rural à l'aîné, moyennant une soulte. Une loi de 1868 ayant établi la règle des partages uniformes, excepté en Tirol, les paysans ont presque partout cherché à l'éluder. La crainte des Juifs, qui sont parvenus à réunir dans leurs mains un grand nombre de propriétés par le moyen de saisies-exécutions et des considérations de stabilité politique ont fait rendre, en 1889, une loi établissant le Höferecht non comme un régime que le propriétaire peut adopter, mais comme la loi commune de tous les petits propriétaires.

En Russie, un oukase de 1878 a interdit la saisie immobilière en vue de protéger le paysan affranchi du servage et doté de sa parcelle culturale par la réforme de 1861 ; un oukase de 1893 a déclaré inaliénables les terres qui leur avaient été concédées à l'époque de l'affranchissement. En Roumanie, il était interdit aux paysans émancipés par la loi de 1864 d'aliéner ou d'hypothéquer leur terre avant trente ans ; loi qui, imparfaitement exécutée, n'a ni préservé la masse des paysans de la misère, ni empêché l'émigration.

III

Ces exemples, qui s'expliquent en grande partie par des mœurs particulières des paysans, par des visées de la politique ou par une infériorité morale des populations, n'étaient pas suffisamment concluants. C'est surtout l'exemple des États-Unis, où la colonisation a eu un développement si rapide et a produit de si merveilleux effets pour la fortune de la grande République américaine, que l'on a invoqué. Connaissait-on exactement ces effets et les circonstances dans lesquelles ils se sont produits?

Cette question que nous avons posée au début de notre rapport est intéressante. On n'y avait pas encore répondu, en France, en termes positifs. C'est pourquoi l'Académie des Sciences morales et politiques a mis au concours en 1891 pour le prix du comte Rossi la question suivante :

« Rechercher les origines de la législation dite du Homestead; en exposer le fonctionnement dans les pays où elle est établie; en apprécier les avantages et les inconvénients. »

Trois auteurs ont répondu à l'appel de l'Académie et avaient déposé leur Mémoire au secrétariat de l'Institut le 31 décembre 1893, terme de rigueur. Avant d'en rendre compte, nous croyons devoir exposer brièvement l'état de la question en Amérique en nous servant des renseignement contenus dans ces Mémoires [1].

(1) Entre [la lecture de ce rapport à l'Académie et l'impression. une thèse de doctorat soutenue par M. L. Corniquet devant la Faculté de droit de Paris a été publiée. Cette thèse traite deux questions : une de droit romain sur les attributions juridiques des pontifes, et une de législation comparée ayant pour titre : *L'insaisissabilité du foyer de famille aux États-Unis (étude sur le Homestead)*. Cette partie, qui porte pour épigraphe : « *The home is a castle (le foyer est un château fort)* » et « L'une partie du monde ne sait pas comment l'autre vit et se gouverne (Ph. de Commines), occupe 350 pages et est elle-même divisée en deux parties. La première est une étude juridique du « Homestead exemption »; méthodique, claire, instructive et, quoique certains passages auraient pu être plus condensés et que quelques traits soient à retoucher, l'ensemble n'est pas moins digne de remarque que celui des Mémoires présentés au concours. La seconde partie, qui est historique et économique, prête à la critique. L'auteur montre par des chiffres comment les concessions de terres et la colonisation ont contribué au peuplement et à la prospérité des États-Unis, mais il confond les effets du « Homestead law » national de 1862 et ceux des lois de « Homestead exemption » et attribue à celles-ci un mérite qui appartient à celle-là. Il ne paraît pas avoir vu l'Amérique et avoir étudié comment travaille d'ordinaire le petit fermier américain de l'ouest. Attribuant aux lois de « Homestead exemption » une influence qu'elles n'ont pas exercée, il n'est

I V

Le mot Homestead (¹), qui signifie le « lieu de la résidence », ou plus simplement le « foyer », désigne aux États-Unis deux institutions absolument différentes.

Pendant la guerre de la rébellion a été voté, le 20 mai 1862, le « Homestead law », loi qui donne à tout Américain majeur et à toute personne ayant déclaré, conformément à la loi, son intention de devenir citoyen des États-Unis, le droit d'occuper gratuitement 160 acres (64,8 hectares) de terre arpentée ou 80 acres seulement dans les cantons plus avantageusement situés et qui, après cinq ans de résidence, s'il a cultivé cette terre en partie du moins, lui en confère la propriété.

Avant les cinq années, la terre n'étant pas encore la propriété du colon, ne peut être ni donnée, ni vendue, ni hypothéquée ; l'hypothèque cependant est maintenant permise par la jurisprudence dans certains cas très limités avant la réception du titre définitif (²).

Lorsqu'à l'expiration de la cinquième année ce titre (patent) est délivré, la terre dont le possesseur devient ainsi propriétaire lui est livrée libre de tout engagement et ne peut être saisie pour le paiement de dettes antérieurement contractées. Telle est la volonté des Congrès et la nature du cadeau qu'il fait.

Cette loi, qui faisait partie d'un ensemble de mesures en faveur de l'agriculture, avait pour but de peupler les solitudes du « Far west » et d'en mettre les terres en valeur,

---

pas étonnant qu'il les tienne en très haute estime et qu'il en conseille l'application en France ; aussi ses conclusions ne sont-elles pas celles du présent rapport. L'auteur, m'a fait savoir qu'il avait eu l'intention de prendre part au concours Rossi et qu'une erreur relative à la date de la remise des Mémoires l'avait seule empêché de le faire. Il est regrettable que cette erreur ait privé le concours d'un Mémoire qui y aurait figuré honorablement.

(1) On dit souvent que la langue anglaise a le privilège d'une expression telle que le « home ». Le « chez soi » de la langue française n'est pas moins expressif.

(2) Voir ce cas dans Rufus Waples, p. 950 et suiv.

de constituer dans l'ouest une population compacte de fermiers-propriétaires qui consoliderait la démocratie américaine et achèverait de déplacer l'équilibre de puissance entre le sud et le nord. Elle a eu un plein succès ; car le total des terres publiques ainsi aliénées dans l'espace de vingt-cinq années, de 1866 à 1893, s'est élevé à 135 millions d'acres, soit 55 millions d'hectares, superficie plus grande que celle de la France entière, et le nombre des *Homesteads* formés a été d'environ 1,100,000 dont beaucoup, il est vrai, ont été abandonnés ou aliénés pour diverses causes par les premiers propriétairess.

Cette loi du Homestead est un des grands événements de l'histoire agricole des États-Unis. Elle a fortement contribué au mouvement d'immigration qui a transformé le « Far west », et elle a beaucoup influé sur l'accroissement des récoltes et l'augmentation du bétail, si rapides de 1867 à 1880. Donalson, écrivain américain, en faisait, il y a peu d'années, l'éloge en ces termes : « Le Homestead couvre d'habitations le sol des États. Il fait sortir de terre les communes et les cités ; il atténue les chances et la gravité des désordres politiques et des bouleversements sociaux, en appelant à la propriété des colons indigènes ou étrangers qui viennent s'y établir. Ce Homestead, nous ne l'avons emprunté à aucune autre nation ; *il porte la puissante et originale empreinte de notre race et subsiste comme le témoignage vivant et vivace de la sagesse et de l'esprit politique qui l'ont établi.* » Dans un article du *Forum* qui vient de paraître en juin 1894, le secrétaire d'État actuel du Département de l'agriculture, l'honorable J. Sterling Morton, écrivait : « L'accroissement de la superficie des terres labourées aux États-Unis doit être attribué en grande partie à l'action de la loi du Homestead dont l'application date de 1866. »

Voilà la première institution américaine que couvre le nom de Homestead. Elle ne saurait s'appliquer à la France où il n'y a pas de terres publiques à occuper ; elle pourrait seulement être étudiée concurremment avec les divers autres systèmes de concession et de vente pour quelques-uns des territoires coloniaux que la France possède.

V

L'autre institution est le « Homestead exemption », le privilège de Homestead, privilège du foyer domestique, qu'un jurisconsulte américain M. Rufus Waples, définit à peu près ainsi : « Le Homestead est une résidence de famille, impliquant possession, occupation effective, limitation de valeur, exemption de saisie, aliénabilité restreinte, le tout conformément à la loi. »

A la suite de la crise commerciale de 1837, beaucoup d'Américains propriétaires, ruinés par la saisie de leur ferme à un moment où la terre ne trouvait acquéreur qu'à vil prix et restés débiteurs insolvables, avaient cherché un refuge au Texas et s'y étaient établis sur des terres inoccupées. Dans un pays où le lit, les animaux de travail, les outils des ouvriers, etc., étaient déjà exempts de la saisie pour dettes, ils obtinrent la loi du 26 janvier 1839 qui donna le même privilège à la terre en déclarant que les propriétés rurales de 50 acres au plus avec les instruments aratoires, cinq vaches et deux attelages, et les propriétés urbaines de 500 dollars au plus, avec un mobilier de 200 dollars, seraient exemptes de cette saisie. Une dizaine d'années plus tard, comme par une conséquence du « Bankrupt act » de 1841, plusieurs États de la fédération adoptèrent ce régime et votaient des lois de « Homestead exemption » : le Vermont, le Wisconsin, le New York et le Michigan, les premiers, en 1849 et 1850. Plus tard, après la guerre de la rébellion, les États du sud, ruinés par les sacrifices d'argent qu'ils avaient dû faire et par la suppression de l'esclavage ont voulu investir leurs propriétaires du « Homestead exemption » ; de 1867 à 1870, les six États de Floride, de Virginie, d'Arkansas, d'Alabama, de Mississipi et de Géorgie ont adopté ce régime. Les États et Territoires de l'ouest, qui s'efforçaient de peupler leurs solitudes, ont pensé que ce privilège était de nature à plaire aux immigrants et l'ont tous, à l'exception d'un seul, adopté.

Il est devenu aujourd'hui presque universel. Sur quarante-neuf États, Territoires organisés et District fédéral, il n'y en a que cinq, le Rhode Island, la Pennsylvanie, le Delaware, l'Orégon et le district de Colombia qui ne l'aient pas introduit dans leur législation. Il y en a même dix-huit qui en ont fait un article de leur constitution.

Par la loi de 1862, le gouvernement national s'était proposé d'une manière générale de fortifier la démocratie des propriétaires ruraux en peuplant les solitudes de l'ouest. De leur côté, les Territoires qui aspiraient à avoir assez d'habitants pour être érigés en État, et les États qui aspirent toujours à avoir plus de population pour augmenter leur richesse et pour envoyer plus de députés au Congrès, ont cherché à profiter pour leur avantage particulier de l'immigration qui se portait sur les terres publiques; ils lui ont offert, chacun à l'envi, des avantages et des privilèges; l'insaisissabilité du Homestead n'a probablement pas été un des moins attrayants.

L'étendue et la valeur du bien garanti par ces législations particulières varie suivant les États.

Le minimum d'étendue pour les propriétés rurales est de 40 acres (16 hectares) dans le Wisconsin et le maximum de 240 acres (97 hectares) dans le Mississipi: pour les propriétés urbaines, c'est la maison que vise la loi et l'échelle s'étend de 1/4 d'acre (Montana) à 20 acres (Nebraska) quelle qu'en soit la valeur, ou de 1,500 dollars (Michigan) à 5,000 (Texas). Il y a des législations qui, sans faire cette distinction, exemptent la propriété immobilière, où qu'elle soit située, d'une valeur de 500 (New Hampshire) à 5,000 dollars, (Californie) soit 2,500 à 25,750 francs; quelques-unes garantissent aussi une certaine valeur de biens mobiliers. Le chiffre de 25,750 francs fixé d'abord par la Californie a prévalu surtout dans les États nouveaux, les deux Dakota, l'Idaho, le Nevada.

Tantôt cette valeur est celle de la propriété au moment de la constitution du Homestead, quelle que soit la plus-value ultérieure, comme dans le Wisconsin et le Texas, et tantôt celle que le tribunal estime au moment du litige.

Dans la plupart des États le « Homestead exemption » est

un droit; toute personne qui se trouve dans les conditions déterminées par la loi en jouit sans avoir à faire de déclaration. Dans quelques États, qui sont surtout ceux de l'est, la déclaration préalable ou l'inscription sur le registre des actes, « Registrar of deeds », sont nécessaires; la Californie et l'Idaho dans l'ouest, sont au nombre des États où cette déclaration s'impose.

Les règles générales pour la constitution d'un Homestead sont :

1° Être propriétaire ou usufruitier de la propriété servant d'habitation ou, tout au moins, dans certains cas, avoir un droit de jouissance comme locataire, occupant ou usufruitier;

2° Être chef de famille, c'est-à-dire pour un mari avoir une femme ou des enfants mineurs, des frères ou sœurs mineurs, quelquefois une fille majeure, des ascendants, un pupille vivant à son foyer; pour une veuve, avoir des enfants mineurs; quelques tribunaux, contrairement à la jurisprudence générale, admettent l'enfant naturel; aucun n'admettrait la concubine;

3° Résider, c'est-à-dire habiter en personne le Homestead, habitation qui doit être effective, sans qu'il soit nécessaire que le propriétaire se trouve dans la maison au moment de son décès, mais ce qui exclut la co-existence de deux Homesteads (¹) :

D'une part, la constitution d'un Homestead ne saurait affranchir le domaine des servitudes ou obligations antérieures; du moins c'est la règle de la plupart des législations, elles n'empêchent même en aucune façon les poursuites contre le débiteur insolvable dont tous les biens peuvent être saisis, à l'exception du Homestead. D'autre part, la garantie cesse quand les conditions ne sont plus remplies. Ainsi un veuf sans enfant perd son privilège de Homestead. S'il a des enfants, il le perd quand ceux-ci sont majeurs, quoiqu'il y ait doute dans le cas où

____

(1) Il y a peut-être dans quelques États, d'après la jurisprudence, une quatrième condition, celle d'être citoyen, mais nous n'en avons pas trouvé a trace dans les lois.

une fille continue à vivre au foyer paternel. Sa veuve, en général, le perd si elle se remarie; ses enfants, après sa mort, le perdent à leur majorité.

Je ne connais que la constitution de la Floride qui, par une exception illogique, fasse bénéficier les héritiers, quels qu'ils soient, du privilège de Homestead et leur transmette la propriété affranchie de toute obligation, quelles que soient les dettes laissées par le mort.

Le Homestead est donc un droit personnel et temporaire et non un droit réel, c'est-à-dire qu'il n'est pas inhérent à la propriété, mais qu'il appartient au bénéficiaire lorsque celui-ci se trouve dans certaines conditions. « Le bénéfice de Homestead sur la terre, dit la loi de l'Illinois, ne constitue pas un droit, c'est seulement une exemption et une suspension de vendre le bien. »

Le privilège de Homestead est spécial au bien qu'il garantit; c'est ce bien qui ne peut être enlevé par vente forcée au propriétaire; s'il y a un jugement de saisie contre lui, tous ses biens peuvent être atteints, moins celui-ci. Ce privilège d'ailleurs ne se manifeste que dans le cas où le bénéficiaire est sous le coup de la saisie. « No debt, no Homestead », disent les Américains.

Il crée, en même temps qu'un privilège, une servitude à l'égard du propriétaire qui ne peut plus aliéner par vente, legs ou autrement que dans les conditions spécifiées par la loi, il crée une sorte de co-propriété pour la femme et les enfants mineurs, bien que ces derniers n'aient pas le moyen de faire valoir leur droit. C'est la famille qu'il a pour objet; il est constitué en vue de sa conservation et surtout en faveur de la femme. Le droit de la femme est variable suivant les États, et n'est pas encore nettement défini dans tous par la jurisprudence. Tantôt le mari peut aliéner le Homestead sans son consentement : c'est le cas du Mississipi. Tantôt la vente et l'hypothèque ne sont valables qu'avec son consentement donné librement et par écrit. En Californie, le mari et la femme sont considérés comme étant co-propriétaires du Homestead. La résidence du mari avec sa famille sur un bien qui lui est propre fait

de ce bien un Homestead dans les États où le Homestead est
de droit commun ; mais, si le bien est un propre de la
femme, il ne peut devenir Homestead qu'avec son consentement. En cas de divorce prononcé contre le mari, la
femme, qui a la garde des enfants, bénéficie, dans quelques
États, du Homestead. Dans la plupart des législations la
femme peut cumuler le Homestead avec le douaire.

L'insaisissabilité du Homestead peut être invoquée contre
tout créancier chirographaire, à moins que la dette n'ait
pour cause directe l'achat de tout ou partie du Homestead.
Elle ne peut pas l'être contre l'impôt et l'amende. Le plus
souvent les créances des domestiques et ouvriers pour travaux d'amélioration du fonds, très rarement celles du mé-
decin pour ses honoraires ont prise sur le Homestead. Mais,
dans les autres cas, la loi le protège.

Un exemple fera comprendre jusqu'où s'étend cette protection. Une personne a pris des marchandises à crédit, les a
vendues et avec l'argent a acheté une propriété dans les
conditions de Homestead ; le marchand non payé veut
saisir cette propriété, mais il est débouté de sa demande,
parce que la dette n'est pas la cause' directe de l'achat. On
comprend le parti que la mauvaise foi peut tirer de cette
situation.

L'insaisissabilité a un autre inconvénient plus grave,
parce qu'il est plus général, elle supprime le crédit réel ou
plutôt elle le supprimait si le propriétaire américain ne
pouvait pas, chaque fois qu'il en a besoin, s'affranchir en
prenant le consentement de sa femme. Car celle-ci a le droit
de renoncer à son privilège et l'hypothèque devient valable
quand le contrat porte sa signature à côté de celle du mari.
Or le cas est très fréquent. Il n'y a que deux États, le Texas
et l'Arkansas, qui interdisent d'hypothéquer le Homestead ;
dans les autres, la femme ne doit pas souvent résister devant un besoin urgent qu'elle ressent ou devant une tentation qui la séduit, et mari et femme signent de concert le
contrat d'emprunt hypothécaire, sans songer même probablement à un privilège dont l'usage serait pour eux un
obstacle.

Le surintendant du Census de 1890 a entrepris de calculer
la dette hypothécaire des États-Unis qu'il n'évalue pas à
moins de 6 milliards de dollars, soit plus de 30 milliards de
francs. Donc on emprunte beaucoup et beaucoup de fermiers
renoncent à l'insaisissabilité.

Les lois de « Homestead exemption » ne se proposent d'ailleurs pas de faire obstacle à la vente ou à l'emprunt qui
sont favorables à la colonisation, ni de perpétuer le même
domaine dans la même famille pendant une série de générations et de fixer des populations sur le sol. Perpétuité et
fixité ne sont guère dans les mœurs de l'Amérique où l'esprit d'entreprise porte les hommes à changer de condition
dès qu'ils entrevoient une amélioration et où l'esprit d'indépendance pousse les rejetons à se détacher de bonne heure
du tronc familial.

M. Michel Chevalier écrivait déjà en 1835, dans ses
Lettres sur l'Amérique du Nord : «Le Yankee n'a pas de racines
dans le sol ; il est étranger au culte de la terre natale et de
la maison paternelle ; il est toujours en humeur d'émigrer...
Il vendra la maison de son père comme de vieux habits,
de vieux galons. Il est dans sa destinée de pionnier de ne
s'attacher à aucun lieu, à aucun édifice, à aucun objet. »
Ces mœurs n'ont pas changé. L'année dernière, un écrivain américain, M. Turner, les vantait en disant que la mobilité de la population est mortelle au provincialisme et
que cette mobilité, surtout dans l'ouest, avait formé l'esprit
américain.

Les lois du Homestead se proposent de conserver un abri
à la veuve et aux enfants mineurs, ce qui est favorable à la
colonisation. Aussi, dans certains États, où la déclaration
préalable est nécessaire pour la constitution du Homestead,
la femme peut-elle prendre l'initiative de l'enregistrement
pour empêcher son mari d'aliéner le bien. Dans tous les
États, la propriété est garantie non seulement contre la
saisie, mais même contre la vente par le mari sans l'autorisation de la femme.

Nous ne nous proposons pas de faire ici un exposé de la
législation et de la jurisprudence du Homestead ; cet exposé

remplit 923 pages de l'ouvrage de Rufus Waples. Nous avons seulement à faire comprendre les conditions essentielles qui caractérisent l'institution.

VI

Les trois Mémoires présentés au concours ont des mérites différents ; ils ont tous trois du mérite. Ils dénotent une étude sérieuse des textes et une connaissance solide de la matière juridique. Un seul a fait en outre preuve d'une intelligence spéciale des résultats pratiques de cette législation qu'il a observés sur place.

VII

Le Mémoire n° 1 qui a pour épigraphe : *Sic fortis Etruria crevit*, est un manuscrit de 643 pages, divisé en plusieurs cahiers. Il comprend trois parties : la propriété familiale dans le passé, la législation du Homestead à l'étranger, la question de l'introduction du Homestead en France.

Dans la première partie l'auteur donne un rapide aperçu du régime de la propriété dans l'antiquité et au moyen âge, afin de prouver que la conception de la propriété foncière entièrement libre est une idée récente et qu'en France c'est la Révolution qui a affranchi la terre. Il place au xiii° siècle l'époque de la plus grande prospérité agricole de l'ancienne France, opinion qui est répandue, mais qui est condamnée à rester à l'état de simple opinion, parce que l'histoire manque de faits assez précis pour en faire une vérité démontrée. Il se demande si en supprimant les entraves de la propriété, la Révolution n'a pas été à son tour trop loin ?

Les États-Unis forment le premier et le principal chapitre de la seconde partie du Mémoire. L'auteur esquisse avec précision l'histoire de la législation du Homestead, aussi bien celle de la loi nationale qui concerne la concession de terre que celles des lois d'État qui confèrent le privilège d'insaisissabilité. Il étudie d'abord non seulement la loi de 1862, mais les autres manières d'acquérir les terres publiques : préemption, « timber act », « military warrants», jusqu'à la loi du 3 avril 1887 qui interdit en principe aux étrangers l'acquisition de la propriété foncière aux États-Unis. Puis il aborde la question du «Homestead exemption», privilège qui, dit-il, intéresse les Français plus directement que celle de l'occupation et il la traite en jurisconsulte exercé. Il en connaît les résultats surtout par une enquête anglaise de 1886-1887, qui constate que le « Homestead exemption » est d'un usage très rare dans l'est, puisqu'il n'y avait pas, dans le Massachusetts, un propriétaire sur cent qui eût fait la déclaration nécessaire ; très rare aussi dans plusieurs États du sud, qu'il est considéré au contraire dans l'ouest comme une institution tutélaire.

« Les faibles sont protégés contre les forts, contre les marchands et les usuriers sans scrupule... Il y a sans doute des milliers de familles aux États-Unis qui ont été sauvées d'une ruine complète par ces dispositions humaines », écrit un publiciste américain, sans fournir, il est vrai, la justification statistique de son enthousiasme. Le Mémoire cite son opinion ; il cite aussi l'opinion opposée de ceux qui accusent le « Homestead exemption » d'être un obstacle au crédit foncier, de pousser par là au crédit mobilier qui est plus onéreux, de favoriser les débiteurs de mauvaise foi et néanmoins il conclut en faveur de l'institution, parce qu'il croit qu'en principe, l'hypothèque est funeste aux petits propriétaires.

Dans les chapitres suivants consacrés à l'Allemagne, à l'Autriche, à la Suisse, à l'Angleterre et à l'Irlande, à l'Inde, au Canada, à l'Australie, à la Russie, à la Roumanie, il expose avec méthode les mesures législatives, les institutions et même les projets ayant pour objet de mettre la petite propriété rurale à l'abri de la saisie ou de l'aliénation. Nous avons signalé quelques-unes de ces institutions qui sont tout autre chose que le Homestead ; il n'y a pas lieu d'insister.

La troisième partie du Mémoire est consacrée à la France. L'auteur, après avoir fait connaître les projets proposés, dé-

clare que l'exemple des États-Unis est décisif et demande pour
la France et pour l'Algérie la constitution du Homestead,
lequel ne s'appliquerait qu'à la propriété rurale d'une valeur
de 10,000 francs au plus, cheptel non compris, et confère-
rait l'insaisissabilité de plein droit sans déclaration, mais
aussi sans que le bénéficiaire pût y renoncer. Il pense que le
Hofrecht hanovrien ne convient pas à la population française, que la soulte à payer aux frères et sœurs d'une
famille nombreuse par l'héritier de la ferme serait trop onéreuse et que, sans changer la loi des partages, une simple
modification dans l'application des articles relatifs au partage en nature et une diminution des frais des petites successions suffiraient pour améliorer la situation. C'est donc à
l'insaisissabilité seule qu'il s'attache et il propose de l'étendre aux petits capitaux mobiliers pour éviter les « vastes
rafles financières savamment organisées »; il la conseille
comme le moyen de défendre le petit patrimoine rural contre la saisie du vivant du propriétaire et contre le morcellement après sa mort; enfin il presse le législateur français
d'adopter cette réforme pour mettre une digue au socialisme,
qui déborde sur les campagnes, sans quoi, dit-il, « la ba-
taille sera perdue ».

VIII

Le Mémoire n° 2 est un manuscrit de 368 pages en deux
volumes portant pour épigraphe : *My home is my castle. — Ma
maison, c'est ma forteresse.* Sur les onze chapitres qui le composent, dix sont consacrés aux États-Unis. A notre connaissance, dit l'auteur, le régime du Homestead n'existe qu'aux
États-Unis, quoiqu'il en a été fait un essai partiel et limité aux
concessions de terres publiques au Canada et dans quelques
colonies anglaises de l'Australie. Il ajoute qu'on ne le connaît
guère en France que « par quelques articles de journaux ou
de revues ou par des comptes rendus de discussions, très
superficielles d'ailleurs, engagées pour ainsi dire accidentellement devant des sociétés savantes » et, « chose plus
étonnante peut-être » qu'en Amérique, il n'y a pas, à part

les recueils juridiques de Freeman, de Smyth et de Thompson (1), de littérature du Homestead.

Un juge de l'Illinois a dit : « Si actuellement en Angleterre un immeuble peut être saisi et vendu pour le paiement des dettes du propriétaire, c'est en vertu d'une législation nouvelle qui n'a jamais été appliquée dans notre État et non d'après le droit commun qui nous régit. » Des jurisconsultes américains font en effet remonter les origines du Homestead au vieux droit normand, au temps où l'usufruit du tiers du fief constituait le douaire de la veuve et où le droit du créancier, conformément aux statuts de Westminster, se bornait à saisir la moitié de la terre du débiteur et à en percevoir les revenus jusqu'à l'acquittement de la dette. L'auteur du Mémoire rappelle lui-même l'existence de ce droit en tirant ses preuves de l'ouvrage de M. Glasson et fait remarquer que si le statut « de mercatoribus » d'Édouard V a autorisé la saisie de la totalité de la terre pour dettes commerciales, ce n'est qu'en 1838 qu'une loi a étendu cette autorisation à toute espèce de dette. Depuis longtemps la législation de plusieurs États américains, s'inspirant des institutions de la mère patrie, accordait à la veuve un douaire, ou une provision alimentaire d'un an, « year's support », pour elle et ses enfants, ou, comme au Massachusetts, un droit de résidence pendant quarante jours ; elle exemptait de la saisie une partie des meubles, en déterminant tantôt la valeur, tantôt la nature des objets, comme le rouet à filer, la machine à coudre, la bible, dix moutons, la literie, les vêtements, les outils nécessaires à la profession, une paire de bœufs, la charrue. L'opinion que le « Homestead exemption » n'est pas une dérogation au droit commun, a prévalu dans un certain nombre de cours suprêmes, notamment dans celle du Michigan. Néanmoins l'origine féodale du Homestead est une filiation imaginée après coup

(1) Il y a cependant sur le Homestead un certain nombre de travaux américains. Un des concurrents en a dressé la liste. L'ouvrage qui est probablement le plus récent et peut-être le plus complet est intitulé : *A treatise or Homestead and exemption*, by Rufus Waples LL.D, publié chez Th. Flood and Company, Chicago, 1893.

pour rendre plus respectable une institution qui, en réalité, est née de besoins nouveaux.

L'auteur du Mémoire n° 2 fait donc l'histoire moderne de cette institution. Il distingue nettement l'occupation de la terre par Homestead résultant de la loi nationale de 1862 et le « Homestead exemption » constitué par les lois particulières des États; la première a été inspirée par une pensée de peuplement des solitudes américaines; les secondes par une pensée de protection du foyer. Nous ne revenons pas sur la première qui a fourni à l'auteur d'intéressants détails. Nous n'insistons pas non plus sur l'historique de la seconde qui est bien présenté; nous citerons seulement, d'après l'auteur, quelques traits relatifs à leur application.

En Californie, quoique le privilège du Homestead couvre une valeur de 5,000 dollars, on le qualifie de «the poor men law »; les gens à l'aise croiraient nuire à leur crédit s'ils plaçaient leur propriété sous son abri, et le « recorder » de San Francisco, invité en 1887 à faire une recherche pour les enquêteurs anglais, n'a trouvé sur ses registres que 300 inscriptions de Homestead par an, dans un pays où il y a chaque année un nombre considérable de créations et de mutations de propriété. Dans un comté de l'État de New York (Seneca county) il y a eu 40 déclarations les deux premières années et il n'y en a pas eu depuis ce temps. Dans tel comté (Barnstalle county) du Massachusetts, on n'a relevé que 32 déclarations de 1851 à 1885. Le consul anglais de la Nouvelle-Orléans a déclaré dans l'enquête que le Homestead n'était pas avantageux aux personnes qui veulent entreprendre des affaires et que dans le Mississipi les « Homesteaders » payaient d'ordinaire 40 p. 100 de plus que les autres personnes leurs achats à crédit; en général, dans le sud, les capitalistes désapprouvent l'institution comme une cause d'usure, mais les petites gens l'approuvent parce qu'elle les garantit contre l'éviction, pourvu qu'il aient payé leurs impôts.

La question de résidence suscite parfois des chicanes. Un habitant de l'Arkansas avait quitté et loué sa maison pour exploiter loin de là un moulin. Comme il avait laissé des dettes, ses créanciers obtinrent un jugement de saisie.

Alors notre homme revint de temps à autre occuper une des chambres de sa maison, y ramena même quelques meubles, y installa sa femme et en appela devant la cour suprême qui annula la saisie parce qu'il était « Homesteader ».

Un banquier en déconfiture réclamait le bénéfice du Homestead pour son hôtel qui valait avec le mobilier 100,000 dollars. Les créanciers n'obtinrent gain de cause que parce qu'ils prouvèrent que le banquier n'habitait pas son immeuble à l'époque de la saisie. C'est pour la même raison qu'une veuve de l'Illinois qui habitait une maison autre que celle où son mari était mort perdit son procès. Le cas d'un propriétaire de Milwaukee qui avait loué le rez-de-chaussée et le premier de sa maison et occupait lui-même le troisième et le quatrième, est un peu différent; le tribunal se trouva embarrassé et partagé; la voix du président fit condamner l'homme parce que son domicile n'était que l'accessoire dans une maison de rapport.

L'auteur, qui montre ainsi certains inconvénients du Homestead, n'est pourtant pas hostile à ce qu'il considère comme une institution de prévoyance et comme une institution politique qui a rendu et qui rendra de plus en plus dans l'avenir des services aux particuliers et à l'État. « Nulle part, dit-il, le foyer domestique n'est aussi fortement constitué, aussi efficacement protégé qu'aux États-Unis », et, reportant sa pensée vers son propre pays, il ajoute : « Que reste-t-il en France au ménage victime des fausses spéculations du chef ou sous le coup d'un revers inattendu qui a englouti l'avoir tout entier de la famille?... Ne vaudrait-il pas mieux, par une loi prévoyante, leur conserver le foyer? » Toutefois il n'insiste pas sur l'application, se contentant d'avoir, conformément à la manière dont il a compris le sujet, composé un Mémoire très substantiel sur le Homestead américain entendu dans l'un et l'autre sens du mot.

IX

Le Mémoire n° 3 est un manuscrit de 603 pages, composé d'après un plan simple et logique. Le texte est accompagné,

comme l'est aussi le Mémoire n° 2, d'un appendice étendu
contenant des statistiques et les lois relatives au Homestead.
L'auteur, M. Bureau, professeur à la Faculté libre de droit de
Paris, est, comme ses deux concurrents, versé dans les
études juridiques et il a lu les textes. Il a sur eux l'avantage
d'avoir vu les États-Unis, étudié les faits sur place et de
pouvoir interpréter les lois et compléter les livres par son
expérience personnelle et par le témoignage de praticiens
d'Amérique.

Son plan est plus ample que celui du Mémoire n° 2 et sa
discussion du « Homestead exemption » est plus fortement
nourrie que celle du Mémoire n° 1.

L'auteur, qui a voulu répondre à la partie du programme
qui concerne les origines, remonte à la société hébraïque :
« non accipies loco pignoris, lit-on dans le Deutéronome,
inferiorem et superiorem molam, quia animam suam oppo-
suit tibi » : il ne faut pas ôter au pauvre le pain de la bouche.
Beaucoup de législations anciennes ou modernes ont conservé quelque chose de cette pensée de tutelle. L'auteur
nous la montre chez les Aryas du Pendjab, chez les Hindous
et chez les Germains dans l'antiquité, en Irlande au commencement du moyen âge, dans le mir russe, dans les
vieilles institutions de l'Angleterre. La civilisation, dit-il, a
peu à peu rejeté l'inaliénabilité. Faut-il aujourd'hui aller la
chercher aux États-Unis ?

Il consacre un chapitre entier à exposer l'histoire du
« Homestead exemption », surtout à celle de la loi du Texas,
la première en ce genre. Les cinq chapitres suivants traitent
de la législation du « Homestead exemption », des idées qui
l'ont inspirée, de sa relation avec les autres institutions
américaines et des effets qu'elle a produits.

Ces six chapitres forment les deux tiers du manuscrit.
C'est le corps principal de l'œuvre. L'auteur explique suc-
cessivement les conditions essentielles du Homestead sur
lesquelles nous n'avons pas à revenir et il en détermine bien
les limites. Il rappelle qu'après la mort de la femme ou
le divorce prononcé contre elle, le mari recouvre la libre
disposition de son bien et que les enfants n'ont aucun

moyen d'en empêcher l'aliénation ; que, quand un propriétaire vend, avec le consentement de sa femme son Homestead, ses créanciers chirographaires n'ont, d'après une jurisprudence à peu près générale, aucun droit sur le prix de
vente ; que ce propriétaire peut même en disposer par
testament ou entre vifs sans que ses créanciers puissent y
mettre opposition, le principe étant que le Homestead n'a
pas de créancier ; que, si le mari meurt, les créanciers ne
peuvent saisir pendant toute la durée de la vie de la veuve,
celle-ci étant considérée dans quelques États comme usu-
fruitière, dans d'autres comme propriétaire libre de disposer
à son gré ; que quelques législations interdisent le partage
avant la majorité du plus jeune enfant et que d'autres l'au-
torisent en attribuant aux mineurs un droit d'usufruit.

L'auteur met en garde contre l'opinion que les lois du
Homestead sont un encouragement au mariage. « C'est gratuitement, dit-il, qu'on a prêté une telle intention au législateur américain, lequel sait mieux que personne que ni le
mariage, ni la procréation des enfants ne se peuvent encourager par le vote d'un parlement. » Le Homestead est
institué pour protéger la famille et surtout la femme et les
enfants mineurs contre les vicissitudes de la fortune.

En France la femme a sa dot, et cette dot, dont l'usage
dans certaines provinces est presque général, constitue
un bien inaliénable et, par conséquent, une garantie pour
la veuve. En Amérique l'habitude n'est pas de doter les
filles. Le Homestead est une des institutions par lesquelles
on a essayé de lui garantir un revenu.

Il n'est pas d'ailleurs la seule. La police d'assurance en
cas de décès contractée par le mari à son bénéfice est peut-
être plus pratiquée que le Homestead et n'est pas limitée
comme lui en valeur. Le transfert d'un immeuble par vente
fictive du mari à la femme est très usité aussi dans la classe
riche. La transformation d'une entreprise individuelle en
société par actions, « Joint stock company », dont l'ancien
propriétaire conserve la plus grande partie afin de conserver
l'autorité, est aussi un moyen très pratiqué pour limiter ses
risques.

En temps de crise le Homestead est un paratonnerre. Or, l'esprit d'entreprise et la hardiesse avec laquelle les capitaux sont lancés dans le courant des affaires sont une cause fréquente de crises partielles et d'insuccès individuels en agriculture comme en industrie. Dans une crise générale, toutes les valeurs tombent très bas et la vente forcée ruine le débiteur sans satisfaire le créancier; l'obstacle du Homestead, dans ce cas, préserve l'un sans spolier l'autre qui a plus de chance de rentrer dans ses fonds après la tourmente. C'est, suivant l'auteur, le plus grand avantage que le Homestead procure aux Américains.

Ce dont ils paraissent s'être le moins préoccupés, dit l'auteur, c'est de la fixation des familles sur le sol et de la continuité de père en fils des entreprises agricoles, industrielles ou commerciales. Car l'atelier, la manufacture, la maison de commerce ne sont jamais compris dans l'exemption, et, si la terre s'y trouve, c'est qu'elle est le lieu de résidence et que, dans ce cas, l'instrument de production est pour ainsi dire inséparable du domicile. Nous avons dit nous-même combien peu l'Américain s'attache au foyer paternel et avec quelle facilité il change de lieu et de métier.

L'auteur du Mémoire cite comme exemple le village de Harrison dans le Nebraska dont l'université de Johns Hopkins a publié la monographie. Sur les 190 colons qui l'habitaient en 1872, il n'en restait que 84 en 1890; les autres étaient morts (7), étaient ruinés (25), avaient vendu (19), avaient renoncé à la culture (14) ou avaient été se fixer à la ville (18).

Il cite aussi l'enquête que l'administration du Census poursuit en ce moment aux États-Unis sur la dette hypothécaire, laquelle, avons-nous dit, s'élève à plus de 30 milliards de francs, déduction non faite de la fraction remboursée sur les emprunts en cours. Comme nous, il estime que cette dette, quelque pesante qu'elle soit dans certaines contrées et sur certains propriétaires, a été la condition nécessaire et bienfaisante du peuplement, du défrichement et de la mise en valeur des terres du Grand-ouest américain. Nous avons expliqué les causes et les effets de cette situation dans notre Rapport sur l'agriculture aux États-Unis. L'auteur du Mémoire a pris la peine de l'étudier sur place dans les États de l'ouest parce qu'il la croit étroitement liée à la question du Homestead. Le prince de Bismarck a dit en 1868 que l'hypothèque était la bénédiction de la petite propriété et il n'a pas manqué de contradicteurs. « Si la petite propriété rurale, dit l'auteur du Mémoire, se constitue sans l'aide de la législation du Homestead, cette législation n'a-t-elle du moins aucune influence sur la conservation de cette propriété, une fois constituée? Sans nier absolument cette influence, il nous parait certain qu'elle est très modeste », et il montre pour quelle raison les lois de Homestead ne présentent pour les « farmers » de l'ouest qu'un intérêt très restreint.

C'est qu'en Europe, dit-il, les propriétaires se transmettent de génération en génération la petite propriété qu'ils cultivent et que « le fait d'être propriétaire n'indique pas nécessairement la capacité de l'être, tandis que, dans l'ouest américain, il n'y a pas deux fermiers sur cent qui doivent à un héritage ou à une donation la petite ferme de 160 à 200 acres qu'ils possèdent. « Tous l'ont acquise, construite suivant l'énergique expression américaine (built up) par leur travail, leur sobriété et leur économie ». Pour la « construire » ils ont emprunté, et par conséquent ils ont renoncé au privilège de l'insaisissabilité ; ceux qui n'ont pas su faire valoir ce capital ont été évincés par l'expropriation ; la terre est restée aux plus dignes.

L'officier chargé de la conservation des actes, « Registrar of deeds » dans le comté de Mosser (Minnesota) qui a 18,000 habitants, disait à l'auteur du Mémoire qu'il n'y avait eu que 9 saisies immobilières en 1891 et 1892, et que tous les jours il faisait plusieurs radiations d'hypothèque, signe évident de prospérité, tandis qu'en 1886, année de sécheresse et de mauvaise récolte, il avait enregistré 98 saisies. Celui du comté de Steele (Minnesota) lui affirmait que l'intérêt, par suite de la solidité croissante du crédit, était tombé en 25 ans de 24 à 7 p. 100. Mais crédit et prostérité sont fondés sur la garantie hypothécaire et l'hypothèque est incompatible avec le « Homestead exemption. »

Quand l'auteur se trouvait dans l'est, les avocats auxquels il s'adressait lui répondaient qu'ils ne s'intéressaient pas à la question du Homestead ou même qu'ils n'avaient jamais entendu parler de procès de ce genre. Quand il était dans l'ouest, les hommes d'affaires lui parlaient d'occupation ou de vente de terres, d'emprunts hypothécaires, de saisies et semblaient ne considérer le « Homestead exemption » que comme une manière d'être accessoire de la propriété foncière, souvent même comme un obstacle.

C'est par cette suite d'études que l'auteur est arrivé à dire : la terre aux plus dignes. A quelques-uns de ses arguments on peut peut-être opposer des objections. Mais l'ensemble de sa théorie est virile ; il l'a trempée dans l'esprit d'une société où le travail est libre et dont les mœurs sont démocratiques.

Au Canada des lois récentes ont introduit le « Homestead exemption », non dans toutes les colonies, mais seulement dans l'ouest, au Manitoba, en Colombie et dans les Territoires et rien que pour les terres concédées par le gouvernement. L'auteur, étant en Amérique a reçu d'un chef de service du ministère de l'agriculture à Ottawa cette réponse : « Il n'y a peut-être pas une terre dans les Territoires qui ait été inscrite ici pour le Homestead exemption » et, de Winnipeg et de Victoria, on n'a pu lui fournir aucun renseignement à ce sujet.

D'Amérique l'auteur fait un retour sur l'Europe. Ici, dit-il, on comprend le Homestead non comme un préservatif en temps de crise, mais comme un moyen de fixer le paysan sur le sol, ce qui n'entre pas dans l'esprit américain, parce qu'il n'y a pas à proprement parler de paysans aux États-Unis. Il examine alors sommairement le projet Fourdinier et quelques autres proposés en France, le projet Sneider en Allemagne, le projet autrichien, la loi du 29 octobre 1879 dans l'Inde, la loi serbe de 1873, la loi roumaine de 1864, la loi du 11 juin 1891 en Russie. Il ne pense pas que ces lois aient toutes produit précisément les effets que leurs auteurs en attendaient, ni qu'elles aient dénoué les difficultés d'existence des petits propriétaires. Il se pose à ce sujet plusieurs questions, entre autres celle de savoir si les parcelles que les administrations provinciales de la Prusse sont autorisées à octroyer moyennant une rente perpétuelle ont pour objet et pour effet de donner au colon l'aisance d'un petit propriétaire ou de l'attacher au pays par une concession insuffisante à son existence afin d'assurer de la main-d'œuvre au grand propriétaire.

La conclusion de l'auteur est conforme à ses prémisses; le « Homestead exemption » est une législation faite pour des pays neufs et pour une population nouvelle, laquelle témoigne pour cette législation une sympathie sans cesse décroissante à mesure que ses éléments deviennent moins nouveaux.

Pourquoi l'introduire dans la vieille Europe? Est-ce pour remédier à la crise agricole actuelle? Mais il déclare qu'en regardant bien la marche des événements, on voit que ce n'est pas une crise, mais une transformation inéluctable à laquelle l'insaisissabilité n'opposerait qu'une barrière impuissante. « La responsabilité individuelle, c'est la force et la vie des républiques », dit l'auteur après M. Laboulaye. C'est une utopie de vouloir attacher artificiellement au sol des individus qui n'ont pas les qualités nécessaires pour en conserver utilement la possession et il termine en disant : « The right man in the right place. »

X

Votre section d'économie politique, statistique et finances estime que le concours est satisfaisant. L'Académie se proposait de faire connaître avec précision en quoi consiste le Homestead. Les trois Mémoires ont établi qu'il n'est pratiqué en réalité qu'aux États-Unis et que l'essai d'importation au Canada n'a pas eu jusqu'ici de succès.

Le mot couvre deux institutions tout à fait distinctes (1) : l'occupation gratuite, en vertu d'une loi fédérale, d'une cer-

(1) M. Rufus Waples, sur les 1027 pages de son volume, ne consacre qu'un chapitre de 24 pages à la fin au « federal Homestead » et dit : « The definition of the federal Homestead is not the same as that of the state. »

taine quantité de terres publiques et la garantie en vertu de lois particulières des États, d'une certaine quantité de biens immobiliers et mobiliers contre la vente volontaire par le mari ou contre la saisie par les créanciers.

La première a peuplé les solitudes de l'ouest américain.

L'autre, qui seule pourrait être proposée en modèle aux législations européennes, n'a eu qu'un rôle très secondaire dans la constitution de la propriété en Amérique, quoique les États nouveaux l'aient présentée comme un appât aux colons; elle n'est qu'une exception rare dans l'est; dans le reste des États-Unis, où elle est la loi commune, elle ne paraît profiter qu'à un nombre fort restreint de familles, celles qui ont besoin de capitaux pour mettre leur terre en valeur — et elles sont très nombreuses — renonçant à leur privilège afin de contracter des emprunts hypothécaires. Elle n'a pas pour objet de perpétuer de père en fils l'exploitation rurale dans la même famille et de fixer sur le sol des populations qui sont mobiles par caractère comme par intérêt, mais de mettre la petite propriété à l'abri de certaines crises du vivant du mari et d'assurer après sa mort des moyens d'existence à la veuve et aux orphelins. Elle procure à ceux-ci un avantage incontestable; mais elle a l'inconvénient de donner ouverture, moins de leur part que de la part du chef de famille, à certains abus préjudiciables aux créanciers et elle oppose d'une manière générale un obstacle au crédit. Voilà sommairement ce qu'est le « Homestead exemption » institution importante sans doute (1), mais qui, vue de près en Amérique, perd comme les bâtons flottants de La Fontaine, une partie du prestige que ses panégyristes lui prêtent de loin en Europe.

On voit par là que les projets qui ont cours en ce moment de ce côté de l'Atlantique se réclament à tort du Homestead américain, que leur adoption n'amènerait pas l'importation pure et simple de ce Homestead, mais qu'elle créerait, sous

____

(1) M. Rufus Waples, pour justifier le format de son volume qui a 1027 pages et qu'il ne se proposait pas de faire si long, dit dans sa préface : « Homestead is a growing subject, of great importance to the whole country. »

ce nom ou sous un autre et avec des conditions diverses
suivant les auteurs, une institution toute différente par le
caractère comme par le but, un bien foncier de famille,
limité en valeur, inaliénable, insaisissable, indivisible, trans-
missible du père à l'un des enfants, suivant certains projets,
ou réunissant seulement, suivant d'autres, une partie de
ces conditions.

L'inaliénabilité, l'indivisibilité, la transmission à un
héritier privilégié soulèvent en France des questions qui
tiennent à l'ensemble du droit civil et de l'organisation
sociale et que nous n'avons pas à aborder ici parce qu'elles
ne sont pas contenues expressément dans l'institution du
Homestead proprement dit, sujet du présent concours. Il
n'est pas difficile de prouver que le partage en nature des
petites successions pratiqué dans toute sa rigueur entraîne
de graves inconvénients, qu'il est toujours très onéreux
et qu'il est rendu parfois si ruineux par les frais de transmission, et qu'une réforme à cet égard est très désirable;
la plupart des écrivains sont d'accord sur ce point. Mais
il faut savoir déterminer les moyens et la mesure.

Dernièrement je me promenais dans la campagne de
Franconville, près Paris; la plupart des pièces de terre qui bor-
daient les sentiers avaient à peine quelques ares; beaucoup
mesuraient seulement une ou deux perches, les paysans de
la région ne comptent encore que par perche — laquelle
vaut 34,19 mètres carrés — et par arpent de 100 perches et
le terrain présentait l'aspect d'un damier. La personne qui
me conduisait m'apprit que sur tel carré d'une perche, couvert de quelques arbres fruitiers, chaque frère et sœur
s'était parfois réservé son arbre, et venait faire la cueillette,
qu'en somme l'étendue moyenne des pièces de terre de la
commune ne dépassait guère 8 ares, et que la vente d'un
petit propriétaire, après décès, comprenait souvent une
dizaine de parcelles et plus. C'est là un morcellement excessif sans doute qui cause des embarras et qu'essaient d'atté-
nuer certains propriétaires intelligents de Franconville. Il
ne faut pas pourtant exagérer l'inconvénient, même dans ce
cas; car j'admirais comme les cases de ce damier étaient

touffues de fruits ou de légumes et on me disait que si l'hectare sans arbres valait 3,000 francs et se louait 165 francs, prix inférieur à ceux d'il y a quinze ans, les petits carrés fruitiers valaient à l'hectare 5,000 à 6,000 francs (1).

L'insaisissabilité, qu'il paraîtrait difficile de disjoindre de l'inaliénabilité dans le plan d'une législation destinée à créer un lien permanent entre la terre et une filiation de propriétaires-cultivateurs, est néanmoins une question spéciale qui peut être envisagée, indépendamment de l'incessibilité et de la réserve testamentaire. Un projet de loi déposé récemment a essayé de faire, au moins partiellement, cette disjonction.

D'une part, elle aurait l'avantage de mettre le paysan ignorant à l'abri de certaines formes de l'usure et de certaines tentations d'emprunt. Elle aurait l'avantage de conserver un toit à la veuve et à ses enfants; toutefois, si l'inaliénabilité ne s'imposait pas à la série des propriétaires successifs et si le consentement de la femme n'était pas obligatoire, le mari pourrait vendre la maison au lieu de l'hypothéquer et la veuve pourrait le faire à son tour ; le toit ne serait pas assuré.

On envisage avec crainte le morcellement de la petite propriété et la mobilité des petits propriétaires et on voudrait donner, dans l'intérêt même de la démocratie, plus de

____

(1) Au moment où je venais d'achever la rédaction de ce rapport, le hasard m'a fait lire une statistique agricole de la commune de Vensat, écrite en 1842 par le maire de la commune que mon confrère, M. Doniol, m'avait donnée quelques jours auparavant. J'y trouve ce passage relatif au domaine possédé par le maire : « Ainsi, là où il y a quarante ans, un seul ménage, avec quatre paires d'animaux, accomplissait tous les travaux d'une culture vicieuse et peu productive, 14 familles et 12 paires de vaches sont aujourd'hui, non pas exclusivement occupées, mais employées largement à tous les détails d'une exploitation qui, tout en laissant, en bénéfices à l'industrie, une part proportionnelle au moins égale à celle qu'elle obtenait jadis, a plus que doublé la rente de la terre. [Ces résultats, dont une partie doit être attribuée sans doute à la division du sol, ont été principalement dus à l'abandon de la rotation triennale et à l'introduction des prairies artificielles ». La commune de Vensat avait alors (recensement de 1841) 1,213 habitants.

Les paroisses qui la composent en avaient seulement 950 en 1790. Mais Vensat a subi, dans la seconde moitié du XIX° siècle, le sort de beaucoup de communes rurales : sa population était réduite à 923 âmes en 1891.

consistance au corps social en empêchant que la terre et les hommes ne se désagrègent en poussière. La statistique ne justifie pas précisément cette croyance à la pulvérisation, puisqu'elle n'accuse entre l'époque où a été établi le cadastre et l'année 1882 qu'une augmentation d'un septième (125 millions au lieu de 110) dans le nombre des parcelles, laquelle s'explique en partie par la création de nouveaux jardins et l'ouverture de chemins coupant des pièces en deux, que d'ailleurs les parcelles sont autre chose que les propriétés, que le nombre des cotes foncières par lequel on essaie d'évaluer approximativement en France le nombre des propriétaires ne s'est pas accru plus rapidement que la population et a un peu décru depuis une dizaine d'années (1), et que la moyenne (au-dessus de 10 hectares) et la grande culture occupaient en 1882 les trois quarts (74,9 p. 100) du territoire agricole de la France.

On pense que l'insaisissabilité dresserait un obstacle contre l'émigration des campagnes. Pour l'affirmer il faudrait d'abord savoir si la grande majorité des émigrants ne se compose pas de non-propriétaires. Il semble que le système de l'indivisibilité, en attribuant la totalité du domaine paternel à un héritier, porterait les autres héritiers à quitter un sol sur lequel ils n'ont plus de racines, plus que ne fait le système du partage assurant à chacun une part de ce domaine. L'émigration des campagnes n'est pas un fait particulier à la France et à sa législation; sans doute les villes s'y accroissent dans une proportion plus forte que le reste du pays ; mais, depuis l'établissement des chemins de fer, le même phénomène se produit avec plus d'intensité dans d'autres pays, notamment en Allemagne où existe le Hofrecht et d'où l'on émigre beaucoup, et aux États-Unis qui possèdent le « homestead exemption » et où l'on immigre. Il est vrai que l'"inaliénabilité sans l'indivisibilité ne pousserait pas à l'émigration; mais on ne voit pas comment elle la préviendrait. En tout cas, avant de tenter la réforme en France, il serait bon d'étudier si, en retenant

____

(1) 14,336,000 en 1882 et 14,230,000 en 1889.

artificiellement des gens qui veulent s'en aller, on ne porte pas atteinte à leurs intérêts en même temps qu'à leur liberté et si un des résultats d'un tel régime ne serait pas de maintenir les salaires ruraux à un taux peu élevé pour le profit des cultivateurs qui paient la main-d'œuvre et au détriment de ceux qui la fournissent : ce qui irait directement contre les intentions philanthropiques et les déclarations démocratiques des réformateurs et serait une application peu recommandable du système protecteur, on pourrait opposer à ce projet de réforme la réflexion du rapporteur allemand : « il est peu sage de vouloir faire le bonheur des gens malgré eux ».

D'autre part, l'inaliénabilité aurait le désavantage de couper la ressource du crédit hypothécaire qui est moins onéreux en général aux petites gens que le crédit personnel, et, impuissante à fournir des capitaux, elle les priverait du moyen de s'en procurer. L'immeuble dotal a cet inconvénient, mais il l'a à un moindre degré puisqu'il peut être hypothéqué et aliéné dans certains cas, parmi ces cas, le législateur a inscrit ceux des aliments à fournir à la famille et des réparations indispensables à l'immeuble, ne voulant pas laisser mourir de faim le propriétaire, ou tomber en ruine la propriété pour sauvegarder le principe de l'immutabilité. Malgré ces réserves, on se plaint de l'inconvénient, en reconnaissant toutefois que les avantages semblent l'emporter sur les désavantages.

L'inaliénabilité du bien de famille aurait le désavantage de provoquer, comme en Amérique, la fraude, et de donner à la mauvaise foi des facilités pour renier ses dettes ; les créanciers ne doivent pourtant pas être traités autrement que les débiteurs par une législation fondée sur le principe de l'égalité. Elle aurait le désavantage de maintenir en possession de la propriété foncière des personnes convaincues par expérience de l'incapacité de la faire valoir ; ce maintien serait dommageable à la fortune nationale.

Un homme veuf, qui, comme beaucoup de paysans, vivait de sa terre sans faire d'économies, meurt en laissant deux jeunes enfants. Ceux-ci n'ont pas d'autres parents qu'une grand'mère qui habite un autre village et qui recueille les orphelins. Sous le régime actuel, le conseil de famille, composé de voisins, fait, après homologation du tribunal, vendre la petite ferme, et l'argent sert à élever les orphelins, peut-être à leur constituer un pécule; c'est un journalier du pays qui, ayant fait des économies, l'achète ou un bon fermier qui s'arrondit et il n'y a pas morcellement. Sous le régime du Homestead, la terre étant inaliénable et tentant peu à cause de sa médiocrité serait probablement donnée à bail au-dessous de sa valeur à quelque cultivateur qui, n'étant pas surveillé, négligerait ou même ruinerait une terre qu'il sait ne pouvoir garder. Les enfants n'auraient qu'un revenu insuffisant et, devenus adultes, seraient peu capables de faire valoir leur bien, ayant été élevés par une grand'mère qui ne connaissait rien à la culture. C'est là un cas particulier, sans doute, mais qui appartient à une catégorie de cas nombreux et dans lequel la terre et les hommes n'auraient rien gagné à l'institution du « bien de famille » inaliénable.

La société française a intérêt à ce que le sol soit le mieux cultivé et produise la plus grande quantité de richesse qu'il est possible. Si l'inaliénabilité et l'indivisibilité doivent le maintenir forcément entre des mains impuissantes, la richesse y perd et par suite la masse de la nation qui vit de cette richesse distribuée entre ses membres par l'échange des services.

Si l'inaliénabilité et l'indivisibilité devaient avoir pour conséquence de priver le cultivateur, d'une part, des capitaux qu'il aurait eus par emprunt hypothécaire, d'autre part, du revenu qu'il serait obligé de donner à ses cohéritiers comme soulte payable en rente et que sans cela il aurait pu employer en améliorations culturales, quel serait le bénéfice du système pour la richesse agricole et la France?

Nous n'insisterons pas sur les avantages et les désavantages parce que le présent rapport a pour objet de faire connaître le résultat d'un concours plutôt que de traiter à fond la matière. Nous nous bornons à dire en terminant que la somme des désavantages nous paraît l'emporter sur celle

des avantages. Quelque sympathie que nous éprouvions pour
la situation pénible de certains emprunteurs et pour les
sentiments charitables dont s'inspirent à leur égard les réformateurs, nous pensons que, dans un pays dont les institutions sont fondées depuis 1789 sur le double principe de
la liberté et de l'égalité et dont la population est suffisamment éclairée pour raisonner ses actes, le principe de la
liberté des contrats et de la responsabilité de leurs conséquences est préférable à un régime de tutelle qui a pu et
peut encore convenir à des peuples ayant d'autres mœurs
ou étant moins avancés en civilisation.

On argue de l'insaisissabilité des rentes sur l'État. Je
crois pour ma part qu'il n'y a pas lieu d'invoquer comme
modèle un privilège qui est inique à l'égard des créanciers
et superflu pour le crédit de l'État. Ce crédit n'est plus en 1794
dans la triste situation où il se trouvait en l'an VI et l'im-
munité a donné lieu plus d'une fois à de scandaleux abus.

On argue aussi de l'article 592 du code de procédure civile qui couvre contre la saisie certains meubles, comme
la literie, les outils de l'ouvrier et les aliments : d'où la jurisprudence a déduit une réserve en faveur du salaire. Mais
ce privilège restreint ne saurait être comparé à l'insaisissabilité d'une propriété foncière.

L'auteur du Mémoire n° 1 nous avertit que l'établissement du Homestead serait une digue contre la marée mon-
tante du collectivisme dans les campagnes. Une telle digue
ne couvrirait ni l'ouvrier ni l'héritier non propriétaire et
elle risquerait d'exciter l'envie contre les propriétaires in-
vestis du privilège de ne pas payer leurs dettes. La conta-
gion des utopies qui promettent le bonheur est toujours à
redouter dans les sociétés humaines où il y a beaucoup de
souffrances et beaucoup de désirs inassouvis ; mais nous ne
croyons pas que ce soit par l'institution du bien de famille
qu'on puisse l'arrêter.

Néanmoins cette institution a des sympathies sinon nombreuses, du moins vives dans notre pays et elle en gagnera
peut-être encore parce qu'il règne aujourd'hui dans les esprits une grande inquiétude causée par le déplacement des

populations, par la transformation de l'agriculture, par la propagande socialiste et que, dans des camps politiques et économiques divers, il se rencontre des réformateurs qui cherchent également à donner à la société une assiette plus stable. Ces réformateurs se proposent l'amélioration du sort des petits cultivateurs et le bien social. Mais ceux qui ont une opinion contraire sur l'inaliénabilité, l'indivisibilité, la liberté et la responsabilité n'ont pas moins le souci des petites gens et se croient autorisés à parler aussi au nom du bien social.

Les trois Mémoires que le présent concours a suscités fournissent un solide contingent de connaissances précises sur la notion du Homestead américain et, s'ils sont publiés, ils contribueront à éclairer l'opinion publique sur la nature de cette institution là où elle existe et sur la portée qu'elle aurait là où l'on aspire à la créer (¹).

(1) L'Académie a décerné le prix du comte Rossi (5000 fr.) au Mémoire n° 3 et des récompenses de 1 000 fr. au Mémoire n° 2 et de 500 fr. au Mémoire n° 1.

TABLE DES MATIÈRES

Appendice

Figures de statistique relatives à l'Agriculture aux États-Unis

Table des figures.

Fig. N° 1.

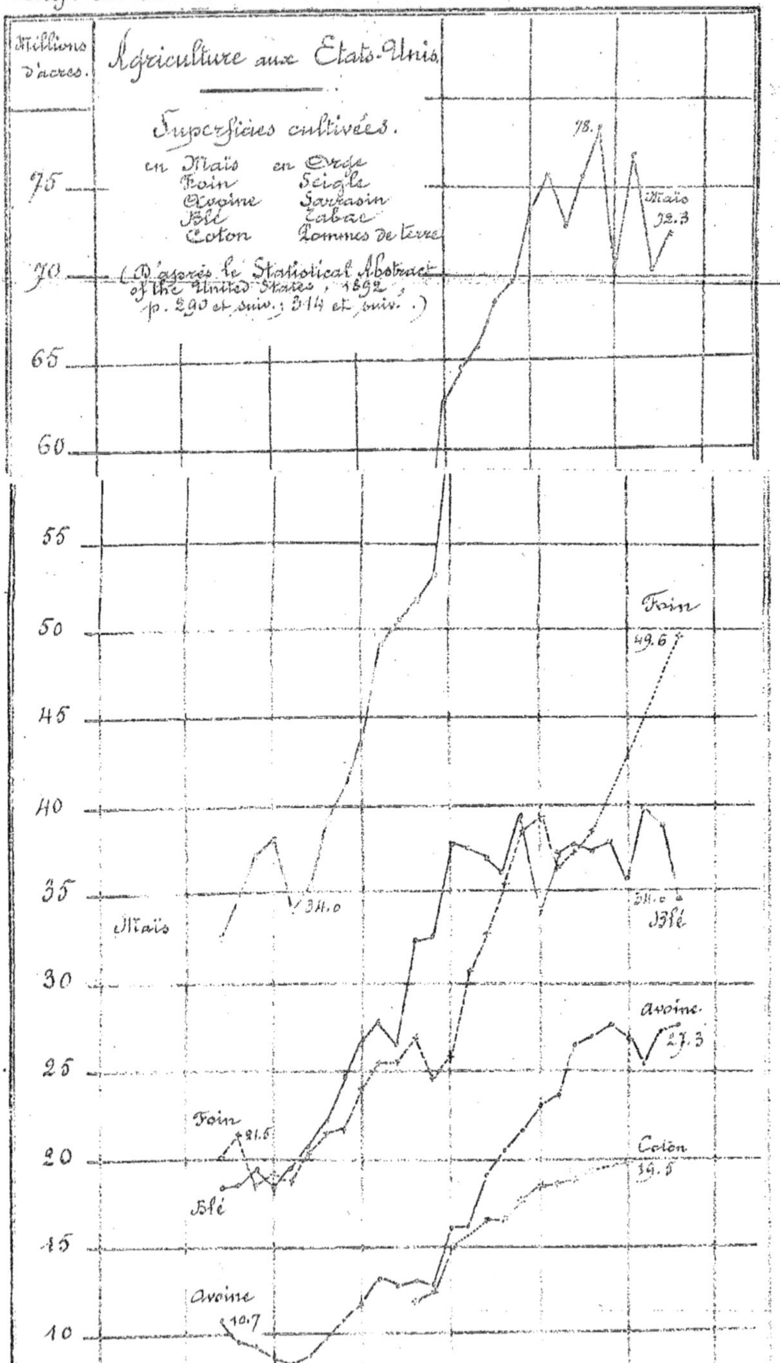

Millions
d'acres.

Agriculture aux États-Unis.

Superficies cultivées.

en Maïs   en Orge
Foin   Seigle
Avoine   Sarrasin
Blé   Tabac
Coton   Pommes de terre

(D'après le Statistical Abstract
of the United States, 1892
p. 290 et suiv.; 314 et suiv.)

75

70

65

60

55

50   Foin
            49.6

45

40

35   Maïs   34.0   Blé

30

Avoine.
27.3

25

Foin
21.5   Coton
20   19.5

Blé

15

Avoine
10.7
10

5

Seigle
Sarrasin
Pommes de terre
0   Tabac

Orge
Pommes de terre
Seigle
Sarrasin
Tabac

Années   1865   1870   1875   1880   1885   1890   1895

78.

Maïs
72.3

Fig. N° 2. 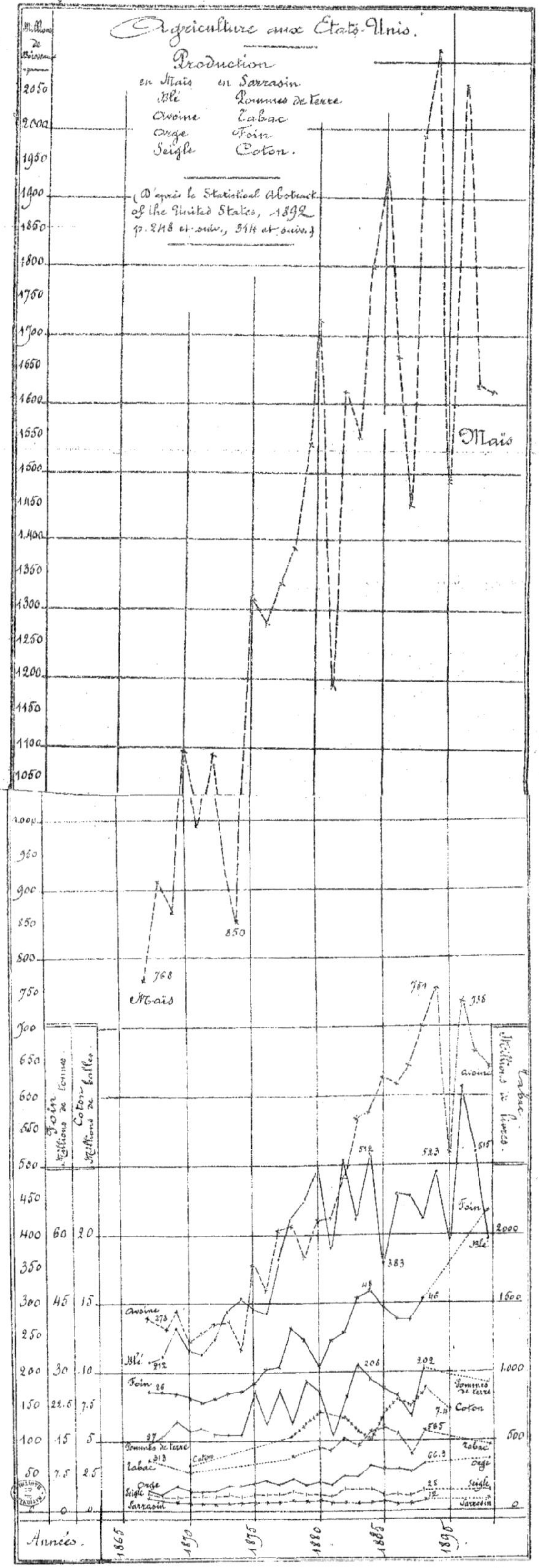
Agriculture aux États-Unis.
Production
en Maïs   en Sarrasin.
Blé   Pommes de terre.
Avoine   Tabac
Orge   Foin
Seigle   Coton.
(D'après le Statistical Abstract
of the United States, 1892
p. 248 et suiv., 344 et suiv.)
Millions de boisseaux
Maïs
Maïs
768
850
751
758
Avoine
Foin
Blé
383
Millions de tonnes
Foin
Coton Millions de balles
Tabac Millions de livres
48
46
2000
1500
1000
500
512
523
515
276
212
206
202
26
Pommes de terre
7.4 Coton
565
Avoine
Blé
Foin
97
Pommes de terre
313
Coton
Tabac
66.3
Orge
Orge
25
Seigle
12
Seigle
Sarrasin
Sarrasin
Années.
1865   1870   1875   1880   1885   1890

Fig. N° 3.

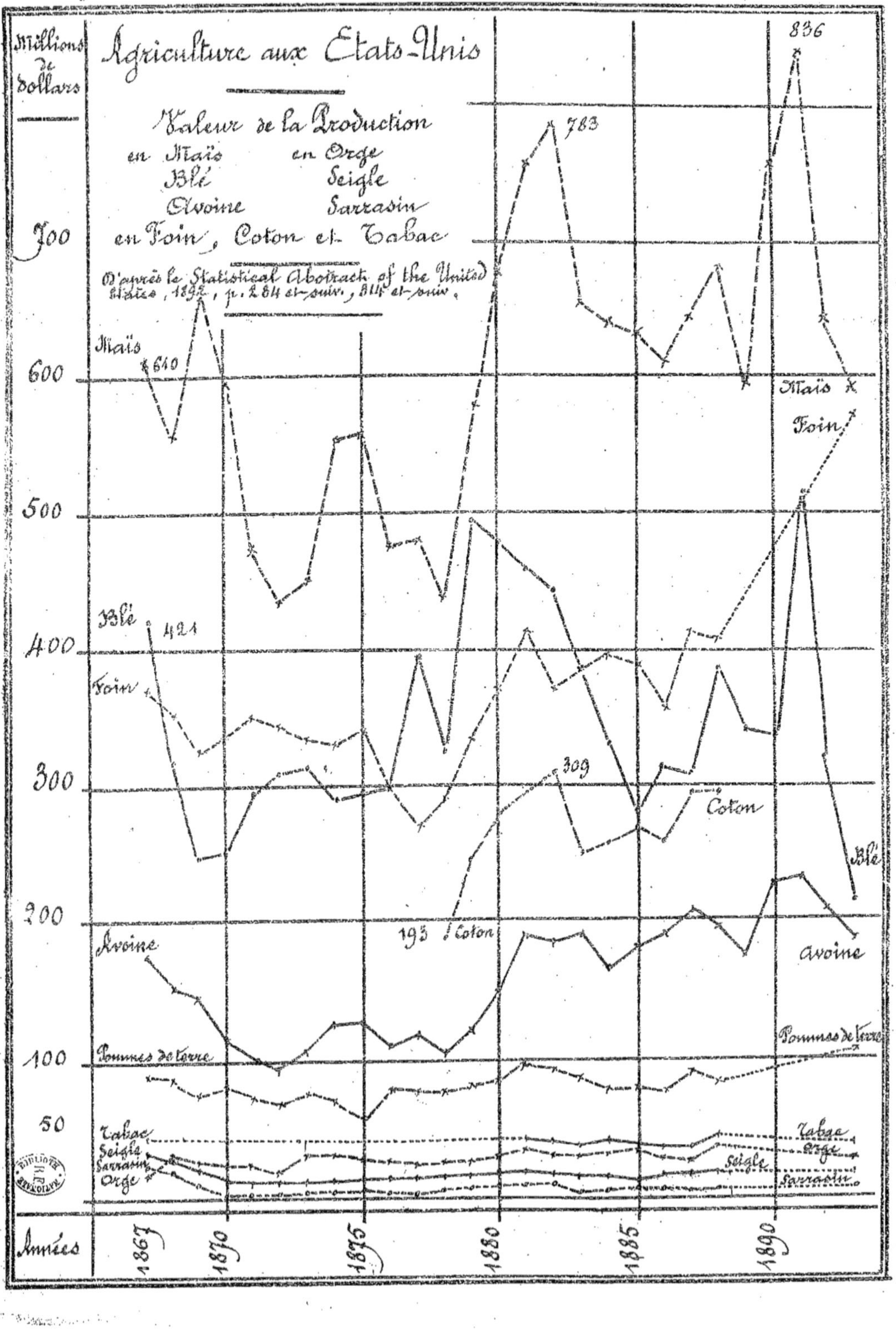

Millions de dollars

Agriculture aux États-Unis

Valeur de la Production
en Maïs   en Orge
Blé   Seigle
Avoine   Sarrasin
en Foin, Coton et Tabac

D'après le Statistical Abstract of the United States, 1892, p. 284 et suiv., 814 et suiv.

Maïs
640
783
836
700
600
500
Blé
421
Foin
400
300
309
Coton
Coton
200
193
Avoine
100
50
Pommes de terre
Tabac
Seigle
Sarrasin
Orge

Maïs
Foin
Coton
Blé
Avoine
Pommes de terre
Tabac
Orge
Seigle
Sarrasin

Années
1867
1870
1875
1880
1885
1890

Fig. N° 4.

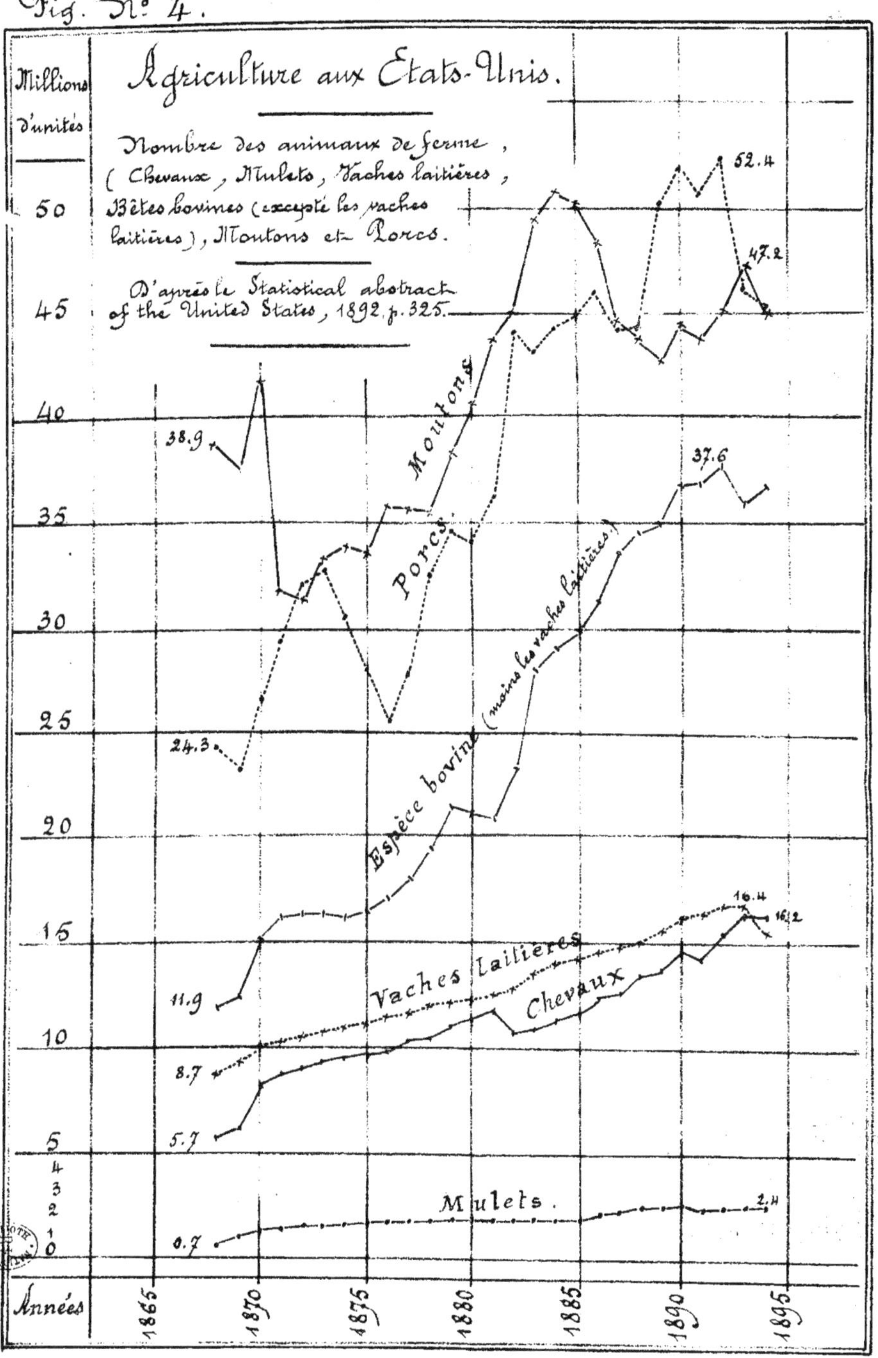
Agriculture aux Etats-Unis.

Millions d'unités

Nombre des animaux de ferme,
(Chevaux, Mulets, Vaches laitières,
Bêtes bovines (excepté les vaches
laitières), Moutons et Porcs.

D'après le Statistical abstract
of the United States, 1892, p. 325.

50
45
40
35
30
25
20
15
10
5
4
3
2
1
0

Moutons
Porcs
Espèce bovine (moins les vaches laitières)
Vaches laitières
Chevaux
Mulets.

52.4
47.2
38.9
37.6
24.3
16.4
16.2
11.9
8.7
5.7
2.4
0.7

Années
1865
1870
1875
1880
1885
1890
1895

Fig. N° 5.
Millions de dollars
Agriculture aux États-Unis.
Production du Maïs dans divers États
(D'après le Statistical Abstract of the United States, 1892, p. 284 et suivantes.)
100
90
80
70
60
50
40
30
20
10
0
Illinois
Illinois
Nebraska
Texas
Alabama
New York
Texas
Alabama
Minnesota
Minnesota
New York
Connecticut
Nebraska
Connecticut
Années
1865
1870
1875
1880
1885
1890
1895

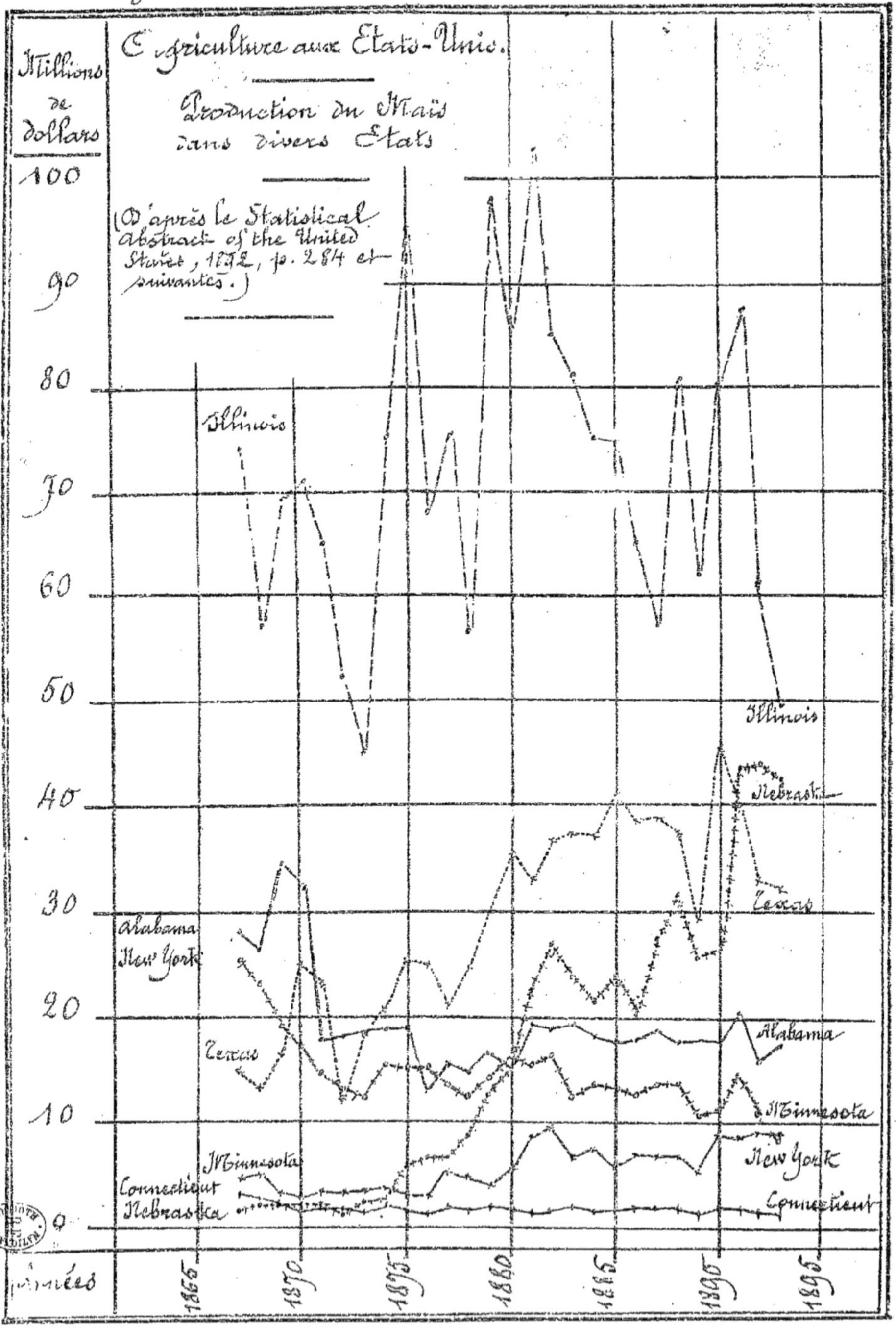

Fig. N° 6 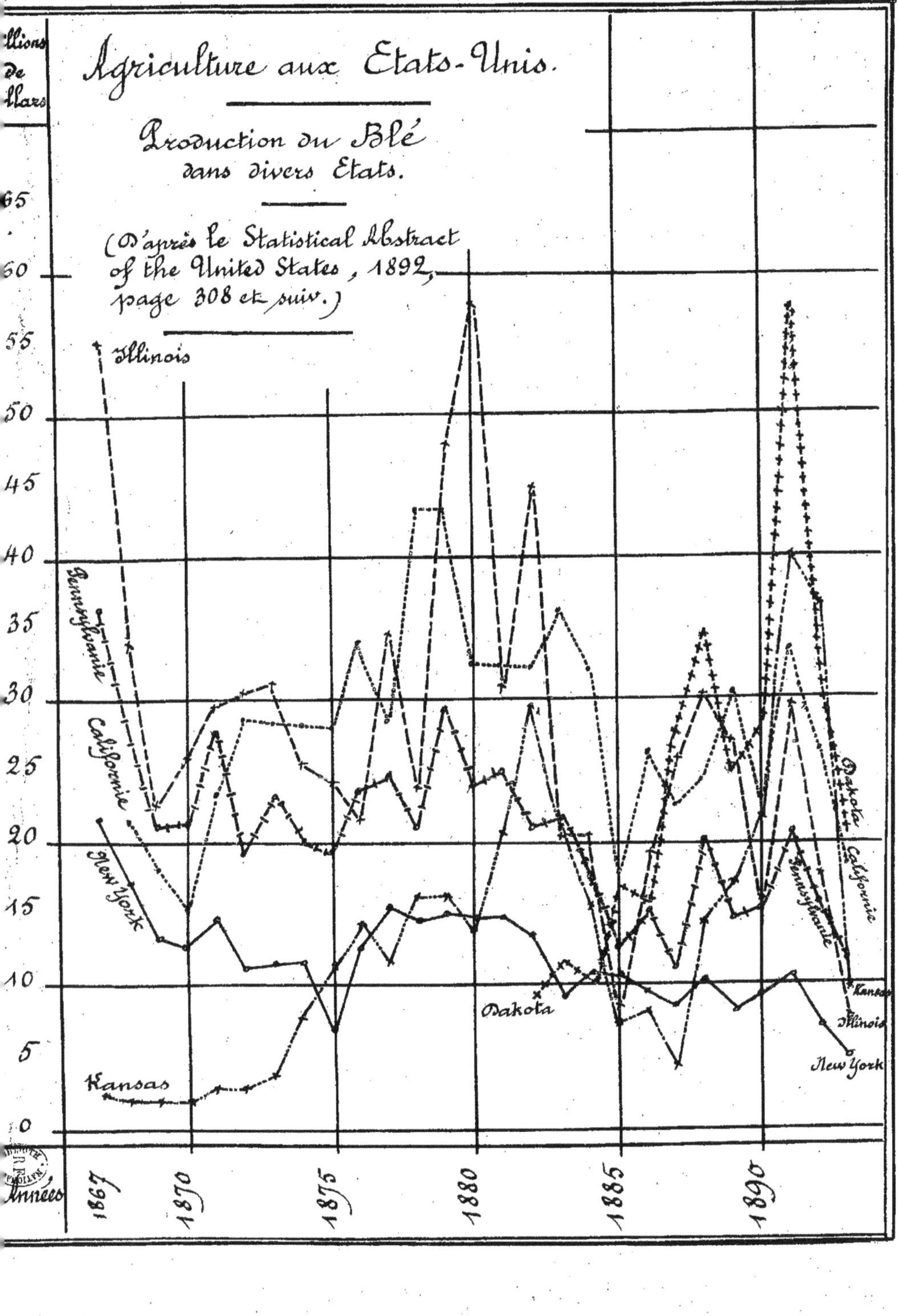
Agriculture aux Etats-Unis.
Production du Blé
dans divers Etats.
(D'après le Statistical Abstract
of the United States, 1892,
page 308 et suiv.)
Millions
de
Dollars
65
60
55
50
45
40
35
30
25
20
15
10
5
0
Illinois
Pennsylvanie
Californie
New York
Kansas
Dakota
Dakota
Californie
Pennsylvanie
Kansas
Illinois
New York
1867
1870
1875
1880
1885
1890
Années

Fig. N: 7.
Millions de Dollars
Agriculture aux Etats-Unis
Production des Pommes de terre dans divers Etats.
D'après le Statistical Abstract of the United States, 1892, p. 300 et suiv.
22.4
New York
22
20
18
16
14
12
10
8
6
4
2
1
18.6
8.9
New York
4 3
2.9
Massachusetts
Californie
Kansas
1.2
0.2
Kansas
Californie
Massach.
Dakota
Dakota
Années
1867
1870
1875
1880
1885
1890

Fig. N: 8.
Millions de Dollars 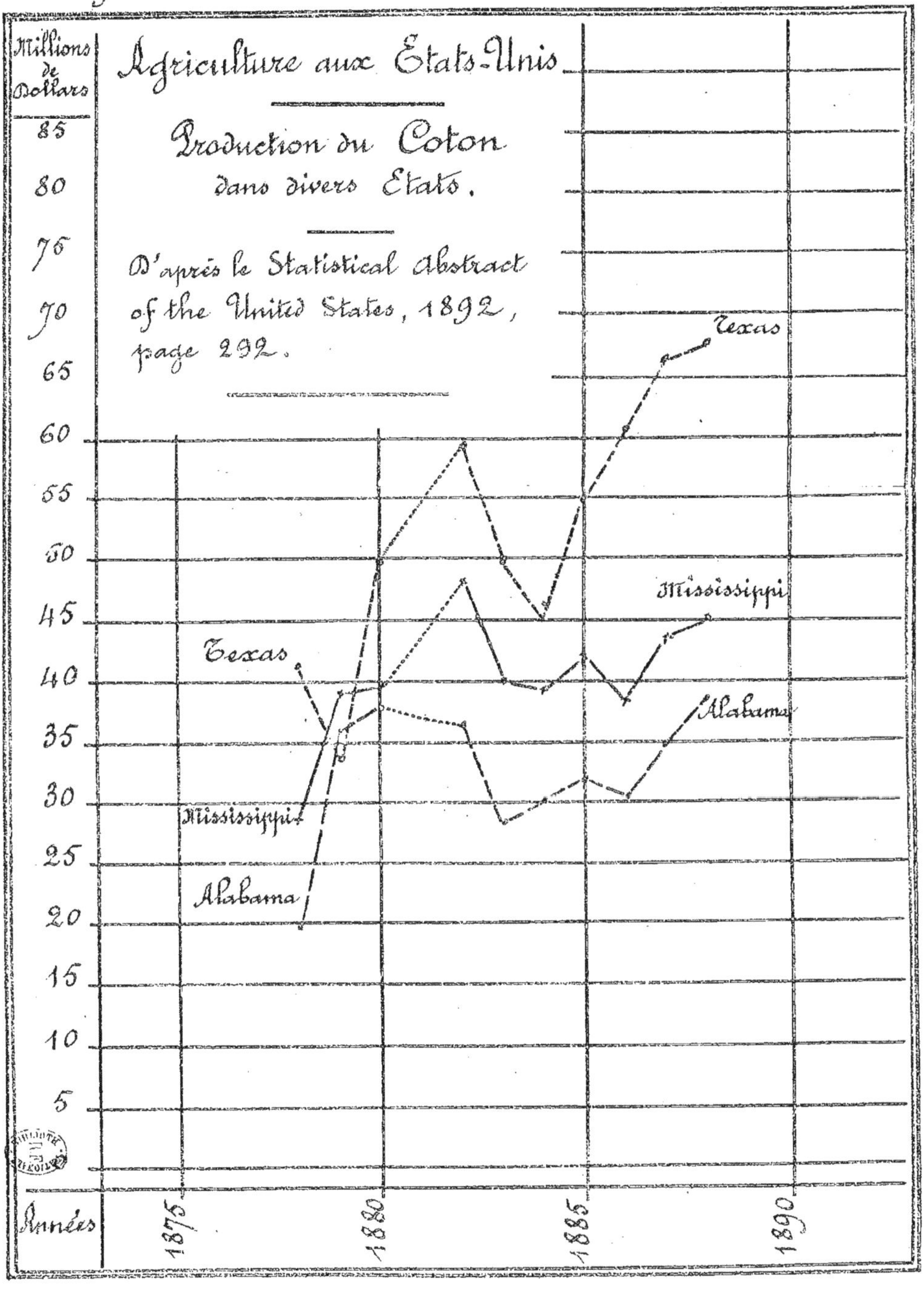
Agriculture aux États-Unis
Production du Coton
dans divers États.
D'après le Statistical Abstract of the United States, 1892, page 292.
Texas
Mississippi
Alabama
Texas
Mississippi
Alabama
85
80
75
70
65
60
55
50
45
40
35
30
25
20
15
10
5
Années
1875
1880
1885
1890

Fig. n° 9
Millions de Dollars
Agriculture aux États-Unis.
Production du Tabac dans divers États
D'après le Statistical Abstract of the United States, 1892, page 306.
24
22
20
18
16
14
12
10
8
6
4
2
1
0
North Carolina
6.9
3.8
Kentucky
Massachusetts
0.7
21.2
Kentucky
14.3
11.6
4.2
North Carolina
3.3
0.8
1.2 Massachusetts
0.5
Années
1867
1870
1875
1880
1885
1890

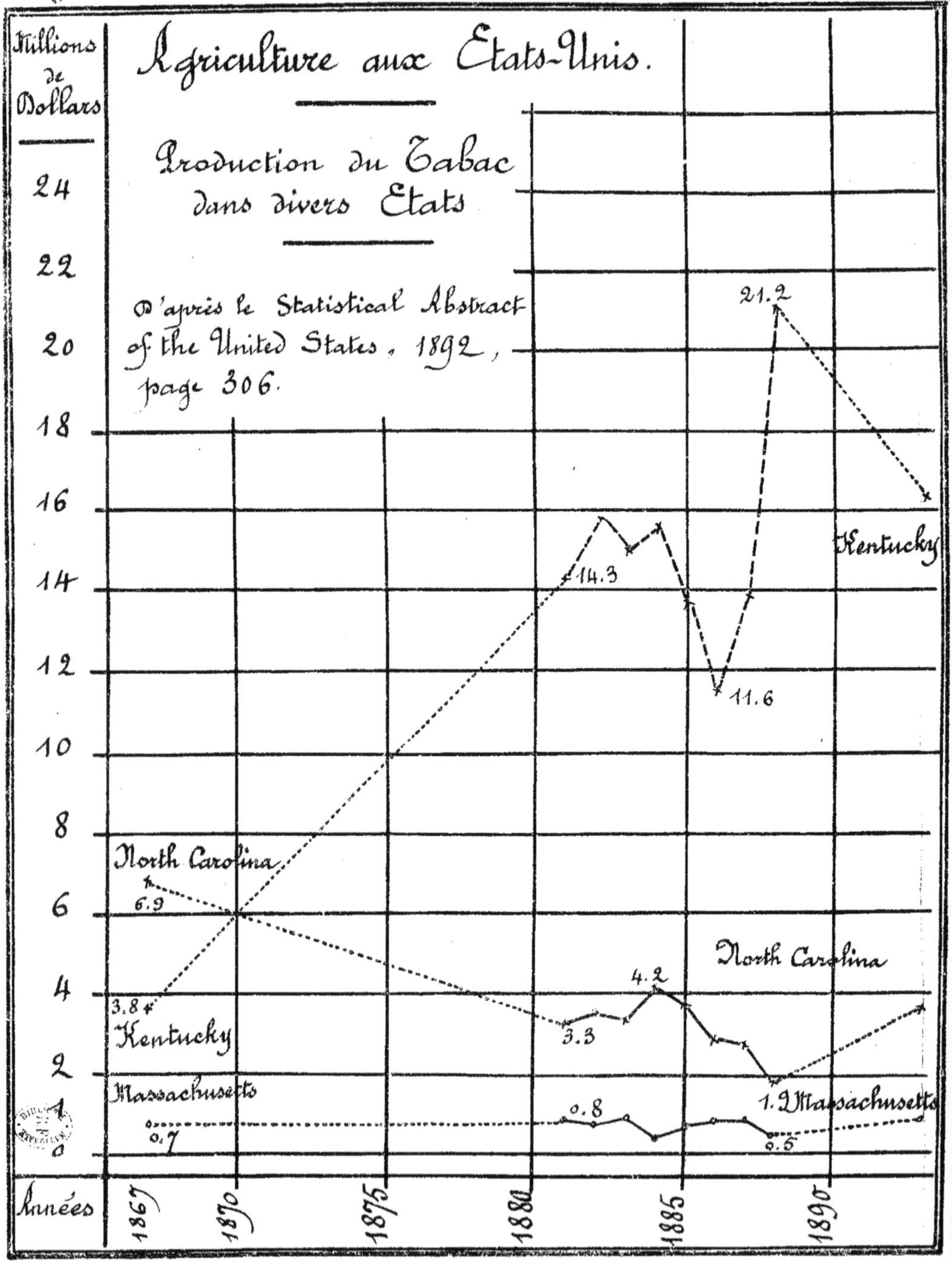

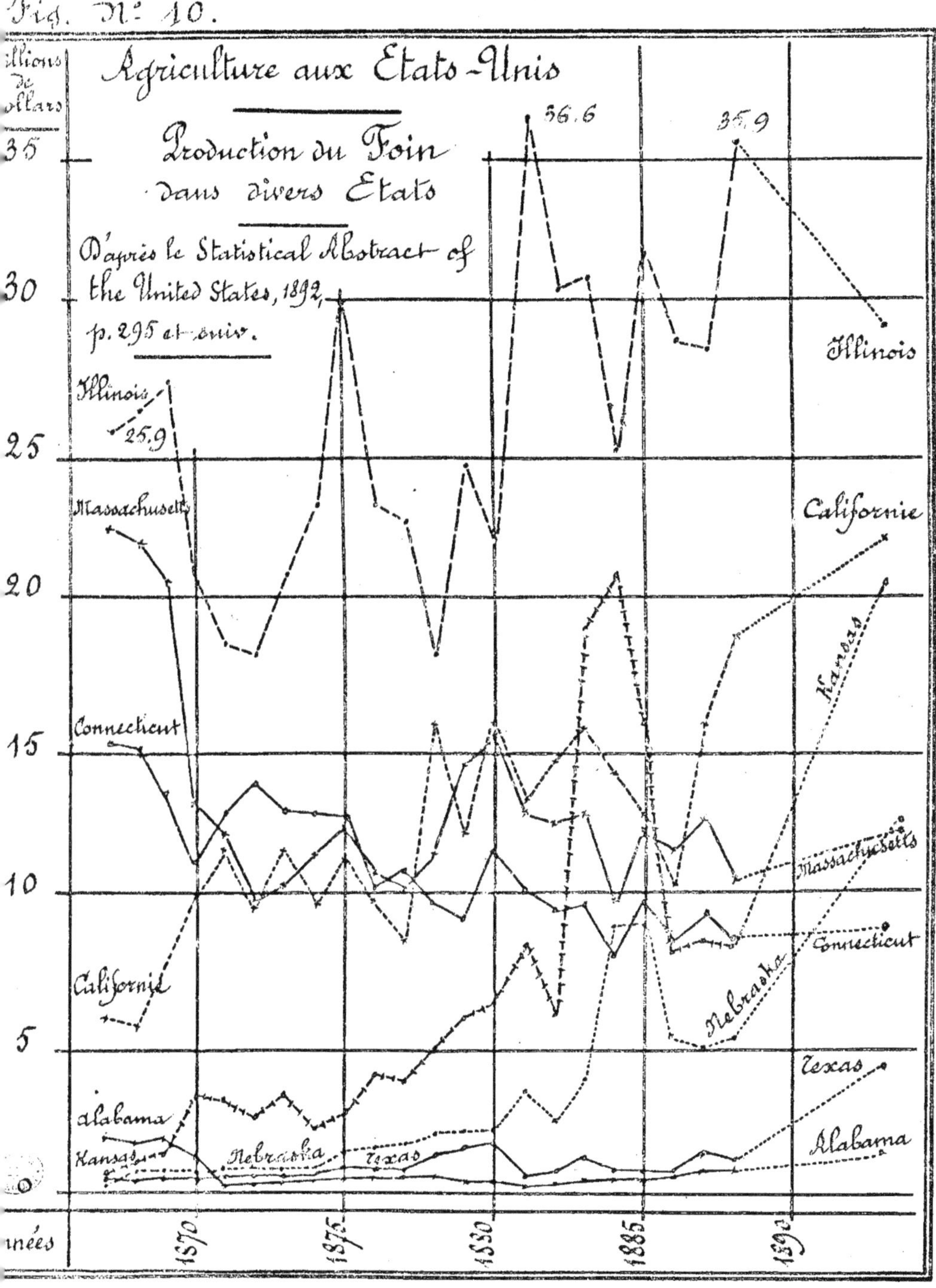

Fig. N.º 10.
Millions de Dollars
Agriculture aux États-Unis
Production du Foin
dans divers États
D'après le Statistical Abstract of
the United States, 1892,
p. 295 et suiv.
35
30
25
20
15
10
5
0
36.6
35.9
25.9
Illinois
Illinois
Massachusetts
Californie
Connecticut
Kansas
Massachusetts
Connecticut
Californie
Nebraska
Texas
Alabama
Alabama
Kansas
Nebraska
Texas
Années
1870
1875
1880
1885
1890

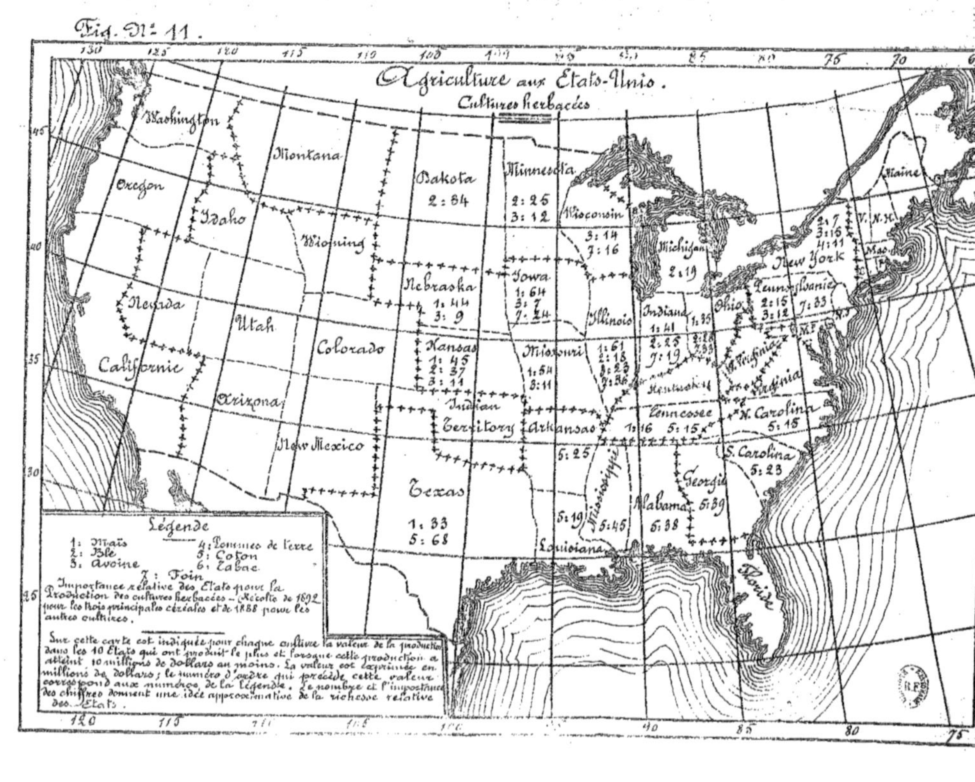
Agriculture aux États-Unis.
Cultures herbacées
Washington
Montana
Oregon
Idaho
Dakota
2 : 84
Minnesota
2 : 25
3 : 12
Wisconsin
3 : 14
7 : 16
Michigan
2 : 19
Maine
Wyoming
New York
V. N. H.
2 : 7
3 : 16
4 : 11
Mas.
Nevada
Nebraska
1 : 44
3 : 9
Iowa
1 : 64
3 : 7
7 : 24
Pennsylvanie
2 : 15
3 : 12
7 : 33
Utah
Illinois
1 : 41
1 : 35
Indiana
Ohio
California
Colorado
Kansas
1 : 45
2 : 37
3 : 11
Missouri
1 : 54
8 : 11
2 : 25
7 : 19
W. Virginia
Arizona
Kentucky
Virginia
N. Carolina
5 : 15
New Mexico
Indian
Territory
Arkansas
5 : 25
Tennessee
1 : 16 5 : 15
S. Carolina
5 : 23
Texas
1 : 33
5 : 68
Mississippi
5 : 19 5 : 45
Alabama
5 : 38
Georgie
5 : 39
Louisiana
Floride
Légende
1 : Maïs   4 : Pommes de terre
2 : Blé   5 : Coton
3 : Avoine   6 : Tabac
7 : Foin
Importance relative des États pour la
Production des cultures herbacées — Récolte de 1892
pour les trois principales céréales et de 1888 pour les
autres cultures.
Sur cette carte est indiqué pour chaque culture la valeur de la production
dans les 10 États qui ont produit le plus et lorsque cette production a
atteint 10 millions de dollars au moins. La valeur est exprimée en
millions de dollars; le numéro d'ordre qui précède cette valeur
correspond aux numéros de la légende. Le nombre et l'importance
des chiffres donnent une idée approximative de la richesse relative
des États.

Fig. N° 12.
Agriculture aux États-Unis.
Animaux de ferme.
Washington
Montana
Oregon
Idaho
Nevada
Wyoming
Dakota
Minnesota
12 : 17
Wisconsin
8 : 35
Michigan
8 : 40
Maine
New York
8 : 56
10 : 61
Mass.
Vt. N.H.
Pennsylvanie
8 : 44
10 : 10
12 : 10
N.J.
Nebraska
8 : 83
10 : 79
12 : 54
10 : 35
Iowa
Illinois
8 : 89
10 : 65
11 : 11
12 : 30
Indiana
10 : 37
Ohio
8 : 61
10 : 82
Utah
Colorado
Kansas
8 : 55
10 : 44
12 : 19
Missouri
8 : 50
9 : 14
10 : 33
12 : 21
W. Virginia
Maryland
Californie
Arizona
Kentucky
9 : 10   12 : 15
Virginia
Tennessee
9 : 14
N. Carolina
Indian
Territory
Arkansas
S. Carolina
New Mexico
Georgie
Alabama
10 : 11
9 : 14
Texas
8 : 36
9 : 12
10 : 70
Mississippi
Louisiane
Floride

Légende.
8 : Chevaux   11 : Moutons
9 : Mulets   12 : Porcs
10 : Bœufs
Importance relative des États pour les
animaux de ferme (États qui en avaient le plus
en 1893).
Sur cette carte est indiquée la valeur de
chaque espèce d'animaux de ferme pour les 10
États qui en possèdent le plus. La valeur est
exprimée en millions de dollars; elle est
précédée d'un numéro d'ordre correspondant aux
numéros de la légende. Cette carte est destinée
à donner une idée approximative de la
richesse relative des États en animaux
de ferme.

Fig. N° 13.
Agriculture aux États-Unis
Prix des Denrées
(sur le marché de New-York.)
Maïs (Le boisseau)   Laine (La livre)
Blé   (id)   Bœuf (1lb de baril)
Avoine   (id)   Porc   (id)
Coton (La livre)   Mouton (l'unité)
D'après le Statistical Abstract of the
United States, 1892, p. 334, 335, 339 et 340.
Cents
Années
320
300
280
260
240
220
200
180
160
140
120
100
80
60
40
20
0
331
316
231
211
151
183
92
Porc
Laine
Coton
Maïs
Blé
Bœuf
Avoine
Mouton
Porc
Maïs
Laine
Coton
1835
1840
1845
1850
1855
1860
1865
1870
1875
1880
1885
1890

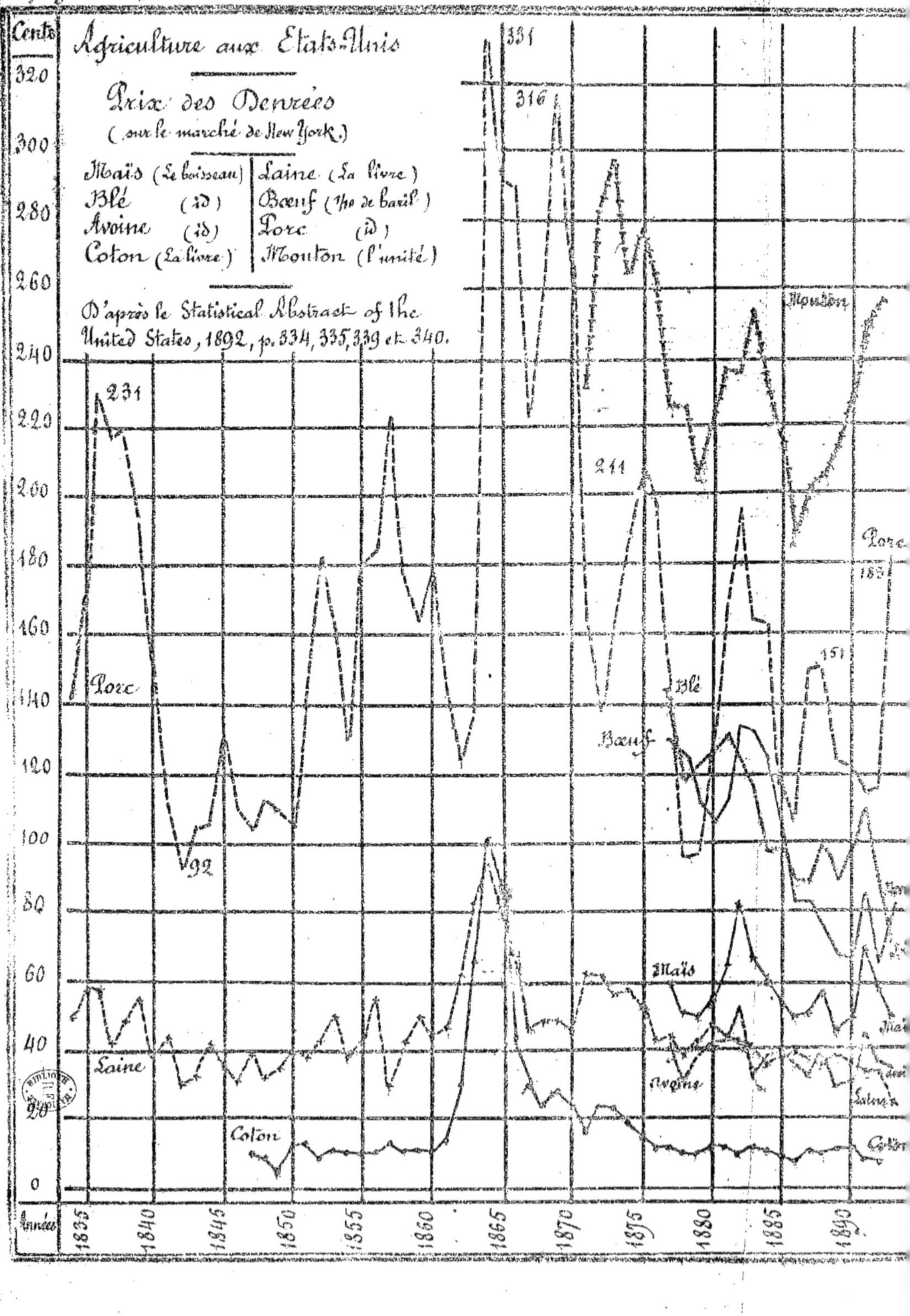

Fig. N.º 14.
Cents
Années
Agriculture aux États-Unis.
Prix à l'exportation.
Maïs (le boisseau)
Blé (id.)
Farine (1/10 de baril)
Coton (la livre)
Tabac (id.)
Cuir (la livre)
Bœuf salé (id.)
Jambon (id.)
Œufs (la douzaine)
Fromage (la livre)
D'après le Statistical Abstract of the United States, 1892, page 342.
190
180
170
160
150
140
130
120
110
100
90
80
70
60
50
40
30
20
10
0
190
147
134
117
84
68
103
80
53
47
Blé
Farine
Maïs
Coton
Œufs
Cuir
Fromage
Jambon
Tabac
Bœuf
Blé
Maïs
Œufs
Cuir
Farine
1865
1870
1875
1880
1885
1890

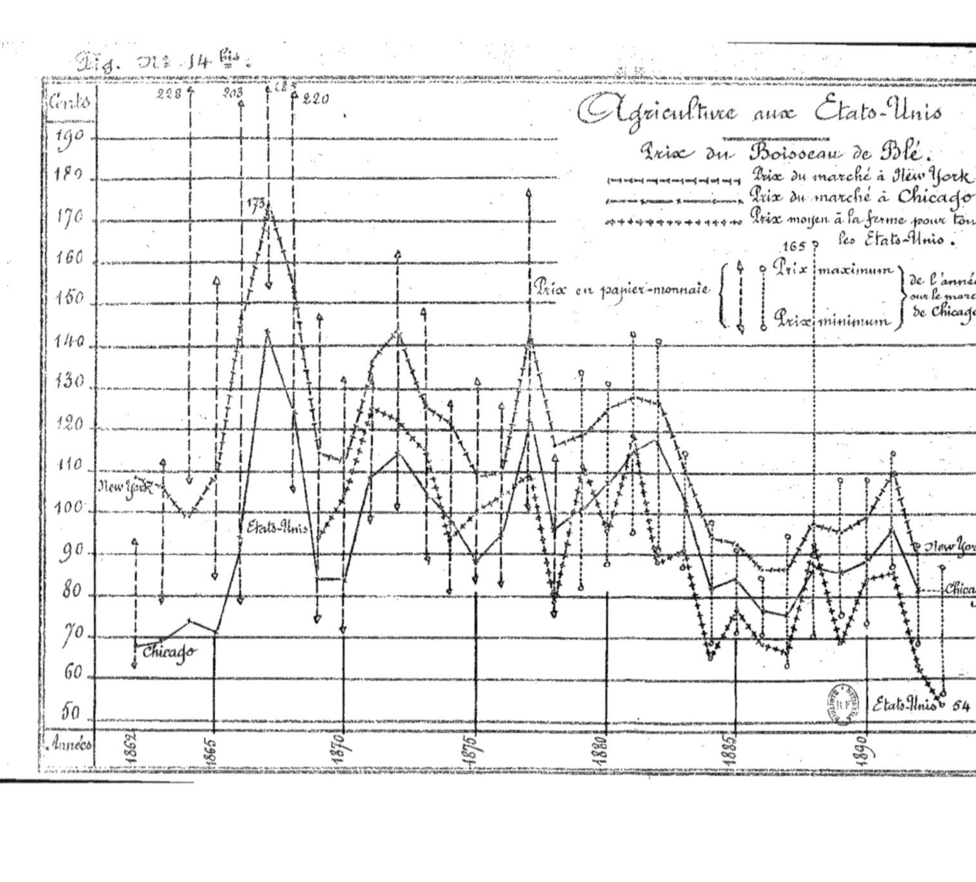

Fig. N° 14 bis.
Cents
190
180
170
160
150
140
130
120
110
100
90
80
70
60
50
Années
1862
1865
1870
1875
1880
1885
1890
228
203
173
220
165
Agriculture aux États-Unis
Prix du Boisseau de Blé.
Prix du marché à New York.
Prix du marché à Chicago.
Prix moyen à la ferme pour tous les États-Unis.
Prix en papier-monnaie
Prix maximum
Prix minimum
de l'année sur le marché de Chicago
New York
Chicago
États-Unis
New York
Chicago
États-Unis 54

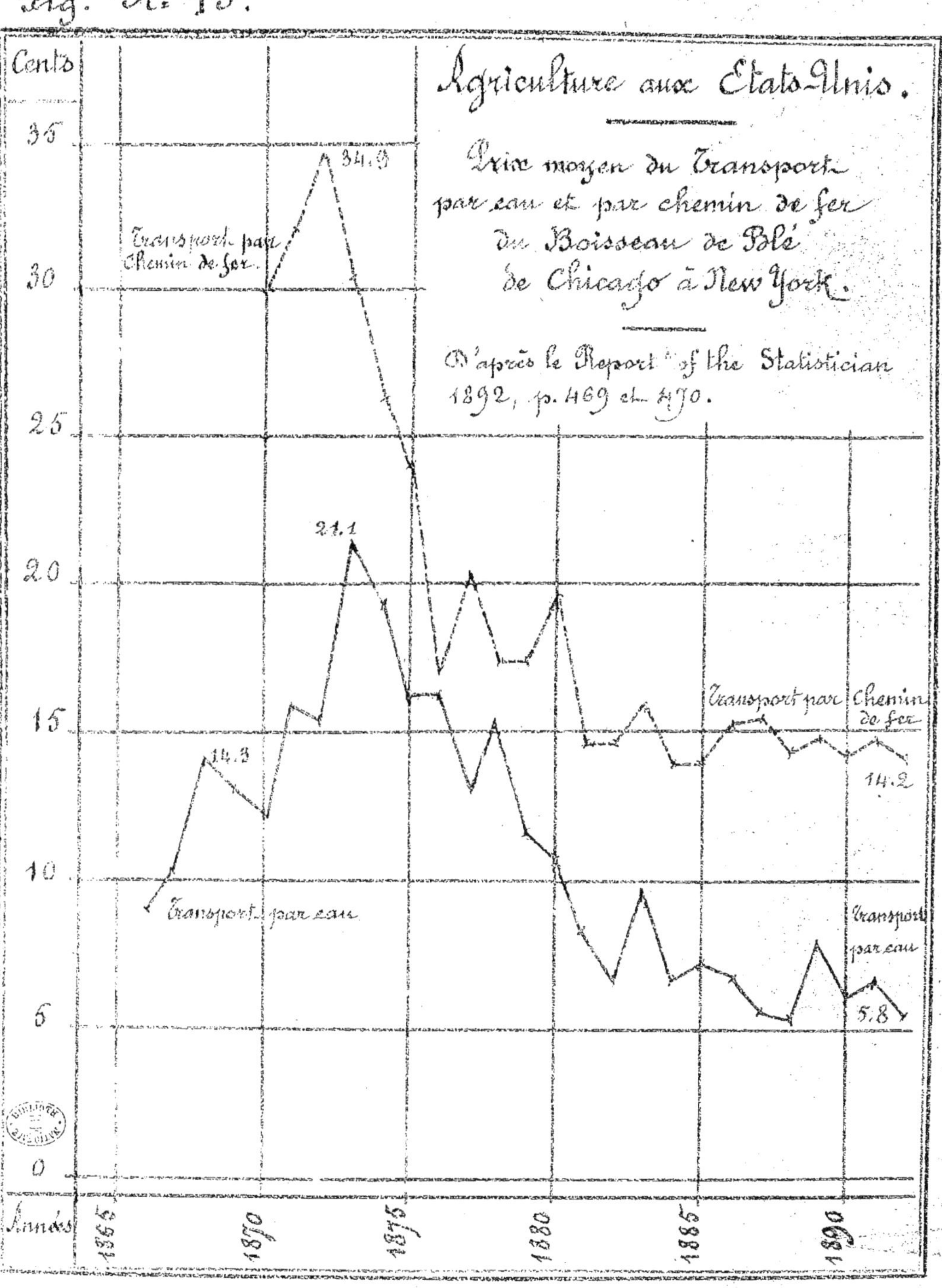

Fig. N: 15.
Cents
Agriculture aux États-Unis.
Prix moyen du Transport
par eau et par chemin de fer
du Boisseau de Blé
de Chicago à New-York.
D'après le Report of the Statistician
1892, p. 469 et 470.
Transport par
Chemin de fer.
34.9
30
21.1
20
14.3
Transport par eau
15
10
Transport par Chemin
de fer
14.2
Transport
par eau
5.8
5
0
Années
1865
1870
1875
1880
1885
1890

Fig. Nº 16.
Millions de Dollars 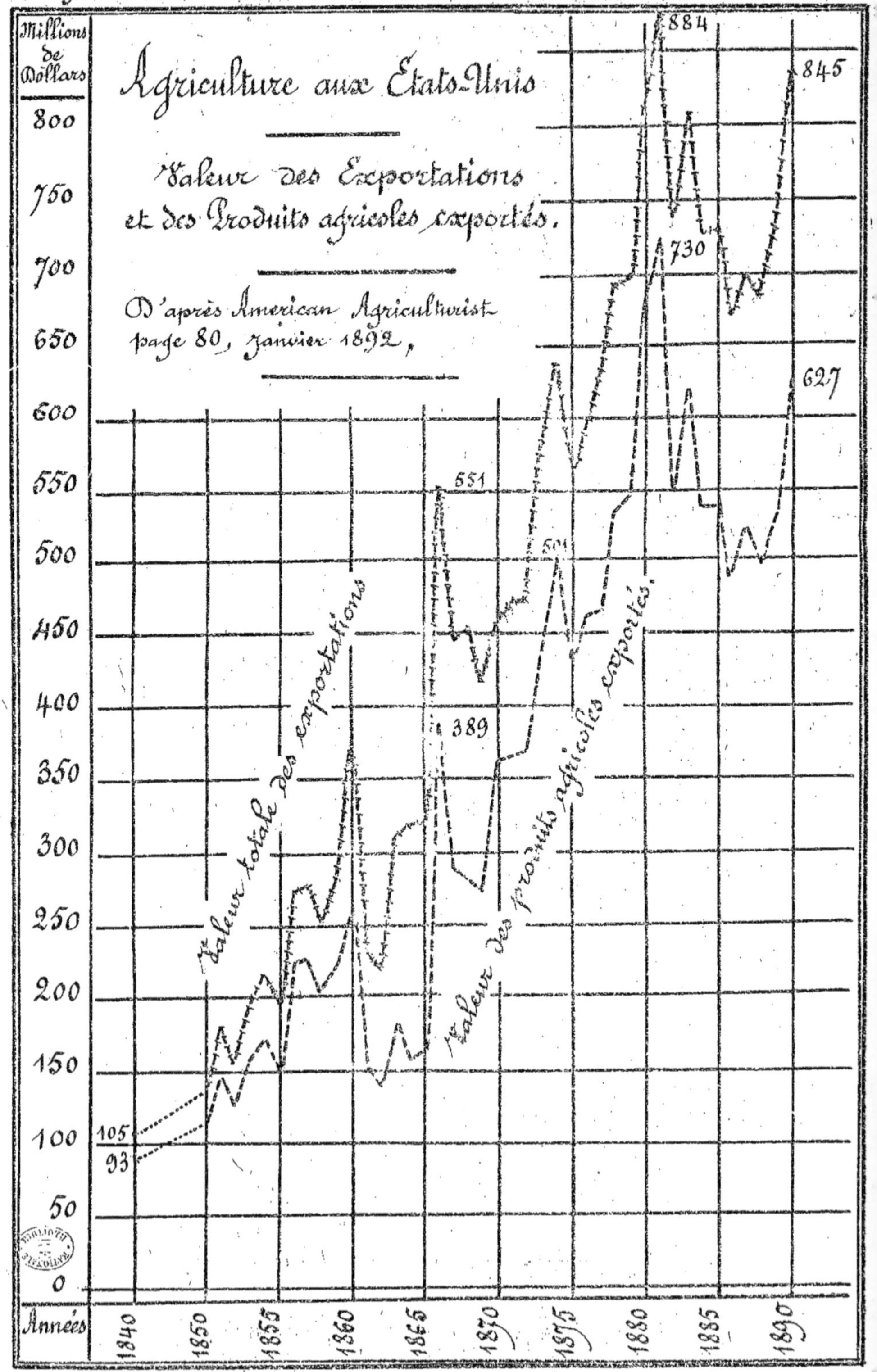
Agriculture aux Etats-Unis
Valeur des Exportations
et des Produits agricoles exportés.
D'après American Agriculturist
page 80, Janvier 1892,
Valeur totale des exportations
Valeur des produits agricoles exportés.
884
845
730
627
551
501
389
105
93
800
750
700
650
600
550
500
450
400
350
300
250
200
150
100
50
0
Années
1840
1850
1855
1860
1865
1870
1875
1880
1885
1890

Fig. Nº 17. 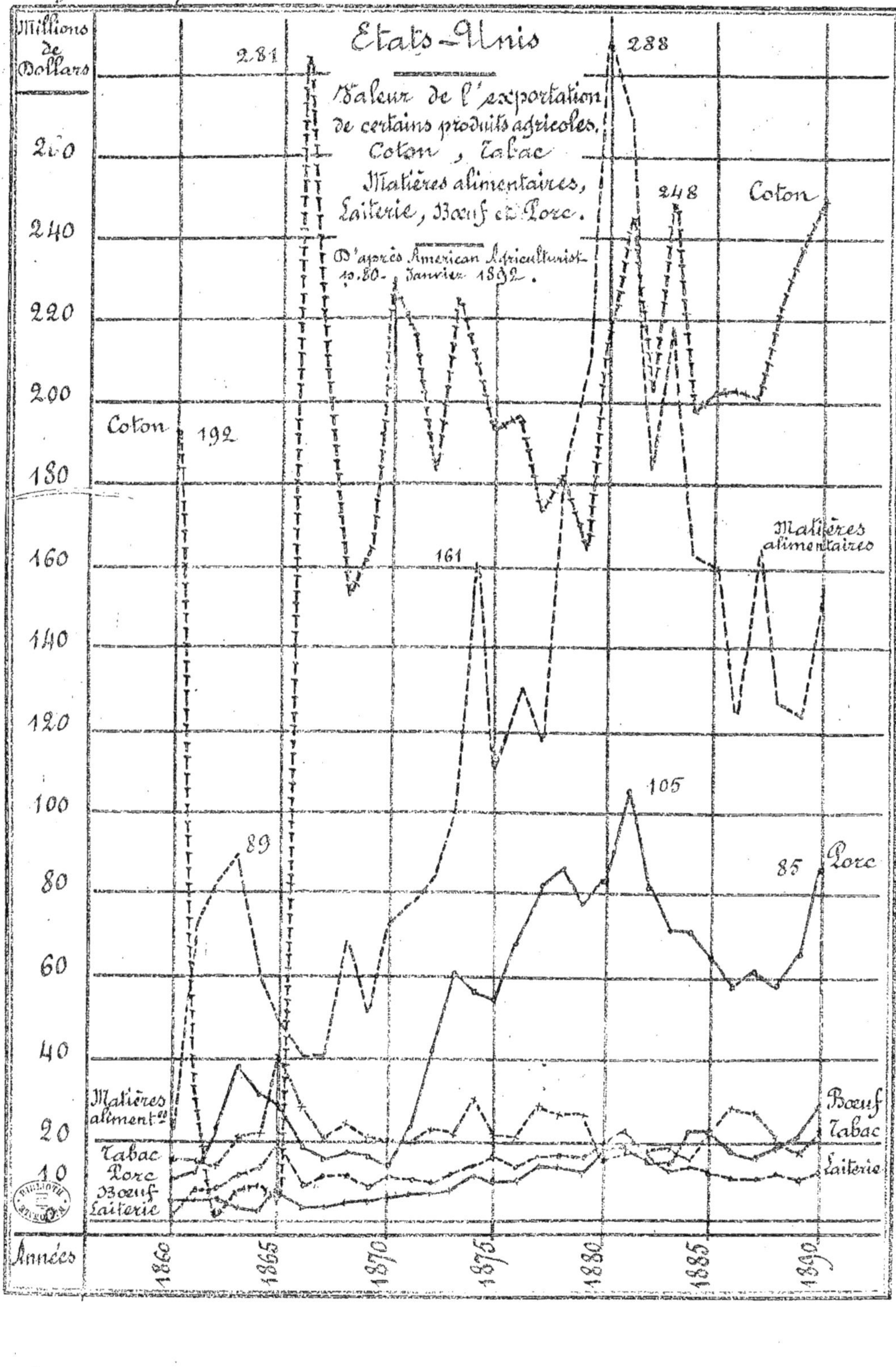
Millions de Dollars
Années
Etats-Unis
Valeur de l'exportation de certains produits agricoles.
Coton, Tabac
Matières alimentaires,
Laiterie, Bœuf et Porc.
D'après American Agriculturist
p. 80 - Janvier 1892.
Coton
192
281
288
248
Coton
161
105
89
85
Porc
Matières alimentaires
Matières aliment.
Tabac
Porc
Bœuf
Laiterie
Bœuf
Tabac
Laiterie
260
240
220
200
180
160
140
120
100
80
60
40
20
10
1860
1865
1870
1875
1880
1885
1890

Fig. N° 18. 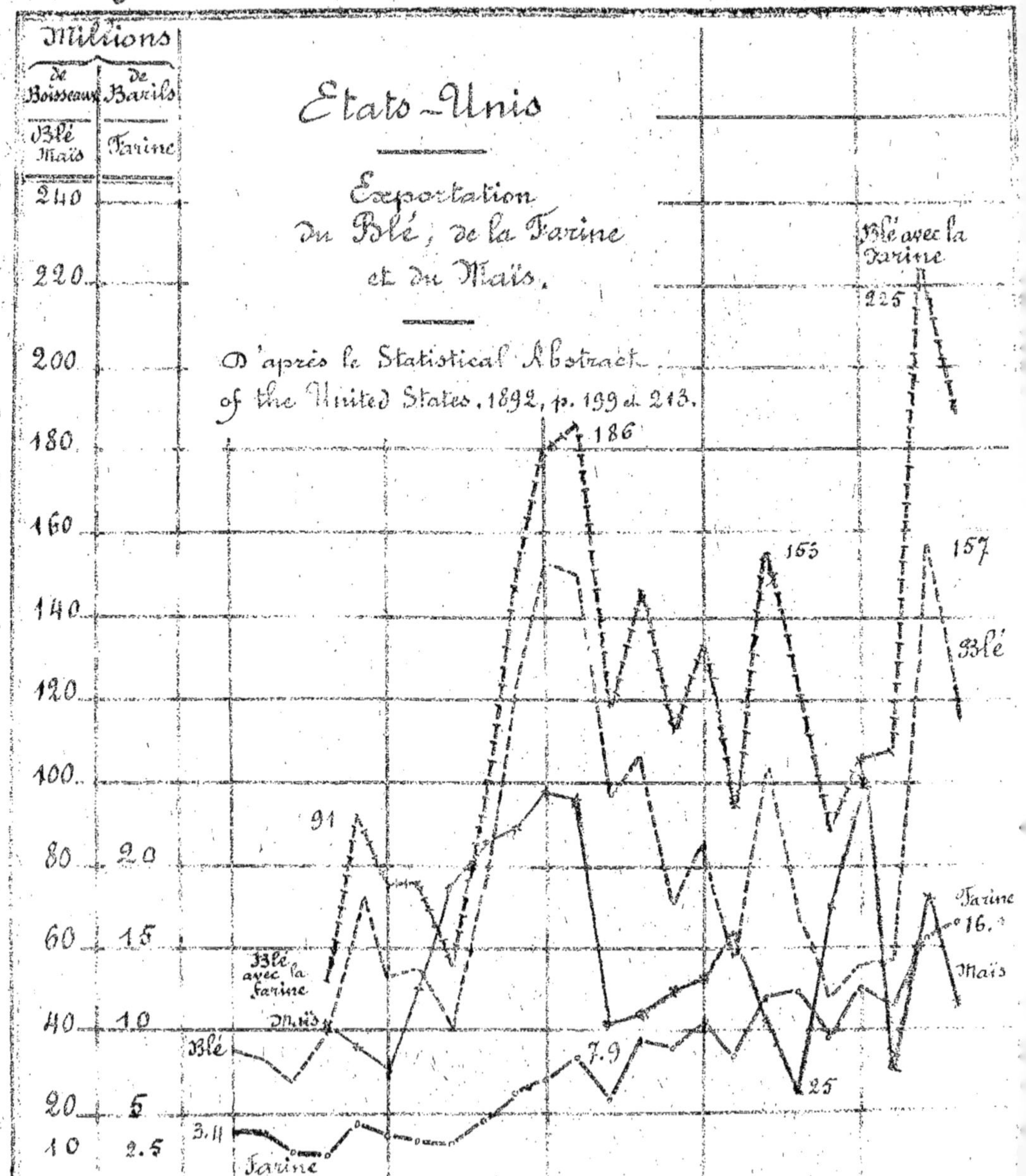
Millions
de Boisseaux
de Barils
Blé Maïs
Farine
États-Unis
Exportation
du Blé, de la Farine
et du Maïs.
D'après le Statistical Abstract
of the United States. 1892, p. 199 et 213.
240
220
200
180
160
140
120
100
80
60
40
20
10
0
20
15
10
5
2.5
0
Blé avec la Farine
225
186
153
157
Blé
Farine
N° 16.
Maïs
91
Blé avec la farine
Maïs
Blé
7.9
25
3.11
Farine
Années
1870
1875
1880
1885
1890

Fig. N° 19.
Millions de Livres 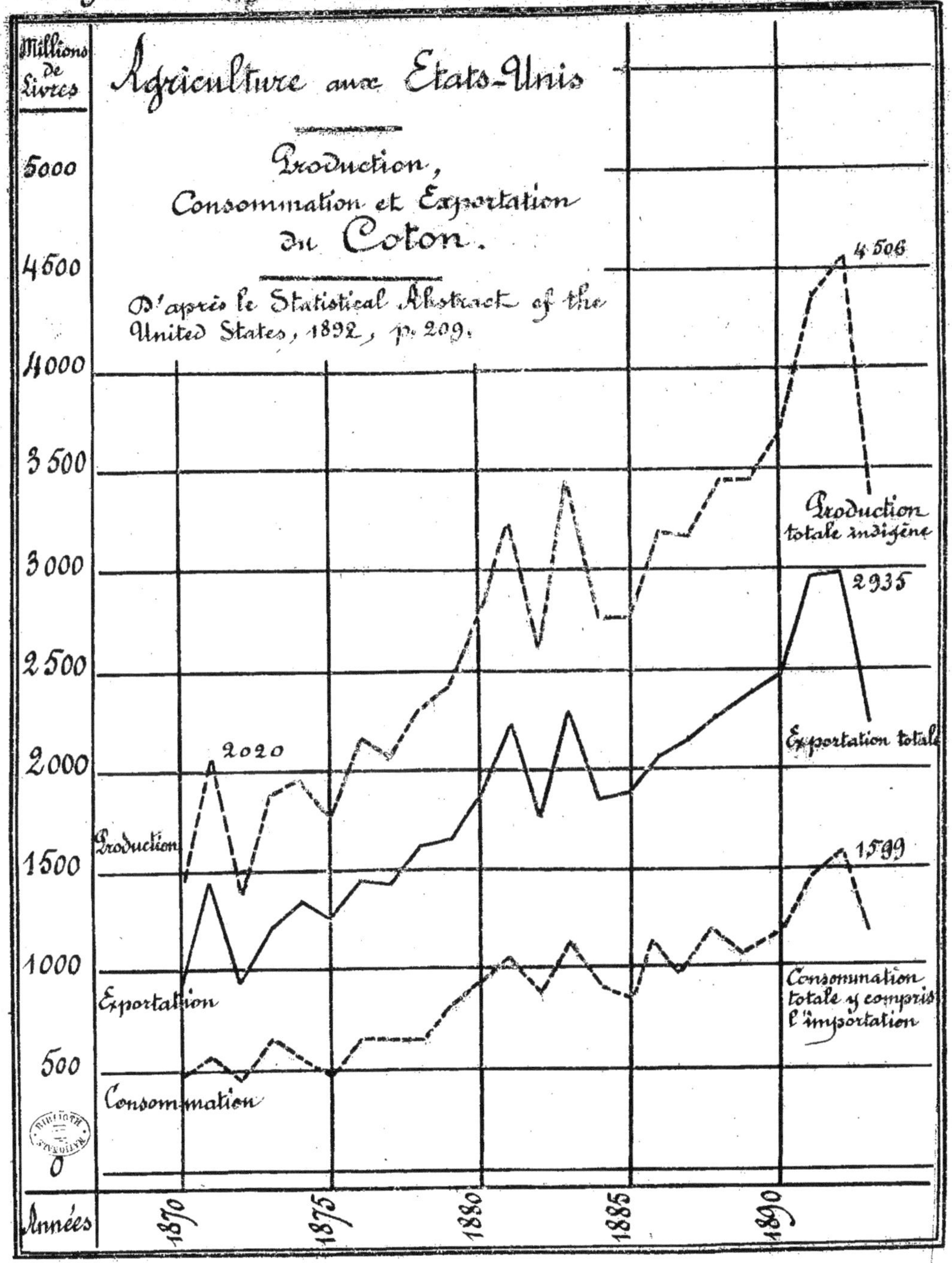
Agriculture aux États-Unis
Production,
Consommation et Exportation
du Coton.
D'après le Statistical Abstract of the
United States, 1892, p. 209.
5000
4500
4000
3 500
3 000
2 500
2 000
1500
1000
500
0
4 506
2 935
2020
1599
Production totale indigène
Exportation totale
Consommation totale y compris l'importation
Production
Exportation
Consommation
Années
1870
1875
1880
1885
1890

Fig. Nº 20. 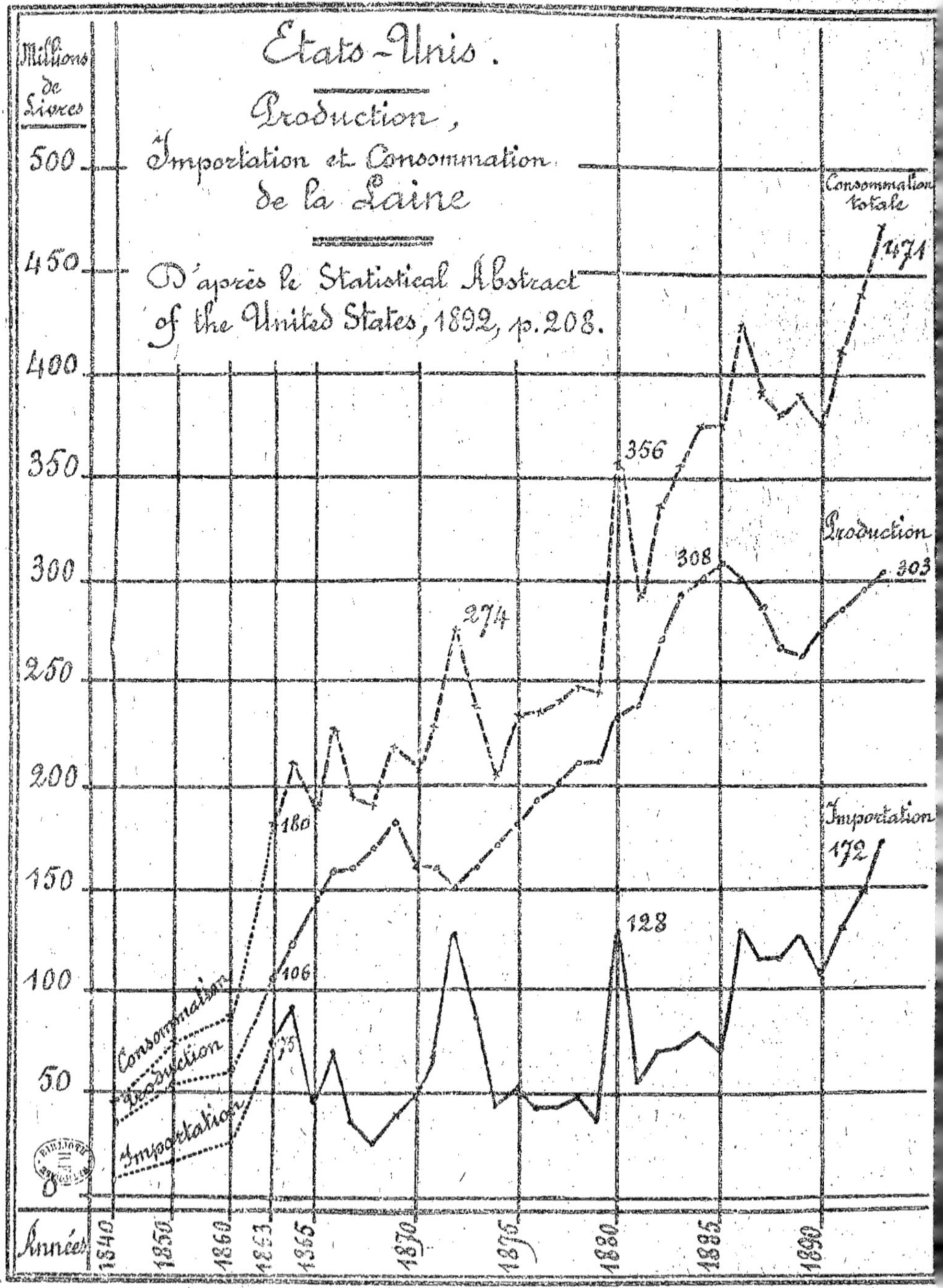
Millions de Livres
Etats-Unis.
Production,
Importation et Consommation
de la Laine
D'après le Statistical Abstract
of the United States, 1892, p.208.
Consommation totale
471
Production
303
Importation
172
356
308
274
180
128
106
75
Consommation
Production
Importation
500
450
400
350
300
250
200
150
100
50
Années
1840
1850
1860
1863
1865
1870
1875
1880
1885
1890

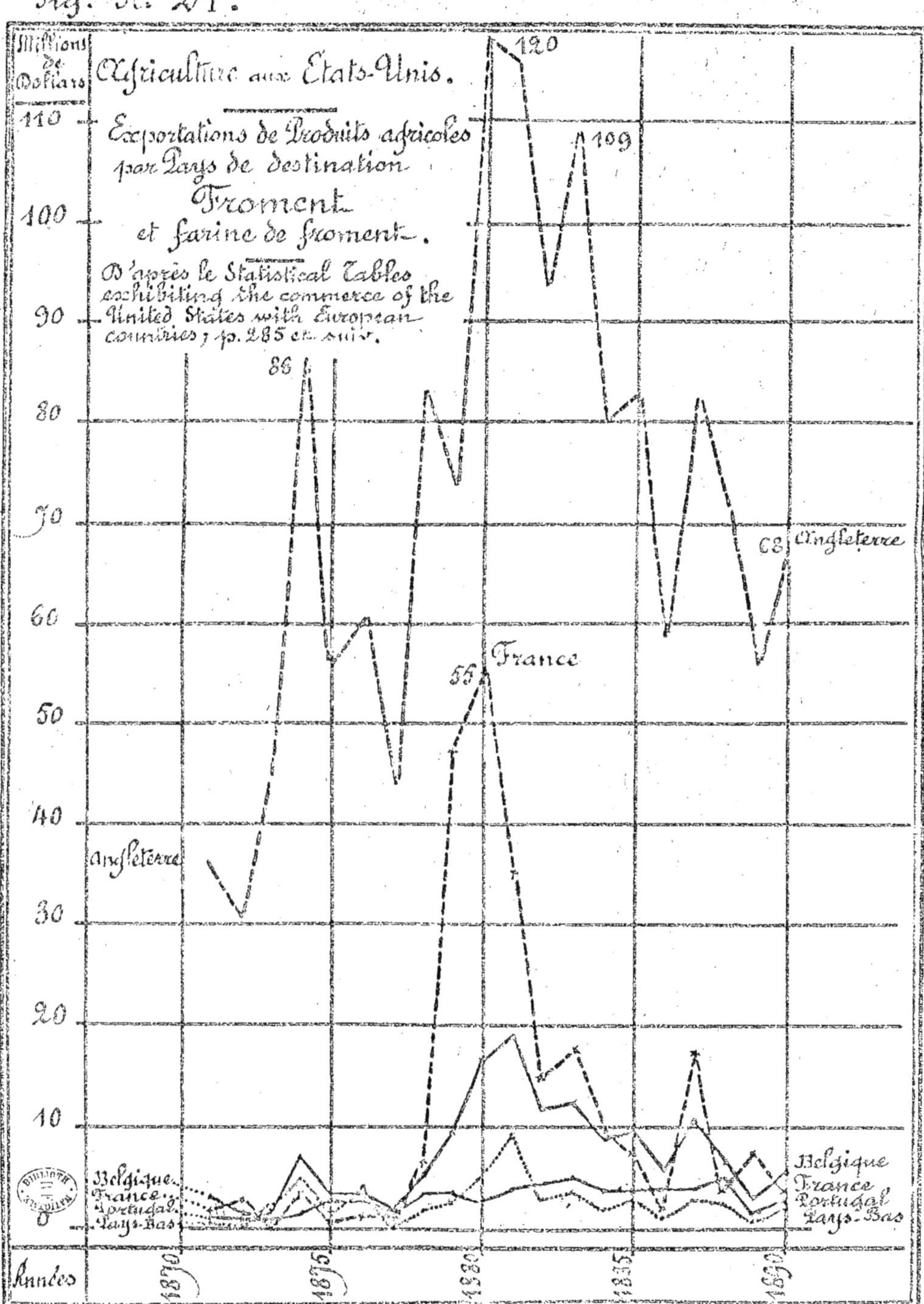
Fig. N: 21.
Millions de Dollars
Agriculture aux Etats-Unis.
Exportations de Produits agricoles
par Pays de destination
Froment
et farine de froment.
D'après le Statistical Tables
exhibiting the commerce of the
United States with European
countries; p. 285 et suiv.
120
109
86
68 Angleterre
France
55
Angleterre
Belgique
France
Portugal
Pays-Bas
Belgique
France
Portugal
Pays-Bas
110
100
90
80
70
60
50
40
30
20
10
0
Années
1870
1875
1880
1835
1890

Fig. N° 22.

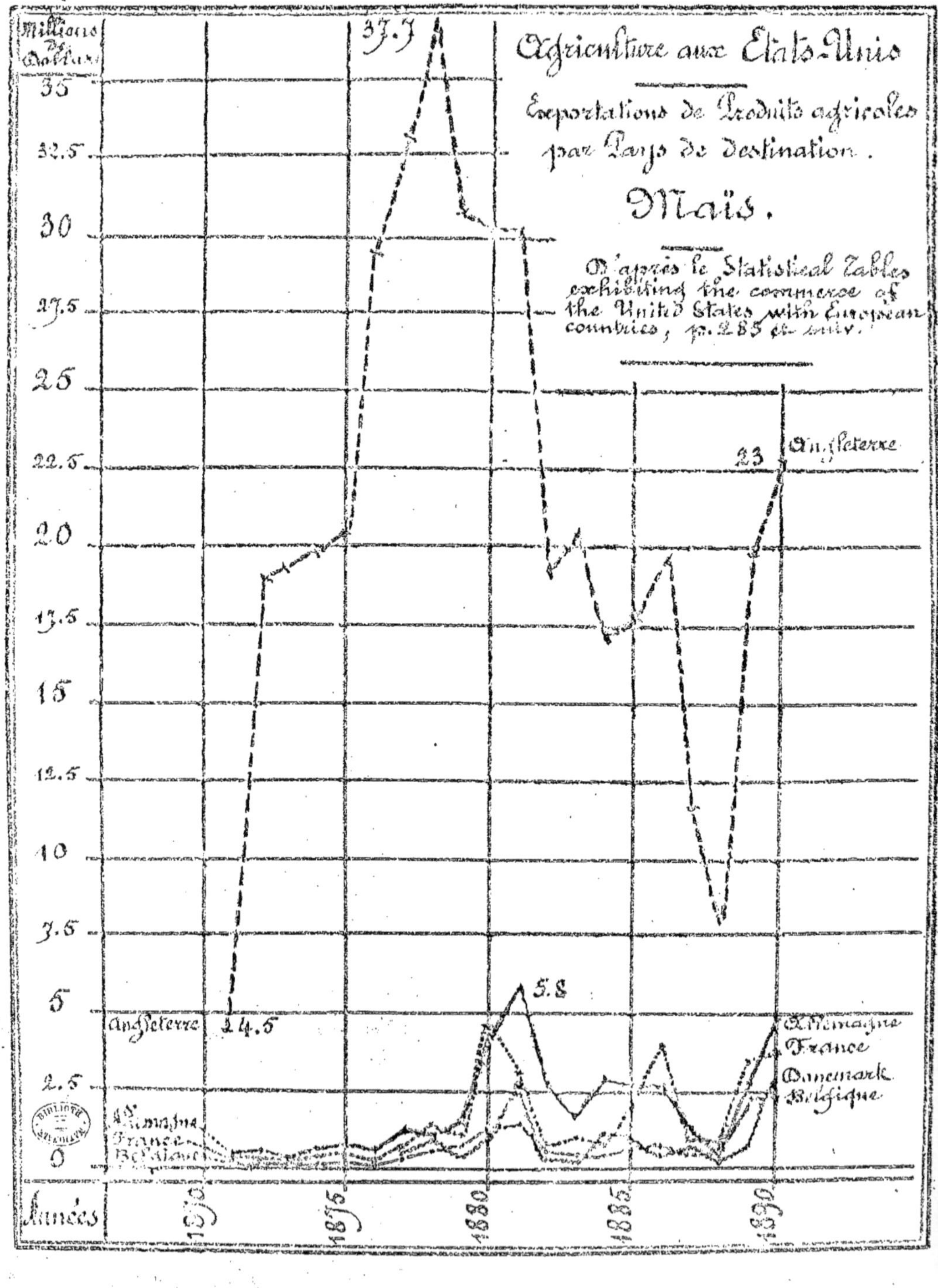

Millions de Dollars

Agriculture aux États-Unis
Exportations de Produits agricoles
par Pays de destination.
Maïs.
D'après le Statistical Tables
exhibiting the commerce of
the United States with European
countries, p. 285 et suiv.

35
32.5
30
27.5
25
22.5
20
17.5
15
12.5
10
7.5
5
2.5
0

37.7
23   Angleterre
Angleterre   24.5
5.8
Allemagne
France
Danemark
Belgique
Allemagne
France
Belgique

Années
1870   1875   1880   1885   1890

Fig. N° 23.

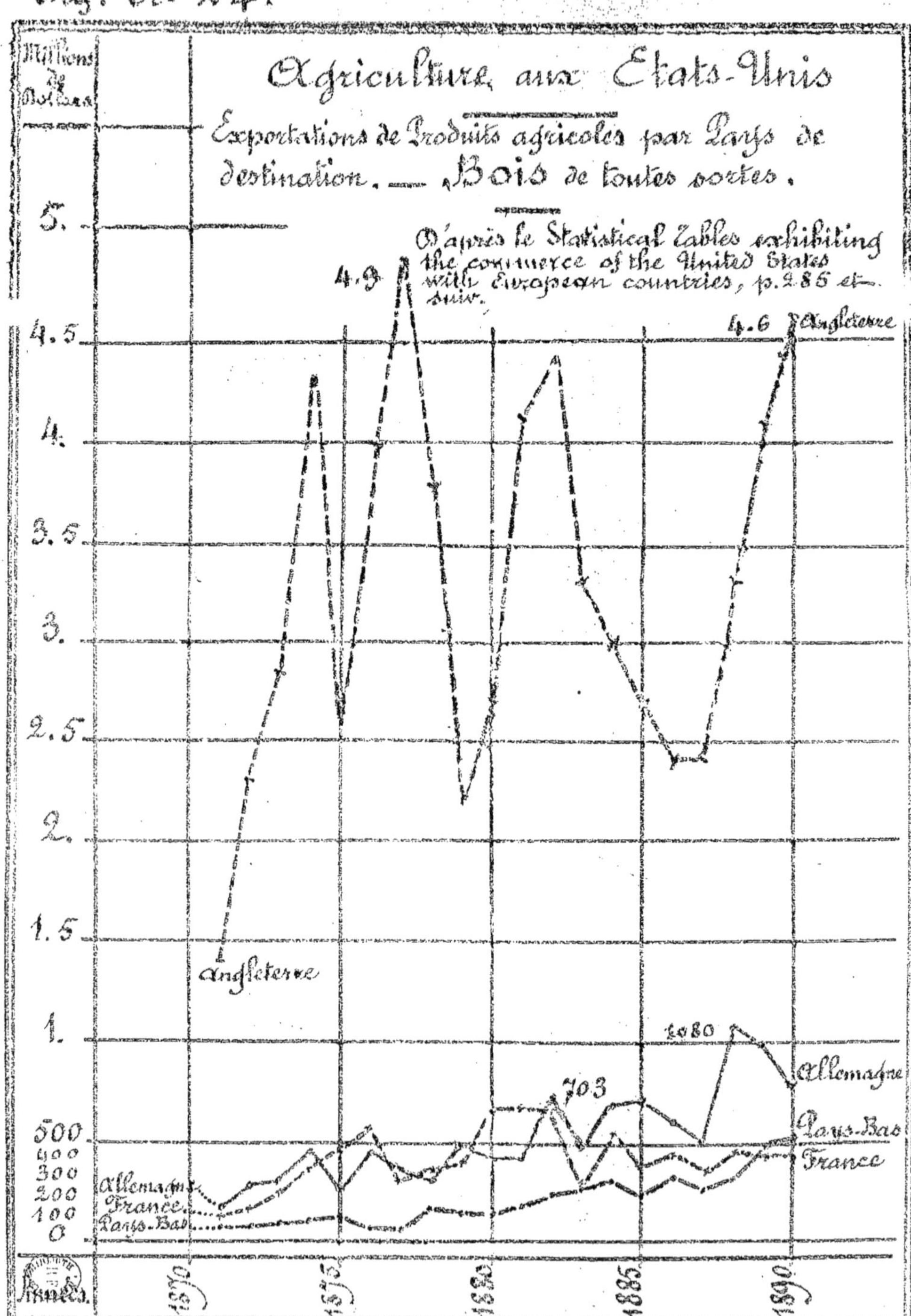

Fig. N° 24.
Millions de Dollars
Agriculture aux États-Unis
Exportations de Produits agricoles par Pays de destination. — Bois de toutes sortes.
D'après le Statistical Tables exhibiting the commerce of the United States with European countries, p. 285 et suiv.
4.9
4.6 Angleterre
5.
4.5
4.
3.5
3.
2.5
2.
1.5
Angleterre
1.
1080
703
Allemagne
Pays-Bas
France
500
400
300
200
100
0
Allemagne
France
Pays-Bas
Années.
1870
1875
1880
1885
1890

Fig. No 25. 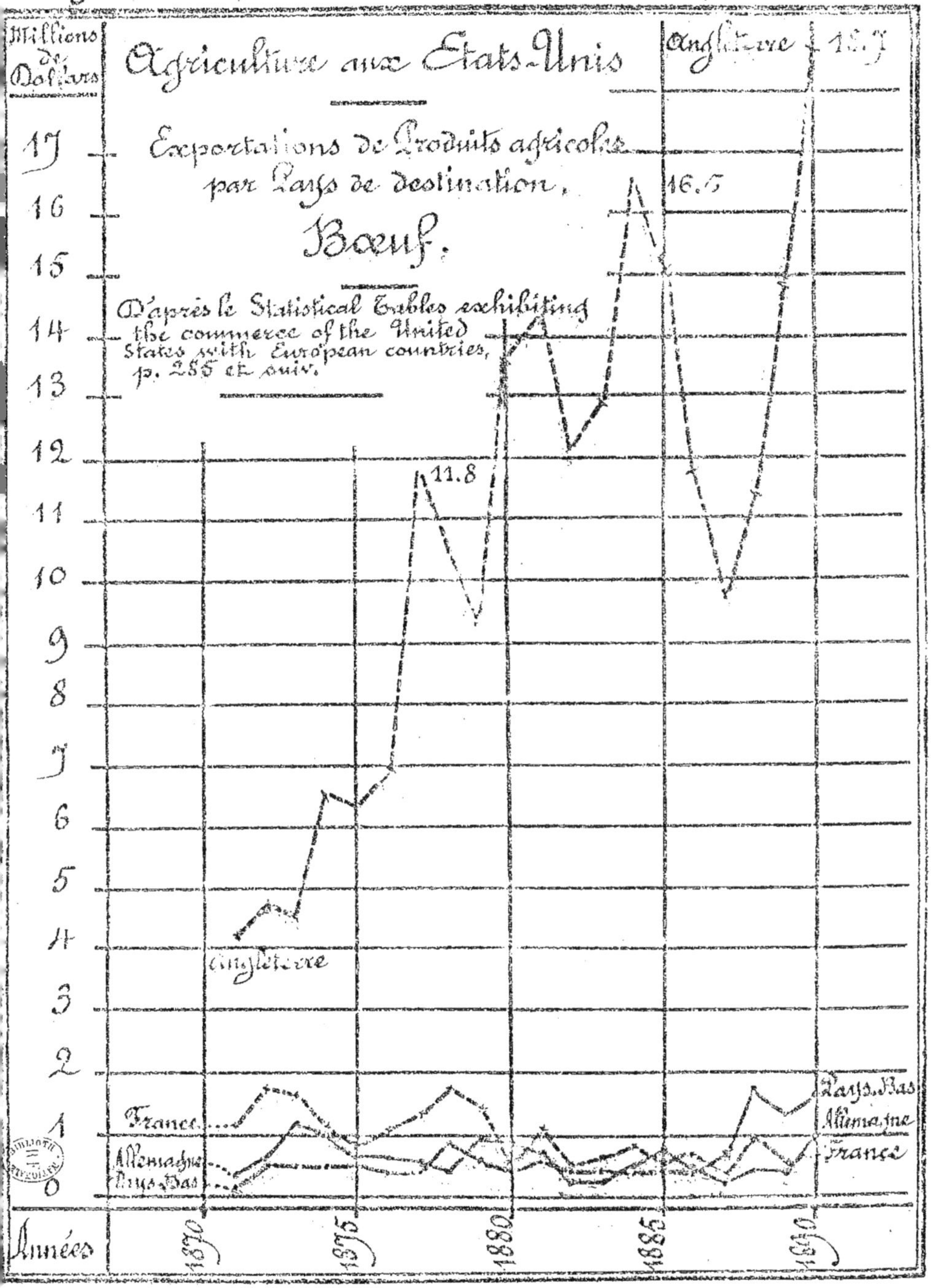
Millions de Dollars
Agriculture aux Etats-Unis
Angleterre   16.7
Exportations de Produits agricoles
par Pays de destination.
Bœuf.
D'après le Statistical Tables exhibiting
the commerce of the United
States with European countries,
p. 285 et suiv.
17
16
15
14
13
12
11
10
9
8
7
6
5
4
3
2
1
0
16.5
11.8
Angleterre
France
Allemagne
Pays-Bas
Pays-Bas
Allemagne
France
Années
1870
1875
1880
1885
1890

Fig. N: 26.
Millions de Dollars
Agriculture aux États-Unis
Exportations de Produits agricoles par Pays de Destination.
Porc.
D'après le Statistical Tables exhibiting the commerce of the United States with European countries, p. 288 et suiv.
55
50
45
40
35
30
25
20
15
10
5
59.
Angleterre 52
50.1
34.9
11.3
Angleterre
10.5
8.1
7.8
Allemagne
Belgique
France
Pays-Bas
Belgique
France
Allemagne
Pays-Bas
Années
1870
1875
1880
1885
1890

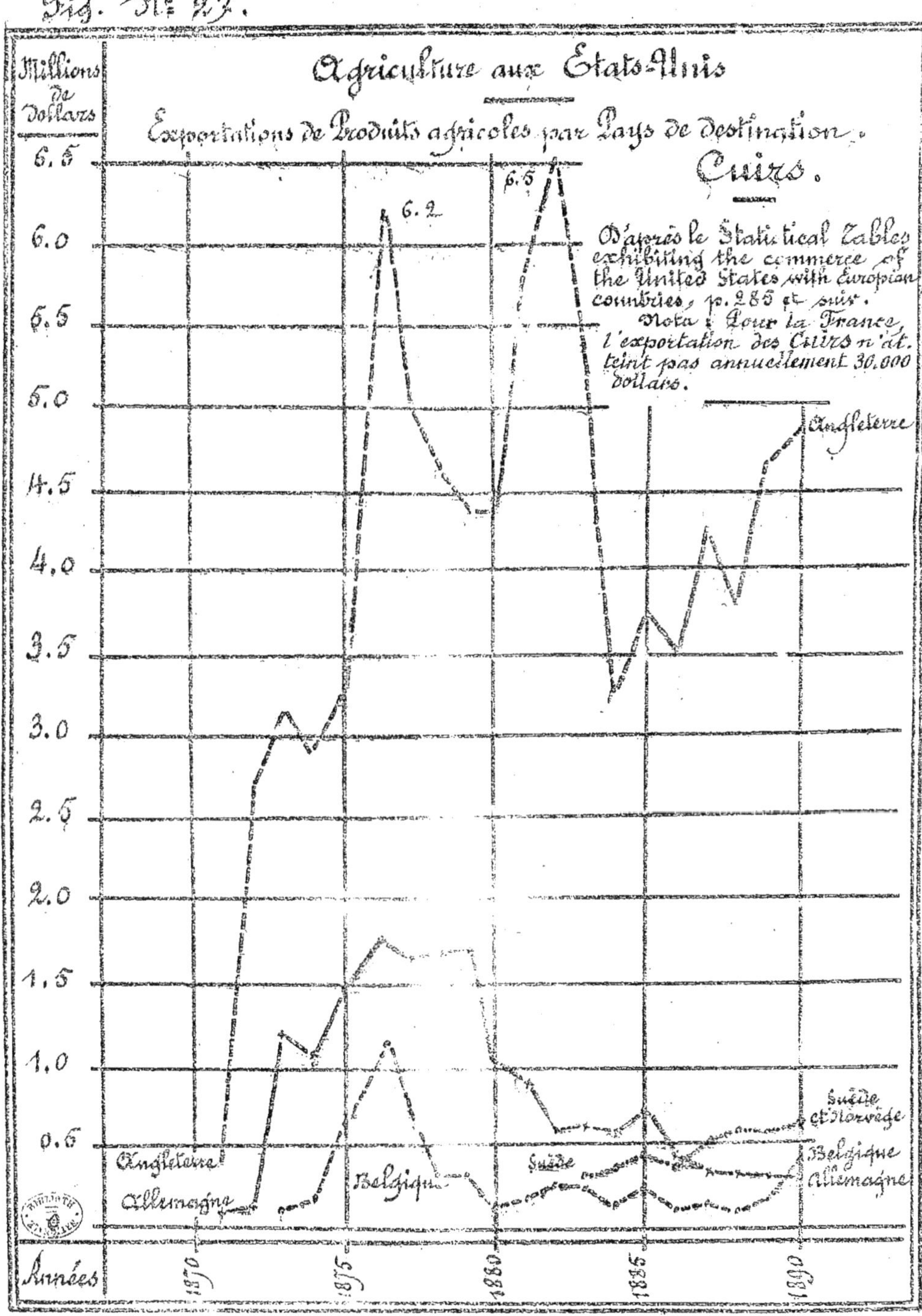

Fig. N° 27.
Millions de Dollars
Agriculture aux États-Unis
Exportations de Produits agricoles par Pays de destination.
Cuirs.
D'après le Statistical Tables exhibiting the commerce of the United States with European countries, p. 285 et suiv.
Nota : Pour la France l'exportation des Cuirs n'atteint pas annuellement 30.000 dollars.
6.5
6.0
5.5
5.0
4.5
4.0
3.5
3.0
2.5
2.0
1.5
1.0
0.5
6.2
6.5
Angleterre
Suède et Norvège
Belgique
Allemagne
Angleterre
Allemagne
Belgique
Suède
Années
1870
1875
1880
1885
1890

www.ingramcontent.com/pod-product-compliance
Ingram Content Group UK Ltd.
Pitfield, Milton Keynes, MK11 3LW, UK
UKHW020609230726
13926UKWH00005B/2292